TEXTBOOK SERIES FOR THE CULTIVATION OF GRADUATE INNOVATIVE TALENTS

研究生创新人才培养系列教材

西方现代艺术与景观

WESTERN MODERN ART AND LANDSCAPE

郝卫国 于坤 著

天津大学出版社
TIANJIN UNIVERSITY PRESS

内容简介

本书以时间为轴线，对特定社会背景下景观与绘画、雕塑、建筑等艺术门类的相关观念及其关系进行分析、比较，阐释西方现代艺术对景观的影响，进而引出西方现代景观的产生与发展；重在以艺术与景观之间关系的独特视角进行研究、论述，注重经典案例的重点内容分析、焦点问题探讨，有助于推进多学科研究生通识教育。全书包括绪论、西方现代艺术与景观的萌动、西方现代艺术与景观的起源、西方现代艺术与景观的发展、全球性的实验性艺术与景观、后现代主义艺术与景观的发展、多元化的艺术与景观时代等内容。

图书在版编目（CIP）数据

西方现代艺术与景观 / 郝卫国，于坤著. —天津：天津大学出版社，2020.7

研究生创新人才培养系列教材

ISBN 978-7-5618-6735-8

Ⅰ.①西… Ⅱ.①郝… ②于… Ⅲ.①景观设计－高等学校－教材 Ⅳ.①TU983

中国版本图书馆CIP数据核字（2020）第138051号

XIFANG XIANDAI YISHU YU JINGGUAN

出版发行 天津大学出版社
地　　址 天津市卫津路92号天津大学内（邮编：300072）
电　　话 发行部：022-27403647
网　　址 www.tjupress.com.cn
印　　刷 北京盛通印刷股份有限公司
经　　销 全国各地新华书店
开　　本 185mm×260mm
印　　张 22
字　　数 550千
版　　次 2020年7月第1版
印　　次 2020年7月第1次
定　　价 99.00元

前言

景观设计是一门艺术，它与绘画、雕塑、建筑等领域之间有着必然的联系。自古以来，景观与艺术之间就密不可分、相互影响，景观必然体现着艺术审美，艺术以景观为载体并指导景观设计的实践。本书意在以时间为线索，对西方现代绘画、现代雕塑、现代建筑、现代景观的资料进行整合分析，以找寻景观与艺术的关系，分析和探讨景观与绘画、雕塑、建筑等领域的相互影响关系，形成“景观艺术论”，以期运用“景观艺术论”来进一步发展景观设计学科并更好地指导景观设计实践。

西方现代景观的产生与发展不仅与艺术有着非常密切的关系，也受到社会经济的影响。许多西方学者认为，19世纪末20世纪初是西方现代景观的萌芽时期，这个时期社会生产力发生巨变，欧洲工业革命促使社会生产由手工业生产向工业生产转变。资本主义的发展带来了社会、文化、技术的巨大转变，在绘画、雕塑、建筑等领域出现了与古典主义相悖的“现代运动”（Modern Movement）。在时代的大背景下，这个时期的景观设计也出现了同“现代运动”一致的新设计语言与设计思想，体现出工业社会的审美与文化生活方式。

19世纪下半叶，“landscape architecture”开始代指“景观行业”，“art”对应的中文有“绘画”“雕塑”等。绘画一直就对景观的形式有一定的影响，“立体派的画面中出现了多变的几何形体，出现了空间中多个视点所见的叠加，并在二维中表达了三维甚至四维的效果”[①]。20世纪30年代出现的“超现实主义”绘画作品中大量的有机形体，如卵形、肾形、飞镖形、阿米巴曲线，给了当时的设计师新的语汇。20世纪40年代，“立体主义”“超现实主义”的形式语言被美国景观设计师托马斯·丘奇用于构成简洁流动的平面，运用到园林中。在雕塑与景观的发展过程中，雕塑一直与景观设计有着十分密切的联系，传统具象的雕塑受到“立体主义”的影响并逐渐走向抽象化。雕塑不再是一个被空间包围的实体，而是演变为园林中空间要素的一部分，与景观空间相互融合。雕塑不再是用目光欣赏的单纯的艺术品，而具有了创造室外空间的作用。雕塑与景观也有着逐步融合的趋势。作为20世纪最著名的雕塑家之一的野口勇，是最早尝试将雕塑与景观设计结合的人。野口勇曾说：“我喜欢把园林当作空间的雕塑。”他一生都致力于用雕塑的方法塑造室外土地。“architecture”有建筑、建造的意思，景观与建筑可以说是一脉相传的，早年大多数园林师都是建筑师，建筑大师穆特修斯曾将景观比作“室外房间”，认为景观和建筑是一个整体，要协调共生。由此，我们更可以清晰地看出景观与艺术有着密不可分的关系。

近些年，学科交叉、跨学科、跨领域模式兴起，景观学科与绘画、雕塑、建筑等学科领域的交

① 王向荣，林箐. 西方现代景观设计的理论与实践 [M]. 北京：中国建筑工业出版社，2002：20.

又融合趋势日益加深，如“大地艺术”（Earth Art），其作品既可以说是艺术作品，又可以说是景观设计作品，具有很强的模糊性。过去很少甚至没有一本成体系的专业书籍系统研究现代景观与西方现代艺术的关系。西方艺术史仅仅研究绘画、雕塑、建筑领域，却很少提及景观。关于景观的著作也只是局限在园林领域而未涉及艺术领域。这正是笔者写此书的缘由。

本书部分资料与图片引自公开出版发行的书刊，谨向相关作者表示感谢，并向为本书提供资料与帮助的人员和给予本书关心与支持的编辑表示感谢。由于本书涉及领域较广，笔者水平有限，难免有谬误、不足和偏颇之处，恳请广大读者批评、指正。

著　者

2020年1月

目　　录

绪　论

一、设计师为什么要关注现代艺术

设计与现代艺术，包括绘画、雕塑等艺术门类血脉相连。设计也被视为艺术活动，是艺术生产的一个方面。设计对形式美的追求决定了艺术必然是设计中的重要元素。设计的物的形式本身就应该具备时代的审美价值。许多设计作品的形式都受到绘画、雕塑形式的影响。如门德尔松具有表现主义特点的景观设计语言；柯布西耶雕塑般的建筑；里特维尔德直接体现风格派绘画特点的红蓝椅等。这足以看出艺术对设计有相当大的影响。世界第一所专门的设计学校——包豪斯的课程中的基础课就是由艺术家教授的，至今各国的设计专业课程基本也都要涉及艺术。设计师可以在艺术作品中找到设计灵感和形式，设计师学习艺术也有利于提升审美水平，受到启发与引导而更好地进行设计活动。艺术家从事设计也可以推动设计的进步，如柯布西耶将立体主义绘画带入建筑设计中；布鲁尔将在包豪斯向康定斯基学习的艺术理论应用到家具设计中；罗伯托·布雷·马克斯（Roberto Burle Marx，1909—1992）将超现实主义绘画的形式应用于景观设计等。当代社会中设计学科与艺术学科之间的距离日趋缩小，交叉的部分越来越多，新的艺术形式语言的出现很容易推动新的设计观念的产生，而新的设计观念也极易成为新艺术形式的来源。艺术和设计都是为了创造“美”，只不过设计比艺术多了使用功能。设计师一定要关注现代艺术的原因，具体体现在以下几个方面。

1. 建筑是艺术的载体

建筑设计本身就是一种艺术门类。黑格尔认为建筑是人类文明中最早的艺术品。建筑是技术与艺术的结合、实用与审美的统一。建筑和其他艺术形式一样，都是通过视觉给人以美的感受。现代建筑是一种艺术形式。绘画和建筑设计在同一社会条件下活动，并为同一目的而工作，有时会合二为一。文艺复兴时期的达·芬奇不仅从事绘画活动，对建筑也有深入的研究，他设计过桥梁、教堂、城市街道和城市建筑。他提出城市街道要实现人车分流，还规定了设计、建筑房屋的高度和街道的宽度，设计和修建了米兰的护城河。1502 年，达·芬奇还曾在恺撒·博尔吉亚（Cesare Borgia，1476—1507）手下担任过军事建筑师及工程师。现代主义建筑大师柯布西耶一生都没有停止过绘画，他早年学习立体主义绘画，受勃拉克的影响很大，将立体主义绘画“纯化”，去除多余元素，直接运用到他的建筑创作中。柯布西耶作为现代主义建筑的旗手，对现代主义建筑的研究和贡献无疑是深刻和巨大的，但他对绘画的兴趣一点也不少于建筑，晚年他在出版的著作《直角之诗》（*Le Poème de l' angle droit*）中，创作了 19 幅抽象石版画来阐述他一生的建筑设计和绘画思想。

2. 艺术是设计素养的媒体

设计和艺术有着不可分割的关系，艺术可以作为设计素养的媒体体现在以下方面。

（1）艺术可以作为设计的表现方法。设计作品的草图、模型、最终效果图甚至实际建造都掺杂着艺术的作用。艺术指导着设计的表达形式。

（2）学习艺术是对设计素养的培养。包豪斯基础课就是为了培养学生的艺术修养，使其具有更高的设计素养，更好地从事设计活动。

（3）艺术与设计都需要创作素养。艺术的创作思维完全可以应用到设计上。新的艺术创作思维可以激发出新的设计创作思维，如表现主义绘画的象征性思维被贝伦斯、门德尔松等建筑师用到建筑设计、景观设计等设计领域。

现代艺术是设计活动甚至是生活中不可或缺的。画家吴冠中曾说过："现在中国的文盲很少了，但美盲很多，美盲比文盲更可怕。"可见，现代艺术不仅要作为设计的素养，更要作为我们生活的基本素养来培育。美学家张世英说："人生有四种境界，欲求境界、求知境界、道德境界、审美境界。审美为最高境界。"所以，设计师要学会解读生活中的现代艺术，关注人们所关注的艺术热点，让学习现代艺术成为开阔设计视野的途径。

3. 现代艺术观念对设计思想和手法的启示

现代艺术观念对现代设计思想和设计手法具有巨大的启示作用。现代设计可以说很大程度上是受到现代艺术的影响而发展起来的。例如，未来主义对现代设计思想方面的影响巨大，未来主义强调以机器为审美中心，崇尚机器美，宣扬摒弃过去的一切，迎接未来的、全新的形式风格，这种思想方式和审美立场为现代设计师开创新的设计形式提供了非常大的启发；风格派的两个重要思想影响了设计领域，一是抽象的概念，二是色彩与几何形式组合的构图与空间，蒙德里安对色彩和点、线、面构成关系的研究对现代主义景观产生了极大的影响；立体主义对具体对象的分析、重新构造和综合处理的手法在设计中得到进一步发展，这种发展使平面结构被重新分析和组合，且把这种组合规律化、体系化，强调纵横的结合规律，强调理性规律在表现"真实"中的关键作用；俄国至上主义（Suprematism）用三角形、圆形、方形作为新的符号来创作艺术，否定物体对思想、观念和形象等的表达，用客观唯心主义构造一切，主张情感本身最充分的表达，关注纯粹的情感①。这些现代艺术观念为后来极简主义设计的发展奠定了基础。

二、现代艺术在国内的状况

20世纪中国思想文化运动是从建立科学主义和民主主义开始的。五四运动后，中国先进的知识精英开始接受科学主义的思想体系，他们豁然醒悟，了解到包括社会发展在内的客观世界都可以被实际地认识、科学地把握。正是这样的科学主义思想渗透到了美术领域，中国开始学习西方写实主义绘画，其一直占据主流。改革开放后，大批的抽象艺术传入国内，对国内美术领域冲击巨大。

1. 改革开放之前

五四运动后到中华人民共和国成立前的绘画主要是以歌颂抗日战争和解放战争中广大人民群众积极投身革命、英勇作战为主题的写实主义绘画。中华人民共和国成立后，我国进入了全面建设社会主义阶段，艺术创作成为一种文化生产，与现实生活的关系越来越密切，表现现

① 卡西米尔·马列维奇，张燕楠. 至上主义：解放了"非写实性"的喜悦［J］. 艺术广角，2019（3）：90-95.

实、反映现实、歌颂现实成为时代主题。绘画多以社会生产建设为主题,表现生产、婚姻法实施、工农业建设等现实生活。此时的绘画主要有3个方面的特点:“反映现实社会生产的题材优于历史题材;革命历史题材优于一般历史题材;反映国家政策重大变化的生活题材优于日常生活题材。”[①]“文革”时则多为大字报、宣传画等。中国与西方国家的国际关系紧张,中国主流美术界将西方绘画看作洪水猛兽、精神污染而将其拒之门外,导致社会普遍对西方艺术存在误解。主流理论界对西方艺术作品也知之甚少,他们仅仅公开讨论印象主义之前的西方艺术,且视之为“现代艺术”,其实并不知道其仅为古代艺术的终结。

2. 改革开放以来

1978年改革开放后,西方现代艺术开始涌入国内。1979年9月27日,中国美术馆内正在展出“建国三十周年全国美展”时,一批年轻画家将自己的作品挂在馆外公园的铁栅栏上,有油画、水墨画、木刻和木雕。这批年轻人有黄锐、马德升、王克平、曲磊磊、李爽、严力等人。这些画是改革开放后最早一批受到西方艺术思想影响的作品。展览上“全新”的艺术作品吸引了许多市民前来观看,并让看惯了“文革”绘画的观众大吃一惊,这就是星星美展的第一次展览。星星美展开创了中国美术界的一个新时代,让大众看到了西方现代艺术。关于画展为什么要叫“星星”,黄锐说:“那时候我们想得非常自然,每一个星星都是独立发光的,它能自己存在,为了自己存在。”星星美展对中国美术影响巨大,严力说:“星星涉及的东西太广了,从文学到艺术甚至到人权,三个东西都连在一起。星星画会和星星美展的意义不只是艺术本身,但从艺术本身来说它确实是现代艺术的一个原点。”[②]星星美展后,随着西方现代主义哲学和艺术理论的融入,一场热闹的美术前卫群体运动在全国展开,被称为“85美术群体运动”。这些不同的群体都以西方现代艺术体系为指导思想去追求所谓的时髦,他们的作品完全模仿西方现代艺术。

由改革开放前的“看不到”至改革开放后的“看表象”,他们对西方现代艺术进行片面的介绍,对西方艺术作品形式进行模仿,这其中“易操作”行为甚多。

3. 形成这种状况的原因

中华人民共和国成立后,在生产力上、认识观念上、艺术价值观上都与西方国家存在着巨大差距。中国主流美术界受《在延安文艺座谈会上的讲话》思想影响,形成了延安现实主义;在画家徐悲鸿的影响下,形成了徐悲鸿现实主义;在与苏联建交的基础上,形成了学习苏联的现实主义。这三股现实主义形成了对西方现代艺术的天然抵御能力。

三、对待西方现代艺术的正确态度和方法

西方现代艺术在世界进入工业时代以后就成了世界艺术的主角,必定有其合理的部分,但同时也依然存在不足之处。我们要以正确的方式去看待和学习,以做到为我所用,将西方现代艺术的精华部分与中国文化、思想相结合,创作具有中国特色的艺术与设计作品。

① 王海燕. 新中国国家形象塑造[D]. 上海:上海大学,2010:29.

② 每颗星星都是独立发光的[J]. 东方艺术,2007(19):95.

1. 以科学的态度研究

当代中国社会对艺术的需求越来越强烈，对待西方现代艺术理应进入一个“看本质”的阶段。我们应该认真系统地了解、学习西方现代艺术知识，将其放在大的历史环境下，认清其发展脉络，了解其真实面目。对合理的、优秀的、适合我国国情的现代艺术加以吸收借鉴，为我所用，以创作独特的艺术作品，形成当代具有中国特色的艺术理论体系。

2. 以感兴趣的眼光借鉴

我们对待西方现代艺术应该有选择性地学习。设计师毕竟不是艺术家、理论家，没有必要把世界艺术研究得一清二楚。但是我们应该具有最基本的艺术素养和敏锐的艺术眼光。设计师应该在艺术领域中找出自己感兴趣的内容，加以分析研究，并将其应用到设计中，指导设计行为；多接触当代艺术品与理论知识，并培养职业眼光，提高设计作品的审美价值；对比艺术作品与设计作品，分析优劣，借此思考自己的问题。

3. 掌握一定的方法

西方现代艺术是西方资本主义政体下的文化现象，特别是 20 世纪，西方现代艺术成为世界艺术的主流。在全球化、多元化的今天，我们有必要去了解、学习它。但是在了解、学习的同时要掌握一定的科学方法，具体如下。

（1）在整体中看艺术发展趋势。我们要将西方现代艺术放在大的历史环境中去看，不能孤立地去判断。

（2）通过分析来探求艺术精神。我们要从众多复杂的作品中分析出艺术作品的精神，而不是简单地去模仿其表象。

（3）用综合法追求艺术和设计的发展。我们要用综合发展观来看待艺术，要以开放包容的态度，接受不同形式、派别的艺术，不能故步自封，更要吸取西方现代艺术的精华，创造符合我国当代社会的艺术形式。

四、小结

设计与艺术关系密切，要正确地认识和学习艺术知识，在学习设计知识的同时必须不断地从艺术中摄取养分，提高审美能力，追溯主流艺术思想，以更好地指导设计行为。本书以时间为轴线，对 20 世纪以来西方现代景观艺术案例及其产生和发展的原因进行分析，涉及对包括绘画、雕塑、建筑在内的艺术进行评述。通过比较，分析艺术家、设计师个人的艺术风格及各艺术流派对景观领域的影响，认识艺术对景观的影响和西方现代景观艺术发展思潮的演变。以西方现代艺术和现代景观之间的影响关系为着眼点，进行论述和分析，加深读者对绘画、雕塑、建筑、景观之间互动影响的理解，有助于推进对多学科研究生的通识教育。一方面希望本书能提高学生对现代景观艺术的鉴赏能力，方便其进行专业理论的学习和审美创新能力的提升，扩展艺术设计思路；另一方面希望本书能为全国高校提供关于西方现代景观教学的示范性的研究生专业课程高水平教材。

第 1 章　西方现代艺术与景观的萌动

17 世纪西方艺术流派主要有学院派、古典主义和巴洛克三种。学院派美术排斥其他不符合它们规范的艺术形式，推崇自己的一套绘画创作法则，统治阶级在绘画领域拥有至高的权威。17 世纪的古典主义是法国艺术史上的一个重要流派，而沙龙是这个时期艺术家展示自己作品的重要途径，但是沙龙被学院派和统治阶级所控制，并且他们在很大程度上控制了文化发展的方向，以致艺术的发展和演变受到了官方的极大干预。规整、严谨、简练、崇高的理性成为这一时期文化艺术的特点。到了 18 世纪初期，洛可可在欧洲盛行，与华丽、夸张、矫揉造作的巴洛克风格不同的是，洛可可的艺术风格更加典雅、轻快和秀气。不过，在艺术领域内，巴洛克与洛可可两种艺术风格主要盛行于宫廷和贵族之中，两种艺术风格更多的是反映统治阶层的心态和艺术追求。直到 18 世纪七八十年代，欧洲艺术开始进入新古典主义时代。在新古典主义的绘画中，艺术家能发挥一定的主观创造性，相对于传统的绘画是一种很大的突破。

1.1　传统绘画中的新因素

新古典主义和浪漫主义的绘画均出现了有意义的绘画新因素，显示出现代绘画的萌动迹象。新古典主义产生于法国大革命前夕，是资产阶级希望借助古罗马的英雄向封建阶级发起攻击的一种重要艺术手段。新古典主义虽然在风格、语言、题材方面是对传统古典绘画的借鉴，但这并不影响它对传统绘画的冲击。由于与当时的法国大革命息息相关，新古典主义绘画在内容上紧密结合社会现实，具有明显的现实主义倾向，从这一点看，新古典主义是有别于古典主义的。新古典主义的出现无疑为艺术家的创作开辟了新的空间，他们创作出一些具有现实意义的作品。

浪漫主义与新古典主义在绘画内容上具有一定的相似性，几乎都是对客观对象的重现，但是都是经过主观选择的，并不是对日常对象的刻板模仿。浪漫主义与新古典主义也有一些不同之处，浪漫主义摆脱了当时学院派和古典主义的羁绊，主张创作的自由性和艺术的独创性，关注社会现实生活中的重大事件，注重画面情感的传达和人物特征、精神状态的刻画。浪漫主义是对古典主义所持的常情常理和冷漠的批判，是对严谨、规范的否定和破坏。而新古典主义是借古喻今的，借助古希腊、古罗马的英雄来树立正确的道德观和行为准则。

1.1.1　传统学院派

“学院”一词可以上溯到公元前 4 世纪的柏拉图和雅典学院（Plato-Athens，图 1-1 为拉斐尔的《雅典学院》）。中世纪和大半个文艺复兴时期、巴洛克时期，有行会（guild）保障工匠的行业权利。文艺复兴时期，学院反对中世纪的等级严森、顽固不化。佛罗伦萨的柏拉图学院组织方式十分自由，在学术上没有死板的教条规范。在学院，人文主义者有着各自的学术兴趣和哲学观点，他们以一种无拘无束的、非正式的聚会方式，在轻松愉快的气氛中展开自由的学术探讨[①]。

图 1-1 《雅典学院》（拉斐尔，1510—1511）

美术学校全名为“国立高等美术学校”，亦即美术学院，欧洲的美术学院最早产生于意大利。当时最著名的学院之一是博洛尼亚学院，它大约创建于 1590 年，1793 年与法国皇家绘画雕塑学院合并，学院开设素描、油画、雕塑、版画等课程，通过考试择优录取学生。由于皇家绘画雕塑学院的创始人勒·布朗（Le Brown，1619—1690）十分推崇古希腊和古罗马的艺术，所以凡属学院开设的艺术课程，都要接受其硬性规定的一套审美原则，并且学院制定出一些法则，让人们遵循，如强调绘画的最高标准是米开朗琪罗的人体、拉斐尔的素描、柯罗乔的典雅与风韵、威尼斯画派的色彩等。学院派在绘画领域拥有至高无上的权威，其歌颂统治阶级、崇尚古典主义，具有保守性。此时学员的绘画作品以竞赛成果来评判，其中最著名的就是巴黎的“罗马大奖”，获得此殊荣的学生将有机会去罗马学习。另一个比较著名的就是法兰西美术学院的官方艺术展览——巴黎沙龙展。

沙龙（salon）“创始于 1667 年，当时路易十四主办了一个皇家绘画雕塑学院院士的作品展览会。由于作品陈列在巴黎卢浮宫内的阿波罗沙龙（阿波罗厅），故习用了‘沙龙’这个名称”[②]。1737 年起，沙龙每年举办一次，从 1748 年开始实行评选制度。19 世纪，沙龙展览的典型特征是“假、大、空”。当时的法国政府为了巩固自己的统治地位，对沙龙展览做了一系列的改革，其目的是建立具有官方权威性的艺术沙龙，并且设置相应的评审机构，建立相关的评选制度以维护其权威性。这个时期的艺术绘画带有鲜明的官方色彩和政治意味。这种蒙着政治面

① N. 佩夫斯纳. 美术学院的历史 [M]. 陈平，译. 长沙：湖南科学技术出版社，2003：5-7.

② 李军. 美术学院陈列馆与沙龙：博物馆展览制度考（下）[J]. 美术研究，2009（2）：84-87.

纱的官方艺术沙龙干预了艺术家的艺术创作，限制了自由的新思想的产生。1853 年，万国博览会的法国作品评审团由让·奥古斯特·多米尼克·安格尔（Jean Auguste Dominique Ingres，1780—1867）、亚历山大·卡巴内尔（Alexandre Cabanel，1823—1889）等学院派艺术家组成，表面上他们掌握着作品入选沙龙展览的权力，而实际上主导沙龙评审的却是法国政府。政府借学院之手，控制着与沙龙作品相关的包括参评、入选、获奖、评论及收藏在内的一切行为，形成了一个完整又严谨的艺术评价体系。当时的沙龙已经不仅仅是一项艺术展览活动，已经上升为法国政府发展政治和商业的工具。这种由法国政府制定、学院派执行的艺术评审制度埋没了一大批优秀、有着新艺术思想的艺术家。当一些有关现实生活的题材或一些有关个性表达的艺术形式出现时，往往因其有异于保守的法国政府和学院派的艺术观点而受到打压，所以说 19 世纪的艺术沙龙只是表现出政治和商业上的繁荣，而对艺术的发展缺乏推动力。沙龙上展出的画大多是摄影式的历史插图，风俗画极端写实，不具备社会意义（如图 1-2）。

图 1-2 《维纳斯的诞生》（卡巴内尔，1863）

1.1.2　向学院派挑战

学院派绘画排斥一切粗俗的艺术语言，追求高尚端庄、温文尔雅，重视自己的一套规范。他们以传统绘画的主题和风格标准对艺术家的作品进行衡量。在主题方面，他们只认同历史、宗教的主题以及古典的肖像主题绘画，而不包括风景画和静物画；在风格方面，他们期待利用精细技法描绘的逼真图像；在色彩方面，他们偏好具有古典式的昏暗、保守色彩的调性统一的绘画；在艺术家表达方面，不允许出现可见的明显笔触，画家甚至需要通过技法来隐藏自身在工作时留下的个性和情感的痕迹①。学院派对规范的过分重视导致了程式化的产生。所以,以艺术中的折中主义和模仿为主旨的学院派艺术,从内容到形式都走进了死胡同,而且横行艺坛,压制了进步艺术家的创造精神。19世纪的法国是世界艺术的中心,沙龙是艺术家展示绘画成果的重要渠道,并且入选沙龙、将作品销售出去是画家们的主要收入来源。但是,当时艺术话语权掌握在沙龙评委的手里,而且沙龙评委以学院派画家为主。因此,在造型严谨和叙事能力较强的学院派面前,一些印象派画家的作品频繁落选。例如,印象派绘画大师爱德华·马奈(Édouard Manet, 1832—1883)的艺术作品就屡次遭到了艺术沙龙的拒绝。在这种情况下,进步的艺术家特别是无名的年轻艺术家与之针锋相对,向学院派发起了挑战。

印象派以表现为主,将传统绘画的题材、内容从天上拉回人间。"马奈的作品《草地上的午餐》画上拉斐尔的女神和乔尔乔内的仙女成了女模特儿,其中一个裸体,另一个半穿着衣服。她们和两个衣冠楚楚但显然又'放荡不羁'的波希米亚艺术家在树林中消遣。从这一层意义上看,马奈的背离似乎是由现实主义者的罪名造成的,即艺术家必须画他自己所感受的世界、所看到的世界。于是,维纳斯(Venus)和迪安娜(Danae),甚至是富于浪漫色彩的土耳其宫女,变成一个坐着的裸女或者浴女了。"②

其实,在这次沙龙展览上获得最高奖的也是一幅裸体画,即由学院派大师卡巴内尔所画的《维纳斯的诞生》。同样是裸体画,但是结果却有着天壤之别。卡巴内尔画的裸体画之所以能获得最高奖是因为他的主题和构思都完全遵循传统,画中女神维纳斯在海浪中舒臂而卧,其姿势极具古典美感。而马奈的《草地上的午餐》(图1-3)把两个裸体的女子和两个衣冠楚楚的男子画于最普通、休闲的场景中,这种一反常态的表达方式是对当时古典绘画常见的教化和情感主题的讥讽与挑战,但是也反映了马奈在绘画内容上具有革新精神的艺术创作态度。马奈的另一幅备受争议和指责的作品是《奥林匹亚》(图1-4)。在这幅作品中,马奈画了一个裸体女人,在绘画手法上采用了更加平面化的处理方式,将绘画从追求立体空间的束缚中解放出来,朝二维的平面创作迈出了一大步,这一切都与传统的审美理念和形式法则相违背。

图1-3 《草地上的午餐》(马奈,1863)

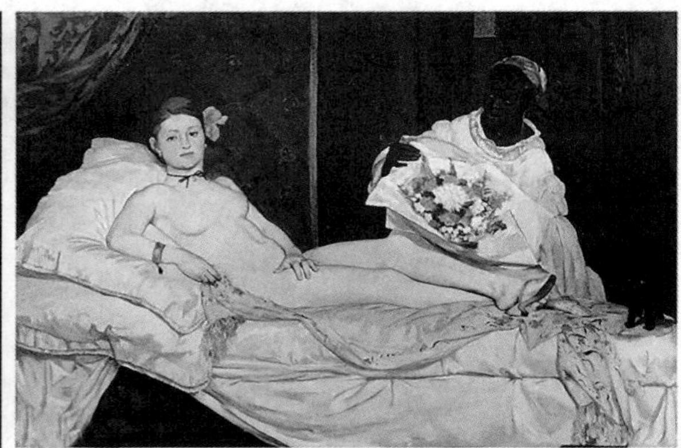

图1-4 《奥林匹亚》(马奈,1863)

① 赵冠男. 西方现代艺术源流概览[M]. 北京:中国建筑工业出版社,2015:9,10.

② H.H. 阿纳森. 西方现代艺术史[M]. 邹德依,巴竹师,刘珽,译. 天津:天津人民美术出版社,1987:17,18.

印象派画家在形式上以自然为师，从室内走向室外，打破学院派室内写生的“酱油调”，执着地追求生动的室外光线。画家约瑟夫·马洛德·威廉·透纳（Joseph Mallord William Turner，1775—1851）出生于伦敦，1789 年进入皇家美术学院。透纳是一个非常著名的风景画家（作品见图 1-5，图 1-6），在他之前，风景只是作为传统宗教绘画中的背景存在的，透纳的出现促使风景画的地位有所提升，使风景画、肖像画、宗教画几乎达到了相同的高度。透纳在绘画上善于捕捉大自然的光影变化以及空气、水的微妙变化。据说，他为了画好惊涛骇浪，曾把自己绑在暴风雨中的桅杆上；为了表现火车的速度，他曾长时间地把头伸到飞驰的车厢外来感受。不难看出透纳对自然的描绘不是简单的“再现”，而是在绘画中融入了自己的思想，所以他的风景画十分具有故事性，他的技法对以后包括印象派在内的画家都产生了深刻的影响。透纳的代表作有《贩奴船》《海滩》。画家马奈和透纳都是 19 世纪印象派的奠基人，他们的艺术创作态度影响了莫奈、塞尚、凡·高等画家。

图 1-5 《恰尔德·哈洛尔德朝圣记》（透纳，1823）

图 1-6 《大风中的荷兰船》（透纳，1801）

1.1.3 现代绘画前的新因素

18 世纪下半叶，新古典主义兴起，为学院派所支持，浪漫主义、印象主义和后印象主义向其发起了挑战。其实，包括古典主义在内的绘画均出现了有意义的绘画新因素，显示出了现代绘画的萌动迹象。

1.1.3.1 新古典主义

1. 大卫

新古典主义虽然崇尚古风、理性，但是新古典主义的产生受到了启蒙运动和法国大革命的影响，是和当时法国特殊的时代背景有重大关系的。1789 年法国大革命时期，资产阶级宣传“古代英雄，号召人民大众为真理而献身。就在这样的历史环境下，产生了借用古代艺术形式和古代英雄主义题材大造资产阶级革命舆论的新古典主义。我们从大卫的作品中很容易就看出这种精神的存在”[①]，例如《马拉之死》（图 1-7）。“大卫在这幅肖像画的构图中，采用了古典主义严谨的艺术风

图 1-7 《马拉之死》（大卫，1793）

① 王鹭. 新古典主义绘画的当下解读 [J]. 艺术评论，2013（5）：107-110.

格。但这种古典形式与现实内容并不矛盾。因为画家所塑造的崇高形象是建立在现实英雄性格之上的，特别是革命英雄主义的主题思想占据主导地位，从而使形式与内容统一起来。占据画面一半的深沉得发黑的背景，压得人几乎喘不过气来。而夺人眼目的皮肤的尸色、木箱的黄色、毯子的绿色、被单和纸张的白色，又都最大限度地呈现出来，形成了强烈的对比。”① 大卫在画中注入了激情主义和对现实的关怀，希望激发起人民群众对这一革命勇士的敬意，这一点是新古典主义与古典主义相比的革新之处。“善于借用古代英雄主义题材和表现形式，直接描绘现实斗争中的重大事件和英雄人物，来紧密配合现实斗争，直接为资产阶级夺取政权和巩固政权服务，这也是新古典主义之‘新’的具体体现。”②

2. 安格尔

“法国的新古典主义具有自身的特点。它往往带有强烈的伦理含义，与某种社会观念的变化联系在一起，同时试图将古罗马的价值观融入公民的生活之中。画家大卫以其作品古典的宏大意味、简洁的形式和主题的英雄性等无愧为法国新古典主义的最纯粹的表达者。”③ 说到大卫就不得不说其学生安格尔，因为“安格尔是大卫所有学生中名气最大的一位，当之无愧地成为大卫之后最重要的新古典主义画家。他坚持古典艺术法则，崇尚理性，拉开了艺术现代化进程的序幕。安格尔出生于一个艺术家的家庭。1791 年，安格尔进入了法国南部的图卢兹的皇家美术学院。1796 年，已经有了一定绘画基础的安格尔来到巴黎，成为大卫工作室里格罗的学生。1801 年，他以历史画《阿伽门农的使节》（图 1-8）荣膺了罗马大奖。”④“安格尔精于观察，对形的追求以现实为基础，但这并不妨碍他进行夸张。通过拉长人体、加强线条流动感和近乎平涂的笔法”⑤，将西方传统绘画中的线的表达上升到一种近似二维平面的构思，创造出接近东方美的新趣味（如图 1-9）。

图 1-8 《阿伽门农的使节》（安格尔，1801）

图 1-9 《泉》（安格尔，1856）

1.1.3.2 浪漫主义

浪漫主义美术产生于法国大革命失败以后的波旁王朝复辟时期。当时，人们对启蒙运动

① 王绍昌.《马拉之死》[J]. 美苑，1983（2）：58-60.

② 王鹭. 新古典主义绘画的当下解读 [J]. 艺术评论，2013（5）：107-110.

③ 丁宁. 西方美术史十五讲 [M]. 北京：北京大学出版社，2016：316.

④ 丁宁. 西方美术史 [M]. 北京：北京大学出版社，2015：332.

⑤ 龚平. 约会艺术之都“巴黎”：十九世纪法国美术流派漫谈·新古典主义 [J]. 中国美术，2011（1）：154-156.

宣扬的理性王国越来越失望，一些知识分子感到苦闷，他们反对权威、传统和古典模式，从而产生了浪漫主义美术。

浪漫主义和新古典主义之间有着千丝万缕的联系，后期的某些新古典主义大师也具有浓厚的浪漫主义倾向，可以说浪漫主义包含了从新古典主义的静止中心放射出的诸多个人风格。“浪漫主义以追求自由、平等、博爱和个性解放为思想基础，用热情奔放、富于幻想、动态的笔触来表达情感，以强烈的主观性对抗过分的客观性；在题材上多描写独特的性格、异国的情调、生活的悲剧等异常事件，还往往从一些文学作品中寻找创作的题材。”①“19 世纪上半期的法国绘画多数受浪漫主义运动和法国大革命的影响，其创作题材、美学形态和表现形式较之传统都发生了巨大变化。浪漫主义绘画摆脱了庸俗审美观和陈腐的学院派体制束缚，满足了法国新兴资产阶级和平民阶层对自由、民主思想的文化需求，其文艺思想和美学形态在美术史上具有积极的进步意义。”②

1. 约翰·康斯太布尔

浪漫主义崇拜自然，强调自然之美，创造了大量赞赏自然风光的作品。浪漫主义代表画家约翰·康斯太布尔（John Constable，1776—1837），1776 年 6 月 11 日出生于英国萨福克郡一个优美的小山村，他的父亲是一个乡村磨坊主。家乡美丽的自然景色以及周边土地上的景物启迪他绘制了数量众多的风景画，同时他在仔细观察和热情描绘大自然的过程中发展了油画技法。康斯太布尔的风景画是现实主义风景画的典范。为了强调色彩，他没有过于注重线条的正确性，而是以纯朴的现实主义自然观向人们展现明净的大自然。康斯太布尔是位痴心于自然的画家，被公认是一流的最诚实的大自然的讴歌者，欧仁·德拉克洛瓦（Eugène Delacroix，1798—1863）赞誉他为现代风景画之父。《干草车》（图 1-10）是康斯太布尔风景画中的代表作品，作品描绘了他童年在赛佛克乡下的生活回忆。画中的干草、车马、河滩都是常见的田园元素，经过画家的组合展现了小山村的安逸之美。《干草车》画面中的大部分为天空所占据。夏日

图 1-10 《干草车》（康斯太布尔，1821）

---

① 邓清明. 视点与风格：论绘画的形式 [J]. 美术大观，2017（1）：54-55.

② 周益民，左奇志，石秀芳. 外国美术史 [M]. 武汉：湖北美术出版社，2011：170，171.

的阳光倾洒在小河上，泛着点点的光芒。两棵高大的橡树枝繁叶茂，为村中小屋和磨坊带来一片阴凉儿。画面的下方是一片水洼地，水洼地的左下方边缘站着一只小狗，小狗的眼睛注视着在洼地中行驶的干草车，起到了引导视线的作用。对于大部分风景画来说，这像是生活中随处可见的情景，但是细微的光线变化和丰富的景物构图使作品富有生气，刻画出了英国风景原始、浪漫的一面。

2. 德拉克洛瓦

德拉克洛瓦是一位承前启后的画家，是一位在绘画上有着深厚的传统观念却从新视角看世界的改革者，是浪漫主义的核心人物。他的作品从内容到形式都体现了浪漫主义的精髓。贵族出身、良好的家庭熏陶和教育使德拉克洛瓦具备多方面的素养与才能，这也为他在绘画领域的探索开拓了更为广阔的空间。英国的浪漫主义源流孕育了他的想象力，文学的空幻世界带给了他远胜于现实世界的表现主题。他坚信，一名出色的艺术家除了具备娴熟技法之外，还需要博学多才，诸种艺术形式都会为绘画创作带来灵感，绘画固然具有其他艺术所不及的种种长处[①]，而"诗也具有丰富的内容，拜伦的某些词应当被永远牢记，它们是丰富想象力的无尽源泉，它们对你是有益处的"[②]。

德拉克洛瓦被左拉誉为"浪漫主义的雄狮"。在学院派古典主义绘画中，色彩是依附于造型并且为造型服务的。传统的学院派绘画是先用线条勾画出对象的外形，然后选取适当的色彩对这些已经勾勒完成的轮廓进行填充，绘画步骤十分严谨且有一套硬性的规范，虽然画面中颜色的色相是有变化的，而且画面中色彩的搭配组合也十分和谐、赏心悦目，但是从色彩的丰富程度上来说，这些颜色也只是明暗上有区别。德拉克洛瓦认为当把浪漫主义看成一成不变的规范，并按照这个规范进行创作时，就不再是浪漫主义了；艺术家有权在作品中保持个性的独立；一点点天真的灵感比什么都可贵，最美的艺术创作就是表达作者纯粹幻想的作品。为了强调色彩，他没有过于注重线条的正确性。新印象主义者称他为色彩新纪元的开创者[③]。

德拉克洛瓦创作的《希阿岛的屠杀》（图 1-11）表现了画家的正义感和人道主义精神，是画家对战争和侵略的控诉和对弱者的同情。但从绘画本身来看，它标志着绘画意识和色彩意识的觉醒，是对以往绘画观念的彻底抛弃[④]。其在代表作《自由引导人民》（图 1-12）中设计了一个象征着自由和胜利的女神形象。她作为全画的中心，反身召唤着民众向敌人的营垒冲锋。她身后的工人、知识分子和少年彰显了这场斗争的深度和广度。在这幅画中，作者真实又浪漫地抒发了自己的情怀，使主题具有了超越现实的理想化的真实性。因此，德拉克洛瓦的真实观是在被渲染的气氛中找到事物应该有而不一定有的真实性存在，他的真实就是一种心理上的真实，这实际上是一种很现代或当代的观念。

① 李宏. 西方美术理论简史 [M].2 版. 北京：北京大学出版社，2017：256.

② 德拉克洛瓦. 德拉克洛瓦日记 [M]. 李嘉熙，译. 北京：人民美术出版社，1981：96.

③ 周益民，左奇志，石秀芳. 外国美术史 [M]. 武汉：湖北美术出版社，2011：172.

④ 彭燕.19 世纪法国美术的巨大影响和特点 [J]. 华章，2013（6）：82.

图 1-11 《希阿岛的屠杀》(德拉克洛瓦,1824)

图 1-12 《自由引导人民》(德拉克洛瓦,1830)

3. 弗朗西斯科·何塞·德·戈雅－卢西恩特斯

弗朗西斯科·何塞·德·戈雅－卢西恩特斯（Francisco José de Goya Lucientes，1746—1828）是西班牙浪漫主义画家，其作品对巴洛克式画风、类似表现主义的画风都有涉及。他虽没有形成自己的艺术流派，但是对后世的现实主义画派、浪漫主义画派和印象派都有很大的影响，是一位承前启后的过渡性人物。戈雅 14 岁开始学习艺术，1776 年进入宫廷，主要为皇家织造厂绘制和设计一些壁毯草图。18 世纪 90 年代，戈雅进入了创作的转折时期，他早期那种天真无忧的情绪逐渐被愤怒的激情和冷静所代替，创作了许多经典的艺术作品。戈雅的艺术具有鲜明的民族特性、现代性和实际的历史感。其代表作有《1808 年 5 月 3 日夜枪杀起义者》（图 1-13）、《裸体的马哈》（图 1-14）、《穿衣的马哈》（图 1-15）。《1808 年 5 月 3 日夜枪杀起义者》，戈雅这幅令人震惊的画描绘了一个真实的历史事件，西班牙人起义反抗法国的占领，法国行刑队在马德里射杀平民以示惩戒。这幅画结合巴洛克和浪漫主义的表现手法，呈现出强烈的场景震撼感。画面那晦暗的背景险恶且令人惊惧，更衬托出前景亮色场面的暴怒恐怖①。画家将明暗对比发挥到了极致，并特意将行刑队与马德里平民画得如此靠近。画面右侧是一列穿着整齐、装备一致的士兵正准备射杀平民；他们举起的枪排成一条可怕的死亡阵线。士兵们雷同的射杀姿势表明他们早已沦为冰冷无情的战争机器，对自己的所作所为毫无顾忌。而画面的左侧，那些衣裳破烂不整的受害者畏缩成一团，惨烈悲情。有的已经死去，有的正面对枪口，还有的则无畏前行、慷慨就义。画家对每个牺牲者都采用不同的描绘策略，唤起观众对他们的分别关注和深切同情。画面中的白衣人眦裂发指、愤怒抗辩，他那举起的双臂仿佛被钉在十字架上，让观众想到了耶稣受难②。

图 1-13（左）《1808 年 5 月 3 日夜枪杀起义者》（戈雅，1814）

图 1-14（右上）《裸体的马哈》（戈雅，1797—1800）

图 1-15（右下）《穿衣的马哈》（戈雅，1800—1803）

① 史蒂芬·法辛. 艺术通史 [M]. 杨凌峰，译. 北京：中信出版集团，2015：270.

② 史蒂芬·法辛. 艺术通史 [M]. 杨凌峰，译. 北京：中信出版集团，2015：270.

1.1.4　新绘画观念的萌动

欧洲艺术从传统形态向现代形态过渡，经历了印象主义、新印象主义、后印象主义和象征主义等阶段。虽然 19 世纪先后出现过古典主义、浪漫主义和现实主义的潮流和风格，它们也都具有不可否认的革新意义，但自印象主义崛起，欧洲艺术的现代风采方见端倪。从这时期起，艺术从内容到形式的变革，跳跃的幅度越来越大，革新的锋芒越来越鲜明，从而引发了 20 世纪初对传统艺术的全面突破，欧洲艺术出现崭新的面貌①。直至今日，“物体的色彩是由光的照射而产生的，物体的固有色是不存在的”这一当时对色彩最科学的理解，还在潜移默化地影响着我们的艺术创作。

1.1.4.1　印象主义

1874 年 3 月，一群年轻人以“无名画家”的名义在巴黎的几间摄影工作室里举办了一个他们自己的画展，且不论作品如何，这个事件本身就是对官方权威艺术沙龙体制的挑战。画展开幕后引起舆论的关注，批评和嘲讽不期而至。观众们普遍认为，这些年轻人功底浅薄，观点激进，艺术风格背离了美的原则和传统。他们的作品色彩鲜艳、笔触潦草，带有十足的即兴成分。人们不能接受这样的革新，认为这些人别出心裁只是为了引起观众的注意。据描述，展览会开了一个月，“从开始起，参观这个展览的人似乎非常多，但观众到那里仅仅是去嘲笑”②。所以，“印象主义”这个词最初是评论家和观众在看完画展之后对这些年轻艺术家的侮辱。如评论家路易·勒鲁瓦（Louis Leroy，1812—1885）就展览中的《日出·印象》（图 1-16）这幅画的创作标题做文章：“印象？哪怕是最简单粗鄙的墙纸图案都比这幅海景画更像一幅已完成的作品。”

图 1-16 《日出·印象》（莫奈，1872）

① 邵大箴. 外国美术简史 [M]. 北京：中国青年出版社，2011：169.

② 周宏智. 西方现代艺术史 [M]. 北京：中国建筑工业出版社，2016：8.

印象派相对之前的艺术流派，在绘画上反对古典学院派的保守思想及其陈腐、单调的画法，摒弃传统绘画中千篇一律的棕色调并且打破几百年来在室内绘画的传统，主张用自己的眼睛观察、直接感受大自然，面向大自然写生，客观再现光线感觉，捕捉物体在外光下瞬息即逝的颜色，追求在光色变化中表现对象的整体感与气氛。在绘画手法上，印象派绘画忽视造型、忽略轮廓，注重捕捉光影的瞬间变化，使绘画具有平面性，色彩图案化，并且印象派也运用强烈的碎笔触作画，使画面富于动感。爱德华·马奈、克劳德·莫奈（Claude Monet，1840—1926）、皮埃尔·奥古斯特·雷诺阿（Pierre-Auguste Renoir，1841—1919）、埃德加·德加（Edgar Degas，1834—1917）、图卢兹·劳特累克（Henri de Toulouse-Lautrec，1864—1901）都是印象派画家。印象主义反对官方的学院派艺术，从当代的生活中寻求题材和灵感，培育了现代艺术的全新观念。印象主义还存在一定的自身缺陷：它在绘画题材、内容上仍然是对客观事物的模仿，并不重视艺术家主观情感的抒发，没有从根本上突破传统。

1. 爱德华·马奈

印象派的起源可以从前文提到的爱德华·马奈说起。马奈虽然与印象主义画派有密切关系，但他未参加任何一届印象主义画展。马奈对于印象主义的重大贡献就在于他是那个最初的勇敢反抗传统绘画观念的带头人。马奈出生于艺术世家，从小就对绘画有着浓厚的兴趣，不满学院派的教学而迷恋历代大师提香·韦切利奥（Tiziano Vecellio，1488—1576）、埃尔·格列柯（El Greco，1541—1614）、戈雅和彼得·保罗·鲁本斯（Peter Paul Rubens，1577—1640）的艺术。他在 27 岁时创作的《苦艾酒的嗜好者》反映了人生的黑暗面，也表达了他对学院传统的反叛。这幅画强调光影对比，少了中间色调，直接用写生法画成，瞬间效果突出，色彩精炼而丰富，尤其注重黑色的作用。其后创作的《草地上的午餐》和另一幅描绘裸体女子的油画《奥林匹亚》是用严谨写实的传统方法画出来的、具有世俗精神的作品，但因构思大胆和手法新颖而遭官方沙龙拒绝。“不过，绕道还应该走出新路，破旧必须创新。因此，新艺术的发展还要归结到创造印象主义风格这个根本任务上。印象主义主要是在风景画领域开创新路的，而马奈则以人物画见长，于是创建印象主义的担子不得不让在风景画方面更有专长，更有创见，也更有奋争毅力的莫奈挑起来。”①

2. 克劳德·莫奈

莫奈是印象主义的代表画家，也是开创者之一。印象派的名字也是来自他的代表作《日出·印象》。莫奈是将光与色表达于画布的先行者。莫奈的作品有意忽视造型，注重光色的表达，他的《睡莲》系列画面形体造型潦草，但色彩却沁人心脾，脱离了形体的色彩坚定地将情绪表达出来，那一蓝一粉一绿之间让人感觉到光影的变幻莫测和画家本人心中充满的惊惧和忧伤。莫奈对于色彩的理解在画面上得到了诠释，他的绘画以色彩为重，以阳光下的颜色变化去塑造物体体量，使色彩具有主导性，不被框在形体之中。②。

《日出·印象》这幅作品十分精准地诠释了印象派艺术家是如何运用颜色来构建一幅艺术作品的。在这幅画中，莫奈大胆运用冷暖色，用冷蓝色天空来衬托暖黄色朝阳，以取代色调的

① 朱龙华. 艺术通史 [M]. 上海：上海社会科学院出版社，2014：419.

② 李慧. 色彩的解放：印象派绘画将色彩从形体中解放出来 [J]. 流行色，2018（10）：13-17.

明暗对比,最终形成十分和谐、符合自然规律的色彩关系。对莫奈而言,自然的感受像是遥远的事物覆盖着空气的面纱,如同光线和颜色的激动与震荡,而不是形状和形式。“所有传统观念中的‘内容’或是主题已不复存在,光线和空气才是主题——烟、雾以及港口内肮脏水面反射出来的视觉效果。这只是对一个飞驰而过的时刻的记录,是对即将迅速消散的晨雾中正在升起的太阳的惊鸿一瞥。再过几分钟甚至几秒钟之后,太阳即将爬升得更高,颜色也将改变,海中的小船也会移动位置,每一件事物看起来都会变得不一样,这一刻也将不复存在。”[①] 莫奈想要以颜料来重建等同于视觉感受的色彩,或者是(如同当时的科学家在初步探索视觉的问题时所说过的)从现象界的事物反射出来的光线刺激到视网膜时的神经反应[②]。

3. 皮埃尔·奥古斯特·雷诺阿

雷诺阿在法国上维埃纳省利摩日的一个裁缝家庭里诞生,他是家中的第 6 个孩子。1844 年,雷诺阿全家迁居巴黎。1854 年,13 岁的雷诺阿离开学校到瓷器厂做学徒,学习绘制瓷器和屏风,这成了他的艺术启蒙,激发了他对绘画的极大兴趣。雷诺阿和莫奈是十分要好的朋友,他们经常在一起绘画,早年间莫奈和雷诺阿都居住在巴黎西面的圣米歇尔,他们经常光顾青蛙塘。“他们所画的青蛙塘可以说是印象主义早期的典范之作。他们当时就画出了水光闪烁的迷人景象。其中的光成了一种将人与风景融为一体的重要因素。如果说莫奈更多的是表现风景本身,那么雷诺阿则对其中的人物表现下了更多的功夫,不过他并非描绘人物的音容笑貌,而是表现光在他们身上形成的效果。”[③] 他在肖像画和裸体画中尝试运用印象主义的方法并取得了理想的效果,加上雷诺阿的那种轻柔的、天鹅绒般的笔触效果仿佛有一种梦幻般的美,使笔下的人物形象很有艺术魅力,如其代表作《煎饼磨坊》(图 1-17)。《煎饼磨坊》是早期印象派的代表作之一,描绘了午后的煎饼磨坊花园,年轻人在斑驳的树荫下聚会,享受悠闲的午后阳光。画面完美地呈现了露天舞会那种喧嚣嘈杂、充满活力的氛围。

图 1-17　《煎饼磨坊》(雷诺阿,1876)

---

① 苏宏斌. 时间意识的觉醒与现代艺术的开端:印象派绘画的现象学阐释 [J]. 文艺理论研究,2018,38(1):161-169.

② 昂纳,弗莱明. 世界艺术史(第 7 版修订本)[M]. 吴介祯,等译. 北京:北京美术摄影出版社,2013:704.

③ 丁宁. 西方美术史十五讲 [M]. 北京:北京大学出版社,2016:427.

1.1.4.2 新印象主义

19 世纪 80 年代中期酝酿出一种反叛意识，年轻的艺术家们开始寻找脱离或超越传统绘画的方向。印象主义过分依赖大自然，注重对视觉景象的客观记录，专心捕捉迅速演变及偶发的时刻，而不顾及艺术中长久、持久及最值得纪念的意义，这些都是印象主义的自我限制，使得印象主义的作品没有个人风格，流于粗略并缺乏高深的隽永含义。特别是这些早先曾被认为是印象主义最大的优点，后来却遭到年轻艺术家们的斥责。20 世纪，新印象主义（Neo-Impressionism）试图用光学科学的实验原理来指导艺术实践，其也被称作“分割主义”和“点彩派”，代表人物有乔治·修拉（Georges Seurat，1859—1891）与保罗·西涅克（Paul Signac，1863—1935）。

乔治·修拉的“分割主义”是对印象派“碎色法”的进一步发展。他将相关的各种纯色凑在一块儿，而不是在画板上把这些颜色调好之后再使用。这种方法能提高颜色的亮度和饱和度，所以画面看起来会更加鲜亮明丽。虽然莫奈等人早已领会并实践过这种创作手法，但是修拉却强调要把它们像数学公式般贯彻下去，这就与印象主义重视直观印象和瞬间感受具有很大区别了。“修拉的画需要花很长时间在画室里一点点地画出来，因为他的细点画法要求画家确定形象姿态后就完全按照固定的轮廓点彩着色，强调的不是瞬间印象的灵活生动而是物象静态的永恒性。由此组成的画幅有光色情态之美和逻辑条理般的严谨，但却有违印象主义追求直观气韵的初衷。”① 可能是与修拉的作画方式和过于关注对方法及理论的研究有关，他一生创作的作品不多。但这并不影响修拉一生都坚持印象主义的某些原则，以情节为主题，描写当时的生活，享受风景，密切注意明暗效果，如其作品《大碗岛星期天的下午》（图 1-18）。

图 1-18 《大碗岛星期天的下午》（修拉，1884—1886）

① 朱龙华. 艺术通史 [M]. 上海：上海社会科学院出版社，2014：432.

1.1.4.3　后印象主义

后印象主义（Post-Impressionism）是继印象主义之后存在于 19 世纪 80 年代至 90 年代的美术现象。“后印象”这个词是由英国艺术评论家罗杰·弗莱（Roger Fry，1866—1934）提出的。1910 年，他举办了名为“后印象派”的展览，主要展出塞尚、高更和凡·高的作品。在色彩上，平涂、抽象、概括在使色彩具有象征内涵和情感的同时具有相对独立性。在线条上，富有装饰性，简洁优美。在描写物象时，不进行细致逼真的工笔描画，不讲究细节的真实，而是以线条营造一种整体的浑厚感、布局的清晰感。在构图上，强调任意主观、不受时空限制、平面化、装饰感。后印象主义艺术家们把大部分的精力用来表现理念、情感，因此构图对他们来说是一个非常重要的表达手段。其作品内容根据主观意图来安排，不管内容是来自天马行空的想象，还是来自客观真实的世界，都是艺术家根据自己要达到的效果任意安排的，并不遵循什么客观的逻辑[①]。后印象主义的艺术家们既不同于印象派狂热地追求外光和色彩，也不同于新印象派对光色进行分析和运用逻辑思维进行艺术创作。现代艺术受到后印象主义的影响，不再一味地追求真实效果，而是强调艺术给每个人带来的感受。

1. 保罗·塞尚

保罗·塞尚（Paul Cézanne，1839—1906）是真正迈向抽象艺术并成为现代流派的绘画大师，他和莫奈、毕沙罗是同时期的好友，他们之间交流频繁，但塞尚直到 40 岁才找到不同于印象主义的艺术道路，形成自己的风格，其作品有《自画像》（图 1-19）、《圣维克多山》（图 1-20）。他一生的绘画生活都是靠接触自然而得来的，这是一种艺术的自觉，也是一种主观的自我表达。他对自然的观察，不是停留在表面的，而是对事物内部的结构做更深入的分析研究。塞尚希望看见的就是“塞尚的世界”，这种观察不受任何情趣干扰，用理性的思维进行思考，有时这种苦苦探寻在短期内是不得结果的。他用了近一生的时间，希望在绘画世界里，表现富有秩序的、确实而坚固的画面感受。因此他走向了反印象主义所描绘的光与色的世界，独自追求物象在画面中的坚固、构成和秩序[②]。他的作品《自画像》是他开始显露后印象主义风格的代表性绘画，没有凭借直观印象去用色，而是以色调来表现物体的体块结构，画中完全看不到印象主义碎色拼接所形成的光影效果，但这幅画也展示了他当时所追求的新风格——通过学习大师的构图和形体描绘的准确来使印象主义变得更加牢固，接近博物馆的名画。

图 1-19　《自画像》（塞尚，1875）

图 1-20　《圣维克多山》（塞尚，1890）

---

① 钱江. 后印象主义绘画理念及其对平面设计的影响 [J]. 文艺评论，2013（7）：116-119.

② 戴家峰. 后印象主义画家在画布上的创造 [J]. 南京艺术学院学报（美术与设计），2016（4）：184-187.

2. 文森特·凡·高

文森特·凡·高(Vincent van Gogh，1840—1901)追求单纯感和表现力,沉醉于东方的线条和自由的色彩,试图把油画中的色彩和线条的表现力提高到一个新的境界。他的画作充满热情,犹如一团永不熄灭的烈火,这虽然与他的精神疾病有着一定的联系,但是并不能否认他对色彩创造性的发现和表现。在他的作品中,色彩都是较为奔放、夸张的,画中的物体也是扭曲、变形的,带有非常鲜明的个性,如《星空》(图 1-21)、《向日葵》(图 1-22)。同时,凡·高重视个人内在情感的表达,追求的是对所要描绘事物的真切的充满真实情感的感受,他的这种绘画美学理念深深地影响了 20 世纪的表现主义和野兽派绘画。迈耶·夏皮罗(Meyer Schapiro，1904—1996)曾说凡·高的艺术与他内心的情感、心智的状态密切相关,其创作优势就在于他完全是从自己内心和情感中演绎象征主义和表现主义,这也是同时代的人所不能比拟的 ①。

图 1-21 《星空》(凡·高,1889)

图 1-22 《向日葵》(凡·高,1888)

1.1.4.4 后印象主义的绘画观念

后印象派与印象派不同的是后印象派绘画不再模仿客观的世界,而是更多表现画家对客观事物的主观感受,希望通过画面色彩来表达内心的情感,偏离了西方客观再现的艺术传统。就拿作为现代艺术先驱的塞尚来说,“在塞尚之前的绘画作品,其实质就是对自然事物的模仿,而衡量一个作品好坏的标准,就是画作再现自然的逼真程度,越逼真的绘画受到的关于艺术水平的评价就越高。但是到了塞尚这里,这种习惯性思维遭到了冲击。塞尚主张画家要根据自身对自然事物真实的感受,进行主观上的处理,透过事物的表象在画面上创造出‘真实的自然’”②。塞尚在绘画中有意识地改变了传统绘画里的透视空间,为了使画面更加坚实、牢固,他将造型和色彩纳入了一种更平面化的秩序关系中,并且在后期,塞尚没有再追求印象派所追求的光影效果,他认为绘画中的色彩应是一种对应关系,而不是对直觉的再现。塞尚的《苹果篮子》(图 1-23)体现了他对画面构图和色彩的追求。在这幅画中,塞尚主观地整合了画面,削弱

① 管郁静. 文森特·梵高绘画美学思想分析 [J]. 南昌教育学院学报,2017,32(3):24-25,89.

② 尹舵. 论后印象派的艺术特征 [J]. 现代装饰(理论),2016(8):290.

了物体原有的质地，所有的物体都是用强有力的笔触概括出来的。塞尚这种重视画家主观表现的理念，开启了现代抽象绘画的先河，推动了两种现代主义艺术潮流——抽象艺术（如立体主义）和表现主义（野兽派、德国表现主义）的出现，因此后印象派绘画被认为是西方表现主义现代艺术的起源。

图 1-23 《苹果篮子》（塞尚，1890—1894）

1.2 古典雕塑的净化

古典雕塑的净化是由法国雕塑家阿里斯蒂德·马约尔（Aristide Maillol，1861—1944）提出来的。马约尔曾是一名画家，由于眼疾的困扰，从绘画转向了雕塑，成为 20 世纪的雕塑先驱。在马约尔看来，女性的身体就是大自然的缩影。在马约尔的艺术创作中，女性人体成了他创作灵感的主要来源。他主张女性雕像应保持一种发端于古希腊、古罗马的净化，把女人形体的原始曲线美比喻为自然的一部分。"《地中海》（图 1-24）是马约尔一系列不朽之作的开端，体现了他独特艺术的主要内涵。他把女人形体看作取之不尽的宝藏。他雕塑的女人形态有多方面的意义，它能引起人们对自然、对生活、对某一事件或某一人物的回忆或想象，富于象征意味。"①

图 1-24 《地中海》（马约尔，1905）

1.2.1 古典雕塑的简化与原始化

马约尔不刻意追求绘画效果，而是赋予雕塑一种抽象的寓言性质和象征意义。马约尔、安托万·布尔德尔（Antoine Bourdelle，1861—1929）和查尔斯·德斯皮欧（Charles Despiau，1874—1926）是 20 世纪法国的雕塑先驱。他们所主张的是"在保存古典的同时又净化古典"的原则，与奥古斯特·罗丹（Auguste Rodin，1840—1917）的理念相反。"马约尔集中精力重申古典主义，剥掉学院派善感地模仿理想主义的污垢，用他那农民模特儿的朴实无华的现实性，把这些污垢一扫而光。其创作主题几乎是排他的，大都集中在独立的女性人体上，有站、坐和倚等各种形态，通常是静止的。他反复不断地宣称，雕塑的基本论题是整体容积，是有形空间所围绕

① 崔彬. 女性人体美的卓越歌手：马约尔 [J]. 文艺研究，2008（12）：158-160.

的体量，同时，裸体的美感，是反映模特儿的生气勃勃的健康感，而不是什么抽象的古典理想。”① 马约尔的雕塑作品稳重、成熟并有古典主义的艺术痕迹，是在古典主义和现代摩尔的抽象雕塑之间承前启后的最重要的雕塑家。

布尔德尔是法国雕塑家，没有布尔德尔，罗丹的艺术也得不到继承。布尔德尔在完成图卢兹美术学校的学业之后又在巴黎美术学校学习了一些课程，但是布尔德尔并不喜欢学校的那套教学陈规，只学了几个月就走了。后来，布尔德尔在朱尔斯·达鲁（Jules Dalou，1838—1902）的介绍下成了罗丹的助手。在做罗丹的助手期间，除了协助罗丹进行创作之外，布尔德尔也完成了自己艺术风格的成熟转换。1910 年，布尔德尔创作了他最著名的作品《弓箭手赫拉克勒斯》（图 1-25）。布尔德尔的作品在其离开罗丹的工作室后显得更加雄健、明快和单纯。《弓箭手赫拉克勒斯》就是一个显著的例子。赫拉克勒斯是神话中半人半神的英雄，由于他吸吮了天后赫拉的乳汁而力大无穷。他手持弓箭，四处奔走，做了许多好事。雕像中，他正在射杀鸟怪。拉弓使他强健的肌肉一一隆起，显现出无与伦比的力量。整个造型夸张而又有气势，人物两腿叉开，其中一条腿蹬着岩石，增加了雕塑的张力。这件作品一面市就赢得了赞誉。人们对他的评价甚至超过了对罗丹的评价②。

图 1-25 《弓箭手赫拉克勒斯》
（布尔德尔，1909）

1.2.2 古典雕塑的主题及新变化

古典具象写实雕塑是以古希腊和文艺复兴时期的人体雕塑为代表的。西方雕塑从古希腊时期起，就努力模仿再现自然，写实性极强。古典雕塑的造型依赖于现实中的人体，通过雕塑的手段再现接近完美的人体，倡导雕像要朴实无华，要表现美和健壮体魄，其主题往往来源于宗教与神话或者日常生活。雕塑家们既崇拜神，也崇拜和神一样完美的英雄、战士和运动员，并为他们塑像以供人礼赞。雕刻材料大多是石材和青铜材料，这些材料易于保存，具有很好的耐久性。古典雕塑通常具有很强的纪念意义，它向人们传达的也是一种公认的“美”，由于许多雕塑家把神话中的人物刻画成人们心目中的完美形象，所以这种“美”在很大程度上具有崇拜性质，如米开朗琪罗的作品《大卫》（图 1-26）。

图 1-26 《大卫》
（米开朗琪罗，1501—1504）

① H.H. 阿纳森. 西方现代艺术史 [M]. 邹德侬，巴竹师，刘珽，译. 天津：天津人民美术出版社，1987：59.

② 丁宁. 西方美术史 [M]. 北京：北京大学出版社，2015：332.

在西方雕塑史上，罗丹是一个转折性的人物。他的艺术风格继承了古典主义雕塑的传统，是 19 世纪古典主义雕塑最后的大师。但是罗丹没有按照学院派的教条循规蹈矩，而是敢于突破官方学院派的束缚，走自己的路。他善于吸收一切优良传统，对古希腊雕塑的优美生动及对比的手法，理解得非常深刻。其作品架构起了西方近代雕塑与现代雕塑之间的桥梁。他的艺术风格也拉开了现代主义雕塑的序幕。罗丹在现代雕塑中占有极高的地位，可以说马奈、莫奈、塞尚、凡·高或高更等画家在现代绘画中的地位都不能和罗丹在现代雕塑中的地位相比。罗丹开拓其艺术之路的时候，也是法国现实主义艺术盛行的年代。米勒、杜米埃等现实主义画家所注重的强调真实地再现自然对象的主张都对罗丹的雕塑创作产生了很大的影响。这些影响让罗丹的创作从一开始就忠实于真正的艺术感觉，并且带有明显的现实主义色彩，如其作品《青铜时代》（图 1-27）。

罗丹的雕塑正如库尔贝的绘画那样，注重雕刻艺术对人的关注和对人类精神的表现，其摆脱了学院派雕塑艺术因循守旧、僵死陈腐的羁绊。1864 年，他在《塌鼻男人》（图 1-28）里表现了一个鼻梁塌陷、面容憔悴的老人形象。毫无疑问，由于这件作品太过真实丑陋，官方沙龙认为这是件冒犯现实的作品，而拒绝在沙龙上展出。其实在当时，法国雕塑创作的流行趣味大致是带有浪漫主义气质的古典主义风格，并且社会对雕塑的审美趣味还是相当保守的。然而罗丹的《塌鼻男人》直接颠覆了艺术作品追求“美”的审美趣味。从这件作品中可以看出，罗丹所追求的美并不是那些由古典主义秩序和规则所制定出的程式化的美，他认为美不在于表面的形式和效果，而存在于真实的精神和气质之中。从这个意义上来说，《塌鼻男人》以外表的“丑”表达了真挚的情感和精神，因而也彰显了艺术的美。罗丹说：“美是到处都有的，并非美在我们的眼目之前付之阙如，而是我们的眼目看不见美。所谓美，便是性格与表情。”[①]

图 1-27 《青铜时代》（罗丹，1876）

图 1-28 《塌鼻男人》（罗丹，1864）

① 葛赛尔. 罗丹艺术论 [M]. 傅雷，译. 北京：中国社会科学出版社，2001：128

1.2.3 画家对雕塑的贡献

奥诺雷·杜米埃(Honoré Daumier，1808—1879)是19世纪绘画和雕塑的先驱人物，他最精彩的作品是其于1830—1832年创作的漫画式雕塑头像。作品深深的造型表面直截了当，并抢到了罗丹后期作品之前。他的《拉塔波依》是一幅尖刻的新波拿巴主义的漫画和一个完全能看得懂的雕塑作品。傲慢的姿态和自命不凡的风雅是通过空间的存在和运动而获得的。衣服的摆动和充满光感的飘垂与人体本身、骨头般的盔甲呈均衡状态。杜米埃的雕塑是现代雕塑伊始的雏形，但影响很小，因为第一代现代雕塑家很少知道他[①]。绘画方面，杜米埃是法国杰出的漫画家，也是一位独具风格的油画家。他有爱憎分明的观点、对世态敏锐的洞察力。杜米埃的作品夸张、变形，具有象征意味，在写实的基础上适度夸张地对社会丑态进行讽刺。杜米埃的艺术作品紧密结合时代，贴近生活，如放大镜一般深刻细微地为我们呈现出了19世纪中叶法国的社会风貌。

埃德加·德加最出色的作品以舞蹈者和马为主题，从这两种作品中可以看出他对空间和运动的不断实验。在德加用青铜铸造的作品里还保留了原先蜡质材料的感觉。蜡质材料一层层地做在表面上，每一层蜡的细部都一清二楚。风俗画如《按摩女》，这一作品似乎是风俗画和雕塑之间的第一次交流，进一步分析也可以把它看成一种复杂空间中相互作用的雕塑体量。在绘画方面，德加是印象派人物画家，又是现实主义巨匠。德加与印象派关系密切，他参与筹办了除第七届之外的所有印象派展览。德加接受过严格的绘画基础训练，又出色地掌握了学院式素描手法，有很高的古典艺术修养。德加受到安格尔的影响，从文艺复兴的古典主义素描、造型中汲取养分，所以德加的画始终保留有严格的轮廓。但是，德加的画却又不同于古典主义，而是扩大和丰富了这种绘画形式。

雷诺阿从事雕塑创作时，已经快到他的生命之末了。他的大多数作品得到雕塑家吉诺的协助，是直接对他后期绘画作品的翻版，或以此为蓝本进行的即兴创作。由于这些绘画有力地强调出人体的造型，所以他的雕塑翻版是合乎逻辑和合乎自然的，其雕塑的人体在安宁或缓慢运动状态之中呈现着简练与古典的厚重感。马约尔也可能受到雷诺阿绘画的影响，他们二人的作品都强调宁静的雕塑体量，而不是强调空间[②]。

在印象主义画家中，雷诺阿主要画妇女肖像和裸体。他最初在陶器器皿上作画谋生，后来入安格尔画室学习，转而参加印象主义社团。他的画充满着欢乐的气氛和感情色彩。他在肖像和裸体画中尝试运用印象主义的方法，取得了理想的效果。“他笔下的儿童形象也很有艺术魅力。他是所有印象派画家中最受观众欢迎的画家之一。”[③]雷诺阿早期受到迪阿兹、德拉克洛瓦、马奈和库尔贝等人的影响。1867年其创作的《狄安娜》以柔和的气氛处理古典题材，引起人们的注意。从19世纪70年代开始，他的画风更具温柔的诗意情调。1874年其创作的《包厢》显示出他风格的成熟。而在《煎饼磨坊》《船上的舞宴》等多人物构图的作品中，轮廓线明显淡化，色彩处理更为柔和，画面有令人陶醉的梦幻感。从1883年起，雷诺阿的画风发生新的

① H.H. 阿纳森. 西方现代艺术史 [M]. 邹德侬，巴竹师，刘珽，译. 天津：天津人民美术出版社，1987：64.
② H.H. 阿纳森. 西方现代艺术史 [M]. 邹德侬，巴竹师，刘珽，译. 天津：天津人民美术出版社，1987：64.
③ 龚平. 约会艺术之都：19世纪法国美术漫谈之五·印象主义画派 [J]. 中国美术，2011(5)：152-155.

变化，他重新关注素描造型，轮廓转向具体、肯定，色彩平滑而细致，似乎从安格尔的风格中得到了启示。他从古典大师那里吸收养分，并将其融入个人的绘画创作，探索出一种新的艺术语言，在创作中加强了素描的分量，不再那么强烈地追求户外光线效果，而转向追求更清楚、明确的形式以及与马约尔相通的古典净化。

1.3　现代前的学院派建筑探索

学院派建筑始于 1671 年的法国皇家建筑研究会，其创始人是路易十四的大臣让·巴普蒂斯特·柯尔贝尔（Jean-Baptiste Colbert，1619—1683）。该研究会不仅组织了许多建筑师对建筑理论与风格开展学术研讨，还开设了建筑方面的学术讲座，这就是法国皇家建筑学校的雏形。从 1720 年起，皇家建筑研究会开始组织设计竞赛，并且教授公共课程，最终在 1743 年成立了第一所建筑学院。到了 19 世纪初，政府将该研究会与绘画、雕塑学院进行合并，成立了“美术学院”，也就是后来的巴黎美术学院，其学术思想和教学方法常常被称为“学院派”，其影响力也一直持续到了今天。

19 世纪，在西方建筑界占主导地位的潮流建筑是复古主义建筑和折中主义建筑。复古主义建筑是指模仿古希腊和古罗马时期建筑风格的建筑，他们认为只有以历史上的建筑为蓝本才能建造出外形优美的建筑。折中主义建筑和复古主义建筑具有一定的相似性，那就是建筑师都主张模仿以往的建筑形式，在因袭传统的基础上进行设计。不过折中主义建筑师不拘泥于某一形式的某一风格，而是在模仿传统建筑的基础上利用不同的手法将不同的建筑风格拼合在一座建筑上。这里要说明的是，在 19 世纪后期的欧美历史建筑中，部分建筑虽然采用了新型钢铁和钢筋混凝土结构，但外观仍然套用的是历史上的建筑样式。在复古主义和折中主义建筑潮流影响下，建筑师们由于过度重视建筑的形式美而忽视了建筑的结构技术与实用功能。此时，对建筑的研究十分孤立，没有把地方文化与地方建筑联系起来，导致建筑作品缺少民族文化内涵和时代特点。主导这种建筑思想的是唯美主义，其以巴黎美术学院为代表，因此，这样的建筑又被称为学院派风格建筑，或美术风格建筑。

学院派风格建筑有以下特点。

（1）建筑外表装饰复杂、烦琐，甚至有多层的立面装饰，但却缺乏实用功能，通常还搭配设计宏伟的双柱式柱廊。

（2）墙面、窗户、屋顶、屋檐都雕有精致、烦琐的雕花，表现奢华的气质。

（3）墙体采用石块材质，立面呈对称形式，体现宏大的气质，追求“高贵的单纯和静穆的伟大”古典主义准则。

1.3.1　学院派建筑的弊端和变革因素

1. 学院派建筑的弊端

（1）以柱式为模式的僵化形式。柱式是一种建筑结构的样式，是西方古典主义建筑的典型代表结构。它的基本单位是柱和檐。柱可分为柱基、柱身、柱头（柱帽）三部分。由于各部分尺寸、比例、形状不同，加上柱身处理和装饰花纹各异，而形成了各不相同的柱子样式。古典柱式是西方古典建筑的重要造型手段。文艺复兴时期形成了分析建筑的客观标准，形成了一套古典主义建筑的准则。其成就之一就是“五柱式”。学院派建筑遵循以柱式为模式的准则，使建筑形式日益僵化。

（2）建筑艺术追求风格化。同一个平面可以设计出不同的立面；同一种柱式可以适应不同类别的建筑。意大利建筑师、建筑理论家利昂纳·巴蒂斯塔·阿尔贝蒂（Leone Battista Alberti，1404—1472）把柱式用到了可以想到的各类建筑之中，主张将建筑建造成一个以神庙做顶、以纯功能性的建筑为底的“金字塔”，这导致了建筑的外观形式和建筑物内部功能的不协调。正如雨果在《巴黎圣母院》中所说：“人们可以发现，耸立在我们面前的这座建筑物完全可能是一座宫殿、议会、市政厅、跑马场、学院、货仓、法院、博物馆、兵营、神庙或剧院。其实，它是一座证券交易所。”其中隐含的意思便是当时各类建筑在形式上已经走入了僵化的死胡同，建筑失去了可以区分其类别的明显特征，并且建筑外观形式与内部功能相分离。

（3）建筑长期与科学分离。建筑师是艺术家，对蓬勃发展的科学技术漠不关心。在长久的年月里，建筑师除了谈论风格之外，显得别无作为。折中主义将建筑设计视为古典元素的拼凑，只追求形式上的美感，而忽视对结构、技术等方面的探索。

2. 变革因素

学院派长期主导欧洲建筑领域，出现了新哥特式（Neo-Gothic）和新古典主义之间的争论。争论事实上重申了建筑的基本原理和美学理想，对现代建筑的起源有重要的意义，如对内容和形式的关系的探讨。这个争论还促使折中主义确立，不但单体建筑出现折中元素的拼凑，同时还形成多元建筑共存的局面，这些对现代建筑的发源具有积极的意义。对材料本质的认识，拒绝以反自然的方式运用材料，这些也都具有深刻的意义。拉斯金的《建筑的七盏明灯》（*The Seven Lamps of Architecture*）在建筑美学上体现了对真善美的追求，对真实的结构、表面材料、艺术加工等提出自然主义看法。巴黎歌剧院（图 1-29）就是这一时期出现的典型建筑。

图 1-29　巴黎歌剧院（查尔斯·加尼叶，1861）

1.3.2　产生现代建筑的条件

西方资本主义的发展以及工业革命的产生促进了社会的进步。新的社会背景对建筑产生了新需求。新生资产阶级不断崛起，成为西方社会、经济和政治的掌权者，从他们的政治立场出发，以往任何一种古典的建筑模式已经不能满足新的社会需求，迫切需要现代建筑来为新阶级服务。新材料、新技术与旧建筑形式之间的矛盾也日益凸显出来。在思想方面，建筑家对古典建筑的“永恒性”提出了质疑。一些建筑师开始结合时代特征与需求对新建筑形式展开积极探索。

1.3.2.1　新建筑材料的发展

17 世纪至 18 世纪以来，欧洲科学技术的进步和工业化生产的发展促使建筑科学有了很大的进步，新材料的产生和广泛应用对现代建筑的产生起到了决定性的作用。由于新材料和新技术在建筑实践中的使用，建筑的高度和跨度也突破了传统束缚，建筑设计也有了更多的可能性，所以新的材料和技术必然会带来建筑结构与形式的变化，并最终形成新的建筑风格。提出现代建筑思想的最重要的人物之一是法国建筑家勒·杜克（Eugene Emmanuel Viollet-le-Duc，1814—1879，图 1-30）。他在 19 世纪 60 年代至 70 年代撰写了许多文章来论述自己对未来建筑的看法。他认为现代工业建筑材料将给建筑带来决定性的影响。他在文章中提出，钢铁、玻璃和混凝土已经在 19 世纪得到了广泛应用，在不远的未来将彻底改变建筑的面貌。

图 1-30　勒·杜克

1858 年，英国人亨利·贝塞麦（Henry Bessemer，1813—1898）发明了贝塞麦炼钢法，将生铁转变成钢铁。贝塞麦转炉炼钢法的发明标志着大量炼钢的时代已经到来。钢铁材料在现代建筑中的运用越来越广泛，成为影响现代建筑发展的重要因素之一。在钢铁产生的早些时候，其仅仅被用于建造桥梁、铁路轨道，之后钢铁被应用到工业建筑中，如仓库建筑、厂房建筑等。目前现存最早的钢铁结构建筑是英国希鲁兹伯（Shrewsbury）的班阳与马歇尔工厂厂房建筑，这个建筑用钢铁做支撑柱和桁架结构，建于 1796 年，开创了钢铁建筑结构的先河。1811 年，英国人托马斯·霍珀（Thomas Hopper，1776—1856）设计了钢铁结构、哥特式风格穹顶的伦敦卡尔顿音乐学院建筑。1812 年，托马斯·里克曼（Thomas Rickman，1776—1841）设计了利物浦依维顿的圣乔治教堂（St. Georges Church，Everton，Liverpool），也有用钢铁结构组成的哥特式风格的屋顶。钢铁材料应用到建筑结构方面直接推动了现代建筑的诞生[1]。

水泥材料的使用相比于钢铁、混凝土材料的使用则经历了一个十分漫长的过程。混凝土

① 王受之. 世界现代建筑史 [M].2 版. 北京：中国建筑工业出版社，2012：17，18.

在古罗马的建筑中就有应用，当时罗马已经出现了许多混凝土制成的建筑。现代混凝土的发展是1756年英国工程师J.斯米顿发现要获得水硬性石灰，最理想的方法是用石灰和火山灰配制。这个重要的发现为近代水泥的研制和发展奠定了理论基础。1824年，英国建筑工人约瑟夫·阿斯谱丁(Joseph Aspdin)发明了水泥并取得了波特兰水泥的专利权。他用石灰石和黏土作为原料，按一定比例配合后，在类似于烧石灰的立窑内将其煅烧成熟料，再将之磨细即制成水泥。水泥因硬化后的颜色与英格兰岛上波特兰用于建筑的石头的颜色相似，故被命名为波特兰水泥。它具有优良的建筑性能，在水泥史上具有划时代意义。随着钢铁和混凝土技术的日益完善，人们开始将钢铁和混凝土结合起来使用，即我们所说的钢筋混凝土。

1.3.2.2 工业技术的进步和社会需求

现代建筑的产生和发展一方面受到工业技术进步的推动，另一方面也受到新的社会需求的影响。新建筑科学技术的成熟是现代建筑赖以发展的基础之一。这些技术内容包括工程理论方面的突破，例如与结构力学有关的一系列理论的形成。工业技术方面的突破是工业革命带来的。新工业技术的运用使建筑的外形和内部结构都发生了巨大的改变，从而产生了新的建筑科技和建筑配套设备。为了满足日益增多的高层建筑的使用需要，1880年，德国发明了第一部电梯，解决了高层建筑的上下楼问题。还有通风机、发电机、电话、火车、汽车、飞机等工业技术方面的发明也为建筑提供了工业技术条件，进一步加快了现代建筑的变革。建筑工程技术的发展可以说在一定程度上还与铁路的产生与发展息息相关。铁轨是最早的建造部件，也是大梁的先驱。具体来说，火车是19世纪重要的交通工具。若想让火车通往世界各地就必须建立复杂、坚固的铁路网，而要想让铁路越过山谷、河沟就必须建造高强度的、大跨度的桥梁，而且要以科学的构造手段来解决这些问题。所以，兴建铁路的庞大工程使工程技术不断突破，这些精细、复杂、高技术性的工程技术为日后的建筑发展奠定了技术基础。

工业革命的产生改变了人们的生活方式，为人类生存的物质生活环境开拓了一个崭新的空间，从而现代建筑的形式和功能也随之发生了改变，人们产生了许多新的需求，提出了“设计为大众服务”的现代建筑思想。这种新思想就需要各种功能场所来满足各阶级的生活需求，如建设百货大楼、博览馆、交易所、车站、工厂等建筑来满足大众的市场消费行为和工业时代人们的工作生活需求。

1.3.2.3 现代建筑思想的萌芽

现代建筑思想意识形态的产生条件主要体现在以下3个方面。

(1)对传统建筑的否定。18世纪以来，人们对历史风格、历史建筑甚至历史思想表现出强烈的怀疑态度。由于文艺复兴建筑集大成地反映了自古典时代以来的西方整个建筑体系的精华，所以长期以来欧洲建筑界一直将文艺复兴以来的建筑体系、美学体系、建筑思维奉为经典，并且在长期的建筑实践中已经形成了系统化、程式化的建筑理论体系。这种对传统建筑体系的否定为现代建筑的产生减少了思想上的阻力。

(2)不同的时代应有不同的建筑形式。当时的建筑家和艺术理论家提出了对未来建筑风格的不同看法。他们普遍认为每个时代的建筑都应具有不同的时代感，是对特定时期的社会、文化、经济的集中体现，时代不同了，就应该有新的建筑形式。这种以新建筑形式来显示和代表新时代的主张，其实就是现代建筑能够产生的思想根源。“建筑的时代特征成为 18 世纪法国启蒙运动以来日益在欧洲先进思想家、建筑家中广泛流行的新思想，它从思想上催生了现代建筑。”①

（3）服务与投资对象的改变。工业革命的发展使建筑的服务对象发生了改变，社会中的中产阶级成了主要的服务对象，他们对建筑的形式和功能有了不同的需求，并且不愿意沿袭传统的形式，而是希望通过建筑设计来表达自己的喜好。在这种情况下，设计考虑的是如何为大众服务，而不是过去的只考虑为贵族服务。更重要的是在工业革命后中产阶级积累了大量的财富，成为建筑领域的投资者，从而使现代建筑的产生具有了充分的可能性。

现代建筑思想的形成过程可以说是先进的知识分子企图通过改造和发展新建筑来实现改变社会现状的社会目的的过程。现代建筑思想否定传统，认为建筑要具有时代感，要使用新技术、新材料，认为设计要为大众服务。不难看出，现代建筑思想的产生为现代建筑的产生奠定了理论基础，同时还有非工业化思想的助力，由于工业社会导致城市、住宅等环境的恶化，非工业化思想对此加以批判，也有助于现代建筑的产生。美国芝加哥学派认为，需要用功能来统一形式与技术，荷兰、奥地利等国家的有些建筑师觉得旧建筑的形式是建筑发展的羁绊，认为需要对建筑进行简化，尝试用其他的材料来装饰建筑。

1.3.3　现代建筑的三大原型

19 世纪中叶是现代建筑发展的伟大转折点，在相差不多的数年内，3 座具有划时代意义的建筑平地而起，犹如现代建筑的一篇声明。这 3 座建筑分别是水晶宫（Crystal Palace，1851）、埃菲尔铁塔（Eiffel Tower in Paris，1889）、肯特红屋（Red House in Kent，1859）。这 3 座现代建筑的风格与形式是过去建筑所没有或不具备的。

水晶宫（图 1-31）的建造是为了展示英国工业革命的成果。1851 年，英国在伦敦举办了世界博览会。博览会的筹备是由英国维多利亚女王的丈夫艾伯特亲王负责的。博览会展馆的面积有 74 000 ㎡，工期只有 9 个月，并且要求在博览会结束后还能迅速拆除。显而易见，传统的建筑形式已经无法满足此次的建造要求，所以最后博览会展馆的建造方案选用了由约瑟夫·帕克斯顿（Joseph Paxton，1803—1865）运用钢铁和玻璃设计、建造的伦敦水晶宫。帕克斯顿专门学习过钢铁与玻璃建造温室的设计原理，因此他将用钢铁、玻璃建造的温室结构用在了展馆的设计上。展览大厅全部采用钢铁与玻璃结构结合，共用了 3 300 根铸铁柱和 2 224 根铁梁。水晶宫在外形和建筑构造上完全打破了古典建筑形式和结构准则，并且与大机器工厂合作的生产方式也使工期大大缩短，开创了采用标准构件、钢铁和玻璃两种材料的设计和建造的先河。水晶宫这座建筑震惊了整个建筑界，被认为是第一个真正意义上的现代建筑，开创了大跨度建筑的先河。

埃菲尔铁塔（图 1-32）是由法国工程师古斯塔夫·埃菲尔（Alexandre Gustave Eiffel，1832—1932）设计和建造的。1889 年，法国政府为了再次举办世界博览会以及庆祝法国大革命胜利 100 周年而委任埃菲尔团队设计和建造埃菲尔铁塔。埃菲尔在设计这座著名的建筑之前已经设计过一系列钢铁结构的建筑，其中包括 1860 年设计建造的长达 500 米的由钢铁构件组成的波尔多大桥和 1876 年用钢铁构件和玻璃建成的一所百货公司。埃菲尔在当时的技术条件下

---

① 王受之. 世界现代建筑史 [M].2 版. 北京：中国建筑工业出版社，2012：17，18.

最大限度地在建筑中发挥了锻铁的性能，他的技术水平在法国得到公认。埃菲尔铁塔是继“水晶宫”以后最惊人的玻璃和钢铁结构展览建筑，且对于钢铁构件和技术的运用更加熟练自如[①]。埃菲尔铁塔为高层建筑的发展奠定了技术基础。

图 1-31 水晶宫（帕克斯顿，1851）

第3个原型是肯特红屋（图 1-33）。红屋位于英格兰肯特郡乡间，是现代设计之父威廉·莫里斯（William Morris，1834—1896）的故居。红屋是19世纪工艺美术运动的代表作品。1858年，威廉·莫里斯设计建造了肯特红屋，作为自己新婚的住宅。莫里斯自从参观完水晶宫的展览后就十分厌烦机器和工业，抨击工业革命背景下的大批量生产，但他同时反对沿袭一套，他强调艺术与实用的结合。他打破了中产阶级住宅通常采用的“中轴对称、表面装饰”的规则，采用非对称式的、功能良好的、没有表面粉饰的设计，采用红砖，其既是建筑材料又是装饰材料，建筑结构完全暴露。红屋建成后引起了社会的广泛关注。

图 1-32 埃菲尔铁塔（埃菲尔，1889）

图 1-33 肯特红屋（莫里斯，1858）

① 王受之. 世界现代建筑史 [M].2 版. 北京：中国建筑工业出版社，2012：27.

1.3.3.1　大跨建筑

1. 桥梁的发展

道路是社会交通发展的基础，桥梁的建设是道路发展不可回避的重大工程问题。资本主义的快速发展产生了日益频繁的经济贸易交流，从而对交通事业的发展提出了更高的要求。要想尽可能缩短两地之间的路程就必须建造坚固可靠的桥梁，跨过高山、幽谷。18 世纪末至 19 世纪初，随着西方国家炼铁技术的发展，铁元素融入桥梁建设之中，许多铁桥出现。铁桥的先例有坐落在巴黎塞纳河上的亚历山大三世大桥，这座大桥全长为 107 m，是一座独一无二的铁结构拱桥，还有 1796 年的森德兰桥（Sunderland Bridge）、1801 年的泰晤士河桥（Thames River Bridge）以及世界上第一座钢铁结构悬索桥梁——英国梅耐悬索桥（Menai Suspension Bridge）。英国梅耐悬索桥使用钢铁为基础材料构件，采用锻铁链作为悬挂支撑的结构。在大跨度结构桥梁选型时，由于考虑到悬索结构没有烦琐的屋盖结构支撑体系，所以该种结构成为较为理想的形式。在荷载作用下，悬索结构体系能承受巨大的拉力。这些桥梁为后来的建筑师提供了非常好的样板，是现代建筑结构和技术的模型。从 19 世纪中叶开始，随着钢材和钢丝的发明以及建桥技术的发展，桥梁的建设长度不断增加，桥梁跨度实现了从百米到千米的飞跃，例如美国纽约华盛顿桥、旧金山金门大桥等。

2. 大跨建筑的发展

大跨建筑最早出现在古罗马建筑的拱顶中。古罗马修建的大型公共建筑大多采用了大跨度的拱券结构，例如东罗马时期的圣索菲亚大教堂的拱顶跨度达到了 33 m，内部空间十分宽敞开阔。现代大跨建筑的产生与发展一方面受到社会需求的影响，另一方面是新材料、新技术不断运用的推动，其中大跨度桥梁结构也在一定程度上为大跨度建筑结构提供了很好的结构基础。大跨建筑的突出特点是充分利用新材料、新技术、新结构以及各种钢网结构、张力结构、悬挂结构等。大跨建筑在 19 世纪初开始兴起，例如 1851 年帕克斯顿设计的水晶宫、1858 年亨利·拉布鲁斯特（Henri Labrouste，1801—1875）设计的巴黎国立图书馆（Bibliotheque Nationale in Paris，图 1-34）[①]。

图 1-34　巴黎国立图书馆（拉布鲁斯特，1858）

① 罗小未. 外国近现代建筑史 [M].2 版. 北京：中国建筑工业出版社，2003：201，202.

1.3.3.2 高层建筑

1. 高层建筑发展的原因

芝加哥是19世纪美国的工商业中心，是美国中西部地区最重要的大都市之一。1871年10月8日夜晚，芝加哥发生了大火，烧毁了市中心大面积的建筑。这场火灾直接导致10万人无家可归，灾后重建工作迫在眉睫，但是由于市中心地块资源有限并且十分昂贵，所以灾后重建不可能通过购买大面积土地来实现，这种现状给高层建筑的产生和发展带来了契机，并且当时钢铁框架结构和电梯等配套设施的广泛使用也为大面积建造高层建筑提供了基础。上述各种因素结合起来共同促成了高层建筑的诞生和发展。芝加哥学派（Chicago School）就是由芝加哥这些高层建筑设计师组织起来的一个建筑师团体，主要成员有路易斯·沙利文（Louis Sullivan，1856—1924）、弗兰克·劳埃德·赖特（Frank Lloyd Wright，1867—1959）等。他们通过多年的设计实践形成了一个高层建筑的设计和建造体系。芝加哥学派作为美国建筑界兴起的一个重要流派，代表人物沙利文提出了“形式追随功能”的设计主张，突出了功能在建筑中的主导地位，明确了形式与功能之间的主从关系，摆脱了历史风格与折中主义的羁绊，走在了探索新建筑思想的前列。芝加哥学派最大的成就是创造了新的建筑结构——用钢框架和钢筋混凝土框架结构来设计高层建筑，奠定了“摩天大楼”（skyscraper）的建筑设计原则和形式基础。其设计风格和设计思想影响到美国和欧洲国家的设计师，为高层建筑的发展做出了巨大的贡献[①]。

2. 高层建筑的观念

“形式追随功能”成为现代建筑的第一要义。路易斯·沙利文是第一批设计摩天大楼的美国建筑师之一、芝加哥学派代表人，其“形式追随功能”的设计主张对美国现代建筑的发展起到了重要作用。他认为，建筑设计应从内而外；装饰必须是创造性的、本质的和有机的；学院派折中主义扼杀了对高层建筑的合理思考（图1-35为沙利文设计的温莱特大厦）。以技术性和功能性为依托的新美学观念形成；“简洁”“挺拔”“轻巧”“通透”成为建筑审美领域的主题词汇。如亨利·哈柏森·理查森（Henry Hotson Richardson，1838—1886）所说：“最早的高层建筑是披着伪罗马的外衣出现的。”

图1-35 温莱特大厦（沙利文，1890）

高层建筑展示了人类追求建筑高度的可能性，启发了建筑师以“高度”来解决社会问题的思想和行动。工程师在现代建筑设计中的巨大作用以及其对现代建筑特别是高层建筑结构的突出贡献使建筑师重新认识到工程师的作用。

1.3.4 工艺美术运动与新艺术运动

19世纪下半叶开始的工艺美术运动和新艺术运动的

① H.H. 阿纳森. 西方现代艺术史 [M]. 邹德侬，巴竹师，刘珽，译. 天津：天津人民美术出版社，1987：47，48，49.

共同目的是重新提高对传统手工艺的重视程度，提高产品的设计质量。当时工业化进程引发了许多社会问题。艺术家和设计者对工业化集约型生产恐惧和不安，因而他们多数人选择了逃避机械，推崇手工艺和传统细作，创造出另一种新的设计风格。工艺美术运动与新艺术运动都主张回归自然，但两者有一定的区别。“前者主张要回归中世纪工匠们集技术和艺术于一身的自然状态，以排除大机器生产条件下产品功能和形式之间的障碍；后者则把从自然中获得的动植物纹样装饰于实用产品之上。在处理设计的形式与功能、技术与艺术之间的关系上，新艺术运动不如工艺美术运动做得深入，本质上还是为艺术而艺术，只不过将其艺术载体延伸到实用的产品上。”[①]

1.3.4.1　工艺美术运动

工艺美术运动（Ars and Crafts Movement）是起源于英国的一场设计运动，又称作艺术与手工艺运动。这场运动的理论指导者是约翰·拉斯金（John Ruskin，1819—1900），主要代表人物是威廉·莫里斯。拉斯金主张重新重视中世纪的传统，恢复手工艺行会传统，主张设计的真实、诚挚、形式与功能的统一，主张在设计装饰上要师法自然。

这场设计运动的出现是因为工业革命后机器工厂的大批量、程式化的生产模式和维多利亚风格的烦琐装饰导致了设计水准的下降。工艺美术运动是为了抵制工业化对传统建筑、传统手工艺的威胁，由一批英国和美国的设计师和建筑师提倡复兴以哥特风格为中心的中世纪手工艺传统，并且通过建筑和产品设计体现出民主思想而发起的一场具有试验性质的设计运动，对世界建筑和其他设计具有一定的影响。他们的设计主要集中在建筑设计、室内设计、平面设计、产品设计、首饰设计以及书籍装帧、纺织品设计、墙纸设计和大量的家具设计上。虽然他们受到拉斯金美学思想的影响，但是他们对拉斯金强调的设计为大众服务的社会主义倾向，即设计应该为大众服务而不是为少数权贵服务这个立场却并不完全认同。他们一方面反对机械化进程，主张手工艺传统；另一方面则主张为少数人设计少数的产品。这个运动开始于 1864 年前后，结束于 20 世纪初[②]。可以说，工艺美术运动是现代设计运动的开端。

莫里斯的红屋就是工艺美术运动时期的代表作品。从莫里斯设计的作品中可以看出工艺美术运动风格的特征：提倡手工业，反对机械化的生产；在装饰上反对矫揉造作的维多利亚风格、烦琐的巴洛克风格和其他古典、传统的复兴风格；提倡哥特式风格和其他中世纪风格，讲究简单、朴实无华、良好功能；主张设计的诚实、质朴，反对设计的哗众取宠、华而不实的趋向；在装饰上推崇自然主义、东方装饰和东方艺术，特别是日本式的平面装饰，采用卷草、花卉、鸟类等为装饰的构思，在设计上具有一种特殊的风采。

1.3.4.2　新艺术运动

“新艺术运动是早于装饰艺术的一场设计运动，发生在 19 世纪末期，到第一次世界大战前消逝。基于当时日益保守的政治氛围，‘新艺术’被批评为‘过于精巧’的‘颓废’，它也未能满足现代民族风格需求。”[③] 新艺术运动波及十多个国家，影响到绘画、建筑、园林、家具、产品、首饰、服装、平面等设计领域。新艺术运动也强调手工艺，并且完全放弃了传统的装饰风格，主张

① 董占军. 新艺术运动时期法国的工艺美术设计风格 [J]. 装饰，2007（6）：66-67.
② 王受之. 世界现代建筑史 [M].2 版. 北京：中国建筑工业出版社，2012：17，42.
③ 王受之. 世界现代设计史 [M].2 版. 北京：中国建筑工业出版社，2015：119.

开创全新的自然装饰风格，强调从大自然中寻找灵感。新艺术运动准确地说是一场形式主义运动，而不是一场主张单一风格的运动，因为它在不同的国家发展出不同的形式。它的产生直接受到工艺美术运动的影响，但与工艺美术运动不同的是新艺术运动积极探索新技术和新材料带来的艺术表现上的可能性，在形式上采用自然的曲线，认为自然中没有直线，提倡有机的曲线形式。

1.3.4.3 新艺术运动诸杰

查尔斯·伦尼·麦金托什（Charls Rennie Mackintosh，1868—1928）是比利时新艺术运动的代表人物，格拉斯哥四人组中的首要人物。麦金托什是世纪之交英国最重要的建筑设计师和产品设计师，其对建筑、家具、室内、灯具、玻璃器皿、彩色玻璃、地毯和挂毯均有涉及。同时麦金托什还是一名杰出的画家、艺术家。

在建筑和应用美术中，麦金托什善于吸收世界其他地区的优秀设计成果并为自己所用，并且他本人也注重将自己的设计思想付诸实践，这使他对新艺术运动的设计语言有了新的突破，对“曲线美”进行了自我提炼。他从东方的艺术形式中发现了线条的美感，创造了一种简洁的手法，这种手法为后来欧洲大陆的几代设计师所采纳，甚至对俄国构成派、荷兰风格派产生了影响，这些成就使麦金托什跃入最杰出的新艺术设计师行列。麦金托什对重复格子图形、渐细的竖线条的使用影响了许多同代人，如维也纳的分离派，其中包括著名的约瑟夫·霍夫曼。1902年，麦金托什设计了希尔住宅（The Hill House，图1-36），希尔住宅的外表涂了一层类似灰泥的石膏，这种方式在多雨的苏格兰是传统的处理方式，石板屋顶赋予正面一种严峻的神情，这与新艺术常见的豪华感大相径庭。这是因为麦金托什虽然强调装饰的重要性，但是他所主张的是适度装饰原则。同时他主张功能与美的和谐，认为每一件设计作品既要实用也要有精美的装饰。

图1-36 希尔住宅（麦金托什，1902）

维克多·霍塔（Victor Horta，1861—1947）是比利时新艺术运动的杰出代表、比利时自由美学社成员。他早年曾在巴黎留学，参加工作后马上投入了新艺术运动的怀抱。霍塔致力于探求与其时代精神相呼应的建筑表达新形式，提倡师法自然，喜用植物藤蔓般相互缠绕和螺旋扭曲的“鞭线”，强调建筑风格的自由、在建筑设计上整体与局部应互相联系以及室内结构和装饰的相互统一。霍塔是一位很注重建筑实用性和功能性的设计师，他认为功能影响了形式，同时形式也丰富了功能。霍塔设计的霍塔旅馆（图 1-37）是其最经典的作品。霍塔模仿植物的线条，并用这种线条将整个室内空间装饰成一个整体。他设计的空间通畅、开放，与古典建筑风格的传统封闭空间截然不同。另外，他处理的空间色彩也十分轻快、明亮，这些也蕴含了现代主义设计思想。具体而言，其设计可以分为楼梯、柱子、墙面、地面、窗户和照明系统 6 个部分。就楼梯和柱子来说，他采用了铸铁制作，从楼梯到扶手、从栏杆到柱子、从窗框到灯柱都毫无例外地采用植物缠绕般的“鞭线”形态进行修饰，对结构连接处的细节则采用更为精致和复杂的曲线纹样。对墙面、地面和玻璃窗等元素也同样采用波浪起伏的线条进行点缀，实现了结构与装饰之间的平衡，从而使整个建筑的形式外观和内部空间达到了和谐统一的状态。

赫克托·吉马德（Hector Guimard，1867—1942）是“六人集团”（法国新艺术运动的一个重要组织）的主要代表人物。吉马德擅长用卷曲的“鞭线”，擅长使用新技术、新材料进行设计。吉马德不仅是伟大的建筑设计师，还是非常卓越的家具设计师和装饰艺术家。在他的设计生涯中，他设计了许多家具与家庭用品，这些作品都具有新艺术运动风格。他坚信优秀的设计源于对自然的探索与理解，他曾写道：“自然这部伟大的巨著是我们灵感的唯一源泉，而我们要在其中寻找出根本原则，限定它的内容，并按照人们的需求精心地运用它。”通过取法于自然，他强调作品的实用功能与美学功能的和谐统一。他的设计风格自成一派，形成了“吉马德风格”，并一度成为法国新艺术运动的代名词。吉马德最有影响力的作品是他为巴黎地铁设计的一系列入口，这些地铁入口均用金属制成，风格与“比利时线条”颇为类似（图 1-38）。吉马德在巴黎地铁入口的设计上充分发挥了模仿自然植物的设计风格，栏杆、灯柱、护栏都采用了起伏卷曲的植物纹样，整个外形似贝壳。巴黎地铁入口落成后，被人们称为“地铁风格”，深受巴黎人民喜爱①。

图 1-37　霍塔旅馆（霍塔，1898）

图 1-38　地铁入口（吉马德，1900—1905）

① 张以达，吴卫. 法国新艺术运动领军人物赫克托·吉马德作品探析 [J]. 设计，2017（13）：27-29.

亨利·凡·德·威尔德（Henry van de Velde，1863—1957）是比利时著名的建筑师、设计师、教育家，他也是德意志制造联盟的创始人之一。作为新艺术运动的代表，他主张从大自然中寻找灵感，运用植物形态的自然曲线来装饰作品，其作品具有明显的新艺术风格。威尔德并不像威廉·莫里斯那样完全反对机械化生产，反而他认为机械是设计师的得力帮手。他主张艺术与技术相结合，并在德国开展设计教育和设计传播活动，在一定程度上奠定了现代主义设计的思想，推动了现代设计理论的发展。“19世纪下半叶至20世纪上半叶，是欧美对现代设计的探索阶段，也是历史主义向现代设计风格过渡的时期。威尔德作为新艺术运动理念到现代艺术设计思潮过渡的关键性人物，在设计中擅于将自然植物藤蔓的造型抽象成简单、流畅的曲线，并赋予其情感来表达自己的自然情怀。他大胆地肯定理性思维对于艺术创作的意义，并不断地探索新的设计规律，通过学术讲座和发表文章的途径对现代设计理论进行传播，这使得威尔德成为20世纪现代主义设计的奠基人。”[①] 威尔德概括出了优秀设计的3个原则：产品结构设计合理；材料运用严格得当；工作程序明确清楚。其代表作有1895年设计的花园别墅（Villa Bloemenwerf）的室内装饰和起居用品以及1902年设计的钢琴凳（Piano Bench，图1-39）。

图1-39 钢琴凳（威尔德，1902）

安东尼奥·高迪（Antonio Gaudi，1852—1926）出生于西班牙加泰罗尼亚小城雷乌斯，是西班牙新艺术运动的代表人物。高迪将有机的曲线运用到极致，其设计水平达到了新艺术运动的顶峰。其作品的形式为后来对抗现代主义提供了风格借鉴。高迪的设计生涯经历了3个阶段：阿拉伯摩尔风格、新哥特和新艺术风格的混合以及有机主义风格。其建筑作品带有神秘的传奇色彩，装饰图案具有很强的象征性。高迪设计过很多作品，主要有古尔公园、米拉公寓（图1-40）、巴特罗公寓、圣家族教堂（图1-41）等。高迪并没有参加新艺术运动，但他的作品代表了新艺术运动的成就。

① 吴卫，张佳慧. 现代主义设计的奠基人亨利·凡·德·威尔德 [J]. 设计，2017（13）：33-35.

图 1-40　米拉公寓（高迪，1906—1912）

图 1-41　圣家族教堂（高迪，1893—1926）

1.3.4.4　工艺美术运动和新艺术运动对建筑的影响

从严格意义上讲，工艺美术运动和新艺术运动虽然并不是真正的现代设计运动，但它们的思想、对设计实践的探索等都为之后的现代主义设计运动做好了各方面的准备。

工艺美术运动在维多利亚装饰风格蔚然成风之时提出向哥特风格学习，打破矫揉造作的维多利亚风格，这是很难能可贵的行为。其在思想上提出设计为大众服务，反对精英主义设计，认为设计是集体的活动等思想都是非常现代的。工艺美术运动作为现代设计史上的第一场设计运动为后来的现代设计运动提供了形式上的借鉴和思想上的启迪。

新艺术运动本质上是欧洲建筑领域的一次艺术性现象，虽然它是一场装饰运动，追求有机的曲线形态，反对工业化进程，有时还把建筑的实质弄得含混不清，但它留下的许多观念直接影响到现代建筑的发展，有下面 4 点特征。

（1）关注自然。新艺术运动主张在自然中寻找形式符号，提倡向自然学习，抛弃一切传统装饰风格，完全走向自然风格。这对现代建筑的发展起到了启示性的作用，促成了现代建筑中建筑与环境相统一、尊重自然的设计思想的形成。关注自然可以说是现代建筑发展过程中根本性的问题。

（2）针对现代社会的一些问题，提出具体的解决办法。新艺术运动对当时工业化冲击手工艺做出了强烈的反应，反对机械化进程，提倡和发展手工艺，虽然未顺应历史潮流，但可以看出它试图为解决社会问题而努力。

（3）新艺术运动的设计具有强烈的个性，有机的曲线不像方盒子那样千篇一律，并且强调综合的设计概念，丰富并发展了设计学科体系。

（4）新艺术运动具有一定的装饰倾向。设计追求与自然环境的结合、运用历史的结构并力求创造。装饰强调曲线。作品具有流动性，运用新材料、新技术并具有人情味。这些为日后的波普运动、后现代主义运动等设计运动打破冰冷、无人情味的“现代主义”建筑形式提供了形式上的借鉴，为现代建筑设计在自然中寻找装饰动机奠定了基础。

1.4 现代景观变革前的发展

1.4.1 西方传统园林简述

西方造园活动可以上溯到公元前2000年左右。最早有记载的园林是《圣经·旧约》中出现的伊甸园。据《圣经词典》解释,“伊甸”(Eden)源于希伯来语的“平地”一词,意为“嘉悦、欢乐”。造园活动在人类文明史上占有重要地位。

研究西方现代景观有必要了解西方传统园林(garden),但西方造园的历史悠久,由于本书主要研究“现代景观”(modern landscape),早期造园的介绍就从文艺复兴(Renaissance)开始,对更早的造园活动就不一一列举了。

1.4.1.1 意大利园林

15世纪初,文艺复兴运动兴起,工商业的发展、资本主义的萌芽、新兴资产阶级的兴起都对传统园林发起了挑战,一批人将眼光投向自然,追求田园趣味。意大利文化艺术充满了对现实生活的肯定。艺术家与诗人对自然美的赞赏和对古典文化的追求给当时的园林艺术创造了良好的文化氛围,促使欧洲园林进入了一个繁荣的发展阶段。大量的园林庄园在意大利出现。文艺复兴园林继承了古罗马园林的特点,具有中轴对称、几何造型的特点,但尺度更加宜人、亲切。其经历了初期的发展、中期的鼎盛和末期的衰败3个阶段,折射出文艺复兴运动在园林艺术领域发展的全过程。16世纪,罗马成为文艺复兴的中心。多纳托·布拉曼特(Donato Bramante,1444—1514)被认为是当时最有才华的设计师,他设计的花园结合地势采用了台地的形式,例如望景楼花园(Belvedere Garden),自此在意大利的丘陵地貌建造台地花园成为一种时尚。16世纪40年代以后,意大利庄园进入鼎盛时期,其中最著名的是法尔奈斯庄园(Villa Farnese,Palazzina,图1-42)、埃斯特庄园(Villa d'Este,Tivoli)、兰特庄园(Villa Lante,Bagnaia,图1-43)这三大庄园。此时,受到风格主义设计思潮的影响,在园林中运用奇异且能营造惊恐氛围的机械装置成为一种时尚,水景在园林中起到了巨大的作用。特宫(Palace del Te)是风格主义在园林艺术中最早、最具代表性的作品。

16世纪末,受到巴洛克艺术风格的影响,造园开始追求华丽的装饰效果。这一时期的代表有阿尔多布兰迪尼庄园(Villa Aldobrandini)、伊索拉·贝拉庄园(Villa Isola Bella)等。17世纪下半叶,意大利园林的创作由高潮滑向没落,造园愈加矫揉造作,大量繁杂的园林小品充斥着整个园林。同时,造园活动将对植物的造型作为求异的手段,过分追求猎奇而背离了最初文艺复兴的人文主义思想。意大利文艺复兴式园林自此衰落,此后,与巴洛克艺术同期产生的法国古典主义园林艺术登上了历史舞台[①]。

① 朱建宁. 西方园林史:19世纪之前[M].2版. 北京:中国林业出版社,2013:54-83.

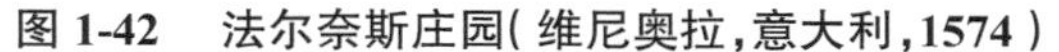

图 1-42　法尔奈斯庄园（维尼奥拉，意大利，1574）

图 1-43　兰特庄园（维尼奥拉，意大利，1566）

1.4.1.2　法国古典主义园林

16 世纪，文艺复兴运动传入法国。早期的法国园林几乎是单纯地模仿意大利园林的造园要素和布局形式。但由于法国地处平原，地貌特征与意大利极不相同，无法照搬台地造园形式，因而融合意大利造园思想和法国现状产生了一种新的造园风格，并在造园要素上有了创新和突破。法国古典主义园林正式登上历史舞台。其保留了意大利文艺复兴庄园的一些特征，但更加开阔、宏伟、华丽、高贵，以均衡稳定的构图和庄重典雅的风格迎合了当时以君主为中心的封建等级制度的要求，成为绝对君权专治政体的象征。在造园要素的运用上，法国古典主义园林着重于表现法国当地景观，大尺度的水景、华美的刺绣花坛在园林中起着举足轻重的作用。古典主义的造园家将园林视为府邸的"帷幕"或"装饰"，整个园林如同壮观的剧场，结构严谨，一气呵成。图案式的丛林、花坛、草坪、水面组成一系列"绿色厅堂"，如同一座巨大的"绿色宫殿"，游人穿过一个个"走廊""房间""厅堂""剧场"，从中感受到惊喜和愉悦，故事和幻想，体验到深远的透视和变幻的光影①。

法国古典主义园林的代表人物是安德烈·勒·诺特尔（André Le Nôtre，1613—1700）。勒·诺特尔一生设计并改造了大量的府邸花园，并形成了风靡欧洲长达 1 个世纪之久的勒·诺特尔样式。其代表作有凡尔赛花园（Château de Versailles，图 1-44）、沃勒维贡特庄园（Vaux-le-Vicomte，图 1-45）等。沃

图 1-44　凡尔赛花园（勒·诺特尔，法国，1689）

图 1-45　沃勒维贡特庄园（勒·诺特尔，法国，1661）

① 朱建宁. 几何学原理与规则式园林造园法则：以法国古典主义园林为例 [J]. 风景园林，2014（3）：107-111.

勒维贡特庄园是法国古典主义园林的集大成者，也是古典主义园林走向成熟的标志。一条明显的中轴线贯穿全园，体现了唯理主义的秩序和美感。花园在这条中轴线上被分成3个段落，且各具特色，不同部分之间变化统一使整个花园成为一个不可分割的整体。

法国古典主义园林是规则式园林被运用于平原地区的典型样式，也是规则式园林发展的顶峰。直到18世纪上半叶，随着绝对君权统治走向没落，受启蒙主义思潮的影响，造园艺术从推崇古典主义风格转变为追求朴实、浪漫的自然主义风格，英国自然风景式园林应运而生。

1.4.1.3 英国自然风景式园林

18世纪英国盛行的风景画与田园文学艺术热衷自然的倾向为自然风景式园林的诞生奠定了基础。英国自然风景式园林产生于18世纪初期，到18世纪中期几近成熟，并在随后的百余年间成为领导欧洲造园潮流的新样式。受到中国园林与浪漫主义设计思潮的影响，英国园林开始反对传统轴线、几何纹样的使用，而采取更为自然活泼的设计语言。威廉·肯特（William Kent，1685—1748）、布里奇曼（Charles Bridgeman，1690—1738）、兰斯洛特·布朗（Lancelot Brown，1716—1783）、威廉·钱伯斯（William Chambers，1723—1796）的作品反映了18世纪英国浪漫主义思想的发展。威廉·肯特是英国自然风景式园林之父，其以重视曲线、重视自然的造园手法最先闻名于这场跨时代的造园运动里。斯陀园（Stowe Landscape Gardens，Buckingham，图1-46）先后经布里奇曼、肯特、布朗三位设计师设计和改造。作为肯特的门生，布朗将自然风景式园林这一造园形式推向了高潮，并且改造了大量的英国园林。但在造园上追求极度纯洁的景色而忽视使用功能的布朗也遭到了其他设计师的反对。作为英国绘画式风景造园的开创者，钱伯斯提倡要对自然进行艺术加工，园林应该提供比纯粹的自然状态更加丰富的情感，要有更强烈的对比和变化。他提议在英国园林中吸收中国园林的风格，他的观点同时为英国造园带来了浪漫主义色彩。18世纪末，随着商业化风气的盛行，雷普顿等人不再追求纯净的园林风格，而是利用日益丰富的植物营造更加悦目的园林景色，园艺派风景园自此产生。

图1-46 斯陀园（布里奇曼、肯特、布朗，英国，1715—1751）

英国自然风景式园林的出现是欧洲园林艺术领域里的一场深刻革命，表明了自然主义思想在文化艺术领域中的统治地位，自然美成为造园的最高境界。它的产生为西方人开辟了一种新的造园样式，使西方景观从此沿着规则和不规则两个方向发展，并且对 19 世纪和 20 世纪西方的城市公园产生了深远的影响[①]。

1.4.2　西方园林的发展

工业革命给西方社会带来了前所未有的变化：政治、经济、文化的革新使皇家贵族的审美趣味不再是公众审美的风向标；绘画表现的题材与手法都失去了限制；多元的风格在此时的画坛中并存，并深刻地影响着当时的建筑与园林。

1.4.2.1　新古典主义景观设计

新古典主义是 18 世纪中期到 19 世纪中期在西方兴起的又一次古典热潮。这一时期，烦琐的巴洛克、洛可可艺术已不再适应新的政权和思想，人们再次将目光转向简洁的古希腊、古罗马艺术，并从中获取新的构思和灵感。新古典主义建筑和城市规划相继出现，这一风格的广泛采用尤其体现在法国拿破仑时期的纪念性建筑和城市建设中。香榭丽舍大街（Avenue des Champs-Elysees，Paris）、大凯旋门（Arc de Triomphe，Paris，图 1-47）是这一时期的代表作。

图 1-47　大凯旋门（J. F. T. 夏尔格兰，法国，1836）

1.4.2.2　浪漫主义景观设计

在新古典主义如火如荼传播之际，浪漫主义作为一股与之抗衡的力量也逐渐兴起。在这一时期，整个英国又形成了供新兴资产阶级居住的城市郊外别墅区。在这些别墅花园中，园林形式也逐渐向自然生境转变。利用各式各样的植物特别是花装点环境成为维多利亚风格园林的标志。一直到 19 世纪中叶，英国绝大部分地区都保持着这种浪漫而绚丽的城市特色。

贝蒂·兰利（Batty Langley，1696—1751）采取的洛可可曲线样式在景观上的应用受到了维

① 朱建宁. 西方园林史：19 世纪之前 [M].2 版. 北京：中国林业出版社，2013：56-195.

图 1-48 霍兰德公园（伦敦，始建于 17 世纪）

多利亚设计家的推崇。他们拒绝使用直线线条，用土堆砌一个个圆形的模纹花坛以避免人们在观赏花卉时所产生的单调感，同时还在花园各个独立的部分之间安排缓冲区域，来避免人们在分别观赏珍奇植物与普通植物时产生的不协调感。这一时期的典型作品有斯考特内城堡（Scotney Castle）和霍兰德公园（Holland Park，图 1-48）[①]。

受到新古典主义与浪漫主义的影响，园林艺术在自由的氛围中逐渐解放天性，这种源于自然、模仿自然的风格，呈现出不同以往的视觉艺术效果。这种特色的外化形式同时也受到了当时的美学观念的影响[②]。

1.4.2.3 折中主义景观设计

当新古典主义和浪漫主义席卷法国和英国之际，折中主义弥补了两者在艺术表现上的局限性，在 19 世纪中叶到 20 世纪初出现在世界各地。“折中主义”一词起源于希腊语“eklektikos”，意为“去选择或挑选”。在古希腊，折中主义者主要是那些从各种思想源泉中选取最好的思想并进行综合的哲学家[③]。对这种风格的评价，世界各地褒贬不一，其最早于 19 世纪显著表现在英国，后广泛流行于美国。它的盛行正是因为其集资产阶级统治者所中意的建筑装饰于一体，各种拼接表现出高度复杂、奢华的形式，被美国的开国元勋们视为美利坚式资本主义形式，有利于民主精神的形成，能贴切地表现美国的巨大财富与权力[④]。这一时期的代表作有卡萨·德尔·赫莱罗庄园（Casa del Herrero，Montecito）、美国国会大厦（图 1-49）等。但在城市规划上，折中主义者一味地模仿巴黎的城市布局，导致在功能上完全不符合美国市民的居住与交通需求，折中主义给华盛顿的城市建设带来了巨大的创伤。

图 1-49 美国国会大厦（威廉·桑顿，1793—1800）

---

① 闻晓菁，严丽娜，刘靖坤. 景观设计史图说 [M]. 北京：化学工业出版社，2016：171-172.

② 赵晶. 视觉艺术视野下的景观设计方法研究 [D]. 天津：天津大学，2014：185.

③ TURNER T. 世界园林史 [M]. 林箐，等译. 北京：中国林业出版社，2011.

④ 闻晓菁，严丽娜，刘靖坤. 景观设计史图说 [M]. 北京：化学工业出版社，2016：173-174.

1.4.3　现代景观的萌芽

1.4.3.1　城市公园的发展

“城市公园”是“城市公共园林”(urban public park and gardens)的简称。城市公园最早在英国出现,随后在法国与美国发展成熟。19 世纪初期,工业革命的浪潮逐渐波及其他国家。工业化进程的不断加速导致环境污染严重。无产阶级的利益需求引起人们的关注,人们开始认识到保护自然以及建设城乡环境的重要性。19 世纪 40 年代,英国开始了城市公园的建设进程。1844 年,由约瑟夫·帕克斯顿设计的利物浦伯肯海德公园(Birkenhead Park,图 1-50)是世界造园史上第一座真正意义上的城市公园。同时,许多过去的皇家园林与私家园林也逐渐变成对公众开放的城市公园。这一时期的城市公园多延续了 18 世纪自然风景园的造园样式,如伦敦的海德公园(Hyde Park)、肯辛顿公园(Kensington Garden)等。受到英国影响,法国、德国等其他欧洲国家也开始建设一些开放的、为公众服务的城市公园。

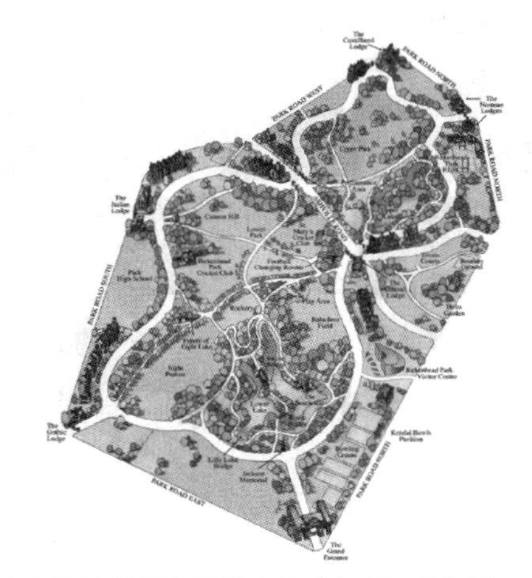

图 1-50　伯肯海德公园平面图(帕克斯顿,利物浦,1844—1847)

1850 年起,随着美国大城市的发展和城市人口的膨胀,城市环境恶化。在欧洲的影响下,美国一些有识之士也加入改善城市环境的“城市美化运动”(City Beautiful Movement)中来。此时的美国出现了一批杰出的园林师,其中最著名的当数美国景观之父——弗雷德里克·劳·奥姆斯泰德(Frederick Law Olmsted, 1822—1903)。他十分推崇英国自然风景式园林。奥姆斯泰德曾是一名记者,在 1858 年与建筑师卡尔伯特·沃克斯(Calbert Vaux, 1824—1895)一同获得建造纽约中央公园的委托。这是一片 341.2 hm^2 的土地,位于当时曼哈顿方格状街道的北端。这块地足以建造变化丰富的景观,诸如天然般的林地、湖泊、山丘与平原景观,其中一项革命性的设计乃是以桥梁和步道区隔出步行空间与车道。奥姆斯泰德写道,这是为了“用直接的补救方法,使人们能够抵抗日常都市生活中的有害影响,并拾回他们在其中所失去的”。无论这个构想在实际生活中能否实现,它仍是 19 世纪中最显著的成就之一。之后城市公园开始兴起,而奥姆斯泰德被称为美国 19 世纪下半叶最著名的规划师和风景园林师。随后,在民众的呼吁下,美国政府修建了大量的城市公园,如布鲁克林的展望公园(Prospect Park,图

1-51)、芝加哥的城南公园(South Park)、旧金山的金门公园(Golden Gate Park)等。除了单一的公园外,美国还出现了将城市公园、公园大道与城市中心连接成一个整体的公园系统,如波士顿城市公园系统(Park System in Boston),它以波士顿为中心,将12个城市和24个城镇结合在一起,又将河滩、沼泽等天然景观与人工公共绿地糅合,宛如镶嵌在大地上的一串"绿宝石项链",掀起了一场建造集合整个城市公共绿地于一体的景观新模式的热潮。

图1-51 展望公园(奥姆斯泰德,美国纽约,1866)

区域公园体系并不是美国公园运动唯一的产物,国家公园的产生也是美国城市公园运动有别于欧洲的一个重要特征,这也代表了更大规模和范围的景观建设运动已然启动。这场声势浩大的运动同时带来的是人们对规则式造园的偏见,对自然元素的喜爱充斥于大大小小的公园与私家庭院中。

19世纪欧美的城市公园运动拉开了西方现代园林的序幕,自此公园日益兴盛,引起大众关注。城市公园的服务对象是大众人群,为满足使用者的需要,园林在功能和内容上都与过去的私家园林不同,景观艺术自此摆脱了园林的局限,公园成为城市中不可或缺的一部分。但19世纪的景观艺术并没有创立一种新的风格,如同建筑艺术一样,此时的园林艺术也陷入了折中主义之中,设计师们模仿历史园林风格,在各种形式间进行协调,园林平面或规则或自由。尽管园林的内容已经发生了本质的改变,但还未探索出一个全新的形式风格,正如绘画、建筑、雕塑领域一样,在走向现代主义的道路上徘徊[①]。

1.4.3.2 工艺美术运动中的景观设计

19世纪末20世纪初,随着海外扩张与温室技术的发展,欧洲的花木数量剧增,越来越多的人热衷于植物观赏与栽培。1851年,英国在伦敦海德公园由帕克斯顿设计的水晶宫中举行了世界上第一次万国工业博览会。博览会中的设计产品暴露出两个问题:矫揉造作的维多利亚风格追求奢侈烦琐的装饰,以此来炫耀财富;工业产品粗制滥造,毫无设计感。博览会之后,拉斯金从理论上提倡简单、朴实无华、具有良好功能的设计,提倡设计为大众服务,设计是集体的活动,呼吁艺术家从事设计工作,强调艺术与设计的相关性,认为大艺术(指绘画、雕塑)和

① 朱建宁.西方园林史:19世纪之前[M].2版.北京:中国林业出版社,2013:56-195.

小艺术（指建筑、设计）是一回事。针对第一个问题，拉斯金在装饰上反对矫揉造作的维多利亚风格，提倡中世纪风格和东方风格。针对第二个问题，拉斯金反对工业化产品，提倡手工艺产品，提倡艺术化的工业品，抵抗工业化进程，要求回归手工艺传统。莫里斯是拉斯金理论的实践者。以拉斯金和莫里斯为首的一批人发起了工艺美术运动。

19 世纪 70 年代末，工艺美术运动的影响在英国传播开来，人们把目光转向对住宅内外环境的处理，这对园林艺术产生了较大的促进。这时期的景观作品虽仍保有维多利亚式的烙印，但更加简洁、浪漫、高雅，且善于运用小尺度、具有不同功能的空间，强调对自然材料的利用。此时威廉·鲁宾逊（William Robinson，1839—1935）、雷金纳德·布洛姆菲尔德（Reginanld Blomfield）和格特鲁德·杰基尔（Gertrude Jekyll，1843—1932）以丰富的作品真正影响了工艺美术园林的风格，为近现代景观发展奠定了基础。

1. 鲁宾逊

鲁宾逊是植物学家、作家，更是自然主义风格的倡导者。他主张简化烦琐的维多利亚风格的花园，园林设计应满足植物的生长习性，任其自然生长。他主张发展乡土景观，反对在花园中栽培来自异国他乡的草木，认为应该选取适应英国当地气候的、朴实的植物。这场运动激发了人们对小庭院的热情。鲁宾逊喜欢简单的不规则式庭院风格，在园林设计中完全舍弃了建筑的规则而转向对自然趣味的追求。与此同时，鲁宾逊撰写了《庭园》《乡村庭园》《花园和森林》《英国花园》等专著与文章，对工艺美术园林风格的发展起到了极大的推动作用。

2. 布洛姆菲尔德

作为建筑师，布洛姆菲尔德更倾向于工艺美术运动中提出的“整体设计”的原则，他主张建筑和园林应该统一规划，认为园林是建筑的延伸。他希望通过规则对称的空间布局和将植物修剪成几何造型来获得园林和建筑的协调统一，并提出在房屋附近绝不能有自然形式的种植[①]。布洛姆菲尔德的言论在欧洲产生了很大的影响，以鲁宾逊为代表的自然派与以布洛姆菲尔德为代表的规则派在造园领域对自然与艺术的关系展开了激烈的讨论。

3. 杰基尔和埃德温·勒琴斯

杰基尔和埃德温·勒琴斯（Edwin Lutyens，1869—1944）二人将规则式与自然式相结合进行设计，用实际行动平息了建筑师与园艺师之间的争论。园艺家杰基尔女士是当时最具盛名的设计师，她思考了鲁宾逊与布洛姆菲尔德的言论，肯定了在建筑周围运用台地的可行性，但同时她也认为应该将植物布置成自然的形式。最终，争论双方都认可了她的观点。杰基尔与建筑师勒琴斯长期合作，和工艺美术运动中绘画、建筑等领域的画家、建筑家一样，提倡从大自然中获取设计灵感，创造了许多优秀的园林作品[②]（如图 1-52，图 1-53）。人们将他们设计的园林以及拥有同样风格的园林统称为“工艺美术园林”（Art and Grafts Gardens）。他们的设计作品充满了乡间的浪漫情调。他们在设计中形成了以规则式为结构、以自然植物为内容的风格，其风格影响至今。在工艺美术运动的影响下，园林设计不再像过去一样只是对各种历史风格形式的拼凑，而是将目光转向自然与乡土景观。艺术与自然不再是不可共存的关系。“虽然工

① 张健健. 艺术的自然·诚实的设计：工艺美术运动对西方园林艺术的影响 [J]. 农业科技与信息（现代园林），2010（7）：15-18.

② 伊丽莎白·巴洛·罗杰斯. 世界景观设计（Ⅱ）：文化与建筑的历史 [M]. 韩炳越，曹娟，等译. 北京：中国林业出版社，2005：373

艺美术园林在总体风格上仍然是折中主义的，但它体现了自然与艺术的结合，其规则式布局和自然式种植相结合的设计方式以及对植物色彩和乡土材料的重视，都对以后的园林设计产生了深远的影响。”[①]“20 世纪可定义的第一种园林风格就是今天所认为的‘工艺美术园林’。”[②]因此，工艺美术园林可以看作西方传统园林向现代园林发展过渡的一个重要园林形式，可以看作西方现代园林设计探索的开始。

图 1-52　杰基尔设计的花境

图 1-53　台阶两侧柔和的植物组团

1.4.3.3　新艺术运动中的景观设计

19 世纪末 20 世纪初，新艺术运动诞生于法国，并对欧洲和美国产生了巨大的影响。这场形式主义运动持续了十余年。莫里斯、马克穆多等工艺美术运动的代表人物都深刻地影响了新艺术运动。新艺术运动沿袭了工艺美术运动中对维多利亚和其他过分装饰风格的反对，反映了工业化的设计风格。它同样热衷于手工艺，将参照目光转向了大自然中的奇妙纹样，受日本绘画风格影响很大。与工艺美术运动不同，新艺术运动放弃了所有传统装饰风格，完全走向自然风格，强调自然中不存在平面和直线，在装饰上突出曲线、有机形态。

新艺术运动在意识形态上是知识分子在工业化和过分装饰风格泛滥双重背景下的一次不成功的设计改革。虽然这场运动在各国间有很大区别，但在追求装饰、探索新风格的举动上是一致的。新艺术运动后来发展出几何形态风格，探讨几何形态的构成形式设计，为 20 世纪伊始的设计开创了崭新的局面，直到 1910 年前后逐步被现代主义运动和装饰艺术运动取代。这一阶段是传统设计与现代设计间一个承上启下的重要阶段。

新艺术运动使西方园林第一次形成有别于传统园林的风格。新艺术运动中的园林以家庭花园为主，面积较大的园林不多。展览会园林在展览后又被拆除，所以留下的资料很少，许多园林著作都对其轻描淡写或忽略而过。虽然它从本质上看并不是严格意义上的“现代”，但不可否认，新艺术运动中的无论哪种园林设计风格都对未来的园林设计产生了影响。以高迪为代表的曲线风格为后来的后现代主义设计提供了形式借鉴。几何式的园林设计为现代主义园

① 张健健.19 世纪英国园林艺术流变 [J]. 北京林业大学学报(社会科学版)，2011，10(2)：32-36.

② BROWN J.The English garden through the 20th century[M].Suffolk：Garden Art Press，1999：56.

林设计奠定了形式基础。上述新艺术运动中的景观作品多出自建筑师之手，是通过建筑的语言来设计的。这些作品中有明确的建筑语言空间划分、明快的色彩组合、优美的装饰细部。建筑师用建筑和艺术思维进行景观设计，这无疑体现了建筑学科与绘画学科对景观设计学科的推动作用，说明景观与建筑、绘画之间是互通又相互影响的，景观设计师可以在建筑师、艺术家那里寻找设计灵感。

截至 19 世纪，西方园林景观经历了从文艺复兴风格到新艺术运动风格的转变。随着西方园林艺术的发展，这些风格之间不再如过去一般泾渭分明，而是相互包容，并逐渐走向“折中”。这与西方政治经济、科学技术、文化艺术等因素的影响不无关系。政治经济的强大为园林艺术的发展创造了必不可少的外部条件，而科学技术的发展则带来了植物品种的丰富和园艺技术的提高，为园林艺术的发展提供了保障。但对园林艺术发展影响最直接的还是文化艺术的革新。19 世纪的西方世界科技领先，人们热衷于营造园林，但西方园林景观最终未能摆脱传统形式的束缚，也是由当时的文化艺术状况所决定的[①]。

1.5　小结

西方艺术自文艺复兴以来一直将古希腊和古罗马的艺术形式作为模仿对象，遵循艺术效仿自然的理论，艺术创作手法以具象写实为主。在 18 世纪后期和 19 世纪初期，当巴洛克和洛可可艺术由盛转衰的时候，古典主义再次登上顶峰，艺术界和理论界都高举古典主义大旗，后来，学术界便将它称为新古典主义，这种艺术思潮对绘画、雕塑、建筑、景观都产生了一定的影响。新古典主义绘画以法国大革命为背景，艺术家将古典与社会现实相结合，创造了具有时代性的艺术作品。在新古典主义艺术中，建筑始终占据领先的位置，早在 18 世纪中期就开始兴起。新古典主义建筑是从形式上对旧建筑的翻新，同时还受到民族主义形式和新建筑科技的影响。建筑师将自己的理解和想象融入设计。由于 18 世纪古典复兴建筑在政治上的作用较大，所以新古典主义的风格大多出现在纪念性建筑中。在景观方面，新古典主义景观从简洁的古希腊、古罗马艺术中获取新的构思和灵感，简化了复杂的线条，但是从中还是能够感受到古典主义的传统美感。在新古典主义景观如火如荼兴建之际，浪漫主义景观与折中主义景观也逐渐兴起。浪漫主义景观是对浪漫主义思潮的反映，提倡自然主义，注重个人情感的表达，形式自由奔放。而折中主义景观是对前两种思潮在艺术表现上的局限性的弥补。

19 世纪末 20 世纪初，西方艺术思潮开始进入转折时期，与此同时，绘画、雕塑、建筑、景观也开始发生变化。虽然之前的新古典主义、浪漫主义都具有不可否认的革新意义，但是从绘画上来说，欧洲艺术是从印象派的出现开始才逐渐跨入现代的。印象主义使艺术家开始摆脱传统绘画的限制，不再创作宗教、神话及历史题材的作品，在绘画程式上也不再沿用传统的讲故事形式，画家也逐渐走出画室，运用光色原理去描绘真实的自然。此时的雕塑、建筑与景观也逐渐进入现代发展进程，人们对新建筑形式的期待、现代城市生活的发展、建筑材料的发明和工程技术水平的提高，为现代建筑的变革奠定了基础。到 19 世纪末，现代建筑开始兴起，水晶

① 张健健.19 世纪英国园林艺术流变 [J]. 北京林业大学学报（社会科学版），2011，10（2）：32-36.

宫、埃菲尔铁塔、肯特红屋是现代建筑的三大原型。在景观方面，随着工业化、城市化的发展，受使用对象的变化以及城市公园运动的影响，传统园林开始向现代景观空间转化。截至 19 世纪，西方园林经历了文艺复兴风格、工艺美术风格等。随着西方园林艺术的发展，这些风格之间不再如过去一般泾渭分明，而是相互包容，逐渐走向折中。政治经济的强大为园林艺术的发展创造了必不可少的外部条件，科学技术的发展则带来了植物品种的丰富和园艺技术的提高，但对园林艺术发展的影响最直接的还是文化艺术的革新。19 世纪末，西方世界科技领先，人们热衷于园林营造，西方园林仍在“规则式”与“自然式”的反复中曲折前进，其尚未摆脱传统形式的束缚，也是由当时的文化艺术发展状况决定的。

第 2 章　西方现代艺术与景观的起源

“现代”是相对于“过去”而言的。现代艺术往往带有质疑和反传统的特点。反传统就是反传统技法、传统题材、传统观念。西方传统艺术主要是沿袭古希腊和古罗马艺术形式的具象艺术。具象艺术以描绘真实形象为目的,注重对物象的描摹,强调对客观事物的“模仿”和“再现”。从文艺复兴开始,艺术家探索出了在画面中真实再现事物的方法,如再现真实场景的“焦点透视法”、再现真实色彩的“色调法”以及再现真实人体结构的“解剖法”。无论是新古典主义、浪漫主义还是现实主义,艺术家们创作的艺术品都是具象的,他们把模仿、再现客观对象作为绘画和雕塑的不可动摇的原则。从文艺复兴开始到 19 世纪,西方艺术在“具象”区间内的发展已经达到了一个非常饱和的程度,虽然画面的表现技法十分丰富,但是艺术革新的余地已经越来越小了,所以此时的艺术家对突破传统条框束缚的渴望比以往任何时期都要强烈。到了 20 世纪,西方艺术受到资本主义发展和科学技术进步的影响产生了巨大的变革。艺术家发现,传统的“具象艺术”在表达上过于局限,以至于越来越多的先锋艺术家开始主动向抽象领域迈进。这个时期,各种艺术流派也相继出现,这些艺术流派开始摆脱原有艺术世界的束缚,形成了反映时代进步与时代精神的新的艺术形式。

2.1　色彩、造型和主题的三大变革

19 世纪的西方国家正经历科学和技术的变革,这种变革对传统的艺术形式产生了一定的影响。以照相来说,这种能高度还原物象的技术就对印象派等所追求的再现真实形象的西方传统艺术产生了前所未有的冲击。与此同时,东方的艺术形式也逐渐在西方得到传播,如日本的浮世绘和中国的水墨画受到西方艺术家的青睐。西方的艺术家渐渐发现,非写实的、二维平面的和写意的东方艺术也十分有魅力,一些前卫的艺术家开始对现有的艺术形式进行思考,并且探索新的艺术形式。塞尚、凡·高等后印象派画家率先冲破了传统的艺术观念,开始强调主观精神在绘画中的表现。到了 20 世纪,这种艺术观念得到进一步的发展,同时受到弗洛伊德等人的哲学观的影响,艺术家的视野从客观世界转向了人的内心世界。艺术家开始表现心灵的真实,表现纯粹的主观情感。野兽派、表现主义、超现实主义等流派开始了对现代艺术观念的具体实践。

2.1.1 色彩的解放:野兽主义

图 2-1 《戴帽子的妇人》（马蒂斯,1905）

野兽派（Fauvism or Fauves，1905—1908）是 20 世纪初出现的第一个重要的现代绘画流派,“其兴起可归入色彩主义传统的一部分。该传统可以沿凡·高、高更、莫奈、德拉克洛瓦等人向上追溯到提香和威尼斯画派。然而野兽派画家将色彩的自由表达带上了新高度。凡·高和高更对野兽派艺术家的影响最大,这在亨利·马蒂斯（Henry Matisse，1869—1954）和安德烈·德兰（Andre Derain，1880—1954）的作品中显而易见”[①]。野兽派虽然没有明确的理论和纲领,但它是一定数量的画家在一段时期聚集起来积极活动的结果,因而也可以被视为一个画派。图 2-1 为马蒂斯的《戴帽子的妇人》。

野兽派得名于 1905 年巴黎的秋季沙龙展览。在这次展览上,马蒂斯、安德烈·德兰、莫利斯·德·弗拉芒克（Maurice de Vlaminck，1876—1958）和乔治·鲁奥（Georges Rouault，1871—1958）等前卫艺术家展出了一屋子色彩鲜明、笔触豪放、故意扭曲、反传统主义画法的作品,引起了轩然大波。评论家路易斯·沃塞尔（Louis Vauxcelles，1870—1943）在这些艺术家的绘画作品中间看到了一尊多那太罗式的雕塑,便说:“多那太罗让野兽包围了。”不久,这句话便在《吉尔·布拉斯》杂志登出,而“野兽主义”的名称也由此而来。

德兰是野兽派中最有天赋的画家之一。德兰在 1905 年和 1906 年对伦敦的描绘中,总结了野兽主义在鲜明强烈与任意变化的色彩开发上的成就,他称之为“蓄意的不协调”。他利用不协调的黄色、紫色、蓝色、绿色和红色来表现他对事物的情绪反应,表达他个人最强烈的看法。所有对自然主义的模仿式的绘画效果都被抛弃了,将颜色从传统的描述性的角色中释放出来,这是野兽主义的探索目标,也是其主要成就。图 2-2、图 2-3 分别为德兰的《科利乌尔港口的船》和弗拉芒克的《红树林》。

图 2-2 《科利乌尔港口的船》（德兰,1905）

图 2-3 《红树林》（弗拉芒克,1906）

① H.W. 詹森. 詹森艺术史 [M]. 艺术史组合翻译实验小组,译. 北京:世界图书出版公司北京公司,2010:946.

2.1.1.1　马蒂斯与野兽派

图 2-4　《开着的窗户》（马蒂斯，1905）

马蒂斯是法国著名画家、雕塑家、版画家，野兽派的创始人和代表人物。马蒂斯最初是在一家法律事务所工作，后来放弃了法律工作开始从事绘画，在 1892 年考入美术学院，师从象征主义画家古斯塔夫·莫罗（Gustave Moreau，1826—1898）。在美术学院，他接受了最为苛刻的学院派教育。莫罗的色彩观念对马蒂斯的影响很大，莫罗认为，“单纯地模仿自然是不能获得美丽的色调的，绘画的色彩必须依靠思索、想象和梦幻才能获得”。在结束学业后，马蒂斯又受到保罗·西涅克点彩派的影响，同时又吸取了黑人雕塑和东方装饰艺术优点，形成的艺术风格已经与传统艺术彻底决裂。1905 年，马蒂斯等野兽派艺术家的作品（图 2-4 为马蒂斯的《开着的窗户》）在秋季沙龙展览上展出，评论家们在这次展览上看到的野兽派的作品不仅远远超出了他们的心理预期，而且也远远超越了他们对色彩的认识。

2.1.1.2　野兽派的艺术主张

野兽派的出现把欧洲从几百年传统的自然色彩概念中释放了出来。“野兽”一词特指色彩鲜明、随意涂抹，“这种色彩比新印象主义的科学色彩，比高更、凡·高的非描绘性色彩，比那种直接调色、变形的画法更为强烈”①。野兽派艺术家愿意使用从颜料管里直接挤出来的强烈的色彩，而且不想刻画自然中的对象，主张以最少的笔触获取最强烈的视觉效果而无多余笔墨。野兽派要求摆脱物体固有的色彩特征，主张运用简单的线条和夸张的颜色来实现色彩在画面中的完全释放和独立。野兽派产生的意义就在于让色彩不必依附于任何自然形态，而是从主观情感出发，使画面色彩拥有属于自己的品格特征。正如马蒂斯所说：“我不能奴隶般地去抄袭自然，我必须解释自然，使它服从绘画的精神。”图 2-5 为马蒂斯的《生活的快乐》。

图 2-5　《生活的快乐》（马蒂斯，1905—1906）

① 龚建光. 野兽派的旗手：浅析弗拉芒克的艺术特色 [J]. 美术教育研究，2011（4）：40.

2.1.1.3 野兽派的绘画追求

野兽派追求整体构图的生命力和韵律感，追求更为主观和强烈的艺术表现，在画面的构图上不再讲究传统的透视、明暗、比例规则，而是趋于平面化，注重整体画面的生命力。正如马蒂斯所言："创造是艺术家真正的职责，没有创造就没有艺术。"① 野兽派在发挥主观创造性的同时热衷于运用浓烈的色彩，色彩就如同刚刚从颜料管里挤出来的一样，使画面具有了强烈的视觉冲击力。野兽派还注重艺术家个人情感的表达，笔法、线条往往直率、粗放，具有二维装饰的效果；其抛弃对客观事物的模仿，创造出了一种有别于西方传统绘画的新意境。

1. 把科学的色彩变成非描绘性色彩，实现了对色彩的解放

野兽派艺术家从科学方面研究了人类视觉对色彩的反应过程。大脑对视觉所产生的各种印象，经过实践逐步形成了关于绘画色彩的科学性、丰富性和梦幻性的认识，形成了自己所独有的色彩理念。野兽派画家对色彩的主观处理并不像他们自己所说的那样疯狂和随意，"野兽派画家处理色彩的自发性只是一种表现。他们强调色彩随意的目的是把来自现实的经验和传统的艺术法则排除在外，而将色彩的表现力与震撼力、色彩之间的关系、色彩与情感作为探讨的主题。这种方式绝非无意识，在野兽派画家貌似随意的色彩和画面背后是色彩的表现力和精神力的扩张，具有其内在的秩序感与目的性"②。同时，野兽派艺术家主张色彩不应该被客观物体的表象所束缚，画面上的一切形式和语言都是为主观创意而服务的，实现了对色彩的解放。

2. 无视客观现实的主观意识以及非理性的因素持续地影响了表现主义

野兽派是对学院派的反抗，他们对感动力缺乏并且表现不够主观、深入的印象派作品持一种反对的态度。野兽派希望另辟蹊径，他们继续着后印象主义代表人物凡·高、高更、塞尚等人的探索，追求更为强烈的艺术表现。他们以饱和的色彩和大笔触、单纯化的线条刻画夸张抑扬的形态，以达到对个性的表现，把内在真挚情感极端放任地流露出来，以最小限度的描绘表现最大限度的美感。在野兽派之后，20 世纪初，表现主义随之产生，"野兽主义与表现主义如此注重色彩情感和精神表达，不断探索新的视觉语言，寻求探索内心情感与内在精神的释放状态"③。

3. 野兽派绘画的简化、平面化趋势启发了抽象艺术

野兽派对复杂的物体结构进行最大程度的简化，使画面给人自然的视觉感受，这也一直是野兽派深入思考的问题。野兽派认为，最少的东西能给人最强的信息。野兽派画家在对物体进行描绘时，采用平面化和简化外形的处理手法，从而将物体演变成为一种简化的符号。这种简化的符号不是凭空捏造的，它是基于自然的某一个环境而衍生出来的，是这个环境的整体形象符号，使整体画面具有平面化、装饰化的倾向，进而启发了抽象艺术。例如马蒂斯在《红色的画室》中，在抛弃传统透视的同时，用色彩创造了深度空间的幻觉，并且大量使用黑、白色隔离等一系列装饰色彩的表现手法，使画面结构单纯，色彩和谐统一，让画面更加接近于一种抽象的色彩图案④。

---

① 许淇. 艺术美的再表现、再创造 [J]. 美术，2013(1)：81-85.

② 陶涛. 试析西方绘画中的"野兽派"[J]. 大众文艺，2013(22)：104-105.

③ 赵春月. 西方美学思想下诉诸内心的现代主义艺术 [J]. 文艺评论，2014(9)：109-112.

④ 邓恩谦. 论马蒂斯绘画的色彩结构 [J]. 美术大观，2013(3)：66.

2.1.2 造型的革新:立体主义

立体主义(Cubism, 1907—1914)是 20 世纪初继野兽派之后另一个重要的艺术流派。立体主义的主要创始人是巴勃罗·鲁伊斯· Y. 毕加索(Pablo Ruiz Y. Picasso, 1881—1973)和乔治·勃拉克(Georges Braque, 1882—1963)。立体主义是对艺术传统可能性的分析,也是艺术创作的方法,鼓舞关于艺术表象甚至艺术目的的新思维方式。立体主义的形成过程十分漫长,但是恰恰是在以上两位艺术家均充分吸收了后印象主义与野兽派的经验后开始向抽象领域迈进的。在塞尚、德兰和马蒂斯之后,毕加索是扩展抽象领域的第一人[①]。

"立体主义"这个名词其实是个误称,它成为人们了解其主题的障碍,这个主题一直都抗拒着精确的定义。不论是毕加索还是勃拉克都不会承认他们是有意创立"立体主义"的,就好像诗人艾略特(T. S. Eliot, 1888—1965)总以类似的理由拒绝解释《荒原》(*The Waste Land*)这首诗。立体主义(方块主义)的出现同样也存在着偶然性[②]。1908 年,勃拉克在卡恩韦勒画廊展出作品,"评论家路易斯·沃塞尔在《吉尔·布拉斯》杂志上评论说:'勃拉克先生将每件事物都还原成了立方体。'"[③] 从而这种画风也被人们称为立体主义风格。立体主义否定了从一个视点观察事物和表现实物的传统方法,它把三维空间的画面归结成平面的、二维空间的画面。不从一个视点看事物,把不同视点所观察和理解的形诉诸画面,表现出时间的持续性,这样做显然不是依靠视觉经验和感性认识,而主要依靠理性观念和思维。立体主义存在的时间并不长,活跃期是 1907 年至 1914 年。立体主义被看作现代主义的"分水岭"。它的出现是因为艺术受到了现代哲学、科学和机械工程学的影响,也受到了塞尚晚期绘画中抽象视觉分析的影响,还受到了非洲艺术的启发。立体主义的出现不仅影响了 20 世纪西方绘画的发展,而且还有力地推动了西方现代建筑和景观设计的革新。

2.1.2.1 立体主义之前的毕加索

毕加索是一位多产的画家,他的艺术创作经历可以大体分为蓝色时期、玫瑰时期、立体主义时期、新古典主义时期、超现实主义时期等几个不同的艺术时期。不同时期的艺术风格都与艺术家的人生经历有关。从 1900 年到 1917 年,毕加索经历了所谓的蓝色时期(1900—1903)、玫瑰时期(1904—1906)以及后来的第一古典主义时期(1907—1917)。

2.1.2.2 毕加索的不同艺术时期

1. 蓝色时期(1900—1903)

1900 年至 1903 年是毕加索的人生低潮期。1900 年,毕加索初到巴黎,"毕加索的作品呈现出来的是一种色彩爆炸式的快感,与野兽派有异曲同工之妙。然而随着他在巴黎第一次画展的结束以及好友卡萨盖马斯的死亡,巴黎表面上的浮华光鲜似乎褪去了之前鲜艳的颜色,而显示了某种冷酷绝情的另一面。毕加索开始发现自己和这一环境格格不入"[④]。内心世界处于苦闷和忧郁的他,曾先后用蓝色和粉红色调描绘贫穷的残疾人、患病者、老人、孤独者、演员、

---

① H.W. 詹森. 詹森艺术史 [M]. 艺术史组合翻译实验小组,译. 北京:世界图书出版公司北京公司,2010:949.

② 昂纳,弗莱明. 世界艺术史(第 7 版修订版)[M]. 吴介祯,等译. 北京:北京美术摄影出版社,2013:782.

③ 陆梦雪. 立体主义与现代主义建筑关系的发展过程 [J]. 建筑与文化,2018(1):60-62.

④ 冯跃. 毕加索"蓝色时期"作品简析 [J]. 美术教育研究,2014(1):41-42.

江湖艺人、丑角等，作品表现出对现实生活的关注，同时也反映了其内心的苦闷，这一时期被称为蓝色时期。其蓝色时期的作品有《弹吉他的失明老人》（图 2-6）、《生命》（图 2-7）。

图 2-6 《弹吉他的失明老人》（毕加索，1903）

图 2-7 《生命》（毕加索，1903）

2. 玫瑰时期（1904—1906）

玫瑰时期也被称为马戏团时期。1904 年春，毕加索在巴黎蒙马尔特区（Montmartre Special Administrative Region）永久地定居下来。随着他迁居巴黎与菲尔南德·奥·里威尔同居，他的蓝色风格时期也宣告结束。恬静的家庭生活和周围的波希米亚气息使他作品中的蓝色调渐渐被明快的玫红色调取代。柔和的粉色开始出现在画面中，蓝色渐渐褪去，描绘的人物慢慢变成有朝气的年轻人或马戏团的演员。这一时期的作品整体除了丰富明亮的色彩外，摒弃了蓝色时期那种贫病交迫的悲哀、缺乏生命力的象征，取而代之的是对人生百态充满信心、兴趣及关注的情绪[①]。《拿烟斗的男孩》（图 2-8）即这一时期的作品。

3. 第一古典主义时期（1907—1917）

玫瑰时期之后，毕加索逐步进入了他的第一古典主义阶段。这一时期，他追求古典式的单纯线条、匀称和永恒的和谐，不再用什么玫瑰色和淡蓝色，而是用简朴的褐黄色。与此同时，他有意图地强调和保持画面的平衡感。《立着的裸女》中，人物粗大的造型如同雕像一样简练，没有人物背景和与主题无关的任何细节。这一时期，他创作的《梳妆》是一幅新鲜、宁静的作品，她的仆人为她拿着镜子，她梳理着自己的头发，看上去极其神秘动人。这一时期的作品还有《读书的女子》（图 2-9）。毕加索的作品风格愈发柔和，原来玫瑰时期还带着的生硬特点已经褪尽了。蓝色时期和世纪末的绝望感被宁静的古典形象所替代。这幅作品更接近公元前 5 世纪的雅典精神，这一点是夏凡和那些新古典主义先辈们望而不及的[②]。

① 张茜. 毕加索绘画风格研究 [J]. 艺术评鉴，2018（14）：58-59.

② H.H. 阿纳森. 西方现代艺术史 [M]. 邹德侬，巴竹师，刘珽，译. 天津：天津人民美术出版社，1987：114.

图 2-8　《拿烟斗的男孩》(毕加索,1905)

图 2-9　《读书的女子》(毕加索,1906)

2.1.2.3　立体主义的起源

1907 年毕加索创作了油画《亚威农少女》(图 2-10),这幅画的诞生标志着立体主义的开端。同年,毕加索和勃拉克共同确立了立体主义绘画原则:“甚至连人物也可以服从于整个绘画。这种绘画语言可以变形、割裂,变成一系列平涂色彩的小平面,还有重构的立体空间。他的这一绘画语言原则成了立体主义绘画常用的绘画方法。”[①] 而这种分割的平面和构成人物所处环境的类似平面,在实质上却难以区分。有了这个发现,立体主义的艺术观念就基本形成了。这种观念所传达的是,画就是一幅画,它可以与人物、风景无关而独立存在,它是对线条、色彩和形状在画面上的主观抽象的安排,可以用不同视角和各种方式将它们综合成一个整体,形成一幅新的画面。

图 2-10　《亚威农少女》(毕加索,1907)

虽然毕加索的作品《亚威农少女》是立体主义绘画开端的标志,但是立体主义的发展离不开勃拉克的贡献。毕加索在完成《亚威农少女》之后不久,遇见了勃拉克。起初,勃拉克也和其他人一样,认为《亚威农少女》这幅画无论是从内容还是从形式来看,都是骇人的、丑陋的、令人讨厌的画,但是很快,勃拉克自己的绘画开始更冷静、稳重地走向与毕加索一致的风格。1908 年到 1914 年入伍期间,他与毕加索曾一起工作,也一起创立了立体主义绘画。他们之间存在着独特且亲密的合作关系,甚至比莫奈和雷诺阿在印象主义最早期时的关系更亲密、持久。勃拉克曾经说过,他们两人“就像绳索绑在一起的登山者”。他们的作品曾一度无法被分辨,而他们自己本身后来也不清楚谁画了哪些画。两人对立体主义的产生与发展都做出了重大的贡献。

---

① 李文文. 论毕加索“分解重构”造型手法的特点 [J]. 美术界, 2012(2):79-79.

2.1.2.4 分析立体主义

《弹曼陀铃的少女》(图 2-11)、《卡恩韦勒像》(图 2-12)被认为是毕加索分析立体主义(Analytical Cubism)的代表作。人物与地面之间的传统关系已被一种统一的画面结构所取代,所有的形状似乎进入了一个尖锐、缩窄的画面空间里。在这两幅画中,几乎为单色(主要是黄褐色和银灰色)的、干枯暗淡的表面以及极度破碎的结构,画面上的物体如视觉暂留般徘徊在这些集合结构的后面,都是分析立体主义的特征。总的来说,分析立体主义风格彻底摆脱对现实的模仿,自由地探索对现实的体验和直觉;把物体解构成小方块,进一步重构为新的综合体;彻底阐明变形和绘画中的综合概念;将人物与背景、近景与远景综合成一个整体,为进一步探索理性主义的抽象造型规律开辟了道路;彻底阐明同时并置(simultaneity,也译"共时性")和连续视觉的概念,在绘画中引入了第四维的特征。

图 2-11 《弹曼陀铃的少女》(毕加索,1910)

图 2-12 《卡恩韦勒像》(毕加索,1910)

2.1.2.5 综合立体主义

"拼贴的采用,标志着毕加索和勃拉克的立体主义第一阶段或者叫分析立体主义阶段的结束。这两位艺术家都花了将近三年时间去分析和捣毁艺术家的传统人物、静物和风景画题材,产生出视觉的、象征的、记忆的或真实性的概念,这是绘画空间和结构的新概念。此刻这两个人都准备扩大和丰富他们的手段。他们开始创作的绘画,主要不是观察经验的精华,而是用他所掌握的一切造型手段——传统的、实验的还包括手头的任何材料去扩大绘画。这个进一步扩大了的第二个立体主义阶段,被称为'综合立体主义'(Synthetic Cubism)。"① 综合立体主义注重画面的整体效果,不再只是强调局部的分解。色彩渐渐丰富起来,事物的形态又重新被重视。综合方体主义强调要把客观物体引入绘画,从而将表现具象的物体本身和表现抽象的结构形态综合起来。

2.1.2.6 立体主义的意义

20 世纪的立体主义既是西方艺术发展中一个十分重要的流派,也是西方艺术发展史上的一个分水岭。立体主义之前,艺术家的目标是抛弃对神权的表现,将注意力转向人间生活,力

① H.H. 阿纳森. 西方现代艺术史 [M]. 邹德侬,巴竹师,刘珽,译. 天津:天津人民美术出版社,1987:115.

求描绘更真实的世界。从文艺复兴打破中世纪绘画的神权、运用焦点透视法创造了“真实”世界到印象派运用科学的色彩再现眼前的“真实”，这些都是西方艺术家为描绘真实世界所做的探索实践。但是立体主义认为，文艺复兴时期和印象派的绘画作品都是在模仿自然，基本上都是具象表现性的艺术。然而塞尚却从另一个角度推翻了西方艺术这一“再现真实”的传统观念。塞尚认为，客观世界的真实不在表象，而在于对象表象下的深层结构。出于探索真实世界的渴望，他放弃了传统的艺术观念和法则，形成了几何构成的透视法，改变了对传绘画艺术认识的观念，从此艺术打开了探索的大门。

立体主义的思路与塞尚一脉相承，立体派曾声称：“谁理解塞尚谁就理解立体主义。”立体主义在塞尚的观念的基础上继续进行探索，将塞尚竭力追求的永恒的概念加以发展，形成了“四维空间”概念。立体主义认为，人们在观察物体时，眼睛并非定焦在某处一动不动，而是在物体上不断游走获取局部细节，然后再经过大脑将这些局部片段组合成为完整的形象。立体主义将这种观察方法付诸实践，把四维引入绘画，形成全新的空间造型观念；在绘画中发明了“解构法”，将描绘对象分解成若干片段，再按照他们所认为的对象的真实结构进行重组。立体主义形成的时间和空间的不定性观念是对西方传统绘画观念的彻底颠覆，实现了对体形的解放。对描绘对象的分解和重组影响了艺术的抽象化。按照艺术家主观意愿进行的重组直接启发了达达主义、超现实主义和波普艺术，为现代艺术的发展提供了动力。

2.1.2.7　立体主义对建筑的影响

1. 理性的立体化和纯粹主义的提出

建筑与绘画自古以来就存在着密切的联系。勒·柯布西耶（Le Corbusier，1887—1965）曾经说过：“别人都只知道我是个建筑师，没有人认为我是个画家，而我却是透过绘画来获得建筑的灵感的。我想，作为一个建筑师，如果我的作品能带来任何意义的话，这一切必须归功于我的幕后工程——绘画。”立体主义指导建筑理论和实践的最大贡献是理性的立体化和纯粹主义的提出。1918 年，柯布西耶与画家奥占芳联合发表题为《立体主义之后》的宣言，他们反对把立体主义当作琐碎的装饰，而提倡净化、机器式的“纯粹主义”，提倡理性的立体化，摒弃所有过于复杂的立体结构细节，在绘画对象上主张恢复到最简单、最单纯的日常生活中见到的普通、平常物件的几何结构。柯布西耶的作品《静物》（图 2-13）、《手风琴、玻璃水瓶与咖啡壶》（图 2-14）等正体现了这一点。从柯布西耶后来一个时期的建筑创作来看，这实际意味着将整个建筑物的造型立体主义化，而去除“多余”的装饰，它把立体主义推向了一个崭新的高度①。

2. 同时并置与流动空间相对应

立体主义画家对空间关系的探索促使了新空间概念的产生，颠覆了文艺复兴时期以来人们从焦点透视法的角度认识空间的思维，画家开始从数理的角度认识空间。“与此同时，作为空间结果的建筑，也与空间的认识一起发生了质的变化，这种变化的结果就产生了现代主义建筑。现代主义建筑将内部与外部空间联合在一起表达建筑师对空间的理解，从一个角度很难完全地理解某个现代主义建筑，必须通过对空间的体验才能完成。这一点与立体主义表现空

① 谭伟. 立体主义与建筑美术教育研究 [J]. 高等建筑教育，2008（4）：26-29.

间的方法相同，柯布西耶的萨伏伊别墅（Villa Savoye）就是这种新空间概念的典型代表。”①

图 2-13 《静物》（柯布西耶，1921）

图 2-14 《手风琴、玻璃水瓶与咖啡壶》（柯布西耶，1926）

2.1.3 绘画主题的变革：德国表现主义

19 世纪末 20 世纪初，德国艺术家抓住了新艺术运动的形式和纲领，在青年风格的名义下，促成了风格的大众化和国家化倾向。自表现主义开始，西方现代艺术的一支走向梦幻，并被推向超现实主义。德国表现主义（Expressionism）是个复杂的艺术流派，它的成员包括拥有不同政治倾向和思想倾向的青年知识分子。他们对资本主义都市文明不满，对机械文明压制人性和个性反感，并从东方和非洲艺术中汲取营养。表现主义的艺术家们反对机械模仿客观现实，主张表现“精神的美”和“传达内在的信息”，强调艺术语言的表现力和形式的重要性。其中有些艺术家在社会的不平等和人类灾难面前产生了一种强烈的改变现实的紧迫感。他们用笔刻画社会生活的黑暗面，描绘挣扎在生命线上的“渺小”的人群，时常在作品中流露出悲观和伤感的情调。表现主义从后印象主义演变发展而来，是对印象主义忠实描绘现实的反叛。它继承了中古以来德国艺术中重个性、重感情色彩、重主观表现的特点，在造型上追求强烈的对比，追求扭曲和变形的美。

2.1.3.1 德国表现主义的美学基础

19 世纪末，德国一些哲学家和美学家的理论对表现主义运动的兴起与发展起了推动作用。表现主义不像其他艺术流派，它从来都不是协调统一的。表现主义的成员在其政治信仰和哲学观点上都存在着一些区别。德国的表现主义画家大多数都受康德哲学和西格蒙德·弗洛伊德（Sigmund Freud，1856—1939）的精神分析学的影响。20 世纪初，特别是第一次世界大

① 陆梦雪. 立体主义与现代主义建筑关系的发展过程 [J]. 建筑与文化，2018（1）：60-62.

战时期，德国的社会矛盾和冲突十分突出，政局动荡，这一时期社会意识形态也发生了极大的变化，康德哲学受到大家的青睐，从而导致德国的艺术家们在创作和思想观念上也发生了变化。艺术家开始强调主观感情和自我感受，在绘画中采用夸张、变形、怪诞的表现手法来发泄内心的苦闷与不满。

1. 受早期的精神分析学影响

在 20 世纪西方现代美学思想中，弗洛伊德的精神分析美学有着极为重要的地位。弗洛伊德在这一思想的建构中，对无意识中本能欲望的冲动及其被压抑的对美和艺术的起源、动力、本质和作用等问题做了心理学上的分析。弗洛伊德作为一名精神病医生，在长期的工作实践中创立了“泛性欲主义”（Pansexualism）学说。“泛性欲主义”学说的主要观点是把一切行为动机最后归结为性本能的冲动，人的一生以追求性欲的满足为目的。当然这个“性”是广义的，性的背后有一种潜力，常驱使人去寻求快感。“泛性欲主义”是过于强调性的生命本质与身心活动地位的观点和理论，把性欲视为高于一切、决定一切的根本因素。

2. 受移情学说的影响

古今中外的理论家都注意到，在艺术表现和欣赏中，有一种将人比物和以物拟人的现象。移情学说是关于美和审美本质的学说，是审美心理学的早期研究成果。该学说以主观唯心主义为哲学基础。但是它只着重于描述意识产生人化作用的现象，未能揭示出审美中移情现象的实证心理基础和社会历史根源。移情作用是指人在观察外界事物时，设身处地，把原来没有生命的东西看成有生命的东西，仿佛它也有自己的思想情感，同时人也受到事物的情感的影响，多少会和事物发生共鸣。这种现象是很原始的、普遍的。其代表人物有费肖尔和利普斯。

1）罗伯特·费肖尔

罗伯特·费肖尔（Robert Vischer，1847—1933）是德国美学家，其父亲 F. 费肖尔是德国哲学家、美学家。他曾在杜宾根大学学习，后留校任美学和德国文学教授。他从黑格尔美学出发，认为美是理念在感性形式上的显现，是理念和形象结合的统一体。费肖尔继承其父对“审美的象征作用”的研究，首次提出“移情作用”这一概念。他认为，它们是“我自己身体组织的象征，我像穿衣一样，把那些形式的轮廓穿到我自己身上来”。看到高耸的建筑，便会与之发生共鸣。其高耸入云的外形会使人首先联想到自己的性格特质，引出性格当中“崇高”的美德，自己顿时也变得高大起来。当看到渺小的植物时，人又会感叹自己与整个天地相比，仿佛世间任何事情都离开了自己的轨迹，自己就如同弱小的植物一样不被关注，自己随之也变得微小。

2）泰奥多·利普斯

德国心理学家泰奥多·利普斯（Theodor Lipps，1851—1914）的名字几乎是和移情说捆绑在一起的，一提到移情说，人们会自然而然地就想到利普斯，这就好比在自然科学领域中一提到相对论就想起爱因斯坦一样。“利普斯认为‘移情’是起源于‘同情’的，从主体角度而言，任何心理活动都必然是在以往心理经验的基础上进行的，每个人都是一个独特的个体，对世间万事万物的认知把握，对生命的体验和感受都是不一样的，即都是独特的‘这一个’。我们了解和感知这个世界最普遍、最直接的方式便是推己及人，推己及物。‘我们把亲身经历的东西，我们的力量、感觉，我们的努力、意志，主动或被动的感觉移植到外在的事物里去，移植到在这种事物身上发生的或和它一起发生的事件里去。'移情现象即主体和客体达到的一直契合的状态。"①

2.1.3.2 表现主义的观念

"表现主义"一词最早是在 1911 年威廉·沃林格(Wilhelm Worringer, 1881—1965)的一篇与凡·高、马蒂斯有关的文章中出现的。在第一次世界大战前几年得到发展的德国表现主义绘画已逐渐地关心起当代人的心理状态。与其说表现主义强调客观的写实,不如说它注重对内在情感的抒发,或者是将艺术家的主观感受诉诸一切的描绘之中。艺术家因而往往用变形、夸张、原始主义、幻想以及其他强有力的、不和谐的形式因素达到表现效果②。表现主义绘画表现的是一种反抗的姿态,它支持某种新的内在世界的自发性。艺术家们感觉到被迫去表达他们面对现代的焦虑、挫折和愤怒的心情,他们的表现甚至比野兽主义更主观。

1. 艺术创作带有强烈的主观性

表现主义具有鲜明的艺术主张,注重艺术家对客观世界的主观感受,反对印象主义对物体的模仿、再现。表现主义要求艺术家抛开对客观事物的描绘而挖掘艺术的精神实质和内在形式。他们认为,眼睛所看见的只是客观世界的表象,所以在创作上他们不满足于对客观事物的描摹,而是充分探索事物的内在本质;要求突破对人的行为和人所处的环境的描绘,进一步揭示人的精神;要求展示事物永恒的品质。也就是说,艺术创作带有强烈的主观性是表现主义艺术最主要、最基本的特征。例如康定斯基用线条、色块、几何形体的韵律和动感来表现情绪和精神,如其作品《构成 8 号》(图 2-15)、《即兴第 30 号》(图 2-16)。

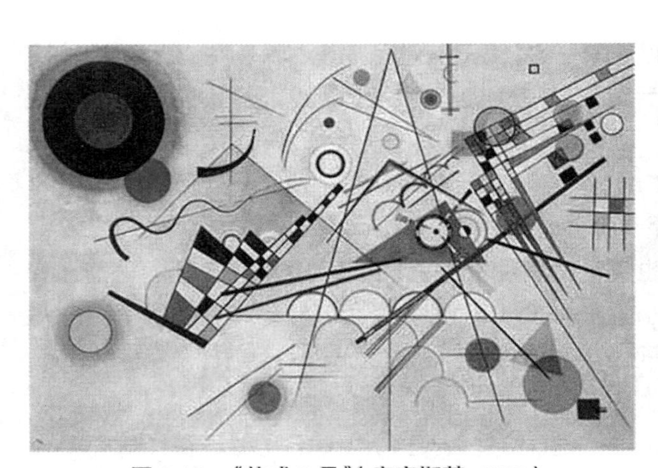

图 2-15 《构成 8 号》(康定斯基,1923)

图 2-16 《即兴第 30 号》(康定斯基,1913)

2. 给艺术要素以隐喻的内容

弗朗兹·马克(Franz Marc,1880—1916),是蓝骑士的重要成员之一。1911 年,他与康定斯基合作编纂了一本名为《蓝骑士》的艺术年鉴。马克如同康定斯基那样,努力寻求人与自然在

① 刘伟. 论利普斯的移情说 [J]. 文学与艺术,2011,3(2):7-8.

② 丁宁. 西方美术史十五讲 [M]. 北京:北京大学出版社,2016:482.

精神上的和谐，并借动物这一题材表达他对事物精神实质的理解。“弗朗兹·马克认为艺术不应该停留在对事物外貌的摹写上，而应该深入内部，努力揭示隐藏在纷繁复杂的世界内部的客观精神实质。用他自己的话来说，艺术应当表现人们眼睛所见到的背后的东西，是抽象的精神。马克引人注目的重要作品是以动物为题材的。他认为：那属于动物生命的纯洁的感觉激起了存在于我的那些善良的东西。马、鹿、虎、狍子这些动物代表了大自然的生命和活力，象征着人类与自然的和谐，它们的存在可以使得世界更为平和融洽。”[①] 马克努力寻找人与自然在精神上的和谐，并借动物这一题材表达他对事物精神实质的理解，色彩斑斓的形状和色块在画面上相互挤压碰撞，传达出某种原始和神秘的意味，给艺术要素以隐喻的内容，如其作品《黄色的马》（图 2-17）。

图 2-17 《黄色的马》（马克，1912）

康定斯基在 1910 年完成了《论艺术的精神》（*Concerning the Spiritual in Art*）。在书中，康定斯基明确地陈述非客观艺术的观念，它作为艺术家内心需求的源头是一种纯属“精神性”的艺术形式，并不被外在世界所定义。对康定斯基而言，抽象形式和再现一样不重要，只有当它们在表达艺术家们内心最深处的感觉和反物质主义的价值观并由此创造出真正的内在真实时，才变得有意义。他敏锐地察觉到，抽象艺术可能有被误解并被视为装饰品的危险，如同他所写“像领带或者地毯之类的东西”。诚然，纯色彩与形式的艺术极可能会退化为无意义的装饰性图案。因此，从他 1911 年到 1913 年的作品中可以看到，康定斯基保留了一些可以辨认的东西、隐藏的或伪装的意向，作为暗示或提醒来引导观赏者进入他的精神世界。

3. 对社会有不同程度的批判

凯绥·柯勒惠支（Kaethe Kollwitz, 1867—1945）是一位医生的妻子，“她把自己的生命和艺术，包括版画和雕塑，作为一种对社会批评或抗议的形式”[②]。由于柯勒惠支和她的丈夫居住在贫民区，在这种环境下，柯勒惠支深知普通人的困境，因此她的作品主题一直都在反映底层民众的贫苦生活和饱受痛苦、摧残的母亲。作为一名表现主义画家，柯勒惠支的画面注重情感的

① 周益民，左奇志，石秀芳. 外国美术史 [M]. 武汉：湖北美术出版社，2011：228.

② 崔云伟. 鲁迅与西方表现主义美术 [D]. 济南：山东师范大学，2006：20.

图 2-18 《反抗》(柯勒惠支,1907)

表达和整体造型的力度,强调画面的明暗对比,舍弃了无助于表现人的内心情感的琐碎细节,倾尽所有笔触营造整体氛围以及刻画人物的精神、情绪。所以柯勒惠支的作品具有极强的视觉冲击力,如其作品《反抗》(图 2-18)。

2.1.3.3 走向表现主义

1. 爱德华·蒙克

直接对德国表现主义美术产生影响的是挪威画家爱德华·蒙克(Edward Munch,1863—1944)。实际上,在蒙克的作品中已经出现了强烈的表现主义因素。蒙克笃信基督教,年幼丧母,姐姐被肺病夺去生命,妹妹患有精神病。童年时代的不幸给他一生的创作刻上了深深的印记。他的作品表现疾病、死亡、性爱等主题。年幼时的悲惨经历在很大程度上影响了蒙克的艺术风格。在蒙克的作品中,线条如蔓草般弯曲摆动。我们经常能看到弯曲的线条围成的一个个充满个性的人物形状,如同柔软的棉花糖一般,飘荡在各种主题的画面中。《呐喊》(图 2-19)是蒙克的代表作,画作中的地点是奥斯陆峡湾,水流中湍急的漩涡和血红的天空占据了画面的上半部分,血红色的天空映衬出画中人物极其痛苦的表情。人物面色惨黄,惊恐的眼神透出万般的失落与迷茫。浓烈的色彩和急促有力的线条给人带来了强烈的视觉冲击,画面中的天空、海水等景观已经不是寻常意义上的自然景观,而是被画家赋予了内心的波动情绪,传达出一种苦恼、绝望与强烈不安的情绪,表现出了作者内心的恐惧、动荡。

图 2-19 《呐喊》(蒙克,1893)

2. 詹姆斯·恩索

詹姆斯·恩索(James Ensor, 1860—1949)生于比利时奥斯坦德。作为前卫艺术家,他对社会的观察细致入微,绘画风格独特新颖、充满想象力。画中人物变形夸张、诡异怪诞,他创造出了一系列幽默、讽刺而具有深刻含义的形象。其作品影响了后来许多表现主义和超现实主义的画家。这种绘画风格与恩索的童年生活经历和成年之后的不得志有一定关系。小时候,恩索的母亲经营着一家杂货铺,贩卖贝壳、面具以及狂欢节上使用的怪诞面具,充满色彩和多样文化的小小杂货铺激发了恩索对色彩明暗的兴趣和对艺术创作的热情。从美术学院毕业后,恩索早期的作品在奥斯坦德和其他地方都不是很受欢迎,得不到比利时正统学院派的赞赏。他向安特卫普和布鲁塞尔艺术博览会提交的展览申请也被拒绝。之后，恩索加入了以赫诺普夫为中心的“二十人社”。他的画作继续表现着自己的不得志与孤僻，画面奇异荒诞，同时也蕴含着他对社会的嘲讽。尤其是一幅《1889 年基督降临布鲁塞尔》（图 2-20）将恩索怪诞、奇异、嘲讽的绘画风格展现得淋漓尽致。然而，这幅代表作却遭到了“二十人社”的猛烈批评并被拒绝展出，最终他被“二十人社”孤立起来，并被逐出小组。生活困顿、情感不顺、家人逝去，抑郁和绝望使恩索继续着迷地用大胆的笔触描摹着带着夸张表情面具的人群，色彩使用也愈加疯狂奔放。他用自己的画笔去揭露社会现实，挖掘丑恶的人性，并对那些可悲的底层人民表达了同情。

图 2-20 《1889 年基督降临布鲁塞尔》（恩索，1888）

2.1.4 意大利未来主义

未来主义（Futurism）首先是一个文学概念，和其他现代运动不一样，未来主义不只关心艺术一项，它主张抹杀过去、否定现在，赞美现代速度和运动之美，对同时并置、变形、运动、增生表示崇敬。与其说它是一种风格，不如说是一种意识形态。1908 年，意大利诗人马利内提（F. T. Marinetti，1876—1944）在米兰发起未来主义运动，第二年，在巴黎发表的《未来主义宣言》几乎引起了国际性的冲击。受到现代都市的噪声、速度和机械能量的振奋，马利内提主张消除过去，特别是意大利过去的信仰和文化，他高唱“烧毁博物馆，抽干威尼斯运河”，并且用新的社会、新的诗和以新动力感觉为基础的艺术来取代。未来主义的许多精神反映了马利内提令人眼花缭乱的个性。他的一生都处于一种愤然不平的极端状态。由于体察到了意大利文化和政治的衰落，马利内提及其追随者的未来主义扎根于亨利·柏格森（Henri Bergson，1859—1941）和弗里德·奈茨齐（Fried Nietzsche，1844—1900）的哲学思想，扎根于盛行无政府主义的气氛之中，向不平和贵族资产阶级的社会弊端发起进攻。但很不幸，在政治上，未来主义却成为意大利法西斯主义的支柱。

2.1.5 俄国抽象和构成主义

“俄国构成主义设计运动是俄国十月革命胜利前后在一批先进的知识分子中产生的前卫

艺术与设计运动。在广度上，它与当时世界上风起云涌的现代设计大潮遥相呼应，对荷兰风格派和德国包豪斯设计运动的发展起到过显著的促进作用；在深度上，构成主义体现了对传统形式的彻底反叛，这些受过良好教育的艺术家们，在时代的大潮中摒弃了纯形式的艺术游戏，旗帜鲜明地提出设计为无产阶级大众服务的口号，强调设计的社会性。俄国构成主义在当时的建筑、平面设计、工业造型等各个领域呈现出鲜明的时代特色。”① 俄国构成主义者反对传统创作材料的使用，例如油画颜料及画布等，而热衷于使用现实材料，特别是一些金属、木材等材料。艺术家的作品经常被视为系统的简化或者体系化，从绘画、雕塑到设计，目标是透过不同元素的结合以构筑新的现实。

2.1.5.1 抽象

“抽象”（Abstraction）这一术语可以简单地理解成从自然中主观地提炼、抽象出来的某种形态。艺术上的抽象与哲学上的抽象不同。哲学上的抽象是一种思维观念，是对事物本质规律的总结，是不可感知的。而艺术上的抽象是指造型艺术中的一种风格，是可以被感知的，因为抽象艺术首先就是一件实物。抽象性艺术的基本特征是抛弃对物象的模仿、再现，只使用简单的线条、色块、材料等基本造型元素来表现物象，它是一种相对独立的、有意义的艺术形式。到了 19 世纪中叶，艺术家才开始倾向于这样一种绘画概念，即绘画是自律的、独立的，并不是对现实物质的模仿。

2.1.5.2 辐射主义

辐射主义（Rayonism，1911—1914）是由俄国艺术家米凯尔·拉里昂诺夫（Mikhail Larionov，1881—1964）创造的抽象绘画风格。辐射主义存在于 1911 年末到 1914 年中期的美学理论中，它只是拉里昂诺夫创作中的一种自发感受。辐射主义有广泛的理论基础，立体主义、未来主义等都对其形成有重要影响。拉里昂诺夫在《辐射主义者和野兽主义者宣言》与《辐射主义绘画》这两篇论文中对辐射主义进行了解释，指出了它形成的因素、过程和概念。“从形式上看，光线传统地用色彩的线条在画面上表现。而在辐射主义绘画中，这两种观众深感兴趣的因素，却用极其鲜明的方式表现出来。凭两眼看，现实的物体似乎与辐射主义无关。那是因为我们的注意力已被吸引到绘画的本质，也就是色彩的配合与饱和、色块及其厚度与表面效果的关系上去了。在某种程度上，这一辐射主义绘画是表现光的滑动所造成的超时空感觉，呈现出一种可称为‘四维空间’的印象。”②《玻璃》是拉里昂诺夫的第一件辐射主义作品，展示了辐射主义最初阶段的风貌，他称之为“写实主义”的辐射主义。画面充满密集的线条，虽然保留有较易辨认的形体因素，但已非常接近抽象。

2.1.5.3 至上主义

至上主义是一种摒弃描绘具体客观物象和反映视觉经验的艺术思潮，是一种完全几何化的抽象艺术。“可以说，至上主义是最极端、最远离描绘性的抽象艺术，它既没有丝毫的外在参照，也拒绝任何有意识的精神观念，按照马列维奇的说法，它是一种‘纯粹的感觉’。”③

---

① 袁宣萍. 构成主义与 20 世纪二三十年代的俄国纺织品设计 [J]. 装饰，2003(2)：89-90.

② 马·达布诺夫斯基，杜义盛，蜀秦. 辐射主义的形成与发展 [J]. 世界美术，1998(2)：40-43.

③ 周宏智. 西方现代艺术史 [M]. 北京：中国建筑工业出版社，2016：97.

创始人卡西米尔·塞文洛维奇·马列维奇（Kazimir Severinovich Malevich，1878—1935）在《非客观的世界》一书中说道：“客观世界的视觉现象本身是无意义的，有意义的东西是感觉，因而是与环境完全隔绝的，要使之唤起感觉。”至上主义使用方形、三角形、圆形的形状和单纯的黑或白的色彩等“新象征符号”来强调一种有创造性的感觉和至上的艺术，主张表现飞翔、金属声音、无线电报等，并且运用几何形态的穿插表现纯粹性，如其作品《黑色正方形》（图 2-21）、《白之白》（图 2-22）等。“至上主义通过李西茨基、塔特林等人的传播，影响了现代设计教学以及国际设计风格。他们把至上主义在绘画中的探索运用到设计之中，一种以抽象的几何形、单纯的色彩为象征语义的视觉化的形式语言在设计中得以展现。”①

图 2-21 《黑色正方形》（马列维奇，1913）

图 2-22 《白之白》（马列维奇，1918）

2.1.5.4　构成主义

构成主义（Constructivism，1913—1920）是一种空间形式的抽象艺术，它与至上主义同是 20 世纪俄国最重要的两个先锋艺术流派，它的形成是俄国艺术家们对现代艺术的一大贡献。现代建筑和雕塑得益于构成主义观念，例如在建筑和雕塑中运用熔焊类的工业技巧和在抽象性雕塑中运用非传统性材料都是由这一派艺术家最早进行尝试的。

对 20 世纪雕塑的发展产生重大影响的就是构成。雕塑从它产生的那一刻开始，就是以自然材料进行创作的，根据材料的性质选择不同的做法，用雕去（木雕或石雕）或者塑上（泥塑或蜡塑）的办法去创造形式。例如泥塑就是做加法，石雕和木雕就是做减法。在这种认识下创作出来的雕塑只是一种表现体量的艺术，而不是空间的艺术。即使是在古希腊或巴洛克这样注重雕塑是一种空间艺术的时期，雕琢或塑造人物的三维体量依然是占主导地位的。毕加索的第一件立体主义雕塑《费尔南多·奥利维尔头像》（图 2-23），也是从体量中心着手，做一些深深的小碎面。而构成主义强调雕塑是具有空间的艺术，强调空间在造型艺术中的作用，而不是像

① 周雅琴，刘虹. 至上·超越：俄罗斯先锋艺术与现代设计 [J]. 美术，2013（9）：126-129.

图 2-23 《费尔南多·奥利维尔头像》（毕加索，1909）

传统雕塑那样注重体量感。构成主义延续了立体主义的空间观念，由传统雕塑的加和减变成组构和结合；吸收了绝对主义的几何抽象理念，甚至运用悬挂物和浮雕构成物。同时，构成主义将真实的运动引入作品中，使时间、运动介入雕塑之中，例如可以运用风力使作品旋转，甚至给作品加上机械装置，这些艺术观念都对现代雕塑的形成有决定性影响。

1. 受立体主义的直接影响

构成主义深受立体主义的影响，它是立体主义在造型空间中的延伸。构成主义从立体主义那里认识到，再现外部世界和客观物体并不重要，只有形式和结构才有意义。不过，构成主义和立体主义还是有些不同的，如果说立体主义艺术是将对象分解，对物体进行抽象和概括，远离事物和实用，那么构成主义则相反，构成主义强调的是艺术家必须在工程、建筑和工业设计之中实际运用它的艺术，是具有实用性的艺术。

2. 塔特林具有奠基作用

塔特林的艺术标志着前卫艺术迈入了一个新阶段——构成主义出现。“构成主义”可以说是随着塔特林的作品而诞生的一个新的艺术名词。塔特林说：“艺术应该成为人类文化进步的旗手、先锋队和推动力，在这个意义上，艺术应该是有用的艺术、构成的艺术。”①

1913 年，他去了巴黎。在作为艺术中心的巴黎，他近距离看到了毕加索在绘画中的新探索，被毕加索一些前卫的艺术所吸引，特别是当时毕加索正在用一些构成研究拼贴对雕塑有些什么内在含义。待塔特林返回俄国后，他就用木料、金属和纸板，并在其表面罩上石膏、釉面和碎玻璃，塑造了一系列的浮雕。在雕塑史中，这些作品是第一批完全抽象的构成或造型作品，塔特林可以说是库尔特·施威特斯（Kurt Schwitters，1887—1948）的达达雕塑或 20 世纪 60 年代的废品雕塑的开山祖师。在莫斯科运用不同材料（如铁丝、玻璃、锯片）作为悬挂的浮雕构成，形式是抽象的。后来他又把构成主义的观点应用到建筑和机械设计。塔特林设计的最有代表性的作品是《第三国际纪念碑》（*Monument to Third Internet*，图 2-24）②。

2.1.6 荷兰的风格派

荷兰作为中立国与卷入战争的其他国家在政治上和文化上相互隔离。在极少受到外来影响的情况下，一些受野兽主义、立体主义、未来主义等现代观念启迪的艺术家们开始在荷兰本土努力探索前卫艺术的发展之路，且取得了卓尔不凡的成就，形成著名的风格派（de Stijl，1917—1928）。荷兰风格派又称新造型主义画派，由蒙德里安等人在荷兰创立。其绘画宗旨是

① 王永. 构成主义艺术的象征：塔特林与《第三国际纪念碑》[J]. 美术大观，2011（1）：108-109，96.

② H.H. 阿纳森. 西方现代艺术史 [M]. 邹德侬，巴竹师，刘珽，译. 天津：天津人民美术出版社，1987：221.

完全拒绝使用任何的具象元素，只用单纯的色彩和几何形象来表现纯粹的精神。1914年，蒙德里安回荷兰访问，他发现有一些荷兰艺术家与他志同道合，其中包括特奥·凡·杜斯堡（Theo van Doesburg，1883—1931）。凡·杜斯堡比蒙德里安小11岁，是风格派形成时的领导人物。同时期风格派的著名艺术家还有住在匈牙利的画家维尔莫斯·胡查（Vilmos Huszar，1884—1960）。

图2-24 《第三国际纪念碑》（塔特林，1920）

1917年，由蒙德里安和凡·杜斯堡创办的新杂志《风格》问世。这本期刊强调传统绝对的贬值，揭露抒情和情感的整个骗局。艺术家们强调艺术需要抽象和简化，以数学式的结构反对印象主义和所有的巴洛克艺术形式。凡·杜斯堡比蒙德里安更早地认识到了直线在艺术中至高无上的重要性，他甚至想给这本杂志起名为《直线》。风格派追求"纯洁性、必然性和规律性"，他们的作品通过直线、矩形或方块，把色彩简化成红、黄、蓝以及中性的黑、白、灰，来表现这些性质。应该强调的是，对风格派艺术家而言，这些以东方的哲学和流行的通神学（通神学是一种认为可以借精神上的自我发展而洞察神性的哲学或宗教）教义为基础的简化，都具有它自己的象征意义。风格派最重要的思想就是强调艺术家们的合作，认为在画家、雕塑家、建筑师、平面设计师和工业设计师中应发展一种共同的观点。

风格派涉及绘画、雕塑、建筑、设计等诸多领域，追求艺术的抽象和简化，强调对内在精神的表达，认为任何再现的艺术都只能说明事物的表象，只有抽象形式才能够揭示事物普遍的内在规律，主张艺术应该如同数学公式一样是一种普遍的形式语言，能够准确地表达客观世界的基本特征。因此，在色彩上，黑、白、灰是风格派永恒的主题，画面简单、明快、活泼；在形式上，使用简洁而优美的交叉纵横的线条是其基本的表现手法。这种画面特征与风格派艺术家追求纯洁性、必然性和规律性的艺术理念是分不开的。风格派的理念如下。

（1）迄今为止的传统艺术都是无永久价值的，抒情和情感都是转眼即逝的东西，应该有一种永恒的艺术。

（2）风格派强调，垂直和水平线条以及由此所形成的矩形和正方形是对一切造型的还原，是两种对立力量的平衡状态，是一切造型的根本，此乃艺术的永恒性。

（3）同样的原因，色彩也应该得到还原，这就是红、黄、蓝三原色和黑、白，也是造型永恒性之体现。

（4）想象中的现实应该变成可以由理性控制的结构，以便随后在一定的自然现实中重新发现这些相同的结构；造型应该有一套数学原理。此乃造型的规律性。

（5）提倡艺术家的大协作。风格派他们试图在艺术家与社会之间建立起一种新型的关系，他们希望联合起画家、雕塑家、设计家、建筑师以及印刷出版等所有艺术领域的人，共同建设一个和谐的、乌托邦式的新造型世界。

2.2 体量的纯化和空间的创造

20世纪的雕塑继续保持着我们已经讨论过的大多数雕塑是空间艺术的倾向。但是，富有探索精神的现代雕塑家们也异军突起，特别是在探索使用新的材料时，他们把雕塑当成一种构成、装配或作为造型的空间（shaped space），而不是存在于围绕着它的空间之中的体量。此外，由于原始艺术和古代艺术的影响，也有部分雕塑家放弃了丰富的空间组织，又回到由十分概括的体量所形成的正面化和纪念性上去。

2.2.1 原始立体主义

原始立体主义是艺术史上的一个中间过渡阶段，时间上是从1906年延续到1910年。有证据表明，原始立体主义绘画的产生源于一系列广泛的实验，而不是一个孤立的静态事件、轨迹、艺术家或一种话语。原始立体主义雕塑具有以下特点：极为简单的原始体量；在某种程度上受非洲雕塑的影响；对客观物体本质的追求；对材料本质的追求。

2.2.2 立体主义雕塑

立体主义是20世纪初期的重要艺术流派，它别具一格的风格开辟了现代艺术的新方向。立体主义雕塑同其绘画一样标新立异，体现出艺术家非常的才华和创造力。同其他现代派艺术一样，在风格特征上，立体主义侧重于对主观情感的再现和自我意识的表达；在艺术形式上，则追求破裂、解析、重组的结构形态，并在此基础上运用多层次的描绘将这些分解的画面重新架构。立体主义雕塑的创作同样是这种艺术理念的延伸。艺术家们先是将客观对象进行分解处理，而后将不同的侧面和层次交叠组合，以垂直或平行的线条突破传统雕塑三维空间带来的局限，让作品以新的维度和视角展示在人们面前。毕加索的材料及其组合模式并没有任何物质上的新颖之处，而毕加索天马行空、异想天开的创新思维却成为推动雕塑艺术历史车轮向前的一种力量。正如艺术批评家赫伯特·里德所说："毫无疑问，思维与意识的升华推动了艺术形式的创新和进步，打破传统的桎梏，更多是精神上的，而非物质上的。"①

2.2.2.1 摆脱模仿现实

传统雕塑无论是主题或是造型都来自生活和神话故事，是一种具象写实的雕塑。然而立体主义的雕塑家受到立体主义思想的启发，他们更加注重运用空间来取代原有的体量，用几何形体的概念来处理自然物象，希望发现事物的内在结构美，减少雕塑作品的描述性和表现性成分。这也是传统具象雕塑走向抽象的重要一步。

2.2.2.2 强烈的几何感

"立体主义绘画所探索的是将物体进行几何分解的造型课题，这样的形式在雕塑中似乎更

① 吴海燕. 从拼贴画到立体主义雕塑：毕加索早期拼贴类雕塑艺术作品研究 [J]. 美术大观，2019(6)：68-69.

容易找到答案,因此一群雕塑家便积极地投身其中进行创作尝试,一些立体主义画家也曾先后进行实验性的雕塑创作,例如毕加索在 1909 年创作的青铜雕塑《费尔南多·奥利维尔头像》就是直接从一幅立体主义的肖像画移植过来的。"[①] 立体主义雕塑通过视角的分离和形态的变化来表达立体雕塑所要展现的目标,开始运用空间的围合来取代体量的变化,将各种客观事物用简洁的几何形体来表现,试图创造出一种结构美。单从这一点上看,立体主义雕塑与传统雕塑已经有很大的不同了。

2.2.2.3　认识空间关系

直到 20 世纪,雕塑作品还是以存在于周围空间中的三维物体为特征的,雕塑仍然以这种或那种方式,保持着过去占主导地位的空间雕塑的趋势,强调正面和体量。然而随着其受到立体主义的影响,雕塑的视觉形象也发生着改变[②]。传统雕塑是被空间所环绕的实体,雕塑本身与周围空间具有明显的分界线。随着立体主义雕塑的出现,物体的各个视角通过几何结构关系开始出现在同一形体之上,被组合成一种新的空间和形体结构。这种观念的转变使雕塑与周围空间出现穿插关系,使雕塑开始变得"通透"。例如亚历山大·阿基本科(Alexander Archipenko,1887—1964)的雕塑作品《行走的女人》,塑造的人物变成了一系列被实体的外轮廓所限定的透空或空间的形状。"雕塑乃空间所环绕的实体"这一历史性的概念被颠倒了过来。同时,空间关系的改变也提高了雕塑家在创作上的主动性。在创作时,他们需要对物象进行主观分析、重新构造和综合处理,不再是简单的重现客观物象。

2.2.3　未来主义雕塑

未来主义是发端于 20 世纪的艺术思潮。马利内提于 1909 年 2 月在《费加罗报》上发表了《未来主义宣言》一文,以浮夸的文字宣告传统艺术的死亡,号召创造与新的生存条件相适应的艺术形式,宣告未来主义诞生。随之文化界各领域的被冠以"未来主义"名称的宣言纷纷发表。在雕塑领域,翁贝托·波丘尼(Umberto Boccioni, 1882—1916)于 1912 年发表《未来主义雕塑宣言》,"宣布绝对而彻底地抛弃外轮廓线和封闭式的雕塑,让我们扯开人体并且把它周围的环境也包括到里面来"[③]。波丘尼做出的最大贡献就是创造了未来主义雕塑,他是未来主义雕塑的推动者和理论家。波尼丘以其绘画的手法,来寻求人物或物体与周围环境的一体化。波丘尼鼓励艺术家投身现代工业文明,强调现代机械中的速度感、运动感在艺术中的表现。

1. 关心对短暂时刻的表现

未来主义雕塑最关切的问题是赋予物体以生命,关心对短暂时刻的表现,在运动中把它表现出来,并在立体主义多视点的基础上加上了表现速度和时间的因素,借助于在雕塑中创造出的动感来反映现代性的勃勃生机。

2. 强调雕塑即环境

波丘尼发表了《未来主义雕塑宣言》一文,他坚决反对"雕塑是被空间环绕的实体"这一基本的传统观念,强调"雕塑即环境",要将物体与环境一体化。他认为,为了使雕塑这种凝固的

---

① 李晓楠. 具象雕塑中的抽象性亦或是抽象雕塑中具象观念:立体主义雕塑浅谈 [J]. 美苑,2013(5):25-27.

② 黄伟. 立体主义对雕塑发展之影响刍议 [J]. 雕塑,2015(4):76-77.

③ 徐佳. 未来主义与《费加罗报》的内生关系:从传播史的角度研究艺术史 [J]. 美术观察,2010(12):124-125.

艺术品具有运动的风格，应该去寻找一种绝对和完全废除确定的线条和不需精密刻画的雕塑，要把人物打开，把它纳入环境之中，环境是其中的一部分。

3. 打破传统材料的同一性

波丘尼主张雕塑家运用各种异质的材料进行创作，如现代工业生产出的铁、水泥、玻璃、电灯等材料，将不同的材料叠加在一起来强调雕塑的造型感。波丘尼的观念非常前卫，直接影响了达达主义和超现实主义的装配，甚至对20世纪后半叶的波普雕塑都有影响。

2.3 现代建筑意识的确立

第一次世界大战之后，现代建筑在19世纪西方艺术萌动的基础上，发展形成了比较明确的建筑意识，其以工业文明为基本依托。现代建筑最先于西欧和美国发展起来。欧洲是现代建筑发展的摇篮。现代建筑意识的确立与资本主义经济高速发展分不开。工业革命带来了新材料、新技术，它们成为现代建筑发展的基本条件。同时，城市在工业化的影响下对建筑的形式提出了新的要求，在这种情况下，建筑和城市规划进入了一个崭新的阶段。在现代建筑意识和形式确立之前，人们对于未来的建筑应该采取什么形式仍然感到十分困惑。在工业革命发生后的一百多年里，虽然出现了许多的新材料、新技术，但是大部分欧洲城市的建筑仍然保持着文艺复兴以来的基本状态，直到19世纪中期，城市建筑的风格才有了本质的变化。

20世纪初期，现代建筑有了充分的发展，但是现代建筑设计却没有形成一套可遵循的理论体系。虽然期间经历了工艺美术运动和新艺术运动，但这些都不能解决工业化所带来的根本问题，因为这两个运动都具有反工业化的倾向，明显是对工业化的逃避。社会需要新的设计方法来为现代设计服务，解决现代问题，所以各国建筑师也开始积极探索新的建筑形式，其目的是要找到一种能适应时代需求的新建筑。现代设计、现代建筑意识就是在这种情况下确立并发展起来的。“现代建筑的发展受现代艺术的强烈影响，早期表现为对经典与传统的反叛，对工业化、城市化和社会化生产的积极回应。现代艺术和现代建筑在多个方面相互促进，如创作理念、表达方式、传播途径等。”①

2.3.1 美国现代建筑的探索

1883年至1893年，在美国建筑界，芝加哥学派兴起，它强调功能在建筑设计中的主要地位，探讨了新技术在高层建筑中的应用，明确了结构应利于功能的发展，并取得了一定的成就。建筑使用的新技术、造型上的简洁立面符合新时代工业化精神，建筑逐渐形成一种明快与适用的现代建筑风格。芝加哥学派是美国现代建筑的奠基者，并为现代建筑的发展指明了方向。

进入20世纪之后，芝加哥学派的功绩被折中主义浪潮淹没，唯有弗兰克·劳埃德·赖特的建筑理念仍具有国际意义。赖特提出现代住宅概念，认为应在建筑外形上力求新颖，摆脱折中主义的束缚，走上形体组合的道路；在布局上，与大自然结合，使建筑与周围环境融为一个整体。草原住宅创造了新的建筑构图手法，对美国现代建筑的发展起到了积极的作用。赖特受

---

① 王鑫，单军. 浅议现代建筑的观念与表达 [J]. 建筑与文化，2014(2)：101-102.

沙利文建筑思想的影响，在 20 世纪初形成了一种以精密复杂著称的个人建筑风格，被称为“木瓦式”建筑风格。赖特热衷于对几何图形的运用，相互交叉的墙壁和沿线排列是其建筑的典型特征。

2.3.2　德国和奥地利

19 世纪末，德国的工业技术发展十分迅速，当时德国在建筑领域里发起的运动是青年风格运动，这场运动在初期虽然因受到新艺术运动的影响而带有自然主义装饰色彩，但是不久就摆脱了这种装饰形式，开始从简单的几何造型、从直线的运用上寻找新的形式的发展方向。在奥地利则形成了分离派，在形式方面与德国的青年风格相似。彼得·贝伦斯（Peter Behrens，1868—1940）是青年风格运动的代表人物、德国现代设计的奠基人，他设计的 AEG（德国电器品牌）透平机车间（图 2-25）采用了简单的几何形式，完全摆脱了新艺术的风格，以钢筋混凝土为建筑材料，基本上完全不同于传统大型建筑的结构，同时这座建筑也被视为第一座真正的现代建筑。

（a）　　（b）

图 2-25　AEG 透平机车间（贝伦斯，1909）

奥地利分离派的形成与奥托·科洛曼·瓦格纳（Otto Koloman Wagner，1841—1918）是分不开的，瓦格纳主张抛弃以往的建筑形式，回到最基本的起点，从而创造出符合现代生活的新建筑。由瓦格纳设计的迈奥里卡住宅摒弃了新艺术毫无意义的装饰曲线，采用了简洁的几何直线，只有在极少数的地方采用曲线来美化装饰效果，实现了功能第一、装饰第二的设计原则。维也纳邮政储蓄银行是他在 1905 年设计的，银行大厅内没有烦琐的装饰，线条十分简洁明了，大面积采用玻璃和钢材框架来为现代的功能和结构服务。瓦格纳的建筑思想与一批前卫的建筑师的思想不谋而合，很快这些前卫的艺术家、建筑师形成了自己的组织——维也纳分离派（Vienna Secession）。

2.3.3　现代主义绘画对建筑的影响

“贝聿铭 1994 年在清华大学的一次学术演讲上说道：‘建筑是艺术。当然，造房子需要土木工程和材料等，但建筑的最高境界是艺术。’简单的语言，清晰地阐述了建筑的最终目标是成为艺术的体现。艺术的目的是带给人们更多的审美体验。"[①] 立体主义艺术运动尤其对现代主义建筑的形成和发展有着不容忽视的影响。立体主义以及后来的构成派与风格派的主要特征是将客观事物抽象化、几何化，摆脱对物象的模仿，主张在发挥个人主动性的前提下用简单的线条、几何形体去分析、重构对象。这种艺术观念在现代建筑上得到了很好的体现，现代建筑抛弃了传统建筑纷繁复杂的装饰，转向对简洁的几何美感的表达，注重对建筑空间和功能的营造。在柯布西耶设计的萨伏伊别墅中完全看不到传统建筑中的复杂装饰，取而代之的是建筑师运用几何体的组合、穿插变化来丰富建筑的形式，这体现了现代建筑简洁化、几何化的特点。在现代主义绘画的影响下，现代建筑形成了丰富的建筑形体及空间，优化了建筑的功能，并且也在一定程度上促进了建筑技术的发展。

2.3.3.1 表现主义建筑

表现主义运动是一场现代艺术的革新运动。表现主义是 20 世纪初欧洲出现的艺术流派。20 世纪初，在德国、奥地利首先产生了表现主义绘画。其主要任务就是传达人内心的精神情感。第一次世界大战后，表现主义建筑主要在德国得到发展，表现主义建筑完全受到艺术领域的表现主义影响。"这一派建筑师常常采用奇特、夸张的建筑体形来表现或象征某些思想情绪或某种时代精神。德国建筑师埃里克·门德尔松（Erich Mendelsohn，1887—1953）在 20 世纪 20 年代设计过一些表现主义建筑，其中最具有代表性的是 1920 年建成的德国波茨坦市爱因斯坦天文台（图 2-26）。1917 年爱因斯坦提出了广义相对论，这座天文台就是为了研究相对论而建造的。"[②] 表现主义建筑风格体现在彼得·贝伦斯、埃里克·门德尔松、汉斯·珀尔齐希（Hans Poelzig，1869—1936）、布鲁诺·陶特（Bruno Taut，1880—1938）等人设计的建筑中。

图 2-26 爱因斯坦天文台（门德尔松，1920）

彼得·贝伦斯的具有表现主义特征的作品是他设计的圣彼得堡德国大使馆（图 2-27），其宏伟的规模是在向古典主义致敬，柱廊前侧加了一座骑士塑像，令人联想起朗汉斯的勃兰登堡城门，体现出粗糙和有些独裁的表现主义手段。

① 王先军. 从大师作品看立体主义绘画对现代建筑之影响 [J]. 中外建筑，2011（9）：57-58.

② 罗小未. 外国近现代建筑史 [M].2 版. 北京：中国建筑工业出版社，2003：58.

图 2-27　圣彼得堡德国大使馆（贝伦斯，1911）

汉斯·珀尔齐希在 1903—1916 年担任布莱斯劳艺术学院院长，是重要的表现主义建筑师之一。珀尔齐希设计的柏林大剧院（图 2-28）是表现主义建筑的典范，体现了他不同于他人的表现主义风格。珀尔齐希把剧院内部设计成类似奇妙洞穴或宇宙的形象，边界带有一连串的成圈的钟乳石和冰柱式的穹顶，是受到伊斯兰钟乳石状建筑拱顶的启发，塑造出一种天然洞穴般神秘的空间意象。

布鲁诺·陶特创造了一个玻璃的"神话"，他认定他可以在现代人的思想中形成一种新的自我意识和彼此接近的新鲜感，而这最终将有助于减少世界上的罪恶。1914 年，陶特在德意志制造联盟的一次展览会上，设计建造了玻璃展览馆（图 2-29），这座展馆是采用有色玻璃和钢架结构建成的一座"玻璃教堂"。这是一座属于光的建筑，当阳光照耀时，不仅玻璃馆外部璀璨夺目，阳光还透过玻璃进入室内，形成了变幻无穷的光影 。在建筑领域，"陶特显然是一位富有诗人气质的建筑师。他的以玻璃取代砖石的观念和利用玻璃建造城市皇冠的理想多少带有几分天真。但是他给当时的建筑师们带来了一种新的城市设计观念和美学理想。建筑师们比任何时候都更深切地意识到，一座城市必须有它的主题和视觉中心"①。

图 2-28　柏林大剧院（珀尔齐希，1919）

图 2-29　玻璃展览馆（陶特，1914）

① 万书元. 建筑中的表现主义 [J]. 新建筑，1998（4）：13-16.

门德尔松受到高迪和表现主义画家雨果·巴尔(Hugo Ball, 1886—1927)等人的启发,开始了对表现主义建筑的探索。门德尔松像高迪一样,大量使用曲线、弧线,在体块和动势的合成中,寻求一种建筑的生命力和强烈的个性表现,营造出一种难以言状、神秘莫测的气氛。在1926—1928年设计的肖肯百货大楼中,门德尔松又提炼出一种细致、明快的语言,形式更靠近抽象表现主义。门德尔松希望能够用钢筋混凝土来构建这些具有曲线的轮廓,来表现未开发宇宙的诗意和神秘的建筑。1967年,在艺术科学院举办的柏林展览会上,人们就曾指出门德尔松的作品具有如下特点:“一般认为,建筑不能表达诸如爱情、恐惧、悲伤、厌恶、热情、绝望等方面的情绪状况。门德尔松的作品却提供了令人信服的有力的证据,即建筑可以说话、痛哭、歌唱、成长甚至倾听,它不仅可以作为人类感情的背景,而且也可以作为表达人类情感中最细微、最神秘、最深沉的东西的媒介。”① 其实表现主义风格的建筑所包含的东西在当时一直都没有被深刻认识,直到国际风格的严肃、简朴、单纯丧失吸引力,人们才真正认识到表现主义建筑风格的价值。

2.3.3.2 未来主义建筑

意大利未来主义运动对现代建筑的发展具有非常重要的作用,可以说在一定程度上未来主义运动对现代建筑产生了直接的影响。未来主义对资本主义的物质文明大加赞赏,对未来充满希望。未来主义认为,现代科技、工业、技术的发展改变了人们的物质生活,使人们进入了一个崭新的世界,所以我们的精神生活也需要做出相应的改变来适应这个新世界。“1914年,第一次世界大战前夕,意大利未来主义者安东尼奥·桑蒂里亚(Antonio Santelia, 1883—1961)在他们举办的未来主义展览会中展出了许多未来城市和建筑的设想图,并发表《未来主义建筑宣言》。桑蒂里亚的图样表现的都是高大的阶梯形楼房,电梯放在建筑外部,林立的楼房下面是川流不息的汽车、火车,分别在不同的高度上行驶。对此,桑蒂里亚在宣言中说:‘应该把现代城市建设和改造得像大型造船厂一样,既忙碌又灵敏,到处都是运动,现代房屋应该造得和大型机器一样。’”②

桑蒂里亚于1912年在米兰开始了自己的建筑生涯,他赞颂工业时代下工厂、火车、飞机发出的震耳欲聋的声音,对未来的城市生活充满希望,渴望在工业时代的背景下结合自己的设计去创造未来城市建筑的面貌。他主张对机器的审美,希望创造一种不同于传统的未来艺术形式。桑蒂里亚认为,未来的城市应该是取消传统装饰的工业化式的居住和工作中心,他在未来城市憧憬图中设计了很多高技术的工业细节,而且还有配套的多层立体交通系统,这些作品是未来主义建筑设计出色的资料,对现代主义建筑的思想和形式产生了很大的影响③。桑蒂里亚发表的《未来主义建筑宣言》(*The Manifesto Futurist Architecture*),是未来主义建筑设计的有代表性的文件。然而1914年第一次世界大战爆发,桑蒂里亚加入军队,在战争中死亡。桑蒂里亚的现代主义设计思想,尤其是未来主义建筑理论体系,为现代建筑做出了极大的贡献。

---

① ZERI B.Erich Mendlsohn[M].London:The Architectural Press,1982.

② 罗小未. 外国近现代建筑史 [M].2 版. 北京:中国建筑工业出版社,2003:59.

③ 王受之. 世界现代建筑史 [M].2 版. 北京:中国建筑工业出版社,2012:17,18.

2.3.3.3　构成主义建筑

构成主义建筑是在构成主义艺术运动影响下产生的。构成主义最早出现在雕塑领域，后来发展到绘画、景观、戏剧、音乐、建筑设计等领域。构成派艺术家的雕塑作品跟建筑工程图十分类似，所以在建筑领域，构成主义得以很好地被运用到建筑形态构成中。最杰出的构成主义建筑家是塔特林。塔特林在 1920 年设计了第三国际纪念碑。据方案记录，其比埃菲尔铁塔还要高出一半，其中有国际会议中心、无线电台、通信中心等。它充分表现了构成主义的艺术特征，如建筑的不同部位按照设定的周期转动，下部每年转一圈，中部每月转一圈，顶部每天转一圈，以体现第三国际“不断革命”的思想。它的背后代表的是无产阶级和共产主义，玻璃和钢铁材料是代表未来主义的精神形象，螺旋上升的运动形式象征着革命的进步和辩证法哲学，它的象征性远远超过它的功能性，但因其结构复杂，具有巨大的建造难度，因而最终只停留在了纸上而未能建成。20 世纪 20 年代后期，构成主义成为当时俄国主要的建筑风格[①]。

2.3.3.4　风格派建筑

20 世纪初期的现代主义运动在荷兰体现在风格派运动中，其以《风格》杂志为运动中心。风格派有时又被称为“新造型主义派”。风格派学习了现代主义艺术思潮，如立体主义、象征主义，在创作中形成了抽象的美学观点和设计思想，涉及绘画、建筑、雕塑、景观等各艺术领域，风格派艺术家创作出名画《红黄蓝的构成》（图 2-30）、施罗德住宅（图 2-31）等大量优秀的艺术作品，出现了皮特·科内利斯·蒙德里安、格里特·托马斯·里特维德（Gerrit Thomas Rietveld，1888—1965）等艺术和设计大师，他们为后日的艺术、设计等领域做出了巨大的贡献。同包豪斯一样，风格派设定了一个艺术创作、设计的明确目的，努力把设计、艺术、建筑、雕塑联合成一个有机的整体，强调设计师、艺术家、建筑家、雕塑家之间的合作，强调合作基础上的个人发展、集体与个人的平衡。风格派建筑是最能直接看出绘画对建筑形式影响的代表。从里特维德的红蓝椅（图 2-32）、施罗德住宅（Schroder House）和奥德（J. J. P. Oud，1890—1963）的“联合咖啡”（Café de Unie）立面设计中可以明确地看出风格派绘画为现代建筑设计奠定了形式基础[②]。

图 2-30　《红黄蓝的构成》
（蒙德里安，1930）

施罗德住宅可以说是荷兰风格派艺术在建筑领域最典型的表现，是蒙德里安绘画的三维立体化呈现。在《红黄蓝的构成》这个二维平面里构成画面的要素是线条和色彩，在施罗德住宅中，则是点、线、面、体和色彩，这些最简单、原始的元素构成了三维立体的模型。在造型上，施罗德住宅采用现代的穿插手段，追求不对称的平衡，极富动感。墙体相互独立又相互制约，富于流动性，体现出风格派对元素间平衡的探索。

---

① 邓庆坦，赵鹏飞，张涛. 图解西方近现代建筑史 [M]. 武汉：华中科技大学出版社，2009：110，111.

② 王受之. 世界现代建筑史 [M].2 版. 北京：中国建筑工业出版社，2012：163，164.

图 2-31 施罗德住宅(里特维德,1925)

图 2-32 红蓝椅(里特维德,1919)

表现主义、未来主义、构成主义和风格派活跃的时间都不算太长,但都对现代建筑的发展产生了重要影响,表现主义通过夸张、变形、超常的建筑开启了建筑师打破常规、追求艺术、创造个性的愿望,代表了现代建筑在探索发展过程中与工业化大生产方向的理性主义主流相逆反的非理性主义支流,构成了现代建筑运动不可或缺的重要侧面。未来主义赞扬工业化、机器美学,体现了对传统精神的反叛,虽然过于偏激,但是在一定程度上传达了现代主义建筑思想。风格派与构成主义运动对现代建筑运动具有重要意义,抽象的艺术形式为现代建筑的设计提供了新的形式源泉。正如米斯所说,砖宅平面如风格派绘画般的构图,显示了现代艺术对其流动空间的影响(如图 2-33,图 2-34)。

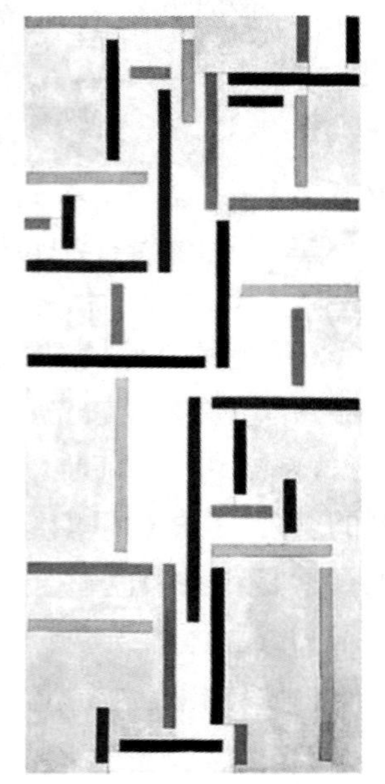

图 2-33 《俄罗斯舞蹈的韵律》(凡·杜斯堡,1918)

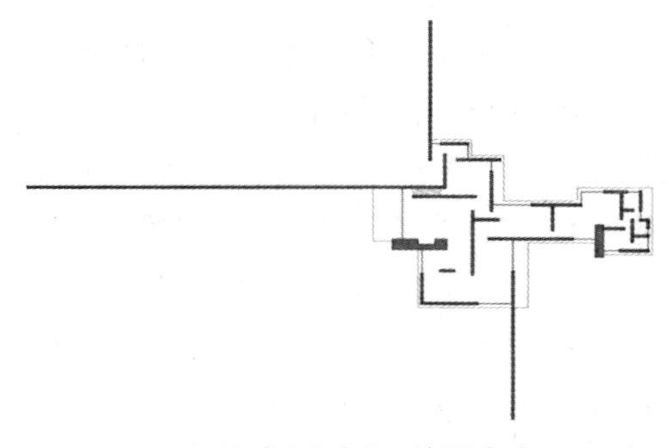

图 2-34 乡村砖宅(米斯,德国古本,1923)

2.4　现代景观意识的萌芽

20 世纪初的俄国十月革命引领了革命的情怀，同一时期维也纳精神分析学派挖掘潜意识，文学开始以意识流手法切断现行的时间叙事。在不同领域的相互激荡之下，艺术家也在时代的前卫氛围中不断自我更新，不论是绘画还是雕塑，都有意无意采用了新的架构和表现方式。以立体派为例，同时可以看到多个面向的绘画技巧，可以在空间中并置时间。很多人把这样的技巧和爱因斯坦相对论中时间与空间的叠合相提并论。画家不再满足于所谓的“自然的复制”。受现代艺术影响，不过几年，欧洲大陆挤满了各种流派及其人物。前卫艺术所质疑挑战的“自然的复制”，到了景观和花园设计领域却变成问题。对景观设计而言，一方面因为其材料，比如植物，大部分都是自然的一部分。另一方面，景观设计原本就是 19 世纪城乡关系转变之后新兴的现代行业，实践上也离不开现代社会的需求，因客户需求和形式有限，仍然留存了不少 18 世纪的欧洲贵族气息。18 世纪的英国文人、画家和设计师创造出风景美学，也间接影响了时下多数人对于风景的普遍想象。

现代主义是指 19 世纪后半叶源于西欧和英国列岛的关于文学、音乐、视觉和生活的艺术运动。而现代艺术成为主义大约是在 20 世纪 30 年代，在此之前有一段长久的酝酿期，从文学、绘画、雕塑、建筑和景观各方面都有迹可循。在建筑领域，这种艺术第一次走向成熟是通过若干个个体的作品完成的，其中包括勒·柯布西耶、弗兰克·劳埃德·赖特、格罗皮乌斯、米斯·凡·德·罗等人的作品。而景观设计界普遍意识到所谓的“现代主义”，则在 20 世纪 30 年代以后了。在景观领域，并没有被普遍理解的现代主义。我们可以认为“现代”景观或园林，就是指那些构思新颖、个性鲜明、因地制宜、富有时代感的作品。现代绘画、雕塑和建筑的表现技巧，连同它们的形式和空间关系以及特定氛围中的材料质感，至少能够成为景观设计中现代手法的表征。

在欧洲绘画、雕塑、建筑等领域，现代主义运动的明显痕迹可追溯到第一次世界大战之前。当时，景观方面的发展，一方面以延续 19 世纪的自然浪漫风格为主，一方面新意识的萌芽往往伴随着先锋派的建筑师的行为。创新性的设计手法往往由建筑师最先创造，现代景观作为建筑的附属一同出现。现代（或现代主义）园林于 20 世纪一二十年代开始在欧洲出现，特别是在巴黎和巴黎周围。但对内涵更广的景观和包含有大量不同尺度的环境设计而言，现代运动的影响直到 20 世纪 30 年代才逐渐引人注目。其实，与视觉艺术领域和空间艺术领域相比，这种影响在景观领域中虽不失深刻，但更多是循序渐进和不明显的[①]。因此，我们姑且将这一时间段的发展归纳为“现代景观意识的萌芽”。

2.4.1　城市美化运动的发展

“城市美化”（City Beautiful）作为一个专有名词，出现于 1903 年。其发明者是专栏作家查尔斯·芒福德·罗宾逊（Charles Mulford Robinson，1869—1917）。作为一名非专业人士（半路出

① 沈守云，张启翔. 现代景观设计思潮 [M]. 武汉：华中科技大学出版社，2009：47.

家学习景观设计和城市规划),他借 1893 年芝加哥世博会对城市形象冲击,呼吁城市的美化与形象改进,并倡导以此来解决当时美国城市环境脏乱差的问题。后来,人们便将在他的倡导下进行的所有的城市改造活动称为"城市美化运动"[①]。"城市美化运动"强调把城市的规整化和形象设计作为改善城市物质环境、维护社会秩序及提高道德水平的主要途径。在巴黎美术学院学习的大批美国建筑师也将欧洲古典风格带回了美国,并将其融入美国当时开展的"城市美化运动"之中,在建筑和景观方面形成了一种追求规则、几何、古典和唯美主义的设计风格。

2.4.1.1 芝加哥世界博览会

美国镀金时代[②]的庄园以浮华的外部装饰著称,改革者将这一特点应用到城市中,认为这有助于为城市发展创造统一的蓝图。1893 年,在芝加哥举办的哥伦比亚世界博览会上,由不同领域的建筑艺术家组成的研究团体首次尝试了对任意尺度规模的环境艺术作品进行评选。在这个团体中,弗雷德里克·劳·奥姆斯泰德担任总监;丹尼尔·伯纳姆(Daniel Burnham,1846—1912)主要负责这个项目的规划;建筑师成员分别来自芝加哥、纽约、波士顿、堪萨斯,他们共同设计博览会的建筑,他们的个人风格由共同的文化统一起来;景观由包括奥姆斯泰德在内的众多景观设计师合作完成(图 2-35 为哥伦比亚世界博览会鸟瞰图)。

图 2-35 哥伦比亚世界博览会鸟瞰图(伯纳姆,美国芝加哥,1893)

展览区域位于芝加哥(Chicago)南部的密歇根湖畔,整个展区的面积约为 277.6 hm^2。项

① 俞孔坚,吉庆萍. 国际"城市美化运动"之于中国的教训(上):渊源、内涵与蔓延 [J]. 中国园林,2000(1):27-33.

② "镀金时代"是美国财富突飞猛进的时期,处于美国历史中南北战争和进步时代之间,时间上大概是从 19 世纪 70 年代到 1900 年。这个名字取自马克·吐温的第一部长篇小说。

目从规划到建造，用了不到两年半的时间。初始阶段，团体拒绝了一些单纯强调新古典主义美学的方案，比如设计出更加壮观的“埃菲尔铁塔”。博览会上的建筑采用旧有形式，平面布局看上去似乎是古典主义与浪漫主义的折中体。建筑沿着轴线而排布，形成宏伟有序的队列，并且与湖水交相辉映。整个展区在夜晚灯火通明，使城市沐浴在超凡脱俗的光芒之中。

人们将密歇根湖畔的设计过的全新城市区域称为“白色城市”，这个区域与芝加哥城市的其他部分形成鲜明对比。与水晶宫的金属玻璃结构不同，这次博览会展示了一座全新的真正永恒的“梦幻城市”，激发了公众的想象力，成功为公众树立了最初的城市规划理念[①]。哥伦比亚世界博览会的影响非常深远。“这次运动不仅仅促进了芝加哥的城市发展，同时也促进了美国的整体发展”[②]，也为后来的城市美化运动奠定了基础。从西部的旧金山到东部的华盛顿，都在这次博览会中获益诸多。这次博览会传递了一种设计哲学，激发了景观设计师与城市规划者的创新意识，是众多博览会中最为成功的一大案例。

2.4.1.2　城市美化运动

新闻记者、作家查尔斯·芒福德·罗宾逊在报纸专栏中评论博览会，并由此提出“城市美学”理论，得到了公众的热烈响应。19 世纪 90 年代和 20 世纪初在建筑和城市规划领域兴起的城市美化运动在北美洲的繁荣城市就这样发生了。这项进步主义改革运动旨在对城市进行美化，兴建宏伟的纪念碑式建筑，在城市居民中建立符合公民道德的共同准则。罗宾逊于 1903 年撰写了著作《打造更美的城市》（*The City Made Beautiful*），又叫《现代城市艺术》（*Modern Civic Art*），为城市美化运动的发展推波助澜。

运动的支持者认为这样的美化可以促进和谐社会秩序的建立，提高生活质量，有助于消除社会弊病[③]。伯纳姆秉持巴黎美术学院的艺术理念，提议对城市进行总体规划，并为芝加哥城市更新做了一个规则式布局的方案。在他的规划中包括放射状和对角线式的路网系统、宽阔的林荫大道以及具有纪念性的城市中心。虽然一些评论家认为，他的方案过于注重外形，忽视了社会责任，最终未被采纳。但在方案中，伯纳姆使用了城市美化运动中常见的林荫大道、市民中心等典型的形式主义设计手法，同时对商业与工业的布局、交通设施的安排、公园与湖滨地区的设计，甚至对城市人口的增加及芝加哥地区未来开发等问题给予了关注。这个规划也成为日后城市总体规划的雏形[④]。

1901 年，伯纳姆与景观设计师小弗雷德里克·劳·奥姆斯泰德（Frederick Law Olmsted Jr., 1870—1957）、奥古斯塔斯·圣 - 高登斯（Augustus Saint-Gaudens，1848—1907）以及建筑师查尔斯·弗伦·麦金（Charles Follen Mckim，1847—1909）受麦克米伦委员会（Mcmillan Commission）的委托为华盛顿特区制定重建规划。该规划建议：在城市边界修建大量公园，以公园来环绕城市；将国会及总统府区域现有的维多利亚式的景观修建为简单开阔的草地、连续的林荫路；“将一些新古典主义风格的博物馆和文化中心安排在林荫大道的东西向轴线上。该规划还建议在国会及总统府 2 个垂直交叉轴线的西部和南部建造重要的纪念性景观和映射水池（如

① 马克·特雷布. 现代景观：一次批判性的回顾 [M]. 丁力扬，译. 北京：中国建筑工业出版社，2008：20.

② 汪单. 美国百分比艺术法初探 [J]. 公共艺术，2018（6）：72-74.

③ 赵强. 城市健康生态社区评价体系整合研究 [D]. 天津：天津大学，2012：32.

④ 仇保兴.19 世纪以来西方城市规划理论演变的六次转折 [J]. 规划师，2003（11）：5-10.

图 2-36），建议修建低平的古典主义桥梁将西波托马克公园与阿灵顿公墓连接起来”①。

图 2-36 国会大厦前水体及绿地构成一个整体城市景观

在这个规划的指导下，经过 100 多年的岁月，现在美国国会以西的区域逐渐形成一个纪念性景观集群，其中包括麦克米伦规划中安排的重要节点以及后来建成的林肯纪念堂（Lincoln Memorial）、杰斐逊纪念堂（Jefferson Memorial）、F. D. 罗斯福纪念园（Franklin Delano Roosevelt Memorial）等国家级纪念性景观。这些纪念性景观和博物馆内容上涵盖了美国历史上重要的发展阶段，对开展美国主流文化宣传活动起到了重要作用。

2.4.1.3 景观的新变化

19 世纪下半叶，因为奥姆斯泰德的贡献，景观学专业得以在艺术、设计理论、农业科学、工程学、社会理论以及更广泛的环境基础的背景上建立，并且已经发展成为土地与区域规划领域的专业学科。早期，正如美国各大院校所教授的一样，景观学保留了其创始人所强调的艺术与社会的双重目标（后来，这个专业范围得以拓展，吸收新技术和关注更广泛的环境生态问题）。景观学作为一门有关设计艺术的学科，规则式、秩序化的人工设计与自然化设计同时被教授。这两种设计模式均被巴黎美术学院的教育系统所包括。奥姆斯泰德“包容一切的地方”的观点盛行②。到 1917 年美国城市规划学会成立之前，规划依旧是景观学专业的主要组成部分。

而当城市美化运动逐渐衰退后，规划越来越多地与社会和经济政策相联系，与艺术的联系越来越少。田园城市和区域规划运动继续保留了奥姆斯泰德对社会目的及美学品质的双重关注。也是在罗宾逊的倡导下，城市规划设计逐渐将社会发展纳入主要考虑的因素。20 世纪 20

① 张红卫. 美国首都华盛顿城市规划的景观格局 [J]. 中国园林，2016，32（11）：62-65.

② 彼得·沃克，梅拉尼·西莫. 看不见的花园 [M]. 王健，王向荣，译. 北京：中国建筑工业出版社，2009：28.

年代之后，城市美化运动推动城市规划脱离景观学，使其成为一门独立的学科。造成其独立的另一个原因是艺术的两个不同发展方向：一个是朝向抽象的美学欣赏，认为艺术形式是独立于艺术家、评论家和鉴赏家的想象之外的而且具有其自身的生命；另一个是朝向社会化的艺术目的，它由拉斯金、莫里斯和刘易斯·芒福德（Lewis Mumford，1895—1990）所倡导，认为要根据作品的社会功效来评判艺术、建筑和景观设计的价值。后一种倾向导致了规划作为一门单独的专业出现。

2.4.2 传统园林风格的延续

城市美化运动在一定程度上对美国园林风格的创新起到了抑制作用。19 世纪末，法国园林在巴黎美术学院教育体系的影响下，重新走向复古。造园师杜切恩父子重建和修复了许多 17 世纪的园林。在众多私家庭园中，由杰基尔和勒琴斯所开创的“工艺美术园林”形式继续流行，并对 20 世纪早期的英、美、德等国的私家庭园产生了广泛的影响。“‘工艺美术园林’本身是自然式和规则式的折中组合，并没有从整体上给园林带来完全新颖的样式，因此一些面积稍大的庭园有时也选择将自然式和规则式同时并置于场地中，体现出一种古典主义与浪漫主义之间的张力。”[①]

2.4.2.1 私家庭园

1. 埃德温 • 勒琴斯

19 世纪末的英国正处于工艺美术运动的全盛时期。有感于工业革命带来的恶劣工作和居住环境，英国有许多艺术工作者呼吁大家回归中世纪的虔诚和纯朴，进而挑战古典主义的单一美学标准。艺评家约翰·拉斯金和设计师威廉·莫里斯承袭社会乌托邦的理想，积极主张艺术和生活的结合[②]。莫里斯除了提倡手工艺、自己开设印刷工坊之外，他也和韦伯打造红屋作为“整体艺术”理想的实际体现。受中产阶级兴起带来的社会结构转变的影响，大片地产受到切割，庭园面积缩小，不再可能创造大片的风景园。乡村住宅成为新兴的中产阶级所追寻的理想生活场所。中产阶级杂志例如《乡村生活》（*Country Life*）也十分受欢迎。

在 19 世纪末现代社会发生转变的过程中，私人花园设计领域最受瞩目的莫过于建筑师埃德温 • 勒琴斯和造园师格特鲁德·杰基尔了。这对搭档在 1890 年至 1912 年之间合作设计了近百座美丽的花园和住宅。然而，他们至今仍然不太为人所知，一个原因就是他们的设计不论是住宅还是花园，装饰性的味道都十分浓厚，不同于 20 世纪之后的具有现代主义内涵的庭园。另一个原因则是庭园的管理维护不容易，原始的设计形式很容易会被后人更改。杰基尔邀请勒琴斯设计自己的住宅孟斯德庄园（Munstead Wood，图 2-37）时，那里还是一片杂草丛生的荒地。杰基尔以林间漫步的体验为设计出发点，同时在前庭划分出一个宽 3.048 米、长 21.336 米的场地作为草花材料的实验场，按照高度、色彩、质感等原则进行植物搭配的实验，构成生命力旺盛的印象派景象。

---

① 张健健.20 世纪初期西方艺术对景观设计的影响 [M]. 南京：东南大学出版社，2014：36.

② 林曦. 威廉·莫里斯与“工艺美术”运动的产生 [J]. 包装工程，2006，27（4）：290-292.

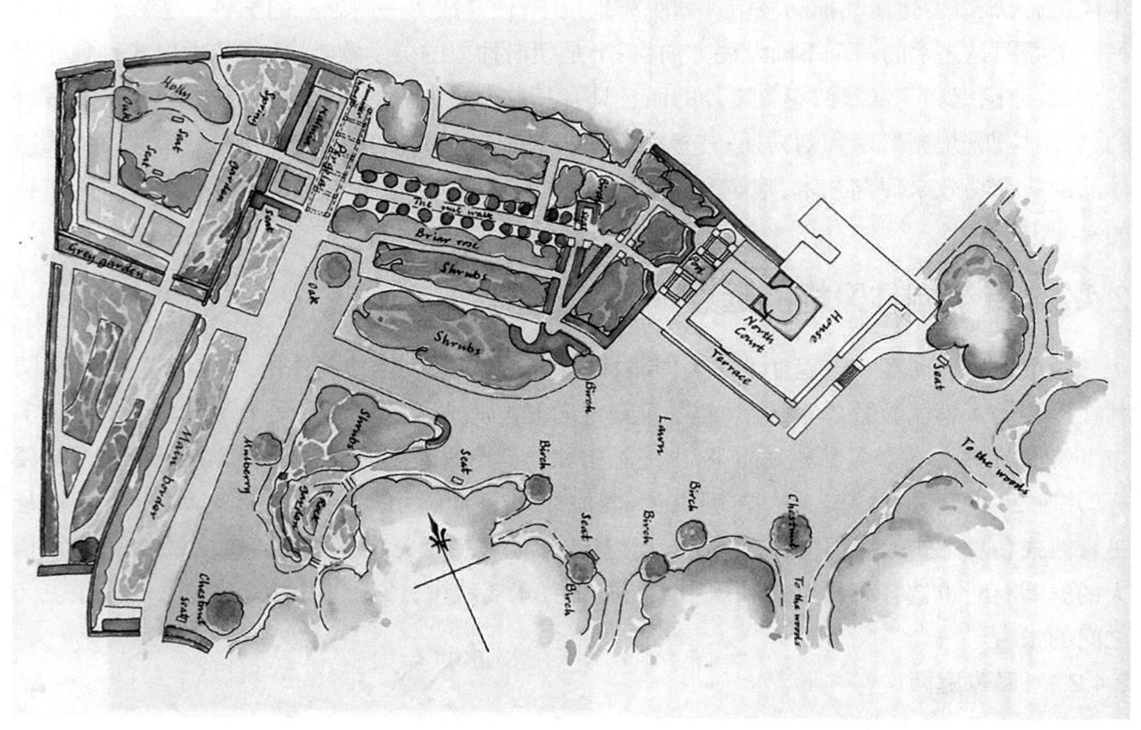

图 2-37 孟斯德庄园平面图（杰基尔、勒琴斯）

勒琴斯在杰基尔的指导下与其合作设计了许多景观作品。他与杰基尔的创作风格相似：作品常采用高质量的建筑材料，表现清晰的结构性空间；强调建筑与花园之间的联系以及空间的等级秩序；从大自然中获取设计灵感，将规则式布置与自然植物完美结合；多数作品中从入口到住宅建筑的路径，都会经过数次的转折；建筑基址常选择在地势最高、视野最开阔处。比如在果园山庄（Orchards）、迪勒里（Deanery）、马希庭院（Marsh Court）、秦赫斯特山丘（Chinthurst Hill）等庭园设计都是在倾斜地势上开辟出平坦的阶台，再利用步阶、铺面、矮墙等元素来处理地形上的高差，产生空间的变化。建筑与场地之间看似各自独立，却又连一起。这些庭园乍看之下拥有强烈的几何线条，但通过地形、朝向、行进序列、空间视野的细心安排，又形成了亲切的人性尺度，表达了设计对于场地的尊重。

这种以规则式为结构，以自然植物为内容的风格经杰基尔和勒琴斯的大力推广普及后，成为当时园林设计的风尚。他们的住宅设计超越了那个规则样式与不规则样式的二分法，在后世也产生许多回响，并且影响到后来欧洲大陆的花园设计①。

勒琴斯最为著名的园林景观作品是位于印度新德里的莫卧儿花园（Mughal Garden，图 2-38），又称总督花园。花园同样将规则式与自然式相结合，把英国花园所具有的自然特色与规整的传统花园形式结合在一起。花园由三部分组成。第一部分是紧贴着建筑的方花园，这是一个规则式花园。花园的骨架由四条水渠构成，水渠的四个交叉点上是独特的花瓣喷泉。以四条水渠为主体，再分出一些小的水渠，延伸到其他区域，外侧是小块的草坪和以方格状布

① 洪琳燕. 印度传统伊斯兰造园艺术赏析及启示 [J]. 北京林业大学学报（社会科学版），2007（3）：36-40，80.

置的小花床。规则的水渠、花池、草地、台阶、小桥、汀步等动静变化都在桥与水面之间展开。第二部分是长条形花园，这是整个园中唯一没有水渠的花园，在这一部分，勒琴斯设计了一个优美的花架，上面爬满了九重葛，在花架的旁边，是一些绿篱围合的小花床。花园的第三部分是下沉式的圆形花园，圆形的水池外围是众多的分层花台，一排排花卉种植在环形的台地上，使人想起杰基尔设计的宁静、平和的台地式乡村花园[①]。

图 2-38　莫卧儿花园（勒琴斯，印度新德里，1891—1931）

2. 贝娅特丽克丝·琼斯·弗莱德

美国从国家重建到第一次世界大战之间经历了工业高速发展和移民洪潮。在钢铁、石油和铁路建设方面，投资者积累了大量财富。有钱人沉醉于 20 世纪 20 年代的纸醉金迷之中，而穷人则挣扎在拥挤的贫民窟。1873 年，作家马克·吐温（Mark Twain ，1835—1910）和查尔斯·达德利·沃纳（Charles Dudley Warner，1829—1900）合作撰写了一本名为《镀金时代：明天的神话》（*The Gilded Age*：*A Tale of Tomorrow*）的书，讽刺虚假繁荣的社会表象之下的贪婪和腐败。“镀金时代”形象地概括了这一时代的特征。同样戏剧性的转变也发生在景观设计方面，设计的重心彻底改变[②]。从 19 世纪 80 年代到 20 世纪 20 年代，富有的美国企业家和银行家效仿古代的国王和文艺复兴时期的王公贵族，在乡村地区大规模建设私家庄园，作为自身财富和权力的象征。欧式风格的建筑和花园——庄园、别墅、城堡，成为大城市外围的主要景观。

弗莱德是美国景观设计师协会的创始人之一，也是一位先锋派女性设计师。上流社会的

---

① 沈守云，张启翔. 现代景观设计思潮 [M]. 武汉：华中科技大学出版社，2009：31.

② 伊丽莎白·伯顿，奇普·沙利文. 图解景观设计史 [M]. 李哲，肖蓉，译. 天津：天津大学出版社，2013：207.

出身背景使得她与许多达官贵人构成了宾主合作关系[1]。她的作品主要包括私人住宅、庄园和乡村住宅等，如最著名的华盛顿特区的敦巴顿橡树园（图 2-39 为橡树园平面图）。她的设计风格来源于欧洲花园，特别是意大利文艺复兴时期的花园，受杰基尔影响，强调自然种植的重要性，园艺书籍也对其设计风格有影响。1920 年，弗莱德开始了敦巴顿橡树园的设计工作，并一直持续了 27 年，这也是她最具有代表性的作品[2]。敦巴顿橡树园位于华盛顿特区的乔治敦（Geogetown），是罗伯特·伍兹·布利斯（Robert Woods Bliss，1875—1962）和米尔德丽德·巴恩斯·布利斯（Mildred Barnes Bliss，1879—1969）的居所。园中利用住宅背后的坡地，模仿意大利台地园形式，将一系列花园、喷泉用一层层台地组织起来，使规则式的庭园、精美的装饰和周围的自然景观结合在一起，由建筑元素构成的台地随着林间坡地缓缓下降。玫瑰园、北部的花景以及砾石花园等外部空间的细部设计细腻，艺术风格独特。该园目前已被赠予哈佛大学[3]。

图 2-39　敦巴顿橡树园平面图（弗莱德，美国华盛顿，1920—1947）

① KARSON R.A genius for place：American landscape of the country place era[M].Amherst：University of Massachusetts Press，2007：133-137.

② WAYMARK J.Morden garden design：innovation since 1900[M].London：Thames&Hudson，2005：31.

③ WILSON A.Influential gardeners：the designers who shaped 20th-century garden style[M].New York：Clarkson Potter，2003：57.

此外，这一时期还有一些著名的乡村庄园，如“位于加利福尼亚州伍德赛德（Woodside）、属于布恩家族庄园（The Bourn Family Estate）的费罗丽花园（Filoil Garden）、位于特拉华州杜邦家族（The Du Ponts Family）住宅的温特图尔花园（Winterthur Garden）、位于马萨诸塞州莱诺克斯（Lenox）的伊迪丝·华顿（Edith Wharton，1862—1937）的住宅蒙特庄园（The Mount Estate，图2-40）、位于佛罗里达州迈阿密市的詹姆斯·迪灵（James Deering，1859—1925）的威斯卡亚别墅（Vila Vizcaya）以及位于北卡罗来纳州阿什维尔的巴尔的摩别墅”①。

图2-40　蒙特庄园（华顿，美国马萨诸塞州莱诺克斯，1902）

2.4.2.2　城市公园

草原学派是美国19世纪末和20世纪初的一个建筑流派，其建筑风格在美国中西部地区最为常见。建筑扁平且屋檐向水平方向延伸，墙面上也沿着水平方向设置大量窗户，使得屋内和屋外的景观得以结合。人们认为这种建筑风格所强调的水平线条是对美国中西部宽阔、平坦的原始草原的呼应。后来的建筑理论家、历史学家艾伦·布鲁克斯（H. Allen Brooks，1925—2010）将这种风格总结为“草原学派”。

罗比住宅（Robie House，图2-41）是草原学派最具代表性的作品。设计者建筑师弗兰克·劳埃德·赖特也被认为是草原学派的先驱。该住宅的平面是由两个相接的长方形构成；主要功能空间（台球室、游戏室、起居室和主卧室）都以壁炉为中心，伸展融入周围的环境之中；在建筑外墙处理上，赖特使用了芝加哥常见的双层砖墙的工法，为了强调出水平方向上的延伸感，他对砖缝填充的灰泥做了双色处理，水平方向填充的灰泥是奶油色的，垂直方向则选择了和砖块相同的颜色；与地面相接的部分使用了石灰岩，以呈现出房子像是“从地面生长出来”

① 伊丽莎白·伯顿，奇普·沙利文. 图解景观设计史 [M]. 李哲，肖蓉，译. 天津：天津大学出版社，2013：209.

的感觉。赖特在住宅设计中把方盒子空间打开，结合现代的生活方式使室内空间更具流动性，同时将屋檐出挑，由此形成的水平线条和开放性，成为草原学派建筑的主要特征，也成为后来现代建筑的重要元素。

图 2-41 罗比住宅(赖特，美国芝加哥，1909)

同时期，以延斯·詹森(Jens Jensen, 1860—1951)为代表的景观设计师继续在公园中营造由大草坪、蜿蜒的园路和湖岸延展的视景线，形成一种田园牧歌式的景观效果[①]。1915年，米勒在其著作《景观设计的草原精神》(*The Prairie Spirit in Landscape Gardening*)中首次将这种风格的景观设计描述为“草原风格”(Prairie Style)。其定义的是应中西部人民的实用需求而生的美国设计模式，特征是保存西部独有的景致、复原地方色彩、重复土地与天空的水平线条，这也是草原景观最强烈的特色[②]。

詹森1884年移民美国后在芝加哥西部的公园区(Chicago west park district)工作，他从底层工人逐步踏入景观设计行业。青年时期，他曾经历过迪博尔半岛被日耳曼侵犯，目睹家乡文化在德国和丹麦文化之间的拉扯，这些经历促使他开始了对地域主义的思考，也培养了他对语言文化与民族地域认同的敏感性。因此，他以不同的眼光来欣赏美国中西部的地方特色。詹

① 张健健.20世纪西方艺术对景观设计的影响[M].南京：东南大学出版社，2014：42.

② MILLER W.The prairie spirit in landscape gardening[M]. Massachusetts：University of Massachusetts Press，2002：51.

森将“公园沙漠”、生态设计以及人类的原始需要与生活中自然的“活的绿色”联系在一起。由于工作环境的影响，詹森获得了许多与草原派建筑师一起工作的机会。在与赖特等人共事下，詹森也从草原学派中获得了灵感。

1916 年的哥伦布公园（Columbus Park，图 2-42 为哥伦布公园的局部栽植计划）是詹森设计生涯中第一座从无到有、表现地域特色和个人设计风格的公园。这座城市公园位于芝加哥西部，面积达 68.8 hm²。横跨公园东侧的潟湖与游泳池连在一起，湖岸的页岩叠砌也强调了设计的水平性，聚会圆环一直延伸到游戏绿地中的座位、舞台以及角落。聚会圆环的概念来自美国原住民和早期拓荒者围绕营火进行的聚会活动，在中世纪的传奇故事圆桌武士中，圆环也代表无阶层差别的平等精神。詹森特别将聚会圆环引申为民主精神的载体，他乐观地认为，当人群聚集的时候就能体现民主精神。他和奥姆斯泰德一样，坚信公园是现代城市文明的象征，公园中的徜徉散步和休闲活动能够让人的身体与精神得到自由，进而使公园成为文明的重要元素。

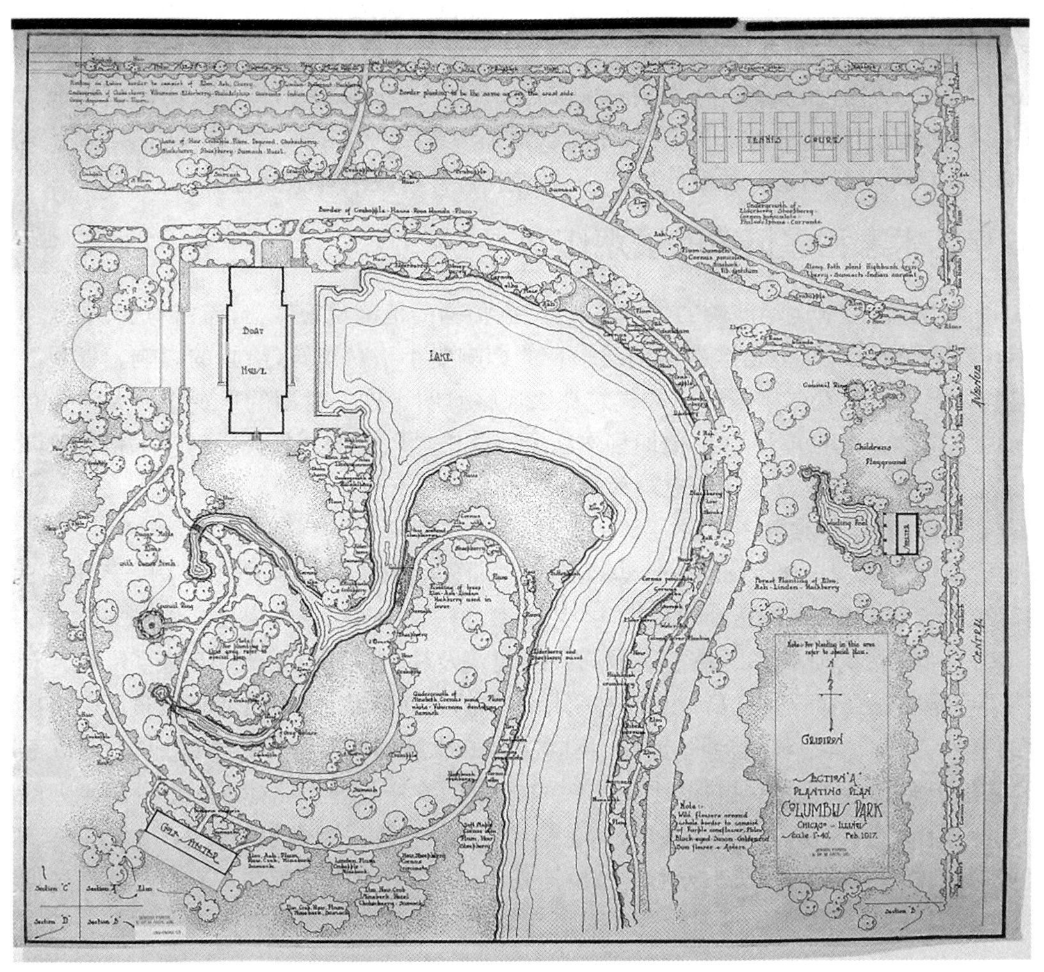

图 2-42　哥伦布公园的局部栽植计划（詹森，1916）

他所设计的早期都市公园，如道格拉斯公园（Douglas Park）、加斐尔德公园（Garfield Park）、高地公园（Highland Park）都包含了几个共同的功能空间：室内运动场、露天体育场、大型游戏场以及带有置物柜和更衣室的游泳池。同时，他还把流动路线分布在基地周边，留下公园腹地营造风景的纵深感。他和奥姆斯泰德的不同之处在于，后者会在沼泽地加入热带植物创造异国氛围，而詹森坚持使用枝叶水平伸展的山楂树和质感细腻的垂丝海棠这样的原生植物。在 1919 年的芝加哥"西部公园系统"（West Park System）计划中，他提出以林荫道和公园道串联不同公园，形成完整的都市公园系统。

詹森的设计特点是将形式、材料与场地周围原生景观联系起来。他设计的公园并非旨在成为自然的复制品，而是通过颜色、纹理、阳光、阴影、季节性变化以及对空间的谨慎操纵表现深刻的内在情感。他看到了当时被认为是普通杂草的植物的价值，并将它们用在野外的生态环境中。詹森的公园设计中常常有一个由低矮石座围成的圆环状聚会场地，为人们提供了讲故事、跳舞和表演戏剧等社交活动的空间。

对于詹森来说，设计和保护之间是连续的①。他试图通过设计唤醒公众发现自然美和可持续美。他认为，植物与野生栖地之间的关系就是人群与环境的理想关系。他通过草原俱乐部（Prairie Club）和原住民景观之友（Friends of Our Native Landscape）等公众团体在当地建立自然保护区，这些组织的影响范围广泛，涵盖了威斯康星、伊利诺伊、密歇根、印第安纳等各州。詹森的草原精神不仅仅是一种设计精神，更是他将设计与政治理想结合下民主的象征。

2.4.3 艺术家和建筑家的景观作为

这一时期，新艺术运动涉及的领域非常广泛，传播的范围也很广，且流派纷杂，在欧洲各国有不同的称呼和表现。但是这次运动对景观的影响要小于对建筑、绘画的影响。景观虽然是一门艺术，但从历史发展来看并不如建筑那么风格鲜明。这一时期的景观作品大多来自新艺术运动中的艺术家、建筑家之手，他们创作出了一些极具风格的并且具有新艺术精神的园林作品。这里仅纲举目张地选择几位建筑师的景观作品进行介绍。

2.4.3.1 德国：青年风格派

贝伦斯生于德国汉堡，1886—1889 年在卡尔斯鲁厄和杜塞尔多夫艺术学校学习，1899 年应路德维希大公之邀，来到达姆斯塔特的"艺术家之村"，1902 年成为杜塞尔多夫艺术学校校长。1901 年，在达姆斯塔特的住宅是他第一个建筑及住宅花园作品，从历史照片和具有青年风格派装饰风格的平面图可以看出，园林采用简单的几何形状，从建筑的平面布局引申出自由组合的室外空间。园中利用台阶、园路、不同功能的休息场地及种植池组织地段，尽管面积很小，但已初步显露出现代景观的设计特点②。1907 年，在庆祝曼海姆建城 300 周年举办的园艺展上，贝伦斯设计了一个专题花园（图 2-43）。花园平面严谨，园内用精美的园墙、花架、雕塑、绿篱、修剪成圆柱体的植物及正方形的种植池来组织空间，园中布置有亭、喷泉、休息场地和装饰优雅的花园家具。尽管贝伦斯作为当时著名的建筑师及艺术领域的代表人物完成的园林作

① ROBERT E G.Jens Jensen：maker of natural parks and gardens[M]. Baltimore：Johns Hopkins University Press，1992：4-13.

② 张健健.20 世纪西方艺术对景观设计的影响 [M]. 南京：东南大学出版社，2014：37.

品不多，但是却开拓了用建筑的语言来设计园林的新道路[①]。

图 2-43　曼海姆园艺展花园（贝伦斯，德国曼海姆，1907）

莱乌格（Max Laeuger，1864—1952）出生于德国南部，曾在卡尔斯鲁厄的艺术学校学习绘画与室内设计，后来在该市的高等技术学校建筑系任教。与贝伦斯一样，1907 年，在曼海姆园艺展上，莱乌格也设计了一座 140 m × 50 m 的花园，他用绿篱、粉墙和木栏杆划分出 14 个独立的小空间，各空间在总体上不能一眼望穿。每一个小空间都有不同的主题，不同的空间中种植不同的树种，这种手法后来成为他园林设计的主要特征。莱乌格后来还设计了一些别墅及花园。修剪过的植物、绿篱、爬满常春藤的格栅、粉墙、花架、漏空墙及方形水池是他常采用的造园要素。

1909 年建成的位于巴登 - 巴登的苟奈尔花园（Gonner garden，图 2-44）是保留下来不多的具有新艺术风格的花园之一。花园被修剪过的树划分为三部分。新艺术运动的设计师所涉艺术领域非常广泛，园林并不是他们主要的设计领域。莱乌格可能是这些人中设计园林最多的一位，他的园林抛弃了风景式的形式，他把园林作为艺术空间来理解[②]。1910 年《装饰艺术》杂志上的一篇文章认为，莱乌格的花园是新园林的典范，很多国外的专业杂志也对他的园林有较高的评价。

---

① 王向荣. 新艺术运动中的园林设计 [J]. 中国园林，2000（3）：82-85，99.

② 沈守云，张启翔. 现代景观设计思潮 [M]. 武汉：华中科技大学出版社，2009：36.

图 2-44 荀奈尔花园(莱乌格,德国巴登 - 巴登,1909)

2.4.3.2 奥地利:维也纳分离派

新艺术运动在奥地利形成了“维也纳分离派”,其主要由活跃在首都维也纳的艺术家、建筑师和设计师发起建立。维也纳分离派的先驱是建筑师瓦格纳,在他的激励下,建筑师奥尔布里希(J. M. Olbrich, 1867—1908)、约瑟夫·霍夫曼(Josef Hoffmann, 1870—1956)和画家古斯塔夫·克里姆特(Gustav Klimt, 1862—1918)于 1897 年一起创办了维也纳分离派,并提出“为时代的艺术,为艺术的自由”的口号,其目的在于和学院派分离。他们的设计整体上采用简单抽象的几何形体,尤其是正方形,采用连续的直线以及纯白和纯黑的色彩,仅在局部保留少量的曲线装饰,这些与新艺术运动中以自然题材的曲线作为装饰的风格相去甚远①。

建筑师奥尔布里希是分离派的创始人之一,他曾在维也纳国立技术学校、维也纳艺术学院学习,并工作于瓦格纳工作室。1899 年,奥尔布里希应德国黑森大公路德维希邀请去达姆斯塔特建造“艺术家之村”,同时将分离派的思想传播到了德国。在 1905 年“艺术家之村”的第一届德国艺术展上,奥尔布里希负责展园的总体规划,并设计了色彩园。他运用的轴线、硬质铺装和方格网种植形式很有特色。他利用 1.5 m 的高差将花园划分为两个部分,下部是花坛园,上部是种植花灌木和草本花卉的色彩园。在 1908 年的“艺术家之村”第三届艺术展上,奥尔布里希设计建造了新艺术运动中的著名建筑——一个展览馆和一个高 50 m 的婚礼塔。他在景观设计中运用大量基于矩形图案的几何要素,如花架、几级台阶、长凳和黑白相间的棋盘格图案的铺装。植物在规则的设计中被组织进去,被修剪成球状或柱状,或按网格种植。

赫尔曼·穆特修斯(Hermann Muthesius, 1869—1927)是新艺术运动的另一个核心人物,他经历丰富, 1887—1891 年作为建筑师工作于东京,曾到中国进行考察。随后,他成为德国驻英国使馆的文化官员,在伦敦工作期间对英国艺术进行了系统的考察,并把考察的结果以书籍的方式介绍到了德国。他的著作《英格兰住宅》收集了当时英国的园林作品,提倡英国建筑师布鲁姆菲尔德等人提倡的规则式园林的思想。在这本书前言“园林的发展”中,他提出要反对自

① 沈守云,张启翔. 现代景观设计思潮 [M]. 武汉:华中科技大学出版社,2009:38-40.

18 世纪以来一直占据主要地位的自然式园林，认为住宅花园与建筑风格要统一，理想的园林应是建筑内部的"室外房间"。座椅、栏杆、花架等室外家具的布置也应与室内家具布置相似。他在这里指的园林是住宅花园。1920 年，他在文章《几何式园林》中又一次阐述了这个观点。"1907 年穆特修斯利用当时发行量很大的杂志《周刊》(*Die Woche*)举办了两次竞赛，并担任评委。竞赛的题目分别是'夏天或假日住宅'及'住宅花园'，后来共出版了三册获奖作品集，含 100 余个方案。由于穆特修斯是竞赛的发起人，所以很多参赛者都研究他所提倡的建筑及园林风格。"① 此次竞赛对于 1909—1914 年在德国建造的住宅及花园的影响非常大。

2.4.3.3　西班牙：新艺术运动

19 世纪后叶，西班牙的艺术领域以混乱为特征。这一时期的建筑本身处于一种危机状态，建筑风格转向重复过去的新古典主义和新浪漫主义的艺术风格，而建筑师们并没有新的技术方法来填补这些风格的空白。大城市的不断发展以及城市化的迫切需求使人们重新进行城市设计。加泰罗尼亚的现代主义(属于新艺术运动)就是这一时期经济、政治和地区发展的产物。它主要体现在建筑方面，也涉及许多其他艺术(绘画、雕塑等)，特别是设计和装饰艺术(体现在橱柜制作、木工、锻铁、瓷砖、陶瓷、玻璃制造、银器和金器等领域)。

安东尼·高迪是加泰罗尼亚现代主义的最佳实践者，其以复杂、新颖、独树一帜、个人色彩强烈的建筑作品闻名于世②。他曾就学于巴塞罗那省立建筑学校，毕业初期作品近似维多利亚式，后采用历史风格，属于哥特复兴的主流。圣家族大教堂横跨了高迪整个建筑生涯，一直到其去世仍未完成。在拉斯金的著作、新哥特式建筑及卢威艺术的影响之下，高迪摈弃了历史风格，开始展示他真正的艺术才能，形成了自己独特的个人风格③。这一时期的作品包括米拉公寓(Casa Milà)、巴特罗公寓(Casa Batlló)和古尔公园(图 2-45)等。对伪艺术和现代机器主义哲学的反抗以安东尼·高迪为标志，在西班牙达到了高潮。

图 2-45　古尔公园(高迪，西班牙巴塞罗那，1900)

---

① 王向荣，林箐. 西方现代景观设计的理论与实践 [M]. 北京：中国建筑工业出版社，2002：15.

② 陈书蔚. 论高迪的自然主义 [D]. 杭州：浙江大学，2005：24-26.

③ 后德仟. 高迪的现代主义和现代建筑意识 [J]. 建筑学报，2003(4)：67-70.

1900年，高迪受朋友、实业家埃乌塞比·古尔(Eusebio Guell，1846—1918)的委托，在巴塞罗那郊区的卡尔梅尔山坡上，为希望远离城市不健康生活的上流社会权贵设计一个居住区。因为种种原因，该设想没有变成现实。在古尔去世之后，其继承者将这个半成品卖给了政府。1922年起，这里对公众开放，成了“古尔公园”。公园大门的两侧建有塔楼状建筑，入园即是巨大的阶梯，中间造型为龙的喷泉将其一分为二，喷泉成为公园的标志，同时也是高迪最具象征意义的设计之一。“整个设计充满了波动的、有韵律的、动荡不安的线条和色彩、光影、空间的丰富变化。园内的围墙、长凳、柱廊和绚丽的马赛克镶嵌装饰表现出鲜明的个性，其风格融合西班牙传统的摩尔式和哥特式文化的特点。”① 高迪在古尔公园中展示了一种童趣的自然风格和人文形态以及巴黎和巴塞罗那地区自然主义运动的影响。他的形式语言是独特的，同时也体现了当时新艺术运动追求自然曲线风格的影响。

2.5 小结

绘画艺术通常是艺术新思潮的引领者，因为绘画艺术的创作最少受到材料、技术、社会与经济的限制，其创作的题材也比较自由，因而最容易进行创作思想和创作方法上的革新。雕塑艺术往往紧随其后，在形式和思想上常常反映出绘画艺术的革新。西方绘画和雕塑艺术在经历了19世纪的摸索之后，从20世纪开始全面走上革新的道路。

“艺术家们从根本上颠覆了西方传统的艺术形态，提出了新的观察和表现世界的方法。”② 一条是由塞尚启发的理性的、分析的倾向，力图在形式上找到所谓的真实。塞尚提出“用圆柱体、球体、锥体处理自然”，毕加索和勃拉克则从塞尚的绘画中获取灵感，把熟悉的物体解体变形，重新组合为新的多层面、多视点、错综复杂的画面，从而开创了“立体主义”绘画。俄国至上主义和构成主义在绘画、雕塑方面的探索也创造了一种全新的抽象化过程，表现了20世纪工业、科技领域对艺术领域的影响。另一条路线是由高更和凡·高启发的主观的、强调直觉和自我表现的倾向，它导致了更为深入地发掘和表达艺术家内心直觉和情感的倾向的出现。由德国表现主义继承了其美学成果。在两次世界大战之间形成的达达主义和超现实主义是这条艺术路线的延续。

现代艺术在进入20世纪后蓬勃发展起来，各种艺术流派和创作思想层出不穷，也推动了建筑艺术的全面革新。如何按照建筑物的功能要求来确定它们的结构与外观，是摆在建筑师面前的一个重要问题。同时，工业革命所带来的新材料和新技术也促使有思想的建筑师们思考如何利用它们创造出新的建筑形式。钢、铁、大型玻璃板这些材料的产量大幅提升，而传统的建筑形式对这些材料的需求却十分有限。

20世纪早期的西方园林仍然是对传统风格和形式的继承，但由于建造工艺不良，难以给人留下精致、典雅的印象。虽然期间也出现了像贝伦斯的达姆斯塔特宅院那样初露现代感的

① 王向荣. 新艺术运动中的园林设计 [J]. 中国园林，2000(3)：82-85，99.

② 杜培蓓. 浅析印象派绘画的艺术特点 [J]. 当代艺术，2012(3)：84-86.

庭园,但由于欧洲很快便被第一次世界大战的硝烟所笼罩,因此新风格的探索受到阻滞。曾经共同开创“工艺美术园林”风格的杰基尔和勒琴斯,虽然此时仍继续合作,但已不再创作园林,而是将精力投入对第一次世界大战阵亡士兵公墓的规划中。

第3章　西方现代艺术与景观的发展

19世纪末20世纪初，第一次世界大战爆发。原以为科学技术的发展会给生活带来幸福，使生活更加美好，但是事实情况却不像人们所想的那样。战争使社会动荡不安，带给人们精神上的压抑、痛苦、恐惧，间接推动了许多艺术流派的产生，其中表现主义艺术在这种情况下得到发展，艺术家用画笔揭示了人民内心失望、恐惧的情绪，同时也用极度夸张和具有表现性的创作手法来发泄他们对社会的不满以及战争带给人们的苦难，例如达达主义就是第一次世界大战的直接产物。达达主义作为一种艺术思潮首先在瑞士苏黎世出现，继而在法国、德国和美国流行，成为一个国际性的艺术现象，其认为正是逻辑思维导致了席卷欧洲的战争冲突。达达主义艺术家们有着强烈的反战情绪，他们看到人类文明惨遭破坏，深感前途渺茫，于是在他们中间滋长了无政府主义和虚无主义，他们厌倦战争、反对权威和反对传统，他们主张从虚无出发，否定一切，否定理性和传统，在艺术上的表现就是"创造即破坏"。后期的超现实主义也是由达达主义发展演变而来的。

两次世界大战之间，西方现代艺术可以概括为两大流派：抽象的和非具象的；非理性的和梦幻的。前者强调形式，是抽象的和非具象的，例如构成主义和荷兰的风格派；后者则比较强调内容，是非理性的和梦幻的，如达达主义和超现实主义。西方现代艺术的发展从形式到内容都呈现出这种非理性的反逻辑的创作倾向，可以说在很大程度上受到当时客观世界的影响。当时，西方的大多数艺术家都深刻地体会到了现代西方人心灵的迷惘和痛苦，他们为当代人的境况、异化、人与人之间的疏远和敌对而感到焦虑，这种情感表现在美术作品中，艺术家就用非理性、反逻辑的构图，夸张、变形的造型，以及标题的隐喻来反映社会现状和人的内心。

3.1　绘画：理性的形式、非理性的内容

第一次世界大战中断了20世纪之初开始的艺术探索，这种探索在战后得以继续和深化。现代艺术大体可以按照理性、非理性两条线索展开，写实、原始等其他倾向继续存在。理性的艺术流派主要是指立体主义、构成主义和荷兰风格派。非理性的艺术流派主要是指达达主义和超现实主义。

3.1.1　立体主义的发展

"1910年，有另外一些立体主义者异军突起，开始将自己的个人态度系统化，打算要扩大这种风格的地盘。"[①] 其中立体主义的重要实践分支便是黄金分割小组，它是在毕加索和勃拉克开创的立体主义基础上继续对画面空间进行探索的社团。黄金分割小组的主要成员包括

---

① H.H. 阿纳森. 西方现代艺术史 [M]. 邹德侬，巴竹师，刘珽，译. 天津：天津人民美术出版社，1987：182.

让·梅占琪(Jean Metzinger，1883—1956)、胡安·格里斯(Juan Gris，1887—1927)、费尔南德·莱热(Fernand Leger，1881—1955)、马塞尔·杜尚(Marcel Duchamp，1887—1968)。

1912 年，梅占琪和艾伯特·格莱兹(Albert Gleizes，1881—1935)撰写了第一个立体主义宣言。在梅占琪的立体主义实践中，其作品一直以人物肖像为主，但由于他早期受到过印象派和野兽派的影响，所以他在进行立体主义探索时其作品始终带有一种折中的效果。例如在他 1911 年创作的作品《味道》中，画面虽然是由许多细小的块面组成，也具有一定的立体主义绘画效果，但其中创作的人物是具象的且带有明显的体积感，从绘画空间的表现上看这幅作品并不属于立体主义风格，而是梅占琪运用立体主义的形式语言将人物做了变形。直到 1912 年，梅占琪作品中人物的体积感才刚开始逐渐消除，立体主义的空间分析开始在绘画中展现，但是他的立体主义空间分析经常是针对局部的，并且在画面中还保留了部分写实的焦点透视空间。而且梅占琪的立体主义绘画时常出现装饰性纹样。在 19 世纪 20 年代，他暂时放弃了立体主义，以至于在后来他完全脱离了立体派，但他的一些作品还是显示出了立体主义的影响。

胡安·格里斯出身于西班牙马德里。马德里虽然是西班牙的首都，但是当时马德里的文化、教育水平是远远落后于欧洲其他国家的。1906 年，格里斯来到了欧洲的艺术圣地巴黎。在巴黎，他认识了毕加索和勃拉克，格里斯对毕加索和勃拉克所提出的立体主义十分感兴趣。1911 年，格里斯开始运用立体主义的手法创作并且加入与梅占琪等艺术家共同进行的探索中。格里斯的绘画具有几何抽象的特点，画面多用几何直线进行分割，人物轮廓也有数学般的精确切割感，画面是一种类似于机械系统般的精准结构，这种结构与同时期的分析立体主义有很大的不同(如图 3-1)。从他的作品《咖啡厅中的男人》中可以看出，格里斯是通过简单的几何形式将描绘对象进行概括，然后在这种几何概括的基础上进行色彩的填充，最后运用类似于数学公式般的手法对这些几何结构进行位移，形成新的画面构成。

1913 年至 1914 年，格里斯进行的探索与毕加索和勃拉克的综合立体主义十分相似，只是格里斯延续了之前精确的几何碎片的重组，并且他那种数学式的思考和画面已经形成的秩序感使他在进行拼贴创作时注重对实物材料进行精心、合理有序的剪裁。立体主义绘画理念在他的绘画中表现得更充分、直率和独一无二。《窗前静物》(图 3-2)是格里斯的代表作之一。在这幅作品中，格里斯在画面上部的“窗外”描绘了一个正常景深的透视空间，而在画面下方则采用了立体主义几何分割、报纸与商标拼贴的创作手法。这幅画实现了对直觉现实和立体主义透视分析现实的结合。两种不同空间在一个二维的绘画平面中形成了强烈的对比。格里斯后期的拼贴绘画更加注重画面的整体构成效果，色彩丰富、极具形式意味并且有平面化的趋势。

费尔南德·莱热与格里斯一样，也是立体主义影响下的具有强烈个人探索精神的艺术家。他的绘画与时代挂钩，现实生活中的机械、工业一直贯穿于他的创作实践中。在 20 世纪初，费尔南德·莱热无疑是表现机器形体和金属质感之美的佼佼者。他用机械时代的新语言重新定义前辈在传统自然中得来的探索成果后，将这种对机械和工业时代的赞美寄托在对城市图景的描绘中。莱热的绘画语言与毕加索、勃拉克的“小方块”不同。莱热使用富有弹性的曲线和黑色线条来表现圆筒状的形体效果，用红黄蓝绿等原色和干硬的白色塑造形体饱满的圆柱体，

图 3-1 《毕加索肖像》(格里斯,1912)

图 3-2 《窗前静物》(格里斯,1915)

图 3-3 《穿蓝衣的女人》(莱热,1921)

这种独特的艺术手法造就了绘画平面弯曲和转折的艺术感。莱热将表面对象进行局部分割和解构,分解后的体积单位重新表达其与原先物象母体的内在有机联系。与其他立体派相比,莱热的这种手法更简洁、直率且明确有力①。莱热之所以热衷机器金属质感之美是因为他认为美感不只存在于特定的艺术创作中。于是,他积极观察周围的世界,并不断在绘画形式上进行多种实验。所以,在他的画作中我们看到的是莱热眼中的现代生活,是大都市的喧嚣和节奏(如图 3-3)。

3.1.1.1 查理斯 – 爱德华·让奈亥和阿梅德·奥占芳的纯粹主义

纯粹主义大约在 1918 年由建筑师兼画家查理斯 - 爱德华·让奈亥(Charles-Edovard Jeanneret, 1887—1965,查理斯 - 爱德华·让奈亥为勒·柯布西耶的原名)和画家阿梅德·奥占芳(Amédéé Ozenfannt, 1886—1966)发展起来。1918 年,他们发表了《立体主义之后》宣言,认为工业机械是最好的纯粹化的代表,寻求一种功能性的绘画。“纯粹主义实际上是立体主义的一个分支。奥占芳在《立体主义笔记》(*Notes sur le cubisme*)中宣称,立体主义的要义在于净化造型艺术,去除与造型艺术无关的表达形式,在这个意义上,立体主义本身即纯粹主义;有必要进一步对毕加索、勃拉克之后的诸立体主义流派进行净化,使之更纯粹。”② 纯粹主

① 朱平. 机械美学的艺术演绎:费尔南德·莱热的绘画 [J]. 艺术探索,2015,29(2):72-74,5.

② 陈岸瑛. 未来主义和纯粹主义:欧洲机器美学的缘起 [J]. 装饰,2010(4):26-30.

义这个有着极强立体主义渊源的概念来自画家奥占芳，纯粹主义作品的题材以静物为主，用纯色明确绘出简化的几何形象。建筑领域的纯粹主义思潮受到柯布西耶的影响，它以“数学”即秩序为基础建立新的美学观，提倡由经济法则和数字计算形成不自觉的美。而包含着强烈乌托邦意愿的“机器美学”则更多来自建筑师柯布西耶。建筑上的纯粹主义主张摒弃个人情感，反对装饰，认为比例是在处理建筑体量与形式时最为重要的问题。萨伏伊别墅是纯粹主义的经典作品。柯布西耶靠近巴黎的立体主义阵营并尝试绘画是受到了奥占芳的鼓励，柯布西耶对纯粹主义绘画十分投入，乃至从 1918 年到 1922 年他没有承接任何建筑项目，但是，通过建筑改造旧世界、建立新世界的梦想却从来没有离开过柯布西耶。

3.1.1.2　罗伯特·德劳内的奥弗斯主义

奥弗斯主义（Orphism，1912）又称奥弗斯立体主义，是另一个受到立体主义影响的艺术组织。艺术评论家纪尧姆·阿波利奈尔（Guillaume Apollinaire，1880—1919）专门发明了一个新单词“奥弗斯主义”（又称“俄耳甫斯主义”）来形容罗伯特·德劳内的抒情抽象作品。“奥弗斯立体主义与立体派绘画有着密切的联系。不过二者又有明显的区别。立体派画家主要关注形体结构，对色彩并不十分在意；而俄耳甫斯主义画家则在构造形体结构的同时，还关注构造一个色彩的空间。”① 奥弗斯主义具有代表性的两位艺术家分别是罗伯特·德劳内和弗兰提斯克·库普卡（Frantisek Kupka，1871—1957）。

罗伯特·德劳内在 1909 年就开始了立体主义的实践，哥特教堂和埃菲尔铁塔是他立体主义绘画中的主要题材。他的绘画追求着一种色彩与活动性的画面，将几何抽象的立体派形式与多变的光影色彩相结合，形成了其独特的具有抽象形式的艺术风格。1912 年，在他为独立沙龙所作的纪念性绘画《巴黎市》（图 3-4）中，三个拉长了的裸女被安排在由城市的建筑物、桥梁、教堂以及埃菲尔塔组织起来的风景之中。而这一切又都融汇在鲜艳明亮的色彩所加强的直线式色块图案之中，德劳内式带着一块全色彩的调色板进入分析立体主义，因而给综合立体主义开辟了道路。到 1912 年，他甚至放弃了主题和寓意，创造了一种鲜明色彩的色块和圆环的构图，那是在观察大自然时无从见到的。

图 3-4　《巴黎市》（德劳内，1912）

① 徐佳. 未来主义与《费加罗报》的内生关系：从传播史的角度研究艺术史 [J]. 美术观察，2010（12）：124-125.

3.1.2 表现主义的发展

从表现主义到梦幻（Fantasy）体现了现代艺术内容的非理性倾向。德国、奥地利和斯堪的纳维亚的表现主义扎根于19世纪末的后印象主义和象征主义，其本质是通过外部形式的夸张表达内在的含义。许多艺术家以不同的方式把表现主义往不同的方向推进。

3.1.2.1 奥地利表现主义——埃贡·席勒

从1905年起，奥地利的早期表现主义就开始出现了，埃贡·席勒（Egon Schiele，1890—1918）和奥斯卡·科柯施卡（Oskar Kokoschka，1886—1980）是奥地利表现主义的代表人物。埃贡·席勒出生于奥地利的图尔恩。1906年，他考入维也纳艺术学院；1908年，结识克里姆特，成为他的学生和挚友，在克里姆特的指导下学习绘画。席勒的艺术风格在一定程度上受到了克里姆特的影响。克里姆特是一位用线高手，画面线条充满旋律性和装饰性。席勒在继承克里姆特用线能力的同时放弃了克里姆特的过多的装饰性表达。1910年左右，席勒的作品逐渐呈现出独特的风格，注重对人物内在心灵的描绘，扭曲的人物造型及憔悴的人物表情是其画面的主要特征，此时席勒的艺术风格开始走进了纯粹的表现主义天地。席勒后期的艺术风格还受到了弗洛伊德心理学的启发，其画作毫不掩饰地揭示了那个时代人的心理和情感，画作中扭曲的人物始终处于惊恐不安的状态，这似乎是席勒对生死、爱欲和生存的思考和表达。他笔下的人物形体瘦长。他用浮动的线条勾勒出的外轮廓令人震颤。夸张的动态下是他对人物精神的挖掘。其艺术风格带有强烈的表现主义特色（如图3-5，图3-6）。

图3-5 《干洗房》（席勒，1917）

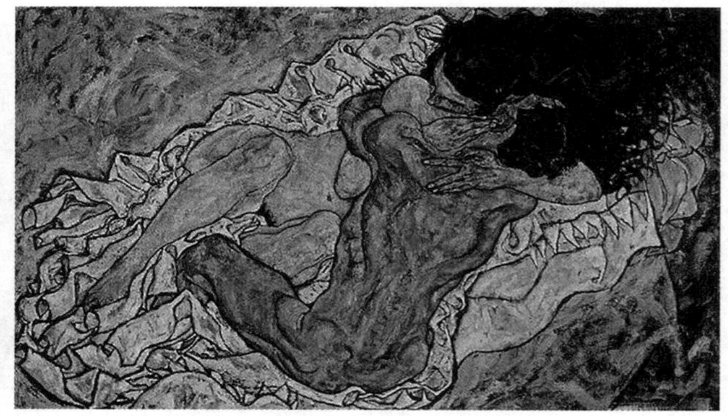

图3-6 《拥抱》（席勒，1917）

3.1.2.2 德国表现主义

青骑士是继桥社之后的另一个表现主义组织，代表着德国抽象风格的表现主义，其于1911年由瓦西里·康定斯基（Wassily Kandinsky，1866—1944）和弗朗兹·马克在慕尼黑创立，组织成员包括保罗·克利（Paul Klee，1879—1940）、利奥尼·费宁格（Lyonel Feininger，1871—1956）等人。在1912年，康定斯基与马克创办了名为《青骑士》的艺术年鉴。“该社团成员围绕对画面形式的共同关注，在创作领域进行了广泛的探索。康定斯基以形态的组合和色彩的变化来创造画面的空间；马克通过动物的形式以寻求自身和他在画面中所表现的周围世界之间的内在和谐；克利则注重表现幻觉和幻境。”[①] 青骑士的建立标志着德国表现主义步入巅峰，虽然第一次世界大战的爆发使该社团瓦解，但在战争结束后，表现主义已经在德国及周边国家广泛传播。

康定斯基是俄罗斯的画家和美术理论家，在 30 岁的时候开始转向绘画领域，并且来到慕尼黑美术学院学习，毕业后的他一直探索着自己的艺术道路。他曾参与过“慕尼黑新艺术家联盟”，并担任首届主席，之后他于 1911 年完成了自己的第一部关于抽象艺术的重要理论著作《论艺术的精神》，并创作了第一幅抽象作品《即兴创作》。在《论艺术的精神》中，康定斯基提道：“内在因素决定艺术作品的形式，而内在因素即感情。一件艺术作品的形式由不可抗拒的内在力量所决定，是艺术中唯一不变的法则。从康定斯基早期的绘画作品可以看出他的绘画风格曾受到印象派、野兽派等诸多风格的影响。”[②] 他甚至强调：“内在需要所要求的一切技法都是神圣的，而来自内在需要以外的一切技法都是可鄙视的。”[③] 他的大多数作品都简化了描绘的事物的外形，或者通过特定的图案加上自由、强烈的色彩关系来再现事物的内核，青骑士已经成为他的一个象征，寓意着追求艺术或事物的内在精神。

由于康定斯基早期的艺术风格曾受到印象派、野兽派以及民间艺术风格的影响，所以其作品以对色彩的感受为特征，强调色彩在画面中的表现力，以一定的故事内容为表现对象。这些故事内容以俄罗斯民间故事和神话故事为主，具有浓烈的抒情意味。前期的创作积累为他日后的抽象艺术风格打下了坚实的基础。从 1909 年开始，康定斯基的艺术风格逐渐转为抽象，只通过基本的造型元素构造画面效果。此时，康定斯基的创作也变得更加自由奔放和天马行空，画面充满了音乐的节奏与旋律。康定斯基认为，绘画的精髓不是对描摹对象外形的再现，而在于对其精神的捕捉。康定斯基在 1911 年创作了油画《即兴 19 号》，这幅作品中所有的形象都化作了抽象表现的线条和色彩，画面上已经没有了对对象的具象性再现，而是对内在精神、欲望和激情的表达。直到 1920 年，康定斯基还是继续以自由抽象的手法作画，之后他进入了生平的另一个艺术阶段——几何抽象时期。此时的康定斯基回到德国，在包豪斯任教。虽然他还是以奔放的色彩作画，但此时已经引入了几何元素。他受马列维奇、亚历山大·罗德琴科（Alexander Rodchenk，1891—1956）的几何抽象和构成主义的影响，几何形状、直线、圆是他这一时期作品中的主要元素，画面的主要形式以用规则、僵硬的线条勾边的彩色图形为主，他将之前抒情的抽象与几何的抽象有机地结合起来，以形成一种崭新的创作视觉，传达艺术家的精神内涵和感情意识。1933 年以后，包豪斯学院被纳粹关闭，康定斯基移居法国。他这个时期的作品以一些梦幻元素和非几何图形为特色，具有一定的超现实主义色彩。

保罗·克利 1911 年结识了康定斯基并加入了青骑士。克利给人最深刻的印象就是他对儿童画的执着，他的作品几乎都是以一个孩子的视角，用孩子的表现手法去创作的。这是因为这位艺术家从成熟的时候起，就连续不断地反复研究离本质更近的主题和形式，希望通过孩子的表现手法和视角对现有的艺术视角进行革新。因为儿童在作画时经常是下意识地进行表达，这也许最符合克利对于“原始”的追求，而非想要在绘画技术和理论上取得成果。“1909 年，克

---

① 周益民，左奇志，石秀芳. 外国美术史 [M]. 武汉：湖北美术出版社，2011：228.

② 周宏智. 西方现代艺术史 [M]. 北京：中国建筑工业出版社，2016：73.

③ 瓦西里·康定斯基. 论艺术的精神 [M]. 查立，译. 北京：中国社会科学出版社，1987：45.

图 3-7 《死与火》(克利,1940)

利说,他的作品带给人的'原始的印象'可以解释为'是由于我的创作原则是尽可能地简化作画的步骤',也就是追溯到'绘画最近的专业性知识',这其实恰恰'与真正的原始相反'。"① 同时,保罗·克利是一位极富个性、具有超凡想象力的艺术家。他运用几何图形明显区分客观自然的造物特征,不主张被客观具象与光感所限制,以抽象、半抽象的方式将内在自我与外在自我统一,在他的作品中可以发现画面更具几何化,色彩块面化。这种方式的出现跨越客观对象外在结构及光影对画面的限制,并重新解释了对绘画的理解,使绘画带有更多的主观色彩(如图 3-7)。

3.1.2.3 巴黎画派

巴黎画派这个名称不是对某种艺术风格的称呼,它是指在两次世界大战期间,一群外来的艺术家在巴黎的艺术成就。这些艺术家不属于某个特定的艺术团体,他们保持已有的艺术特点和个人风格,在艺术气质上具有某些趋同性,大部分都是客居巴黎的艺术家,因此艺术史学家将他们归类为巴黎画派。巴黎画派更多的是一种社群和文化现象,其作品属于具象再现的范畴,创作重心为人类形象。巴黎画派的艺术家在创作上采用抒情主义和象征主义两种表现手法,注重画面意境创造和抒情性,表现自己在贫困、忧愁、思乡等方面的各种感受和情绪。巴黎画派本质上是一种追求浪漫主义艺术、注重内在精神需要的表现主义团体。但是这些人的艺术风格与 20 世纪初的艺术潮流并不吻合,因为当时的巴黎画派依旧保持基本的具象写实风格,作品题材大多数是人物、风景等传统内容。虽然巴黎画派在艺术发展的长河中算不上是艺术观念的革新者,但是他们的作品触动了无数人的情感和心灵,得到了人们的高度认可。

阿梅代奥·莫迪利阿尼(Amedeo Modigliani, 1884—1920)1884 年生于意大利,1902—1905 年曾先后就读于威尼斯美术学院和佛罗伦萨美术学院,21 岁来到巴黎。他的艺术风格受到 19 世纪末新印象派以及同时期的非洲艺术、立体主义等艺术流派的影响;绘画作品以肖像画为主,利用写实、夸张相结合的方法表现人物特质,创作出了深具个人风格的艺术作品。

莫迪利阿尼利用对绘画空间的限定和立体主义对色彩的限制从事他的绘画创作。在他的作品中,人物与内部空间一体化,形成了一种线条图案或雕塑式的分枝。他运用了刻画原始人物的技法,人物的轮廓线流畅而又准确,线条被优美地拉长,但是并没有怪诞的视觉感受。从莫迪利阿尼的作品中可以看出,他十分注重画面的形式美感,虽然许多肖像画会采用变形的表现手法,但是这种变形却不是过度夸张的,反而这种微妙的处理手法使得在他笔下的人物形象透露着浓厚的内在情感,释放出一种压抑、孤独的忧伤之情。

莫迪利阿尼的绘画题材也表现了其作品的主要特色,他主要描绘的是人物和裸体(如图

① 乌韦·施内德. 二十世纪艺术史 [M]. 邵京辉,冯硕,译. 北京:中国文联出版社,2014:38.

3-8），把那些坐着、站着、躺着的女性的裸体表现得最动人、最富于感官之美。他作品中的女性人体散发着生命力，四肢自由、放任地伸展，两臂张开的大胆姿势产生了画面向外扩张的感觉。昏昏欲睡的模特儿懒洋洋地躺在沙发上，身体成对角线似的横贯整个画面，身体的比例是由上身而向下身逐渐夸张的[①]。四周布满的优美的阿拉伯花饰衬托着富有光泽感的粉红色人体，而背景的暗红、蓝、黑、白等色所组成的微妙色调使放松伸展着的人体充满诱惑[②]。但是肺病、吸毒、酗酒使他在奄奄一息中作画，36 岁生命结束。

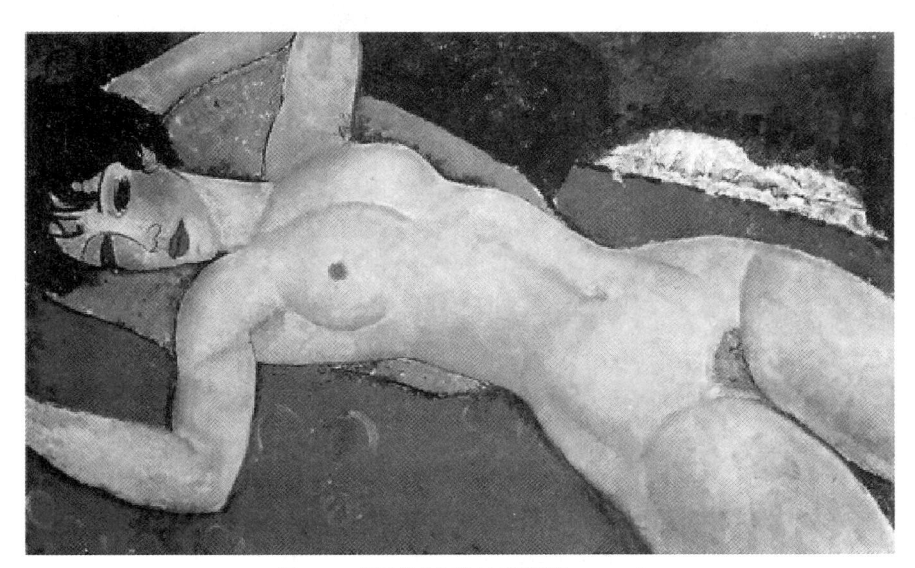

图 3-8 《裸体》（莫迪利阿尼，1918）

柴姆·苏丁（Chaim Soutine，1893—1943）是一位生于白俄罗斯的犹太裔法国画家，他 1911 年来到巴黎，并结识了莫迪利阿尼、夏加尔等人，或许是因为他们在某些方面有着相同的命运和生活境遇，他们性情相投、惺惺相惜。柴姆·苏丁对巴黎的表现主义绘画思潮有很大的贡献。苏丁的绘画受到欧洲传统绘画的熏陶和伦勃朗、夏尔丹和库尔贝等画家影响。同时，在 20 世纪的欧洲画坛，作为巴黎画派代表人物的苏丁也受到新思潮和绘画流派的影响。他的画风粗犷、夸张，人物丑陋、神经质，伴随着冲动与扭曲。作品运用具有无限绘画性、表现性的语言，他直面自己的真实感受，不受任何形式的限制，将自己的感情全部倾注于画面上。其 1921 年创作的油画《疯女》（图 3-9）描绘了一个身着红色衣服的女子颤颤巍巍地蜷缩在角落，面容消瘦，用惊恐不安的眼神注视着四周。凌乱狂放的笔触和大面积的红色调描绘了一个精神错乱的场景，渲染了紧张与躁动的情绪，揭示了画家内心的不安与惶恐。其作品还有《拔掉毛的鸡》（图 3-10）等。在巴黎画派中，柴姆·苏丁可以说是最具表现主义气质的艺术家。

---

① 张成子. 莫迪利阿尼的绘画艺术 [J]. 文艺研究，2010（10）：164-165.

② 周益民，左奇志，石秀芳. 外国美术史 [M]. 武汉：湖北美术出版社，2011：237.

图 3-9 《疯女》(苏丁,1921)

图 3-10 《拔掉毛的鸡》(苏丁,1925)

3.1.3 梦幻

克利和康定斯基后期的作品被纳入现代艺术中的第二种倾向,即天真绘画、原始主义、达达主义以及超现实主义中对非理性和梦幻绘画的探索,是对19世纪浪漫主义和象征主义绘画的后续发展。

1885年,亨利·卢梭(Henri Rousseau,1844—1910)从关税站退职后成为业余画家,其作品在独立沙龙展出。由于未受过训练,他的绘画具有直率的感觉。卢梭画了一辈子的静物和风景,他的作品能使我们想起欧美各地业余画家和民间艺术家的作品,作品中那种新鲜而直率的感觉,主要是因为他那未经训练的视觉想象有一种天生的局限性。退休后的卢梭把全部精力投入绘画,其似乎具有一种天生的娴熟技法,并且他的绘画手法和表达方式与沙龙艺术家有很大的不同。在卢梭身上,天真、单纯和智慧混为一体,似乎毫无幽默可言。他那奇妙的、敏锐的、直接的观察方法,结合了一种奇妙的想象力。卢梭热衷于创造一个幻想的世界,绘画作品天真烂漫,有着梦境般的美感。卢梭像小孩子一样喜欢听故事,这种性格致使他往往用儿童般的心灵作画,他的画不是真实的物质世界,而是在头脑中重新构建的图景。这种与生俱来的爱幻想的天真性格,也令他的作品具有原始童话般的魅力。《梦境》(图3-11)是卢梭逝世前最后一幅杰出的油画作品,可以说是他的风格与追求的代表作。他将初恋时的情人画在沙发长椅上并将其置于充满梦幻的热带丛林中,营造了一种带有神秘意味的梦幻之境。

图 3-11 《梦境》(卢梭，1910)

1. 马克·夏加尔

马克·夏加尔(Marc Chagall，1887—1985)于 1910 年来到巴黎，在巴黎参加了立体主义画家的活动，并成为巴黎画派的成员，他在很短的时间里接受并融会了凡·高、野兽派和立体派的艺术精髓。尽管夏加尔迅速同化了野兽派和立体主义，但他的艺术本质仍然是天真的、简单化的幻想，类似于卢梭的幻想，不过却蕴含着他自己的丰富诗意和情趣。他在作品中谈论最多的便是除了犹太人的生活之外的另一重大主题——爱情，特别是他对贝拉的爱情，他们于 1915 年结婚。其于 1915 年创作的《生日》(图 3-12)描绘了他在生日那天与贝拉约会的情景，画中贝拉拿着一束鲜花，步履轻盈地走进房间，夏加尔飞到半空中，转过头来吻她，构思颇具幽默感，呈现出梦幻、象征性的手法与色彩。

图 3-12 《生日》(夏加尔，1915)

2. 乔治·德·基里科

1917 年初，乔治·德·基里科(Giorgio de Chirico，1888—1978)与未来派画家卡洛·卡拉(Carlo Carra，1881—1966)结识，他们提出用“形而上绘画”称呼自己的作品，因为他们的画面把真实与非真实融合在一起，犹如缠绵的梦境，所以他们将其称为“形而上”。加入他们的还有画家乔治·莫兰迪（Giorgio Morandi，1890—1964）等。他们的绘画不合逻辑、如梦似幻，却又异乎寻常地显得可信。他们运用出人意料的并置手法、强烈的透视效果，有意地通过图像来引发观看者潜意识的反应（如图 3-13）。

图 3-13 《烦人的缪斯》（基里科，1913）

3.1.4 达达主义：艺术中的非艺术倾向

达达的开始不是艺术，而是厌恶。厌恶三千年来一直向我们揭示一切哲学家的那种神圣不可侵犯，厌恶这些在世上代表上帝艺术家的那种虚伪[①]。

达达主义（Dada 或 Dadaism）是一场兴起于苏黎世的并涉及视觉艺术、文学、戏剧和美术设计等领域的文艺运动。“达达”这名字是在 1916 年杜撰出来的，它用来描述在战争中立国家瑞士，一群交战国的青年因躲避战乱而云集苏黎世从事的艺术活动。这场运动的诞生是对野蛮的第一次世界大战的一种抗议。艺术家们有着强烈的反战情绪，他们看到人类文明惨遭践踏，深感前途渺茫，于是在他们中间滋长出无政府主义和虚无主义，他们要组织起一个国际性的文艺团体，创造出符合他们新的理想的文学和艺术作品。达达主义作为一场文艺运动持续的时间并不长，存续于 1916—1922 年，波及范围却很广，对 20 世纪的一些现代主义文艺流派都产生了影响。

达达主义者认为“达达”并不是一种艺术，而是一种“反艺术”。无论现行的艺术标准是什么，达达主义都与之针锋相对。达达主义质疑一切，否定传统的道德观念和美学观念，用荒诞、

① CHIPP H. 欧美现代艺术理论 [M]. 余珊珊，译. 长春：吉林美术出版社，2000：32.

无逻辑的思维否定现存的一切，极具虚无主义色彩，它的主要目的不是创造而是反抗、挑战、破坏，其具有非艺术倾向。不过，达达主义也从以前的艺术流派中汲取养分，例如学习并发扬立体主义的拼贴技法，利用其进行创作，正是因为这种对过去进行借鉴又敢于突破的探索精神才使得达达主义活力洋溢、生气勃勃。

3.1.4.1　苏黎世达达

第一次世界大战中立国瑞士的苏黎世出现了梦幻、内容荒诞的艺术与文学形式，其自称达达，是苏黎世达达主义思想的源头和活动的开端。苏黎世达达主义团体是由在伏尔泰酒馆里一起进行探讨的诗人和艺术家组成的，其主要成员包括胡果·巴尔（Hugo Ball，1886—1927）、里查德·胡森贝克（Richard Huelsenbeck，1890—1963）、让·阿尔普、马塞尔·科扬（Marcel Janco，1895—1984）等人 。苏黎世达达主义者最早是在诗歌方面进行探索，他们通过举办各种演讲、朗诵来颠覆传统诗歌的逻辑，热衷于用噪声、喧嚣声来朗诵诗歌作品。苏黎世达达在绘画上的探索主要以让·阿尔普为代表。

因为战争的爆发，1915 年，让·阿尔普来到苏黎世，1916 年加入伏尔泰酒馆的讨论中。此时的阿尔普正在尝试一种自由联想（free association）的创作方法，并称其为“无意识绘画”。“无意识绘画”强调非理性在艺术创作中的主导作用。同时，阿尔普还坚持绘画中的偶然性原则，认为他所创作的抽象绘画本身就是真实的，它不表现任何东西，只是它们自己，它们就是本质的、自发的东西[①]。让·阿尔普采用无意识绘画和偶然性原则创作的作品具有重要的革新意义。阿尔普将色纸撕碎，让这些碎片随意掉落，然后将这些纸片粘贴在自然散落的位置上，创造出了某种独特和偶然的纸板拼贴艺术。

3.1.4.2　纽约达达

在 1915—1918 在这段时间，纽约与苏黎世的政治环境十分相似，也成了躲避战争影响的艺术家的避难所。马塞尔·杜尚和弗朗西斯·毕卡比亚（Francis Picabia，1879—1953）于 1915 年来到了纽约，并且认识了艺术家、摄影家曼·瑞，他们组成了纽约达达主义阵营。纽约达达主义没有形成自己的宣言或类似于苏黎世伏尔泰酒馆的探讨活动，他们只是每周在富有作家沃尔特·阿伦斯伯格（Walter Arensberg，1878—1954）的家中举办一次聚会。纽约达达的传播得益于美国摄影家施蒂格利的帮助，施蒂格利创办了《291》杂志，向美国公众介绍现代艺术观念及作品，纽约达达的艺术家们也曾在《291》杂志里发表他们的艺术作品和观点。纽约达达追随杜尚的领导，主要致力于对艺术的界定。纽约达达无忧无虑、机智诙谐，都表现在毕卡比亚的人形机器与杜尚的《泉》（图 3-14）里。此外，纽约达达还运用最高级的双关语、恶作剧和智力游戏来揶揄、讽刺、抨击中产阶级的艺术价值观[②]。

马塞尔·杜尚出生于法国，早年曾在巴黎学习绘画，是纽约达达主义组织的核心人物，同时他被誉为 20 世纪实验艺术的先锋，对第二次世界大战前的西方艺术有着重要的影响。杜尚于 1917 年创作的《泉》是纽约达达最突出的作品，当时纽约独立艺术家协会要举办一次展览，作为评委之一的杜尚化名“R. Mutt”，送去了一个在公共厕所中随处可见的小便器，并在其上署名：

① 周宏智. 西方现代艺术史 [M]. 北京：中国建筑工业出版社，2016：136.

② H.W. 詹森. 詹森艺术史 [M]. 艺术史组合翻译实验小组，译. 北京：世界图书出版公司北京公司，2010：986.

“R. Mutt”,但当时的举办方认为这个作品是龌龊的捉弄,并没有将它展出。即使这样,《泉》这件作品的影响力却丝毫没有减弱,它的出现可以说是对一切传统艺术观念的彻底否定和批判。在《泉》之前的艺术作品,哪怕再激进,起码艺术品也不可能是一个完完全全的现成品。而且一般来说,艺术起码要表现美,而《泉》的出现,打破了大众脑海中最起码的艺术观念。在此之前杜尚就已经创作过一些现成品艺术了,具有代表性的便是《自行车轮子》(图 3-15)。杜尚将一个自行车轮子装在了一个木凳上,轮子还可以转动。从传统艺术观念来说,这种现成品绝不是艺术,而是非艺术。杜尚创作这些作品很显然是想表明一种态度,生活中的普通物件放在一个新地方,被赋予一个新的名字,物品原来的意义也就消失了,没有了艺术与非艺术的界限,填平了“艺术”与“生活”之间的鸿沟。从这点上看,杜尚与达达主义的“无论现行的艺术标准是什么,达达主义都与之针锋相对”的观念倒是不谋而合的。

图 3-14 《泉》(杜尚,1917)

图 3-15 《自行车轮子》(杜尚,1913)

3.1.4.3 柏林达达

达达主义在德国得到了进一步的发展,柏林达达主义运动不像其他国家的达达主义运动那样“反艺术”,而是具有强烈的政治色彩和革命热情,德国的达达主义者热衷于发表煽动性的宣言,动用宣传和讽刺的力量,发动大规模的公众示威和政治活动,这与德国当时复杂的政治环境和人们的艰难社会处境有关。

1917 年,理查德·胡森贝克从苏黎世返回柏林。柏林当时的社会环境与苏黎世完全不同,第一次世界大战的失败使德国到处充满了失望和批评,战争带来的恐惧使大众感觉前途愈来愈渺茫。这种气氛有助于达达主义的观念的传播。胡森贝克于 1918 年初掀起达达主义思潮,他的演讲和宣言，抨击了艺术现状的各个方面，包括表现主义、立体主义和未来主义[①]。柏林达达的代表人物还包括画家拉乌尔·豪斯曼（Raoul Hausmann，1886—1971）和乔治·格罗兹（George Grosz，1893—1959），后来还有约翰内斯·巴德尔（Johannes Baader，1875—1955）。

说到柏林达达主义就不得不提视觉艺术中一项主要发明——照相蒙太奇（photomontage）。柏林达达艺术家们运用拼贴的创作手法，从报纸、杂志、招贴画以及各类海报上剪下所需要的图片、文字，然后将它们拼贴起来，形成新的视觉形象。这种视觉形象通常带有强烈的政治内涵和现实批判的味道，这种艺术创作手法被称为“照相蒙太奇”。

图 3-16　《ABCD》（豪斯曼，1924）

拉乌尔·豪斯曼是柏林达达主义的重要人物之一，也是当时极具创新意识的视觉艺术家。豪斯曼运用捡来的物品进行创作，例如在作品中使用人体模特的头、一个轴环，还有皮夹、标签、钉子和尺子等（如图 3-16）。他将捡来的物品组合在一起，其最终目的在于抨击物质主义的罪恶以及个性与个人身份的缺失。豪斯曼的拼贴手法并不新颖，甚至没有以前的使用方法精致，尤其与立体主义者的拼贴手法相比，立体主义可以把那些从流行文化中捡来的材料转变为优美的艺术品。但是豪斯曼的拼贴则保持了原有的面貌和流行文化的感觉，特别是大众媒体中的广告样式。柏林达达艺术家并不将自己的作品称为拼贴，因为拼贴意味着精美的艺术。相反，他们将这些作品称为照相蒙太奇，让人联想到机器批量生产的图像。照相蒙太奇作品与反艺术相近，在极其荒谬的构图中展示了这个团体锐利的政治主张[②]。事实证明，照相蒙太奇不仅是达达主义者的理想形式，更是超现实主义者的理想形式，而且被推向了梦幻的最高峰。

施威特斯与柏林达达主义者稍有一些背离，虽然他试图加入柏林达达时遭到了拒绝，但是他的艺术创作却是最纯粹的柏林达达精神的代表。他的拼贴是用从街上捡来的垃圾做成的，香烟纸、车票、报纸、绳子、木板和金属纱网等等都是能引起他幻想的东西。施威特斯于1919年创作了《献给高贵的夫人》，从这个作品的画面中可以看出他对各种拼贴的物件进行了精心的组合安排，并为它们赋上了和谐的色调，画面仍有一定的绘画性，表现出某种内在的和谐与庄重。从 1920 年开始，施威特斯和凡·杜斯堡走得比较近，此时施威特斯受几何抽象主义和构成主义的影响越来越大，他的作品中除了梦幻和材料拼贴之外，还显示出了几乎和蒙德里安作品一样微妙的关系和比例。

① H.H. 阿纳森. 西方现代艺术史 [M]. 邹德侬，巴竹师，刘珽，译. 天津：天津人民美术出版社，1987：294.
② H.W. 詹森. 詹森艺术史 [M]. 艺术史组合翻译实验小组，译. 北京：世界图书出版公司北京公司，2010：988.

3.1.5 超现实主义

第一次世界大战催生了达达主义，同时也孕育了超现实主义（Surrealism）。达达主义与超现实主义有着千丝万缕的渊源，超现实主义可说是达达主义的变体和继续，但是达达主义与超现实主义也有很大程度上的不同。达达主义是出于对第一次世界大战的反抗，是一种无政府主义和虚无主义，它的目的是通过废除传统的文化和美学形式来解释真正的现实。而超现实主义是有理论依据的，它受弗洛伊德的精神分析学影响，有较深厚的哲学发展理论基础和较明确的建设行为准则，其目的是要发现人类的潜意识心理，可以说，超现实主义运动在某种程度上也是一次精神革命。1924 年，布莱顿的《超现实主义宣言》给超现实主义下了定义："视创作为纯精神的自动现象（automatism，或译为"自动主义"，即无意识的行动），运用这种自动现象，以口头或者文字的形式去表达思想的真正动机。思想所发出的指令，不受理性的任何控制，没有任何审美或道德上的偏见。"①

3.1.5.1 超现实主义先驱：乔治·德·基里科

20 世纪超现实主义的先驱人物是前面所提到的形而上画派的创始人基里科，他开创的形而上绘画影响了很多我们耳熟能详的前卫艺术家：萨尔瓦多·达利（Salvador Dali，1904—1989）、勒内·马格里特（Rene Magritte，1898—1967）、杜尚等。

形而上画派与未来主义同是 1910 年前后出现的美术流派，却有着完全不同的倾向，未来主义歌颂机器文明社会的科技成就和进步，而形而上画派着力表现西方社会的病态而对科技持怀疑态度。如同它的名字一样，这个画派深受亚瑟·叔本华（Arthur Schopenhauer，1788—1860）和弗里德里希·威廉·尼采（Friedrich Wilhelm Nietzsche，1844—1900）唯心主义的影响，但其更多受弗洛伊德思想的影响，事实上形而上画派比后来的超现实主义画派更早地应用了精神分析学中关于直觉、幻觉和潜意识的思想，其作品中营造了神秘怪异的气氛，描绘了多维物体的稳固、无时间性和不朽性。形而上画派的代表人物基里科的艺术作品表现出一种高度的神秘，他擅于创造许多梦幻造型，如真实具体的物象、怪诞奇异的组合、时空错乱的场景等，被其后的超现实主义画家们所效仿。因此，基里科也受到了超现实主义者的仰慕和推崇，被誉为超现实主义的先驱。

3.1.5.2 超现实主义流派

从超现实主义产生开始，其就存在着两种不同的风格倾向。其中一种是以胡安·米罗（Joan Miró，1893—1984）、安德烈·马宋（Andre Masson，1896—1987）以及后来的罗伯特·马塔（Roberto Matta，1911—2002）为代表的"有机超现实主义"（或称作"绝对超现实主义"）。有机超现实主义是由继续从事偶然机遇和无意识行动方面实验的达达主义者和早些时候的某些未来主义者组成的，他们的艺术作品也多倾向于描绘纯精神的无意识行动，主要运用一种抽象的表现形式。另一种风格的超现实主义是以达利、唐吉、勒内·马格里特、保罗·德尔沃（Paul Delvaux，1897—1994）为代表的"自然超现实主义"或称"魔幻超现实主义"。他们的画面经过精细的描绘，画面中的物体大多是非抽象的、可读的，脱离了与自然的关联，被以梦幻的方式进行了变

① H.H. 阿纳森. 西方现代艺术史 [M]. 邹德侬，巴竹师，刘珽，译. 天津：天津人民美术出版社，1987：325.

形，并被结合成梦境中的东西。他们的灵感来源于卢梭、夏加尔、恩索、基里科和 19 世纪浪漫主义艺术家们的艺术。

3.1.5.3　有机超现实主义

1. 胡安·米罗

胡安·米罗 1893 年出生于西班牙的巴塞罗那，是超现实主义的代表人物，是和毕加索、达利齐名的 20 世纪超现实主义绘画大师之一。他的父亲是一名金匠和珠宝商，母亲出身于细木匠家庭，或许是受家庭传统技能、工艺的影响，米罗自小就想成为一名艺术家。米罗在艺术创作初期，受到塞尚、凡·高等重要画家和野兽派、立体主义等流派的影响，作品大多是以风景和人物为题材。米罗喜欢用非常细腻的手法描绘城镇和乡村风景。1919 年，米罗来到巴黎，通过毕加索结识了亨利·卢梭，卢梭作品中的原始浪漫气质感动了米罗，使他的绘画在原有风格上浮现出了更多的浪漫想象。在油画《农庄》（图 3-17）中，米罗用细腻的手法描绘了普通的田园风光，同时还注入了画家的奇妙幻想，使农庄在符合现实的同时又充满梦境之美，这幅画作是米罗超现实主义之前的代表作品。自 1923 年起，米罗放弃了以往细致入微的绘画手法，转而在画面中塑造一种梦幻般的抽象符号。《小丑的狂欢》（图 3-18）是米罗的具有超现实主义风格的早期佳作。在这幅画中，米罗描绘了聚会的场景，画面中那些抽象的形体似乎都有了生命，在艺术家创造的世界里上演了一场梦幻般的派对。

图 3-17　《农庄》（米罗，1922）

图 3-18　《小丑的狂欢》（米罗，1925）

2. 安德烈·马宋

法国画家安德烈·马宋是超现实主义运动中的第一代成员，在第一次世界大战中受过重伤，战争与死亡曾给他带来巨大的精神创伤。马宋早期的绘画曾受到立体主义的影响，尤其是受到格里斯的影响。马宋是第一批超现实主义艺术家中最激进的革命者。1925 年，他定期给《超现实主义者的革命》杂志投稿，画一些无意识的线描。这些作品直接表现了虐待狂所表现出的各种各样的形象和生活事件的残忍，向观者传达了他作画时的情绪。伴随这种痛苦的悲观主义的是一个强烈的愿望，即他想通过绘画找到并且表现宇宙的神秘统一，暗示一些原始的神话和宗教。马宋的情感反应虽然是激烈的、直率的，但他把欧洲超现实主义与美国抽象表现

图 3-19 《流浪汉》(马宋,1966)

主义联结了起来,这具有重要的历史意义[①](如图 3-19)。

3.1.5.4 自然超现实主义

1. 伊夫·唐吉

伊夫·唐吉(Yves Tanguy, 1900—1955)于 1900 年 1 月 5 日在法国巴黎出生,早年受到基里科的影响从而转向绘画,他的超现实主义画风与基里科相似。大约在 1926 年前后,唐吉加入了超现实主义者的行列。唐吉在超现实主义绘画中,常表现的是精致描绘的细部和可以识别的场面及物体。这些物体脱离了自然的组织结构,被以梦幻的方式进行变形,并被结合成梦境中的东西。这些作品描绘的情景奇异怪诞,与现实格格不入,表现了反常的特征,却具有超越时间和空间的永恒感,给人以幻想、虚无的感觉。画面多半是对具象表现形式与抽象画面情景的巧妙结合,即有意将抽象意境与具象实体搭配,营造一种既具体又模糊的虚实相交的境界(如图 3-20)。

2. 萨尔瓦多·达利

萨尔瓦多·达利(Salvador Dali, 1904—1989)出生于西班牙的加泰罗尼亚,1928 年去巴黎,深受布莱顿的超现实主义理论和毕加索的立体主义绘画的影响。1929 年,他定居巴黎并与超现实主义相会,形成了自己的绘画风格。达利的绘画以精确写实的手法为依托,画中的物体被以一种荒诞怪异的方式进行组合,追求一种非理性的、荒诞的梦幻之境。达利采用偏执狂般的批判的方式作画,追求极度的无条理性,"'偏执狂批判法'通过联想的不间断性,将一些不相关的经验和形象纳入虚妄的神秘情感范围,从而创造出一个梦想的现实"[②]。《永恒的记忆》(图 3-21)中首次出现了"软钟",它是超现实主义绘画最著名的符号之一。达利对爱因斯坦的"相对论"十分感兴趣,"相对论"阐述了在引力的作用下,时空是如何弯曲的。达利则顺着这个逻辑,认为既然时空可以弯曲,那钟表也是可以弯曲的。三只融化了的时钟分别被挂在了三个物体之上,形成了陌生、诡异的视觉形象。"超软"是达利绘画的一个方向,主要基于"偏执批判方法",将联想、潜意识的客观性及外界压力运用到绘画中,最终形成非理性世界的幻觉形象。

图 3-20 《等待家人的死亡》(唐吉,1927)

① H.H. 阿纳森. 西方现代艺术史 [M]. 邹德侬,巴竹师,刘珽,译. 天津:天津人民美术出版社,1987:345.

② 周宏智. 西方现代艺术史 [M]. 北京:中国建筑工业出版社,2016:159.

3. 勒内·马格里特

图 3-21　《永恒的记忆》(达利,1931)

马格里特是比利时的超现实主义画家,他的画使用了明显的符号语言。1919 年,他开始对未来主义和奥费立体主义产生兴趣,并受到大他 10 岁的意大利画家基里科的影响,开始了超现实主义风格的创作。1927 年至 1930 年,他移居巴黎。在这期间,他认识了布莱顿,并加入了超现实主义者的行列。马格里特的绘画风格基本保持了被称为精密、神秘的现实主义或魔幻现实主义的超现实主义风格。其作品真实地表现日常场景,不做变形歪曲,但事件与细节的意外组合,能产生奇特怪诞的神秘意味,如同从睡着的状态中醒来的一瞬间,在不清醒状态下所产生的错幻视觉。他超凡的想象力使其作品在超现实主义绘画中拥有了独具一格的画风。《戴黑帽的男人》(图 3-22)是他的代表作品。这其实是一幅自画像。戴圆顶硬礼帽、穿黑大衣的绅士即马格里特本人。他用一只偶然飞过的鸽子挡住他的容貌。据他自己解释,他要与巴黎大多数超现实主义画家相反,藐视用色彩作人物肖像画的做法,他只想告诉观众,画上的肖像不过是一个普普通通的中产阶级市民。既然他从不画别人,画他自己当然要排除在外,他不是让人物背过脸去就是用偶然出现的事物来遮挡。这是他的超现实派肖像画的另一特色。

图 3-22 《戴黑帽的男人》(马格里特,1964)

3.2　活动雕塑及装配

随着现代艺术的发展和科学技术的进步,雕塑也逐渐由传统走向现代,雕塑表现手段日趋多样化,表现语言日趋丰富多彩。雕塑艺术创作已经突破了传统的三维空间艺术的静态形式,向四维空间的动态形式的活动雕塑方向发展。例如声名显赫、影响颇广的美国雕塑家亚历山大·考尔德(Alexander Calder,1898—1976),是活动雕塑的重要先驱之一,而拉兹洛·莫霍利·纳吉(Laszlo Moholy Nagy, 1895—1946)则是抽象、构成及功能性设计的宣传者。

莫霍利·纳吉 1895 年出生于匈牙利,是 20 世纪最杰出的前卫艺术家之一。莫霍利·纳吉曾任教于早期的包豪斯,强调理性、功能。他在学术上对表现、构成、未来、达达和抽象派兼收并蓄,他的艺术创作虽受俄国构成主义的影响较大,但又具有自己的特征。莫霍利·纳吉的作品强烈表达了抽象、结构、理性的力量，“他认为构成主义不能被约束于画框之中，应同时延伸发展到各种工业设计、住宅以及形式之中”①。他创作的《光空间调节器》是对材料、光与空间关系进行研究的概括性作品，纳吉利用玻璃、塑料、金属几种不同的材料组成了一个机械系统。这个系统在不同光环境和空间条件下会因为不同材料的反光率、透光率不同形成复杂的内部光线作用，并且这些通过内部作用后的光线会重新投射到所处的空间中。

3.2.1 活动雕塑

活动雕塑是雕塑的一个分支，直到20世纪50年代“活动雕塑”一词才被提出，杜尚在看到考尔德那些靠风力活动的抽象雕塑后，而为其取名活动雕塑②。活动雕塑除了具有一般雕塑的感知与审美特点之外，其创作方法、创作思路及对空间等方面的理解是与传统雕塑有区别的，同时活动雕塑还具有运动性、功能性等自身特点。运动性是指活动雕塑本身随着外力变量的改变而变化，在原有的形式上形成新的空间体量。功能性是指活动雕塑除具有艺术观赏性之外，还具有某种功能③。经历过两次世界大战后，人们原有的世界观、价值观及人生观都与之前不同了，随之对原有的艺术形式和对事物的审美也发生了改变，活动雕塑的出现无疑是对传统意义上的雕塑艺术的补充。活动雕塑简单、生动、明快的造型效果和复杂、多变的运动形式给人们以强烈的心灵震撼，更加符合时代的审美需求。

亚历山大·考尔德出生于美国费城，他的父亲以及祖父都是雕塑家，从工程系毕业之后他步入了艺术的天地。1930年，考尔德置身于蒙德里安和构成主义者的行列，特别是在加波的影响之下，他开始探索抽象绘画，更有意义的是他对抽象金属结构的探索。他早期的抽象雕塑有着一种很节制的几何形式，它们往往表现的主题是人们很少接触得到的星座和宇宙。1932年，在维戈农美术馆，考尔德展出了第一组手动的和机动的活动雕塑。杜尚认为，从技术上来看，任何不能动的雕塑都可以被归入固定雕塑。20世纪30年代末，考尔德的风动雕塑已经变得极为复杂了。他制成的一种环状物可以被围成圆圈或者来回卷起和放下去。从20世纪40年代末开始，人们对具有纪念意义的艺术形式的兴趣逐渐加大。活动雕塑变成了一种大型建筑雕塑中的风动机械（如图3-23）。

图3-23 《The X and Its Tails》（考尔德，1967）

3.2.2 装配、现成物体中的梦幻

20世纪初的雕塑出现了梦幻的抽象形式，有的使用了现成物体、多媒体和装配，如毕加索

① 梁思懿，尹言. 莫霍利·纳吉的设计观念与影像表达[J]. 美术向导，2012（2）：84-85.

② 宾泉. 活动雕塑的发展及空间理念[J]. 雕塑，2018（1）：74-75.

③ 郭保宁. 活动雕塑泛论[J]. 建筑学报，1995（2）：55-59.

的雕塑作品。1928 年后的毕加索在胡里奥·冈萨雷斯（Julio Gonzalez，1876—1942）的技术的帮助下，制作了用铁焊接的金属雕塑。

冈萨雷斯从小跟从父亲学金工技术，当金匠的父亲教他金属制作，但多年来他却一直进行着绘画实践。1908 年，冈萨雷斯的兄弟逝世以后，他脱离艺术界达 20 年之久。在 20 世纪 20 年代末，构成雕塑引起了毕加索的兴趣，他邀请冈萨雷斯当他的技术助手。冈萨雷斯这些年做过一些浮雕雕塑、剪切或镂刻的金属平板，并制作立体主义风格的人物作品和具有分析立体主义神态的面具，例如《太阳里罗伯塔的面具》《堂吉诃德》。后来，冈萨雷斯开创了使用钢铁材料作为雕塑材料的新时代。在 1931 年，冈萨雷斯正在探索制作直接焊接的铁件作品，这些作品由完全透空的线条构成。在这些作品中，实体仅仅起到限制透空部分的外轮廓的作用。这些雕塑与俄国的构成主义有一定的相似性，但逐渐开始走向梦幻。

冈萨雷斯的超现实主义雕塑作品是具有装配特征的，他的装配通常采用同一种材质，形体也具有梦幻特征，作品与唐吉的超现实主义绘画风格相似，带有一种有机的生物性特征。冈萨雷斯于 1935 年创作的《镜前的头》（图 3-24），是一个基本抽象的自由形式，但其顶部类似生物毛发的形式，暗示了微生物或软体动物的形态。在 1939 年创作的《仙人掌先生》（图 3-25）中，他将仙人掌与人体结构进行组合，利用两种现实具象的物体创造了一个现实中不存在的有机形象。创作这种有机的半抽象雕塑形式是用了典型的超现实主义手法。

图 3-24 《镜前的头》（冈萨雷斯，1935）

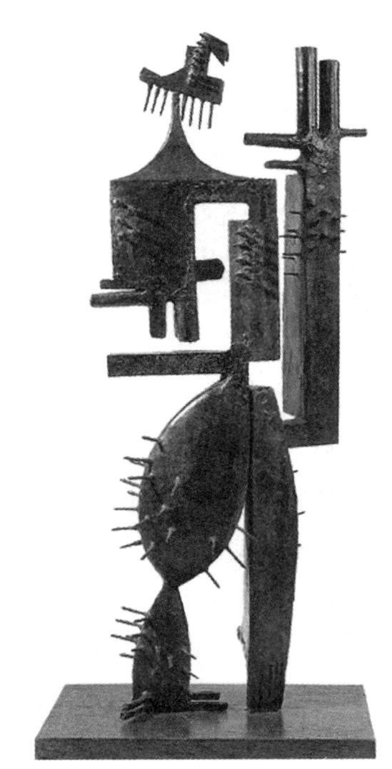

图 3-25 《仙人掌先生》（冈萨雷斯，1939）

3.3 现代建筑以科技解决现代社会的问题

第一次世界大战期间,交战各国的建筑建造活动完全停顿。大量的房屋毁于战火。战争结束后,各国都面临着严重的住房缺乏问题,由于建筑科学技术已经有了很大的进步, 19 世纪以来出现的新材料、新技术都在建筑上得以应用。“高层钢结构技术的改进和推广就是一个例子。1931 年,纽约 30 层以上的楼房已有 89 座。钢结构的自重日趋减轻。经过长期研究的焊接技术也开始用于钢结构, 1927 年出现了全部焊接的钢结构房屋。到 1947 年,在美国建成 24 层的全部焊接的楼房。钢筋混凝土的应用更加普遍了。”① 从某种意义上来看,战后紧迫的重建工作推动了现代建筑的发展。

3.3.1 现代主义建筑的兴起和特征

战后各国迅速恢复联系,各国迫切的建房需求需要相同的技术条件、经济条件以及新型的审美观念。由于战后欧洲经济受损,房屋损毁严重,千百万人无家可归,这时人们对建筑的需求主要是功能而不是形式。因此, 20 世纪二三十年代所建立起来的现代形式的建筑取代古典形式的建筑在欧洲大规模地建立起来 ,无可争议地成为战后各国建筑的主导风格,并由格罗皮乌斯、柯布西耶、米斯、赖特、阿尔托等人进一步发展、延伸。现代主义建筑体系的发展使各国很难维持民族风格。随后,一种去除了历史、文化、装饰等的单纯喜爱使用单调的混凝土、玻璃幕墙的国际主义风格开始从美国兴起并影响全世界。

阿道夫·卢斯(Adolf Loos, 1870—1933)在他辩论性的论文《装饰及罪恶》中探讨了他与维也纳分离派艺术家争论的情况,谈论当代内部装饰的没落,他认为装饰是一种文化上的退化,认为外加装饰是不经济且不实用的,所以装饰是不必要的,主张建筑以实用与舒适为主。他的功能第一、否定装饰的原则使他成为现代主义建筑的先驱者,为现代主义建筑体系的形成奠定了理论基础。

现代主义建筑强调功能是建筑的基本,现代建筑设计是工业、建筑和艺术的合一,遵循了功能至上的原则,采用简单几何形体、去除一切无用装饰;立足于钢筋混凝土的新形式,新材料、新结构使建筑空间得以解放;室内空间完全解放,形成“流动空间”。具有流动的室内空间以及平静、洁净的外观,符合全新的技术美学是现代建筑形式的特点。现代主义建筑还注重规划和建造过程中的经济性,把经济问题放到设计中去重点考虑,遵循经济、实用的原则;使用中性色彩,采用黑白色彩计划,尽量简化色彩,来达到实用、经济的目的。

3.3.2 建筑中的国际主义风格

国际主义风格(International Style)这个术语用来称呼在建筑探索过程中出现的一个新高潮。这个高潮是在 20 世纪 20 年代积存起能量后,于 1932 年在纽约现代艺术博物馆举行的新动向展览会上突出表现出其特点的。第一次世界大战以后,建筑师们飞快地恢复了联系,而且

① 罗小未. 外国近现代建筑史 [M].2 版. 北京:中国建筑工业出版社,2003:63,64.

受风格传播的影响，很难再讲什么民族风格了。更确切地说，展览会成为实验中心，世界各地的建筑师和艺术家云集于此。结合这次展览，亨利－拉塞尔·希契科克（Henry-Russell Hitchcock，1903—1987）和菲利普·约翰逊（Philip Johnson，1906—2005）为艺术作品编写了目录表，试图给这种风格的特征下个定义[①]。

国际主义风格其实并不是一种指导设计的新理论，而是约翰逊用来描绘现代主义建筑形式的风格和现代设计趋势的一个形容词，帮助人们以此来认识现代建筑设计。国际主义可以说和欧洲现代主义建筑一脉相传，但到了美国后，其理想主义、功能主义、经济性等思想上的原则被抛弃，只剩下了形式上的躯壳。在 1932 年纽约现代艺术博物馆举办的展览会上，米斯的作品照片和模型被放到了最显眼的地方，他被约翰逊推崇为国际主义大师。约翰逊认为，米斯的设计最能代表国际主义风格，也最能代表现代设计，米斯提出的“少则多”也成了形容国际主义风格的名言。国际主义风格建筑师通过使用新材料、新技术清除折中主义的传统，建造的大量个性建筑都有其共性，但实际上也有可以辨认的个人风格。

国际主义风格的典型作品有米斯和约翰逊设计的西格拉姆大厦（图 3-26）和吉奥·庞蒂（Gio Ponti，1891—1979）设计的佩莱利大厦（图 3-27）。位于纽约曼哈顿区花园街的西格拉姆大厦是一座办公楼，总高达 158 m，建筑物底部除中央的交通设备电梯用地外，留出一个开放的大空间，便于交通。建筑物外形极为简单，为直上直下的正六面体。整座大楼按照米斯的一贯主张，采用染色隔热玻璃做幕墙，这占外墙面积 75% 的琥珀色玻璃配以镶包青铜的铜窗格，使大厦在纽约众多的高层建筑中显得优雅华贵、与众不同。昂贵的建材、米斯精心的设计及施工人员精确无误的建造使其成了纽约最豪华精美的大厦。整座建筑的细部处理都经过慎重的推敲，简洁细致，这座建筑是国际主义的代表作品。

图 3-26　西格拉姆大厦（米斯、约翰逊，1954—1958）

图 3-27　佩莱利大厦（庞蒂，1958）

① H.H. 阿纳森. 西方现代艺术史 [M]. 邹德侬，巴竹师，刘珽，译. 天津：天津人民美术出版社，1987：343.

3.3.3 包豪斯

国立包豪斯学院（Staatliches Bauhaus）是由德国著名建筑家、设计理论家瓦尔特·格罗皮乌斯（Walter Gropius，1883—1969）于1919年在德国成立的一所设计学院，也是世界上第一所完全为发展设计教育而建立的学院。包豪斯（Bauhaus，1919—1933）通过十多年的努力集中了20世纪初欧洲各国设计探索与实验上的最新成果，特别是将荷兰风格派运动、俄国构成主义运动加以发展和完善，成为集欧洲现代主义设计运动大成的中心。包豪斯在工业产品设计、建筑、平面设计和版面设计、室内设计、摄影、艺术等方面都为新的教育体系奠定了基础，把欧洲的现代主义设计运动推到了一个空前的高度①。

3.3.3.1 校史

1906年，凡·德·威尔德在萨克斯·魏玛公爵的资助下建立魏玛艺术和手工艺学校。1914年，凡·德·威尔德离开并推荐格罗皮乌斯继任校长。1919年，格罗皮乌斯改革了全部课程，合并成立魏玛国立包豪斯学院。在魏玛的时期是包豪斯的早期阶段，包豪斯早期的学生成分非常混杂，有退伍军人、高中毕业生，他们的年龄身份各不相同。1921年，格罗皮乌斯对生源和学位的获得制定了非常严格的专业标准，为未来学院整体设计水平的提高奠定了基础。在魏玛任教的教员有雕塑家格哈德·马尔克斯（Gerhard Marcks，1889—1981），画家费宁格、约翰·伊顿（Johannes Itten，1888—1967）、康定斯基、克利，前卫艺术家奥斯卡·施莱默（Oskar Schlemmer，1888—1943）、莫霍里·纳吉、约瑟夫·亚伯斯（Josef Albers，1888—1976）。

1925年，学院被迫迁入德绍，格罗皮乌斯亲自设计了学院的建筑——包豪斯校舍（图3-28）。包豪斯校舍是一个综合型的建筑群体，包括教室、工作室、工厂、办公室、学生和教师宿舍、食堂、礼堂、体育馆等空间，是现代主义建筑的典范。德绍时期，包豪斯的教学体制发生了

图3-28 包豪斯校舍（格罗皮乌斯，1925）

① 王受之. 世界现代建筑史[M].2版. 北京：中国建筑工业出版社，2012：17，18.

巨大的变化,教员被称为“导师”。学院的关注点也由之前追求自由的学院氛围转移到追求较严谨的教学体系上来。格罗皮乌斯聘请毕业的优秀学生来当导师,如马塞尔·布劳耶(Marcel Breuer，1902—1981)主持产品设计课程和工作室,赫伯特·拜耶(Herbert Bayer，1900—1985)主持印刷课程。德绍时期的包豪斯对现代设计做出的贡献最大,影响也最大。

1928 年,格罗皮乌斯离开,汉斯·迈耶(Hannes Mayer，1889—1954)担任校长,将包豪斯带入一个泛政治化时期。他将政治倾向带入包豪斯的教学体系中,为包豪斯惹了许多不必要的社会麻烦,并解雇了许多与他意见不同的导师,如拜耶和布劳耶,使包豪斯损失惨重。1930 年,汉斯·迈耶被格罗皮乌斯辞退。1930 年,米斯临危受命,出任包豪斯校长,米斯接任时的包豪斯已经是外忧内患,迁移到柏林后,政府不再出资支持,米斯将包豪斯从一所公立学校变为一所私立学校,同时进行着教学体制的改革。米斯把学院分为两大部分,即建筑设计和室内设计,将包豪斯变成了一个完全以建筑设计教育为中心的建筑类院校。米斯将基础课变成了选修课,使得之前的老师无事可做,纷纷辞职离开包豪斯,最后只剩下康定斯基。由于学校的泛政治化和左翼倾向,纳粹党上台之后,将包豪斯关闭。但是包豪斯十多年来的设计探索使它成了欧洲现代主义运动集大成的中心,将现代主义设计发展完善到了一个新高度。战争过后,包豪斯成员逃往美国,又深刻影响了美国的现代设计体系。

3.3.3.2　意义

“包豪斯不仅影响现代艺术设计教育，而且影响当代美术教育。虽然包豪斯的建立至今已有近百年的历史,但我们精读其整个教学历史，不难发现包豪斯的教学对当代语境下的美术教学仍有着十分重要的意义。包豪斯的教学经验体现在包豪斯建立顺应时代要求、培养综合能力及创造力的教学理念和教学方法。尽管格罗皮乌斯并没有实现他的理想,但包豪斯确实是在努力进行现代主义的实践。”[①] 包豪斯的产生是现代工业与艺术走向结合的必然结果,它是现代建筑史、工业设计史和艺术史上最重要的里程碑。同时,包豪斯是世界上第一所真正意义上的设计院校,它对设计教育做出了极大的贡献,基本奠定了设计教育的教学体系,而这种教学体系至今仍在沿用,包豪斯对现代设计的影响巨大,具体表现为:在艺术与工业之间架起了桥梁;把机器当成艺术家的工具,创立了反映时代精神的机器美学;在建筑师、艺术家和匠师之间架起了桥梁,克服艺术和工艺脱节、建筑和各艺术门类的脱节,形成大协作;打破艺术中的等级制度(纯艺术与实用艺术、建筑与建筑艺术),重视批量产品和建筑的设计质量问题;探讨设计造型的本质,将造型发展为一门科学的学科。

3.3.3.3　瓦尔特·格罗皮乌斯

包豪斯第一任校长、奠基人、精神领袖瓦尔特·格罗皮乌斯是 20 世纪最重要的现代主义建筑设计家、设计理论家和设计教育的奠基人。他曾与柯布西耶、米斯一同在贝伦斯事务所工作,受贝伦斯的影响很大。“格罗皮乌斯早就认为‘必须形成一个新的设计学派来影响本国的工业界,否则一个建筑师就不能实现他的理想’。格罗皮乌斯在包豪斯按照自己的观点实行了一套新的教学方法。这所学校设有纺织、陶瓷、金工、玻璃、雕塑、印刷等学科。学生进校后先学半年初步课程,然后一面学习理论课,一面在车间学习手工艺，3 年以后考试合格的学生取

---

① 钱锡仁. 综合与创新:由包豪斯看当代语境下的美术教育 [J]. 美术大观,2014(11):144-145.

得‘匠师’资格，其中一部分人可以再进入研究部学习建筑。”①

格罗皮乌斯于1911年设计了法格斯鞋楦厂厂房建筑（Fagus Factory，图3-29），于1914年设计了德意志制造联盟在科隆的建筑，成为当时著名的前卫建筑设计大师，于1919年创办包豪斯。格罗皮乌斯认为，“建筑师们、画家们、雕塑家们，我们必须回归手工艺！因为所谓的‘职业艺术’这种东西并不存在。艺术家与工匠之间并没有根本的不同。艺术家就是高级的工匠”②。从这点可以看出，格罗皮乌斯创办包豪斯的目的是建立一所艺术与设计学院，传授传统手工艺，并进行个人的社会实验。包豪斯是一所追求团队精神、社会公平、社会理想，促进知识分子之间进行思想的真切交流的学院，并且追求手工艺，反对机器化。但在中期，随着工业化进程的推进、社会和政府压力的加大以及他本人思想的转变，学院的思想发生了巨大的转变，开始走向理性主义。以科学为基础的艺术与设计教育开始提倡大工业生产设计，之后才是包豪斯影响最大的时期。可以说，包豪斯从成立到关闭都凝聚着格罗皮乌斯的心血。第二次世界大战后，格罗皮乌斯移民美国，担任哈佛大学建筑系主任，将现代主义建筑思想带到美国，促进了美国建筑的发展。格罗皮乌斯对现代设计做出的极大贡献是其他人难以超越的。

图3-29 法格斯鞋楦厂厂房建筑（格罗皮乌斯，1911）

3.3.4 20世纪30年代以来大师的贡献

各国现代建筑大师的特殊贡献在独立的现代建筑领域汇集成百花齐放的现代建筑运动。现代建筑运动用现代科技努力解决现代社会的问题，特别是单体建筑取得了杰出的成就，但一

① 罗小未. 外国近现代建筑史[M].2版. 北京：中国建筑工业出版社，2003：76.

② 巩蕴斐. 理想的召唤：从包豪斯看当今中国设计的理想教育[J]. 艺术与设计（理论），2011，2（4）：143-145.

些城市问题以及某些特定的迫切问题仍旧没有解决。建筑师在美国的集中促使美国打破了保守的局面，一跃而成为先进国家。现代建筑中的国际主义风格已经呈现出学院化趋势，阻碍了建筑的进步。20 世纪 30 年代以来，德、苏、法、意等的建筑领域为旧学院派所控制，进步不大。芬兰以及斯堪的纳维亚则为现代主义设计做出了自己的贡献。

3.3.4.1　弗兰克·劳埃德·赖特

赖特提出了有机建筑的概念，单体建筑呈有机体、建筑与环境结合、建筑与自然共生的理念丰富了现代主义设计体系。赖特比较著名的思想就是他提出的广亩城市的概念。

20 世纪 30 年代，赖特开始着手对美国的建筑类型进行重新创造。基于分散主义的原则，赖特提倡把工业化的城市抛弃掉，并转向建设一种农业化的景观，在这里每一个个体都可以拥有自己的一块土地。在这种思想前提下，赖特在其生命的后期开始了关于广亩城市的研究和实践。广亩城市将为每一个个体提供一定的土地。在这样一片土地上，每一个实体都被包围在某种“绿色空间”里面。这些实体包括工厂、摩天楼、学校、宗教建筑以及娱乐场所[①]。其实简单地说，广亩城市就是一个把集中的城市重新分布在一个地区性的农业的方格网格上的方案。他认为，在汽车和廉价电力遍布各处的时代里，已经没有将一切活动都集中于城市的需要了，而最为需要的是如何从城市中解脱出来，发展出一种完全分散的、低密度的生活、居住、就业相结合的新形式，这就是广亩城市。赖特对于广亩城市的现实性一点也不怀疑，认为这是一种必然，是社会发展的不可避免的趋势。我们也能看出，美国城市在 20 世纪 60 年代以后普遍的郊迁化在相当程度上正是赖特广亩城市思想的体现。

3.3.4.2　米斯

米斯曾在贝伦斯手下工作，在 1929 年的巴塞罗那世界博览会的展览中设计了德国馆（图 3-30）。米斯通过自己一生的设计实践，为现代主义建筑形式的形成奠定了基础，提出“少则多”

图 3-30　巴塞罗那世界博览会德国馆（米斯，1929）

① 范国杰. 广亩城市研究 [J]. 山西建筑，2010，36（26）：20-21.

“流动空间”等理论，任包豪斯第三任校长，通过教学影响了几代建筑师。1938年，米斯在阿莫尔学院的建筑系担任系主任，也就是后来的伊利诺伊理工学院。在开幕式的演讲中他说：“建筑以其最简单的形式完全扎根于对于功能的考虑，但是通过所有层次的价值，能够达到精神存在的最高境界，进入纯艺术的王国……教育必须把我们不负责任的主张引向真正负责任的判断，必须把我们的偶然和武断引向理性的阐述和理智的秩序。因此让我们指引我们的学生跨上纪律之路，从材料开始，通过功能，进行创作性的工作。”① 米斯基本的贡献在于创造了国际主义风格的精练形式，把蒙德里安的概念建筑化，创造了理性、冷静的钢与玻璃的现代建筑，这也使他成了国际主义风格的代表人物，其原则成为国际主义风格的原则，西格拉姆大厦也是国际主义风格的典范。可以说，米斯是改变世界建筑面貌的人，他对现代主义建筑产生巨大而深远的影响。

3.3.4.3 柯布西耶

柯布西耶是20世纪20年代崛起的第二代建筑师，是现代主义建筑的重要奠基人。虽然他没有成为第一流的画家，但他的立体主义影响了建筑概念和结构概念。柯布西耶是第一个将立体主义绘画应用在建筑上的人，从柯布西耶的建筑作品中可以明确地看出现代主义绘画的影响，尤其是立体主义绘画对现代建筑设计的影响。

柯布西耶将建筑看作机器，追求建筑的功能意义，并形成机器美学理论。他认为飞机是“飞行的机器”，住宅是“住人的机器”，提出现代建筑五要素，其基本上是国际主义风格的公式：独立柱，底层架空；框架和墙的功能独立；自由平面，内外相互渗透；自由立面，灵活开窗；屋顶花园。

柯布西耶晚期开始探索自由的有机形式和对材料的表现，他最喜欢表现脱模时未加修饰的清水钢筋混凝土。以居住单元而著称的马赛公寓（图3-31）一方面贯彻了建筑师的城市规划

图3-31 马赛公寓（柯布西耶，1952）

① L.本奈沃洛.西方现代建筑史[M].邹德侬，巴竹师，高军，译.天津：天津科学技术出版社，1996：611.

思想，另一方面如同厚重的雕塑一样来表现表面粗糙的混凝土细部。这座建筑由带二层的起居室的小跃层公寓套房组成，发展了他 1927 年的魏森霍夫住宅方案。它包括商店、饭馆和娱乐场所，构成了一个自给自足的社区。在这里，柯布西耶放弃了原先把混凝土作为表面精确磨光的机器材料的想法，转而以粗糙、原始的状态表现它。他的这一做法开创了现代建筑的一种新风格，可以说是一个新时代，后来他被命名为新粗野主义（New Brutalism）[①]。

3.3.4.4 阿尔瓦·阿尔托

阿尔瓦·阿尔托（Alvar Aalto，1898—1976）是现代主义五位大师中最具有人情味和地方特色的建筑师，他不仅是现代建筑的重要奠基人之一，也是现代城市规划、工业产品设计的代表人物。他在 20 世纪 30 年代使用“可弯曲木材”技术，将桦树横压成流畅的曲线，创造了当时最具创新意义的椅子，开辟了家具设计的新道路，即著名的“芬兰曲线”。如同“芬兰曲线”，阿尔托的建筑作品也总是既美观又实际，阿尔托主要的创作思想是探索民族化和人情化的现代建筑道路，他认为工业化和标准化必须为人的生活服务，适应人的精神要求。他说：“标准化并不意味着所有房屋都一模一样，而主要是作为一种生产灵活体系的手段，以适应各种家庭对不同房屋的需求，适应不同地形、不同朝向、不同景色等等。”[②]

阿尔托的建筑给国际主义风格带来了亲切感。他终生倡导创造人性化建筑，主张一切从使用者角度出发，其次才是建筑师个人的想法。他的建筑融理性和浪漫为一体，给人亲切温馨之感，而非大工业时代下的机器产物。他也是一名爱国的建筑师，他将芬兰当地的地理和文化特点融入建筑中，形成了独具特色的芬兰现代建筑。他一生创作了众多经典作品，从帕米欧疗养院到伏克塞涅斯卡教堂，从贝克宿舍大楼到罗瓦涅米市中心规划，从玛丽亚别墅到于韦斯屈莱大学建筑群，它们遍及芬兰及世界各地，这是很多建筑师所不能及的。同时，阿尔托设计的家具、玻璃制品也同样出色，引导了当时的时代潮流并且畅销至今。著名的阿泰克（Artek）家具公司就是由他和朋友一手创办的。阿尔托对现代主义设计最大的贡献是为现代主义增添了亲切、具有人情味的部分，在现代主义的形式基础上发展出了曲线风格，形成了有机现代主义风格。

3.3.4.5 皮埃尔·奈尔维

皮埃尔·奈尔维（Pier Luigi Nerve，1981—1979）在结构技术领域寻求现代建筑的出路，1949—1950 年，他使用预制混凝土构件设计了都灵博览会建筑，建筑中瓦楞状的大穹顶跨度达到 93 m。奈尔维对现代建筑材料的运用和建筑技术潜力的挖掘十分充分。正是奈尔维这样的工程技术人员对现代建筑所作的技术探索和欧洲现代主义设计大师们对设计语言的探索结合在一起，促进了现代主义建筑的生成和发展。奈尔维对诗歌有极大的兴趣，他希望将诗歌和建筑有机地结合起来。他认为，建筑也具有诗歌的表现力，从古典建筑中可寻找到诗歌的节奏和韵律。奈尔维希望建筑师不要刻意地、单纯功能性地看待建筑，而要把建筑作为一个有机体，一个好像诗歌一样丰富、多样、充满诗情画意的技术与艺术的综合体来看待（如图 3-32）。

① H.H. 阿纳森. 西方现代艺术史 [M]. 邹德侬，巴竹师，刘珽，译. 天津：天津人民美术出版社，1987：436.

② 彗星. 珊纳特赛罗市政中心：芬兰大师阿尔瓦·阿尔托的作品分析 [J]. 建筑，2010（24）：75-76.

图 3-32 罗马小体育馆（奈尔维，1956—1957）

3.4 现代景观的探索与发展

在现代艺术中，特别是在立体主义艺术中，艺术家们开始倾向于创造一系列“常规人物”。如艺术一样，景观设计师在 20 世纪初也在寻找一种超越美术传统范围的表达方式。“在景观建筑学中，现代主义是对传统风格的扬弃，更加趋近于功能主义。现代主义的新艺术风格是对历史上各种设计风格的兼收并蓄，并在 19 世纪末至 20 世纪初得以流行。现代主义设计师在设计中传达出民主的、明白易懂的理念，强调崭新的、更加随性的生活方式。景观设计追求反轴线、全方位、雕塑感，利用非传统材料、抽象的形式来创造景观。”① 格奥尔格·科贝尔（Georg Kollbe，1877—1947）的雕塑作品成为现代主义建筑花园中的视觉焦点（如图 3-33）。设计师运用植物和雕塑只是为了营造纯粹的艺术效果，并不刻意强调各种元素整合后的内涵。

图 3-33 《黎明》（科贝尔，西班牙巴塞罗那，1929）

① 伊丽莎白·伯顿，奇普·沙利文. 图解景观设计史 [M]. 李哲，肖蓉，译. 天津：天津大学出版社，2013：211.

3.4.1　现代景观设计的序幕

巴黎成为融汇世界前卫艺术思想的摇篮，这对现代景观设计的发展影响非凡。20 世纪 20 年代初，一些景观设计师开始在一些小规模的庭院中尝试新风格，通过直线、矩形和平坦地面强化透视效果，或直接将野兽派与立体主义绘画的图案转化为景观构图元素。1925 年的巴黎现代工艺美术博览会是现代景观设计发展史上的里程碑，现代景观设计的序幕就此拉开。在这次博览会上，人们第一次看到一些具有现代特征的园林作品。

3.4.1.1　巴黎现代工艺美术博览会

1925 年 4 月 30 日，巴黎现代工艺美术博览会（The Exposition des Arts Decoratifs）是一个令人心醉神迷的新型国际艺术展览并有着极大的世界影响力。博览会沿巴黎市塞纳河两岸布置。此次博览会分为五个部分：建筑，家具，装饰，戏剧、街道和园林艺术，教育。大部分作品均在真实环境中陈列。博览会上最著名的作品是苏联馆和柯布西耶的“新精神”宫。这次博览会对现代景观的发展起到了巨大的推动作用。虽然组织者是想用园林将场馆外剩余的场地填满，但实际上园林展品与其相邻的建筑并没有多少联系，且园林的风格也大不相同，一些用植物来做装饰，另一些表达了设计者的美学观点。

在此次博览会上，有两件展品是非常具有代表性的。一件是由加布里·盖弗瑞康（Gabriel Guevrekian，1892—1970）设计的水与光的花园（The Garden of Water and Light，图 3-34，图 3-35）。他在这座花园中探索了一种新的空间概念。平面采用三角形制，表面装饰有反光材料。整座花园像一个巨大的三角形，内部被划分出一些三角形的花坛和水池。四周的围墙用彩色三角形玻璃垒砌而成。花园中央有一个内部发光的球形雕塑在不停地旋转，球体表面由小块的反光玻璃组成。它在设计中还利用光学色彩理论，营造出一种三维绘画效果。盖弗瑞康的设计意图是将整个花园作为一个概念性的艺术品进行展示，植物是作为一种抽象的色块存在的[①]。新媒体将他设计的花园称为“立体主义”花园（“cubist” garden），因为花园空间中可以同时出现多个视点，营造出了一种视觉幻景，其手法很像立体主义画派的景物写生。

图 3-34　加布里·盖弗瑞康为博览会中花园设计所作的画（1925）

图 3-35　水与光的花园（加布里·盖弗瑞康，法国巴黎，1925）

① IMBERT D. The modernist garden in France[M].New Haven，Connecticut：Yale University Press，1993：130–131.

而另一件就是由法国建筑师罗伯特·马雷特－斯蒂文斯（Robert Mallett-Stevens，1886—1946）和雕塑家简·马特尔（Jan Martel，1896—1966）建造的混凝土树的庭院水泥树之园（图3-36），该园林由斯蒂文斯主导设计，马特尔在场地中的四方形的植物种植区中用十字形截面的支柱和巨大抽象的混凝土块组合成四棵形态大小完全相同的红色人造“树”（图3-37），营造出了新鲜有趣的效果，引起极大反响。这次博览会还展示了雷格莱恩（Pierre-Emile Legrain）设计的泰夏德（Tachard）住宅的花园作品。从平面上看，这座花园的功能和形式有机地结合在一起，并没有受到传统规则和自然的束缚，采用了一种新的动态均衡构图，这种不规则的几何形式既具有强烈的秩序感，又富于动感。1925年的巴黎现代工艺美术博览会是西方现代景观设计发展史上的一次重要事件，这次博览会及其前后的一些法国景观作品被陆续出版，对西方景观设计风格、思想、手法的转变起了重要的推动作用[①]。

图3-36　水泥树之园
（斯蒂文斯、马特尔，法国巴黎，1925）

图3-37　立体主义树
（斯蒂文斯、马特尔，法国巴黎，1925）

3.4.1.2　法国立体主义花园

1925年的博览会开启了法国现代景观设计的新篇章。博览会上的作品被收录在《1925年的园林》（*1925 Gardens*）一书中。这本书受到法国现代景观界的关注，对景观设计领域的思想转变和现代景观事业的发展起到了推动作用。法国在受到现代艺术的启示之后，形成了新的设计美学观。但这一时期的现代园林多局限于小型庭园，其中建筑风格庭园和立体主义花园（Cubist Garden）甚为流行。在探索将现代艺术应用于景观设计的过程中，设计师也曾遇到过一些困难——绘画的二维空间与景观的三维空间之间的矛盾，这标志作为立体派绘画特征的重叠平面的透明性似乎很难直接应用到景观之中。这一时期的很多庭园呈现舞台布景式的二维半空间特色[②]。为了缓解场地限制所造成的深度收缩，园林从有限的视点表现不同的角度，尽可能同时表现出它所有的面，使游览者不必进入园林就可以把握空间。

加布里·盖弗瑞康生于伊斯坦布尔，在德黑兰度过了少年时代，在维也纳应用艺术学校接受建筑教育。他于1922年移居巴黎，经柯布西耶介绍，于1928—1932年担任现代建筑国际大会秘书长，曾在巴黎、伦敦及伊朗等多地从事建筑设计。1948年，盖弗瑞康移居美国后在伊利

① 张健健. 20世纪西方艺术对景观设计的影响[M]. 南京：东南大学出版社，2014：40.

② 杨鑫，张琦. 巴黎地区风景园林规划发展的历程与启示（1）[J]. 中国园林，2010，26（9）：96-100.

诺伊大学任教，直至 1965 年退休。由他设计的、被誉为“主体派”的作品——水与光的花园对 20 世纪初期的景观设计产生了巨大影响。1927 年，他在瑙勒斯别墅（Villa Noailles）的花园（图 3-38）中也做了相似的尝试。这两个三角形的小花园的共同特点是注重形式胜于内涵。他在设计中吸取了现代艺术风格派的特点，特别是发扬了蒙德里安的绘画精神（图 3-39 为蒙德里安的作品《红黄蓝的构成Ⅱ》），充分利用地面且进行三维的构图设计。方形的铺地砖和郁金香花坛共同划分出一个等边三角形基地。矩形的花池和台阶层叠交错其上，直至三角形的尖端。他成为当时具有开拓性的景观设计师之一。但是在当下那个年代，有学者指出，在三维物质空间中不可能复制二维立体主义绘画中的那种视觉效果。尽管在动态景观的设计过程中，很难应用僵硬的现代主义美学观念，但也有一些设计师脱颖而出，为促进这种全新的景观设计风格的发展做出了重要贡献。

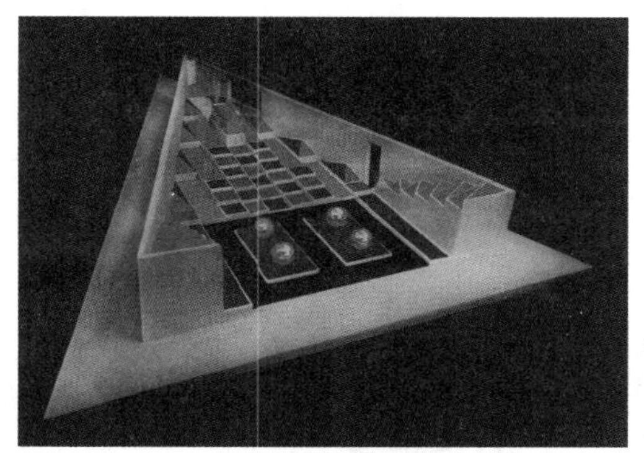

图 3-38　瑙勒斯别墅的花园
（盖弗瑞康，法国巴黎，1923—1927）

图 3-39　《红黄蓝的构成Ⅱ》
（蒙德里安，1924）

同时期著名的法国景观设计师还有费拉兄弟。费拉兄弟擅长设计几何式园林，在他们的设计中，他们借鉴了立体主义的思想，用动态的几何形式的图案组织不同色彩的低矮植物和石头等材料。法国现代花园中的设计表现了现代绘画和景观空间的初步结合。这一时期，对材料的革新大于对空间的探索。艺术装饰花园存在的时间很短，但意义重大。弗莱彻·斯蒂尔（Fletcher Steele，1885—1971）参加了这次博览会，深受参展花园表现出的抽象概念的影响，并将这次博览会的思想带到了美国，引起大批美国景观设计师竞相学习，推动了美国现代景观事业的发展，使美国景观走向现代主义。

3.4.1.3　美国的探索

由于美国缺乏统一的民族文化传统，因此在法国进行景观形式创新的时候，美国的景观设计仍然表现为对其他欧洲国家传统的融合，其中以工艺美术风格、巴黎美术学院风格和奥姆斯特德留下的自然田园风格为主。在公园设计中，奥姆斯泰德的影响依然存在，以延斯·詹森为代表的景观设计师继续在公园中营造大草坪、蜿蜒的园路和延展的视线，使公园具有了草原派景观设计的特点。以法国为代表的欧洲所进行的景观风格的创新也对美国产生了影响。

弗莱彻·斯蒂尔是一位来自美国波士顿的作家、评论家和景观设计师。由于经常在欧洲游历和学习，1925 年他参加了巴黎现代工艺美术博览会，深受参展花园表现出的抽象概念的影响[①]。回国后，他发表了一系列文章介绍法国的现代主义美学思潮，成为美国第一个深入分析法国先锋景观并将其概念运用到自己设计实践中的人[②]。

斯蒂尔早年曾在哈佛大学接受过巴黎美术学院式的课程培训，对历史园林很欣赏，同时也很喜欢在法国出现的景观新形式，后来曾在沃伦·亨利·曼宁的事务所实习并工作过一段时间。“他在设计中将巴黎美术学院式风格与现代主义风格结合起来，设计中所呈现的纯净线条、流畅的几何空间形制和对色彩的运用，都具有典型的装饰艺术风格。”[③]

斯蒂尔在马萨诸塞州斯托克布里奇市（Stockbridge）为梅布尔·乔特（Mabel Choate，1870—1958）设计的瑙姆科吉（Naumkeag）庄园中，表现出一种户外生活景观的新理念。这个项目始于1926年，一直持续了30多年。1938年，他在庄园中设计了最有代表性的景观——蓝色阶梯（the Iconic Blue Steps，图3-40）。阶梯成对称状布置，中间部位是四个浅浅的拱形洞穴，被漆成蓝色。阶梯四周被精心种植了白桦树。白色的桦树林看台配有弧形钢制扶手，远看如波涛起伏，并与周围绿色的树林、蓝色的台阶踏步形成鲜明对比。蓝色阶梯的形式不难令人想到意大利台地园中的高差处理手法，同样是对称式的台阶，同样有装饰性的洞穴，所不同的是这里使用了新的材料、色彩和更加简洁的处理方式，体现出设计师对新风格的探索。1952年，他在瑙姆科吉庄园西南部建造的玫瑰园（图3-41）中，运用了重复排列的波浪形小路，这些小路的形式来源于他对远处比尔山的轮廓线的提炼，体现了现代设计中的动态感和韵律感。

图3-40 瑙姆科吉庄园蓝色阶梯
（斯蒂尔，美国马萨诸塞州，1938）

图3-41 瑙姆科吉庄园玫瑰园
（斯蒂尔，美国马萨诸塞州，1952）

“自1915年到1971年，弗莱彻·斯蒂尔设计了700多座花园，被普遍认为是装饰艺术形式主义向现代景观设计转变过程的关键人物。他的花园‘常常很耀眼，总是很新颖’，是超出传统景观设计范围的不断探索。斯蒂尔的设计哲学源于两大信念：景观设计是等同于绘画和音乐的艺术形式；花园是为愉悦而设计的。”[④]斯蒂尔一方面竭力使花园符合自己的设计理念，一方面提供给客户一个他们梦想的空间。他的许多初期设计显示出传统艺术设计的影响，但随

① KARSON R. Fletcher Steele, landscape architect: an account of the gardenmaker's life, 1885-1971[M]. Massachusetts: University of Massachusetts Press, 2003: 108.

② 张健健. 20世纪西方艺术对景观设计的影响[M]. 南京：东南大学出版社，2014：41.

③ 伊丽莎白·伯顿，奇普·沙利文. 图解景观设计史[M]. 李哲，肖蓉，译. 天津：天津大学出版社，2013：214.

④ 赵巧香. 城市景观中人文景观创意设计研究[D]. 天津：河北工业大学，2006：25.

着其能力和艺术品位的提升，他设计的花园变得更富表现力，更有情趣，更独一无二。不幸的是，在斯蒂尔有生之年，他的花园设计只被少数人所接受。

3.4.1.4　英国的探索

20 世纪 30 年代，由于经济的萧条和衰退，景观风格的创新在英国并不处于被优先考虑的地位。英国皇家园艺协会在 1928 年举办了一次设计展，展出的主要是贵族化回顾性的园林作品。英国景观设计师学会于 1929 年成立，但绝大多数设计师更喜欢为富有的客户设计舒适的传统型花园，这使得英国仍然沉醉在工艺美术园林的传统中①。尽管如此，有一位青年设计师像美国的斯蒂尔一样，关注着法国和其他国家景观设计的发展动向，他就是克里斯托弗·唐纳德（Christopher Tunnard，1910—1979）。

唐纳德出生于加拿大，1928 年在伦敦学习建筑结构和园艺，在第二次世界大战爆发前移居美国，后来从景观设计领域转入城市规划领域。他作为景观设计师的职业生涯虽然不长，但与艺术和建筑领域人士有着密切的交往。他的堂兄约翰·唐纳德（John Tunnard，1900—1971）是超现实主义画家，与摩尔等人共同举办过展览。唐纳德于 1933 年开始在《建筑评论》（*Architecture Review*）上多次发表文章，后将这些文章整理成为《现代景观中的园林》（*Garden in the modern landscape*）一书。

唐纳德在书中对现代景观设计提出了三条指导原则：功能、移情和艺术。他认为，“功能”是现代景观设计中最基本的考虑，是三个方面中最首要的。这要求景观设计应该结合休息娱乐的需要，虽然它是花木栽培的空间，但这种空间不应局限于装饰和观赏，而应与功能相结合，并从情感主义和浪漫的自然崇拜中解脱出来。他所说的“移情”主要指建筑、庭园和周边环境的关系。他以日本庭园为例，指出日本庭园虽然没有采用对称布局，但通过植物、石块等元素在小环境中所形成的动态平衡感，在精神和情感层面与其周边的住宅建筑形成了协调关系。这种协调也反映了日本乃至东方文化中普遍存在的天人合一的思想（图 3-42 为唐纳德的迷你

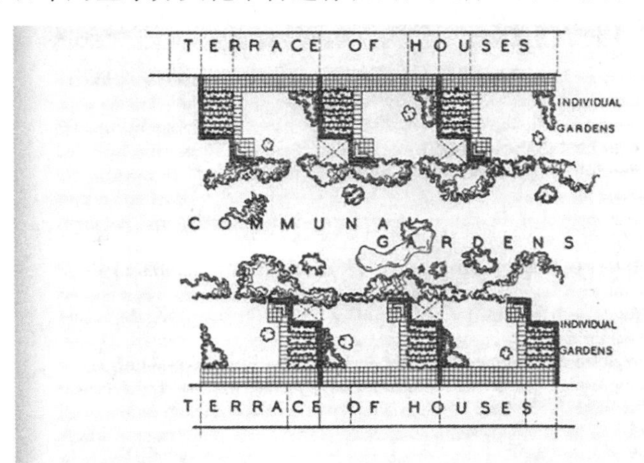

TERRACE OF HOUSES
INDIVIDUAL GARDENS
COMMUNAL GARDENS
INDIVIDUAL GARDENS
TERRACE OF HOUSES
Figure 6.5 Tunnard proposed the 'Minimum Garden', by way of an 'out-of-door living room', backing onto communal gardens which led to parkland and the countryside beyond.
(Source: Tunnard, *Gardens in the Modern Landscape* (1938), p. 155))

图 3-42　唐纳德迷你花园规划提议

① 张健健. 20 世纪西方艺术对景观设计的影响 [M]. 南京：东南大学出版社，2014：43.

花园规划提议)。"艺术"原则提倡在景观设计中运用现代艺术手段和成果。"他认为景观设计师应当学习现代画家对形态、平面及色彩相互关系的处理,而抽象雕塑则能够增强景观设计师对于抽象形体、现代材料及其质感的理解。其中,'功能'景观的概念首先被唐纳德作为景观设计的新途径提出来,使得英国人第一次把自己看作景观的一个参与部分而不仅仅是观赏者。"①

1935 年,唐纳德设计了本特利森林(Bentley Wood,图 3-43)住宅花园。花园的露天设计是对唐纳德现代景观设计三原则的直接和精美表达②。唐纳德抛弃了传统园林中的装饰,保留了 18 世纪传统花园中的框景和透视线,并受到萨伏伊别墅屋顶花园的混凝土框架的启发,将现代建筑语言运用到景观设计上,他是当时少数的运用建筑语言进行景观设计的设计师之一。他与现代建筑研究小组(Modern Architectural Research Society, MARS)联系密切,经常一起合作,从他的作品中可以看出,其受 MARS 影响很大。

图 3-43 本特利森林(唐纳德,英国萨塞克斯郡,1937)

3.4.2 现代主义建筑下的景观

20 世纪上半叶,设计师对机器大工业时代科技所扮演的角色持乐观态度,坚信技术将为人们带来健康和舒适的生活方式。建筑理论家从中提炼出一种国际主义风格,认为工业材料的表现与利用完全不受权力、等级、社会阶层或者乡土风俗的影响。现代主义表现的对象和空间体现的是实用功能。装饰是不必要的,设计元素必须具有实用意义。

3.4.2.1 国际主义建筑风格的影响

米斯为 1929 年巴塞罗那世界博览会(The Barcelona Exposition)设计的德国馆是现代主义空间构成的典范之作。他开敞的楼层布局和模数化的支撑系统创造了一种全新的空间感,相互穿插的垂直构件与舒展的水平面有机地融为一体。查理斯 – 爱德华·让奈亥将国际主义设计风

① 张健健. 20 世纪西方艺术对景观设计的影响 [M]. 南京:东南大学出版社,2014:43.

② 申丽萍. 景观设计学理论与实践探索 [D]. 武汉:华中科技大学,2001:15.

格应用于居住区设计中。他把建筑视为“居住的机器”(a machine for living)。1929 年,他在巴黎郊外的普瓦西(Poissy)建造了萨伏伊别墅(图 3-44)。整个建筑由柱子支撑起来,并与周边的环境脱离开来。自然环境成为建筑的浪漫背景,这一设计手法深深打动了众多建筑师。“形式追随功能”(form follows function)简明概括了现代主义的要旨。在德国德绍的包豪斯学院中,学生们探索低造价的工业材料与技术的使用方法,坚信艺术面前人人平等。

图 3-44　萨伏伊别墅(让奈亥,法国巴黎,1929)

3.4.2.2　现代主义建筑对景观的影响

20 世纪 20 年代,现代建筑已经开始发展,大部分的景观设计都是由建筑师完成的,现代主义建筑设计的先驱们将花园视为建筑设计中的辅助因素,现代建筑思想对现代景观的影响对当时的景观设计师起到了非常大的激励和启示作用。

门德尔松创作了许多表现主义建筑,善于采用曲线、夸张的造型来表现某些思想或精神。门德尔松设计了魏兹曼教授的别墅花园,从花园内的小路、平台和布置常绿植物的台地都可以看出他善用具有象征性的流畅曲线①。风格派画家凡·杜斯堡设计了一些花园,他将花园看成建筑向室外的延伸。在弗里斯兰德的一所住宅设计中,他将室内和室外的门窗以及外墙都涂成统一的色调:蓝色的窗框、红色的门和黄色的外墙。花园中几何形状的种植池中的植物种植体现出单纯的色彩构成形式。

1937 年,格罗皮乌斯离开欧洲来到美国哈佛大学任教,将包豪斯的新建筑思想带到了美国,影响了哈佛大学的景观设计专业,成功地推动了“哈佛革命”,对美国现代主义景观的产生和发展起到了推动作用。从格罗皮乌斯的设计平面图中可以看出,他的园林设计充分考虑使用功能和经济效益,设计朴实无华,没有轴线,更不讲究对称,花园与建筑紧密联系、浑然一体。

柯布西耶提出的现代建筑五要素中的屋顶花园和底层架空对景观设计起到了很大的影响②。萨伏伊别墅坐落在原野上,底层架空则延续了自然的地形,屋顶花园成为起居室在室外的延伸,草坪和花池可以提供娱乐与用餐空间,并利用框景将自然风光引入屋顶花园中。柯布西耶的设计从侧面提供了与现代建筑相呼应的现代景观设计风格,并为景观设计师们展现了如何将现代的建筑转化到景观设计中去。

赖特的有机建筑理论认为,建筑是所在环境的一个优美要素。它为环境增添光彩,而不是损害它。赖特认为,有机建筑就是“自然的建筑”,设计应该在自然中得到启示,房屋应该像植物一样,是“地球上一个基本的和谐要素,从属于自然,从地里长出来,迎着太阳”。赖特通常

---

① 万书元. 建筑中的表现主义 [J]. 新建筑,1998(4):13-16.

② 仲文洲. 萨伏伊别墅:精神的创造 勒·柯布西耶,1929[J]. 建筑技艺,2016(10):10-13.

用一个几何母体来组织构图和空间。他于1911年设计的西塔里艾森(Taliesin West)是一座学校和住宅建筑。他在一个方格网内,将方形、矩形和圆形的建筑、平台和花园等有机地组合在一起,用纯几何的语言形式,设计出与当地自然环境相协调的建筑和园林。这种以几何形式语言为母题的构图形式对现代景观设计起到了极大的影响。在赖特最著名的作品流水别墅中,建筑与地形、山石、流水、树林紧密结合,水平挑出的平台与周围环境完美结合、浑然一体。赖特这种与自然结合的思想,给了景观设计师很大的启迪[①]。

第一次世界大战之前,理查德·纽特拉(Richard Neutra, 1892—1970)在卢斯的工作室工作。在1923年移居美国后,他将现代主义建筑思想带到美国,对美国现代主义建筑思想的产生和发展起到了巨大影响。纽特拉曾为赖特工作,受赖特的影响很大,他将赖特式住宅与国际主义风格结合起来,并且考虑到周边环境的景观设计,他在加利福尼亚州设计的很多建筑与花园对现代景观设计产生了很大的影响。他认为设计是为了体现生活本质,认为建筑应是属于环境的,应是自然的、本土的。他设计的建筑向自然敞开怀抱,把优美的风景和宜人的环境尽收其中,创造了加州建筑和园林的独特风格。

阿尔托是芬兰现代主义建筑师、现代建筑奠基人,提出有机功能主义原则,受日本艺术和园林的影响很大,他设计的建筑常常使用自然材料,如砖、木材等材料,善于利用环境、地形、植物,使建筑与环境相得益彰。与其他的现代主义建筑师不同,阿尔托擅长使用曲线造型,打破了现代主义冰冷的外表,为现代主义添加了人文主义思想和一丝人情味。其于1937年设计的玛丽亚别墅和花园(图3-45)通过树木和遮板的重叠放置来打破白色墙壁的纯粹性,将立体主

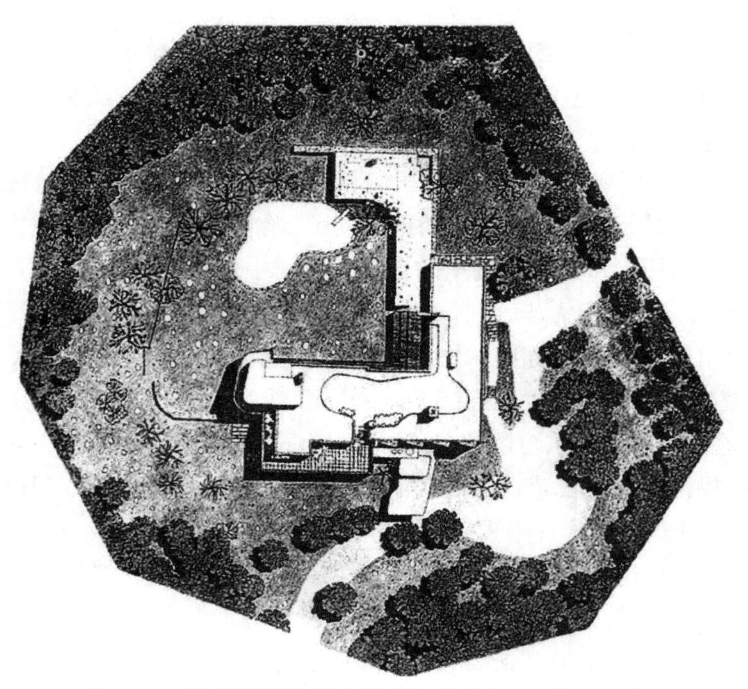

图3-45　玛丽亚别墅花园平面图(阿尔托,芬兰,1937)

① 张丹. 西方现代景观设计的初步研究[D]. 大连:大连理工大学,2006:12.

义拼贴艺术应用到建筑设计之中。在入口的雨篷下，工作室的轮廓和游泳池的形状——新绘画中形式自由的平面与垂直地面的柱子及墙体的构图形成对比。建筑平面呈 L 形，有一条廊子连接主体和庭园内的桑拿房。曲线的建筑造型生动活泼，起居室的大玻璃将室外风景引入室内。庭园草地的中心是一个肾形泳池。美国景观设计师托马斯·丘奇（Thomas Church，1902—1978）曾参观过阿尔托的玛丽亚别墅和花园，其有机的形态和对材料的使用给予丘奇巨大的启迪，这些后来成为美国“加州学派”的特征①。

3.4.3　现代景观设计师的成长

20 世纪 30 年代至 40 年代，欧洲不少著名的建筑大师纷纷来到美国寻找安身之地，其中包括格罗皮乌斯、米斯、布劳耶、纽特拉、门德尔松等，美国逐渐取代欧洲成为世界建筑活动的中心。1937 年，格罗皮乌斯担任了哈佛大学设计研究生院的院长。格罗皮乌斯依然贯彻包豪斯的办学精神，彻底改变了哈佛大学建筑专业的学院派传统。然而，景观规划设计系的教授们却依然执拗地认为园林不同于建筑，建造园林的材料几百年来没有什么变化，树也不能从工厂里制造出来，因此现代园林不是什么关键问题，自然式的草地树丛看起来同样适合于古典建筑和现代建筑，园林的革新无非是规则式和不规则式之间微妙的平衡变换而已②。

以詹姆斯·罗斯、丹尼尔·厄本·克雷、盖瑞特·埃克博为代表的渴求新思想的学生们却不愿接受这样的观点，他们研究现代主义艺术和现代主义建筑的作品和理论，并尝试将其运用到景观设计中去。3 位深受斯蒂尔、唐纳德等人著作影响的学生意气相投，他们通过各种杂志、书籍和相互间的交流，了解现代建筑的发展潮流和 1925 年法国巴黎现代工艺美术博览会上出现的景观设计方面的新潮流。他们在设计中学习现代主义的构图技巧，并努力尝试将铝、钢筋混凝土、玻璃、塑料等新材料运用到设计之中。

为了让更多的观众听到他们的声音，这 3 位学生开始在专业杂志和住房杂志上发表一系列文章。1938—1941 年，克雷、埃克博、罗斯 3 人在 *Pencil Point*（即后来的《进步建筑》，*Progressive Architecture*）、《建筑实录》（*Architecture Record*）上发表了一系列文章，讨论美国现代主义景观设计理论。在这些文章中，他们提倡使用新方法进行景观建筑设计。这 3 位年轻的专业人士在各自的职业生涯中都成了作家，这使得他们有足够的机会解释他们的所作所为以及他们为什么这么做。罗斯认为，地面形式从空间的划分中发展而来，空间才是景观设计中真正的关键所在。埃克博做了市郊环境中花园设计的比较研究，他认为花园是室外生活的空间，其内容应由功能发展而来。他们的文章和研究引起了轰动，动摇并最终导致了哈佛大学景观规划设计系的“巴黎美术学院派”教条的打破和现代设计思想的建立，并推动美国的景观规划设计行业朝现代主义的方向发展。

---

①　托马斯·丘奇和建筑师威廉姆斯·沃斯特曾于 1937 年一起旅游，他们参观了阿尔托的办公室，也看到了玛丽亚别墅的平面图。之后在成为现代主义加州景观设计的标志性作品的丘奇的唐纳花园中，其水池的形状就是从阿尔托对立体主义的兴趣发展而来的。这其中的相互关系见亨利·拉塞尔·希契科克的《面向建筑师的绘画》。

②　王向荣，林箐. 西方现代景观设计的理论与实践 [M]. 北京：中国建筑工业出版社，2002：52.

3.5 小结

在 20 世纪的艺术运动中，艺术家们结合简洁线条、原色和几何形状等，创造出新的自我表达的方式。印象派对形式的兴趣成为立体主义或建构主义的催化剂。立体主义是对自然界的抽象。立体主义对具体对象的分析、重新构造和综合处理的手法在设计中得到进一步发展。这种发展使平面结构得以被分析和组合且把这种组合规律化、体系化、强调纵横的结合规律，强调理性规律在表现“真实”中的关键作用。立体主义对景观设计的影响尤其在包豪斯时期被发扬光大，这从格罗皮乌斯的一些作品中可以明确地看出。可以说，立体主义为景观设计的形式和结构提供了最丰富的资源。

表现主义更注重对精神与内心世界的表达。德国是表现主义风格发展的中心。1905 年成立的桥社标志着表现主义的正式诞生。把表现主义推向高潮的是以康定斯基为代表的蓝骑士画派。未来主义强调以机器为审美中心，崇尚机器美，宣扬摒弃过去的一切，迎接未来的、全新的形式风格 ①。风格派的两个重要思想影响了景观设计领域，一是抽象的概念，二是色彩与几何形式组合的构图与空间。蒙德里安对色彩和点、线、面构成关系的研究对现代主义景观产生了极大的影响 ②。俄国至上主义用三角形、圆形、方形作为新的符号来创作艺术 ③，否定绘画的主题、明暗、思想等，强调简化的表现。这些绘画和思想对后来的极简主义景观的发展奠定了坚实的基础。俄国构成主义对新材料，如木材、玻璃、塑胶等的粘贴与组合以及对金属的焊接，创造出立体构成的作品，对日后现代主义景观设计对新材料、新结构的探索和使用产生了极大的影响。

超现实主义艺术家让·阿尔普和米罗作品中的大量有机形体，如卵形、肾形、飞镖形、阿米巴曲线等都成了设计师的新语言 ④，这些形态常常出现在现代景观设计之中，如美国加州花园中的肾形泳池。在丘奇和布雷·马克斯的景观设计平面图中，乔木、灌木都具有扭动的阿米巴曲线形态。

在自然界、技术发展以及科学的启迪下，现代景观设计师将艺术作为形式的提供者，艺术在景观设计领域显现出了极大的影响力。如艺术一样，景观设计师也在寻找一种超越美术传统范围的表达方式。从首批现代景观设计师加布里·盖弗瑞康到托马斯·丘奇、克雷、詹姆斯·罗斯和盖瑞特·埃克博等是最早挑战艺术传统并接受现代设计美学的人，景观设计的现代运动正在发生，在现代主义意识越来越多地渗透到景观设计理念之中时，美国本土的加利福尼亚花园风格也逐渐成熟。

---

① 王建国，邹颖.30+30：人文视野下的德国国际建筑展 [J]. 建筑师，2009(1)：9-14.

② 董立惠. 近现代文化艺术思潮影响下的欧洲城市景观艺术设计 [D]. 无锡：江南大学，2007：19.

③ 邓炀，刘尧. 园林设计与现代构成学 [J]. 山西建筑，2013，39(8)：179-181.

④ 姜一洲，李伊. 阿尔托与有机现代主义：一种有别于典型现代主义的人性化设计 [J]. 设计，2013(6)：176-177.

第 4 章　全球性的实验性艺术与景观

现代主义是工业时代兴起的世界观。它源于 17、18 世纪（理性时代及启蒙时期）的欧美思想，在紧密相连的民主、理性和人文主义的发展中可见端倪。然而，现代主义本身启蒙于 19 世纪工业革命时期，一度兴盛至 20 世纪中叶以后，第二次世界大战后临近新世纪，它在备受争议的同时也经历了翻天覆地的变化[①]。

人们常认为后现代主义开始于 20 世纪 40 年代的“后工业”（Post-industrial）或“后资本主义”（Late-industrial）社会。有学者把它看作对现代主义的继承，甚至有学者认为后现代主义已经取代了现代主义。而笔者更倾向于认为后现代主义是从 20 世纪 50 年开始的，第二次世界大战后至 20 世纪 50 年代这段时间是现代向后现代过渡的准备时间。在这段时间，人们不断地更改、确认甚至反复验证真理，而这与现代主义向着理想前进的观念的目的论背道而驰，现代主义强调理性、客观、经济。后现代主义则对其进行质疑，否认客观规律的可行性，质疑符号意义的稳定性，并且坚信它们可以被人修改。所有人都不得不承认我们的世界越发复杂，工业时代向后工业时期过渡，艺术和设计也必然要遵循时代的准则。人们开始对现代主义进行一系列的反思、批评并推动其向后现代主义发展。

4.1　绘画中的抽象与非理性

第二次世界大战之后，由于政治、经济等因素，世界艺术中心从巴黎转移到了纽约。20 世纪 50 年代可以看作西方艺术的分水岭。战前的现代主义大师们在战后仍然是很活跃的，尤其是在战后的前十年里，杜尚用生活艺术化的观念推动整个西方艺术向前发展；立体主义的代表毕加索和勃拉克的艺术作品成为抽象表现主义等画派代表人物创作时参考的蓝本；野兽主义的色彩组合理论对之后的绘画流派影响巨大。对 20 世纪中叶以后的实验性绘画更具影响的当推蒙德里安、康定斯基、阿尔普、米罗、杜尚、克利以及施威特斯等人[②]。

现代主义大师们尤其是毕加索、马蒂斯、莱热、恩斯特和米罗等在 1945 年后依然进行艺术创作。但大萧条和战争也破坏了抽象艺术意识形态的可信度，在后现代主义时代，人们所关注的问题与原先艺术作品中展现的内容大相径庭，战后艺术家们必须为艺术构建一个崭新的、具有时代性的基础来解决紧迫的社会问题和道德问题[③]。因此，20 世纪 50 年代后的艺术进入

---

① 费恩伯格. 艺术史：1940 年至今天 [M]. 陈颖，姚岚，郑念缇，译. 上海：上海社会科学院出版社，2015：16.

② H.H. 阿纳森. 西方现代艺术史 [M]. 邹德侬，巴竹师，刘珽，译. 天津：天津人民美术出版社，1987：504.

③ 费恩伯格. 艺术史：1940 年至今天 [M]. 陈颖，姚岚，郑念缇，译. 上海：上海社会科学院出版社，2015：133.

了一个新的天地。

4.1.1 美国的抽象表现主义

"'抽象表现主义'(Abstract Expressionism)这个概念来源于德国杂志《风暴》(*Der Sturm*),用来描述德国表现派的非具象抽象作品。1964年,在《纽约客》杂志的某篇文章中,美国艺术评论家罗伯特·科茨(Robert Coates)使用了这个词来描述活跃于20世纪40年代到60年代之间的一群美国艺术家的抽象绘画作品。这些作品各有千秋,但都致力于追求一种情绪传达或表现效果。这些艺术家生活在纽约,被称为'纽约画派'。"① 代表人物有库宁、波洛克等人。在第二次世界大战期间,大量的艺术家、建筑师、设计师等都移民美国,在美国进行自己的创作。再加上战后的经济、政治等综合因素,纽约开始取代巴黎成为世界先锋派艺术中心,这正是抽象表现主义兴起的重要原因。1951年,抽象表现主义艺术家们在现代艺术博物馆举办了美国抽象绘画与雕塑展览,从此抽象表现主义运动在艺术界占据了主要的地位。

抽象表现主义与超现实主义有关,特别是米罗、马宋、马塔的有机超现实主义。"抽象表现主义由超现实主义演变而来,其根源可以追溯到20世纪最初10年的达达运动。与超现实主义者一样,抽象表现主义艺术家也致力于揭示普遍真理,由此判断,他们也继承了康定斯基和马列维奇的遗产……正如达达艺术发展为超现实主义的过程一样,纽约的超现实主义也不着痕迹地演变为抽象表现主义。"② 抽象表现主义从超现实主义绘画中寻找原型,试图将卡尔·荣格与弗洛伊德有关神话、记忆和潜意识的精神分析观念融入自己的绘画创作中。抽象表现主义运动自1942年发源,相关作品于1951年在美国现代艺术博物馆展出,得到了官方的认可。战争的动乱促成了抽象表现主义运动的胜利。战后,人们更愿意得到心灵上慰藉,抽象主义压过了写实主义,抽象表现主义成为一种创新的运动。

抽象表现主义不仅仅是一种绘画风格,更是一种思想,尽管抽象表现主义艺术家们除了他们所反对的目标比较一致外,很少有其他的共同点。抽象表现主义作品层出不穷,形式不一,但艺术家大致以其特点可以归纳为两种类型:第一类是行动画家(action painter),他们用不同的方式讲究绘画的手势、动作以及颜料的质感,在潜意识状态之下,用不同的手势和笔法泼洒颜料,行动画家的代表人物有戈尔基 、库宁、波洛克等人;另一类就是色场画家(color-field painter),他们讲求运用大片的、统一的色型或色块表达一种抽象的符号或形象。色场绘画又称抽象意象主义,其利用大色块,产生心理场。色场画家排斥空间深度的幻象与动势的笔触,经常运用几乎覆盖整个画布的色彩,暗示它是某个大场域的细部。他们意图减少主题与背景之间的分野,而视画布为单一的面。色场绘画强调绘画的平面感,正好与形式主义的主张对应。他们要求绘画应尊重其平面的特性本质,而不特意地去创造一个三度空间的幻象③。用大片色场或抽象形象来进行创作的画家有马克·罗斯科(Mark Rothko, 1903—1970)、巴尼特·纽曼(Barneett Newman,1905—1970)、克莱福特·斯蒂尔(Clyfford Still,1904—1980)等人,图4-1为美国抽象表现主义艺术家为《生活》杂志拍的合影。

① 史蒂芬·法辛. 艺术通史 [M]. 杨凌峰,译. 北京:中信出版集团,2015:452.

② H.W. 詹森. 詹森艺术史 [M]. 艺术史组合翻译实验小组,译. 北京:世界图书出版公司北京公司,2010:1038.

③ H.H. 阿纳森. 西方现代艺术史 [M]. 邹德侬,巴竹师,刘珽,译. 天津:天津人民美术出版社,1987:506.

图 4-1 《愤怒者》(美国抽象表现主义艺术家为《生活》杂志拍的合影,尼娜·丽恩摄,1950)[①]

4.1.1.1　阿希尔·戈尔基

阿希尔·戈尔基(Arshile Gorky, 1904—1948)是美籍亚美尼亚画家,为抽象表现主义绘画做出了重要的贡献,被称为“抽象表现主义之父”。在戈尔基的画作中可以明显地看出毕加索、欧洲超现实主义和美国抽象表现主义对他的影响。戈尔基的绘画在用一种抽象的形式表达某些观念。戈尔基多样化的作品奠定了抽象表现主义诞生的基础。

戈尔基的彩绘和素描是一种抽象观念下的自由表现。《肝脏是公鸡的冠子》(*The Liver Is the Cock's Comb*, 1944,图 4-2)是他的代表作,这幅巨大的画作既像宽广的风景画,又像是显微镜下所看到的人体解剖的细部图。戈尔基的风格已经从毕加索转移到康定斯基早期的自由抽象上去,但是他的作品中的有机幻想的超现实主义概念要比康定斯基的作品更强些。在其素描作品中,这是特别明显的,幻想的形状来得更加清晰[②]。戈尔基受到超现实主义的影响较大,在他的作品中经常看到许多有机生物的形态,他将这些形态用更加抽象的语言表现出来,具有很强烈的个人抒情色彩,他使这些形态更加具有表现力与生命力。受到战争的影响,戈尔基总是刻意去表达一些关于生命的荒谬来刺激人们要为生命承担自己的责任和义务。

---

① 其中有威廉·德·库宁(后排左一)、杰克逊·波洛克(中排左三)、巴尼特·纽曼(前排中)与马克·罗斯科(前排右一),尼娜·丽恩摄,1950。

② H.H. 阿纳森. 西方现代艺术史 [M]. 邹德侬,巴竹师,刘珽,译. 天津:天津人民美术出版社,1987:507.

图 4-2 《肝脏是公鸡的冠子》(阿希尔·戈尔基，1944)

4.1.1.2 威廉·德·库宁

威廉·德·库宁(Willem De Kooning, 1940—1997)是抽象表现主义的中心人物，他出生于荷兰鹿特丹，1926 年到美国，与戈尔基成为好友后，步入抽象表现主义画坛。1948 年，他举办了抽象表现主义画展，一直以抽象表现主义画派代表人物的身份活跃于艺术界。库宁善于运用人体进行艺术创作，并融合风景画手法表现抽象的画面感。他将欧洲立体主义、超现实主义与表现主义的风格融于自己宏大而有力的绘画行为之中，把激进艺术的理念融化在自己的创作世界里。即使是极端的绘画作品也具有艺术美感，他试图唤醒人们心中一种与生命事物的内在关联感。

1940 年以前，库宁一直专注于创作人物肖像，1950 年开始发展出自己的抽象表现主义风格，与之前的康定斯基、戈尔基、毕加索等人都不同，并因这种前所未见的新风格而出名。库宁的绘画大部分都是抽象的，但背景中隐藏着对人体的暗示，这与他以前画人物画的经历有关。托马斯·赫兹评论说："对于库宁，最重要的是包括一切，什么也不放过，即使它意味着在矛盾的骚动中工作，而矛盾和骚动是他最喜爱的手段。"① 但库宁自己并不这么认为，他认为自己的绘画从未有过风格，并对所谓"矛盾和骚动"非常恼怒，并当众表达说："任何一种绘画，都是今天生活的一种方式，或者说是一种生存方式。"②

他的代表作有《女人与自行车》(图 4-3)、《粉色天使》(图 4-4)等。《蒙陶克一》(1969)中强烈的白色和玫瑰色标志着他彼时的风格。虽然他的色型比他 20 世纪五六十年代的大多数作品更加流动多变，但他还在继续他那激烈的笔触和厚重的厚涂法 ③。20 世纪 70 年代，库宁还尝试了一种人物雕塑的艺术形式，有一种非常粗犷的表现主义特征，让人联想到杜布菲创作的某些雕塑艺术。这些雕塑表达了当时他绘画中的一些人体的含义，库宁在画中表现的是一种

① 托马斯·B. 赫兹. 德库宁的近期绘画 [M]. 北京：人民出版社，1969：68.

② 托马斯·B. 赫兹. 德库宁的近期绘画 [M]. 北京：人民出版社，1969：71.

③ H.H. 阿纳森. 西方现代艺术史 [M]. 邹德侬，巴竹师，刘珽，译. 天津：天津人民美术出版社，1987：509.

变形、扭曲、具有结构感的女性形象，但是他所要表达的对象的形体体征仍能辨析出。

图 4-3 《女人与自行车》（威廉·德·库宁，1952—1953）

图 4-4 《粉色天使》（威廉·德·库宁，1945）

4.1.1.3 杰克逊·波洛克

杰克逊·波洛克（Jackson Pollock，1912—1956）是抽象表现主义的先驱，被认为是战后美国新绘画世界范围的象征性人物。他创造了总体绘画（overall painting）的概念，在这种绘画中，颜色铺满画面，感觉无始无终。画面被当成一种环境，四面八方的观众被吸收进来，参与其中，是一种行为与绘画相结合的艺术性表达。他的艺术已经完全突破了画面本身，打破了千余年以来传统的绘画概念，是一种近似表演艺术的创作形式。波洛克（图 4-5）生于怀俄明州，曾就学于洛杉矶的美术学校，17 岁时来到纽约。他崇拜塞尚和毕加索，对康定斯基富于表现性的抽象绘画和米罗神秘梦幻的作品也情有独钟，并且受到毕加索、恩特斯、米罗、马宋绘画的深刻影响。波洛克曾针对写实与抽象发表过自己的观点："现代艺术家生活在一个机器时代，我们用机器手段来逼真地描绘客观对象，如相机、照片。在我看来，艺术家的工作是表现内在世界——换句话

图 4-5　创作中的波洛克

说——是表现活力、运动以及其他的内在力量。……现代主义艺术家的着眼点是时间和空间，他表现情感，而不试图解释社会。”① 波洛克认为，现代艺术家不应当像传统艺术家那样追求再现，而应该注重对内在精神和情感的表达。

1958 年，偶发艺术家阿伦·卡普罗发表了文章《杰克逊·波洛克的遗产》。他在文章中曾毫不吝啬地称赞波洛克：“现在我们看到的是一种企图挣脱束缚、以自我来充实这个世界的艺术趋势，不论就意义、外观还是动机来看，其似乎都与古典绘画传统明显不同。波洛克几乎摧毁了这个传统。”② 可以看出波洛克对现代艺术的贡献是极其深远的，他改变了传统的绘画形式，这对设计领域也有极大的启发。他的代表作有《蓝棒，作品 11 号》（图 4-6）、《作品 18 号》（图 4-7）、《秋之韵律，作品 30 号》等。波洛克作为抽象表现主义的代表人物，他的“主体性”“表现性”“行为性”的绘画原则推动了第二次世界大战后绘画审美精神的发展，为第二次世界大战后的艺术和设计美学发展指引了方向。“波洛克被公认为美国现代绘画摆脱欧洲标准、在国际艺坛建立领导地位的第一人。”③

图 4-6 《蓝棒，作品 11 号》（杰克逊·波洛克，1952）

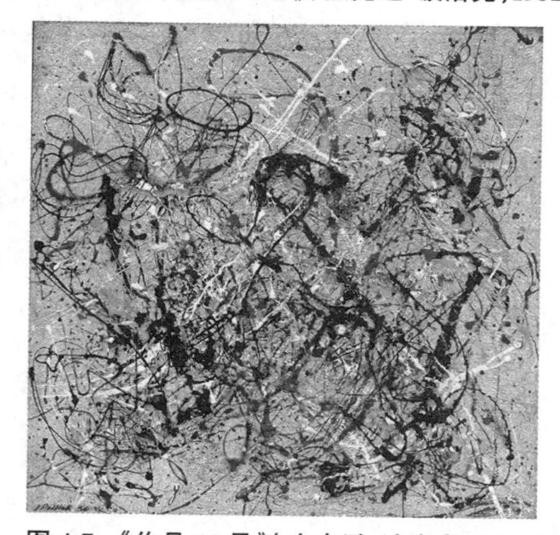

图 4-7 《作品 18 号》（杰克逊·波洛克，1950）

① H.H. 阿纳森. 西方现代艺术史 [M]. 邹德侬，巴竹师，刘珽，译. 天津：天津人民美术出版社，1987：511.

② 张敢. 绘画的胜利？美国的胜利？美国抽象表现主义研究 [D]. 北京：中央美术学院，1996：105.

③ 阿莱克斯·葛瑞. 艺术的使命 [M]. 高金岭，译. 南京：译林出版社，2016：9.

4.1.1.4　巴尼特·纽曼

纽曼起初是位积极支持抽象表现主义的艺术评论家，他能言善辩，是色场画家的代表，努力将哲学思想转化为视觉形象语言。他作画前，常常在脑中构思好一切。纽曼的作品经常给人们传达某种形而上的哲学思想，引发观众的无限联想与深思。“纽曼抵制一切与目的捆绑在一起的艺术主题。然而，正如理查德·希夫所指出的，就通常意义来讲，他的艺术根本不是抽象的，而是一种尝试，汲取深刻犀利、个性鲜明的个体经验，然后将其普遍化。”①

在 20 世纪 40 年代中期，纽曼描绘的是一种松散的垂直水平几何形的图案，并用一根垂直线或者一个色块加以强调，色块的边缘凹凸不平，圆形和椭圆形交替出现。在 20 世纪 40 年代末，他简化了这一程式，例如作品《字》中，一个垂直、狭窄的对比色空间，突破了统一的色场。

1948 年，纽曼创作了《太一Ⅰ》（图 4-8），这幅作品是他艺术创作的转折点。在这幅小小的红色长方形画作中，纽曼在正中央从上到下垂直贴了一条遮蔽胶带。胶带两侧都被画成了褐红色。历经八个月的思考他最终完成了一幅——用他自己的话说——“完全是我”的作品。在纽曼眼中，画面中央的垂直线非但没有将画面分割，反而统一了画面，他认为，“这一笔使作品具有了生气”。就这样，纽曼发明了自己标志性的绘画方法。波洛克有滴画，“纽曼有‘拉链’：一道他认为象征着‘光的条纹’的垂直线。在他的意识里，他将其视为对情绪和感受的表达，浸染着原始艺术中所具有的神话般的灵性”②（如图 4-9、图 4-10）。

从此，纽曼因这类画作而出名，与波洛克的行动绘画形成对比。纽曼将这种表达方式看作自我情感与感受的传达，具有明显的原始艺术特征。纽曼是年轻一代抽象画家主力军中的一员。

图 4-8　《太一Ⅰ》（巴尼特·纽曼，布面油画，69.2 cm × 41.2 cm，1948）

---

① 费恩伯格. 艺术史：1940 年至今天 [M]. 陈颖，姚岚，郑念缇，译. 上海：上海社会科学院出版社，2015：106

② 威尔·贡培兹. 现代艺术 150 年：一个未完成的故事 [M]. 王烁，王同乐，译. 桂林：广西师范大学出版社，2017：346.

图 4-9 《黑火 1 号》(巴尼特·纽曼，油画，289.5 cm × 213.4 cm，1964)

图 4-10 《谁在害怕红黄蓝 Ⅱ》(巴尼特·纽曼，304.8 cm × 259.1 cm，1964)

4.1.1.5 马克·罗斯科

罗斯科于 1903 年出生于俄国，是抽象表现主义色场绘画的代表画家。他 1913 年到美国，后在纽约艺术学生联合学院学习绘画。其一生创作过包括现实主义、表现主义、超现实主义在内的多种类型的绘画作品(如图 4-11)，最后在 20 世纪 40 年代末形成了自己的抽象表现主义的色场绘画风格。1948 年，罗斯科和纽曼、威廉·巴齐奥第(William Baziotes，1912—1963)、大卫·赫尔(David Hare，1917—1992)等人在纽约一起创立"艺术家主题画展"，一起探讨适合当代社会的绘画。

图 4-11 《幻想》(马克·罗斯科,布面油彩,1945)

罗斯科在艺术创作中注重对内在精神意义的表达,他试图使用简单的形体和单一的色彩来表达深刻的象征意义。他大部分的抽象表现主义作品都是由两个整齐排列的矩形构成的。他发展出一种更纯粹的形式和技巧进行艺术创作,形成了自己完全抽象的色场绘画风格。这一时期的作品多使用巨大的色彩方块来唤起人类潜藏的热情、恐惧、悲哀等情感以及对永恒和神秘的追求[①]。1949 年,罗斯科创作了《无题(白红底色紫黑橙黄)》(图 4-12),这是他艺术成熟期的作品。该作品在视觉上高度统一,非常独特,画面完全抽象,没有任何可以辨识的形象,只有一系列排列有序的明亮的矩形色彩,颜色之间相互呼应形成高度微妙统一的视觉效果。画布尺寸比正常人还要大一些,这样观众的观赏视觉就发生了改变,在视觉上营造出一种画面的色块漂浮出画布的三维视觉感。罗斯科追求画面对宗教情感的表达。“我对色彩与形式的关系以及其他的关系并没有兴趣……我唯一感兴趣的是表达人的基本情绪,悲伤的、狂喜的、毁灭的等等,许多人能在我的画前落泪,就会有和我作画时所具有的同样的宗教体验。如果你只是被画上的色彩关系感动的话,你就没有抓住我的艺术核心。”[②]

① 阿莱克斯·葛瑞. 艺术的使命 [M]. 高金岭,译. 南京:译林出版社,2016:35.

② 马克·罗斯科. 艺术何为:马克·罗斯科的艺术随笔(1934—1969)[M]. 艾雷尔,译. 北京:北京大学出版社,2016:206.

图 4-12 《无题(白红底色紫黑橙黄)》(马克·罗斯科，1949)

罗斯科认为，大型的绘画都是功利性的绘画，他在 1951 年的一次研讨会上谈及关于大画幅绘画的问题。期间，触及了一些众人所期待的要点——不同的艺术形式所共有的精神性的基础。他的绘画作品的画幅一般都极为巨大。在艺术史上，大画幅绘画的功能是为了实现宏大的叙事。他认为，他的大画幅绘画是为了体验隐秘的人性，且这种阐释同样适用于其他画家。画家创作小幅绘画作品的过程，实际上是将自身置于绘画体验之外。这时候，画家所采用的是一种投影的视角，或者是凸透镜的视角——他们站在绘画的外部，冷静地看待绘画体验。然而，当一个画家创作大画幅作品的时候，他就被包裹在绘画体验的内部了[①]。其作品中流露出来的哲学思想和艺术价值带给艺术家和设计师很大的启发。

4.1.1.6　汉斯·霍夫曼

汉斯·霍夫曼(Hans Hofmann，1880—1966)于 1880 年出生于德国巴伐利亚，年轻时在法国巴黎学习绘画，回国后成为艺术教师并从事绘画创作活动。1932 年移民美国。汉斯·霍夫曼是色场绘画的理论奠基人，因为他是最早从事抽象表现主义绘画的艺术家，更重要的是行动绘画和色场绘画都与他有关联。

霍夫曼追求画面中造型与色彩之间的冲突逐渐趋向和谐的一种状态，尽量在画面中营造出具有层次的平面感(如图 4-13)。他发现在画布平面上会形成纵深方面的推和拉，绘画的本质就是要使这些不平衡的力达到平衡状态，画家的创造力也正是在这里得到充分体现。所以，霍夫曼认为一幅画的生命力首先是要运动，他常常在画面中创造一个具有多维深度的复杂空间。霍夫曼创作的代表作品《庞贝》是一幅用数个明亮色彩的矩形排列、堆积所构成的画面，画面给观众一种矩形色块被排列在远近不同空间中的视觉感受，具有一种三维空间感。画面的图形和色彩传达给人一种心灵上的宁静和空间上的距离感。霍夫曼认为，绘画应该是抽象

① 马克·罗斯科. 艺术何为：马克罗斯科的艺术随笔(1934—1969)[M]. 艾雷尔，译. 北京：北京大学出版社，2016：124.

的、二维的。他在教学笔记上曾写道："事实上三维空间的物体在视觉上被二维空间的形象记录下来，人们认为这些形象与画面中的二维空间的特性相一致。最完整的三维空间形象最后成为二维空间绘画。创作行为使人们注意画面。但是，如果失去了二维空间性，这幅画会瑕疵频出，结果就不成其为绘画，只能成为对自然的自然主义模仿。"①

图 4-13 《门》(汉斯·霍夫曼，189.5 cm × 122.6 cm，1960)

霍夫曼绘画作品中的色彩对艺术家的影响极大，他使用高饱和度的色彩，为后现代美术中的色场绘画做出了铺垫。于是艺术不仅仅是视觉形象，也可以是一种观念，霍夫曼常用色彩来表现某些观念。霍夫曼的绘画不仅仅是元素或是色彩，更多的是一种对现代艺术表现手法的思考，是对自我表达或是参与社会的某种认识性表达(如图 4-14)。同样，霍夫曼的艺术也为建筑设计、景观设计提供了一种对现代形式表现手法的新的思考方式。

① 曹育民. 汉斯·霍夫曼教学笔记 [J]. 北方美术，1999(4)：61.

图 4-14 《风景》(汉斯·霍夫曼,胶合板油画,1941)

抽象表现主义标志着第二次世界大战后"新美术"的开端,其拓宽了绘画的表现形式,从此艺术变得更加多元。抽象表现主义受到现代主义绘画尤其是抽象派的深刻影响,可以说是对康定斯基抽象主义绘画时代的延伸,在现代绘画的某些观念之上,又突破了传统的表现形式,创造出更加自由的表现方式。

抽象表现主义的绘画观念影响了 20 世纪 60 年代之后的一系列后现代美术运动甚至当代美术运动。"抽象表现主义观念的影响并不局限于绘画领域。抽象表现主义画家们对'冒险''自我发现'和'进入未知领域'的兴趣对战后美国的反主流文化包括'垮掉的一代'有很大的吸引力,他们将波洛克当作自己的英雄。"① 利萨·菲利普斯(Lisa Phillips)曾说:"有很多的诗人都非常崇拜以杰克逊·波洛克为代表的抽象表现主义画家。波洛克用行为和表演打破了传统的叙事性绘画方式,将行为的节奏和原始的运动与绘画相结合。对于很多'垮掉的一代'的人来说,这种绘画和爵士乐的即兴演奏启发了一种全新的写作方式。"② 抽象表现主义也影响到设计领域,其如何找出一条在生活中创造艺术和美的道路的观念启发了许多设计师的设计活动。抽象表现主义的几个特征—— "表现性""主体性""行为性"和其对色彩的理解和探索对设计有很大的启发作用。抽象表现主义对景观设计的影响主要还是在思想上,即一种自由创作的观念、一种个人的发自内心的创作情感和一种新的抽象形式。

4.1.2 人物造型、梦幻

1950 年以来,虽然在绘画界抽象表现主义仍占主导地位,但重新回到人物、回到自然主义

① 张敢. 绘画的胜利? 美国的胜利? 美国抽象表现主义研究 [D]. 北京:中央美术学院,1999:106.

② PHILLIPS L.Beat culture and new American:1950—1965[M].New York:Whitney Museum of American Art,1996:37.

或幻想的自然主义的趋势日渐强盛。库宁则继续他初期进行的人物造型（figuration）实验。人物造型这个术语界线不明，它不仅可以用来指人或动物的形象，即用一定程度上的可识别的图像来表现形象，也可以指抽象作品中的人物。在超现实主义、达达主义特别是毕加索的绘画中人物大多处在一个恐怖环境之中。对新人物造型的发展起决定作用的艺术家是让·杜布菲。

4.1.2.1　让·杜布菲

让·杜布菲（Jean Dubuffet，1901—1985）被认为是第二次世界大战后最伟大的法国画家。他于 1918 年在巴黎朱利安学院学习，他觉得在这个学院学习艺术并不符合他的理想，便退出艺术界长达 25 年之久。他私下继续坚持绘画，但把主要精力都用来学习音乐、语言、试验性剧本创作和木偶艺术上了。“而汉斯·普林茨霍恩（Hans Prinzhorn）的那本有关疯人艺术（art of the insane）的书《精神病患者的绘画》（*Bildnerei der Geisteskranken*），从中起了重要的作用。他在这本书中找到了一种野性的表现力，他认为这种表现力比博物馆的艺术甚至比最富于探索性的新艺术更确切。疯人艺术和儿童艺术，便成为他借以确立前进方向的典型。最能吸引他的艺术家是克利，他的作品也以儿童和精神变态的艺术作为源泉。”[①] 他挖掘克利作品中关于儿童和精神变态的艺术（psychopathic art）部分来参考学习，拒绝传统的审美观念，并受到被他称作原生艺术“儿童和精神病患者的艺术”的影响；将天真的儿童艺术、涂鸦和疯子艺术作为绘画研究和创作的方向。杜布菲形成了较有特色的技法，他用沙子、泥土、固定剂和其他一些材料做出一个厚厚的装有颜料的底子，然后在这个底子上进行创作。整个画面杂乱的涂抹，具有强烈的质感，他用各种方法使其作品具有一种可以触及的、强有力的真实感。这种用自然物体营造的真实感，使画面具有了神秘原始的效果。杜布菲的代表作有《老佛爷百货公司》（图 4-15）、《人间的联欢节》。

图 4-15　《老佛爷百货公司》（让·杜布菲）

① H.H. 阿纳森. 西方现代艺术史 [M]. 邹德侬，巴竹师，刘珽，译. 天津：天津人民美术出版社，1987：542.

杜布菲受到超现实主义创作方法影响，绘画创作不受束缚，使用各种不同的材料来发挥他惊人的想象能力，并在绘画艺术中开创了一个被安东尼·塔皮埃斯（Antoni Tàpies，1923—2012）称作“另类艺术”（art autre）的新理念，杜布菲的艺术给我们的启示在于我们要像儿童一样，用一种单纯的、没有任何偏见的眼光来看待世界①（如图 4-16，图 4-17），这种观点仍然可以应用到设计领域中，来指导创造“个性设计”。

图 4-16 《记忆剧场》（让·杜布菲，布上拼贴，140 cm × 243 cm，1978）

图 4-17 《门和茅草》（让·杜布菲，188.9 cm × 146 cm，1957）

① 史峰. 野性的力量：杜布菲的艺术 [J]. 世界艺术，2006（1）：37-40.

4.1.2.2　弗朗西斯·培根

弗朗西斯·培根(Francis Bacon，1909—1992)是 1940 年以来英国最重要的人物造型画家。他研究过尼采的著作以及样式主义、浪漫主义的绘画，并深受北欧怪诞风格画家的影响。培根对表现主义有很大的偏见，他从不看重表现主义，认为那是一派混乱，是中世纪欧洲绘画的一派混乱[①]。

培根于 1909 年出生于爱尔兰。16 岁时他离开家，先后居住于柏林和巴黎，1929 年赴伦敦学习绘画，接触到实验色彩、素描与油画，并成为职业画家。受到超现实主义画派影响，他的作品呈现出一种扭曲、怪诞、恐怖的特征。1945 年，他的三联画《三张十字架底下人物的素描》在伦敦展出后，引起了广泛关注。培根受凡·高的影响很大，他在凡·高的《艺术家在塔拉斯克翁的路上》的基础上，创作了许多变体画和肖像画，画中可以明显地看到凡·高对他的影响。“培根追寻的是一个非常特别的艺术目标：破坏脸部，重新找回脑袋，或者说在脸部之下，让脑袋呈现出来。”[②]

在肖像画中，他运用旋涡式的笔触，将人物面部扭曲，就像在变形的镜子里看到的效果一样，但仍保持了一定的辨识度。1962 年，培根创作了《对十字架的三项研究》，其被作为培根在伦敦泰特画廊举办的个人艺术展的一幅高潮作品展出，之后被美国的一所知名的现代艺术博物馆所收藏，使得他在国际艺术界以具象人物画家的身份而出名。他的代表作有《室内的三个人像》、《镜中的作家》、《自画像》(图 4-18)等。

图 4-18　《自画像》(弗朗西斯·培根，布面油画，35.6 cm × 30.5 cm，1969)

1960 年之后，培根继续研究绘画中的无意识部分。他希望自己的画面是偶然形成的，而不是先前设计好的。培根在创作中受到超现实主义偶然性创作方式的影响，但与超现实主义

① 弗兰克·莫贝尔. 生命的微笑：弗朗西斯·培根访谈录 [M]. 余中先，译. 长沙：湖南美术出版社，2017：92.

② 吉尔·德勒兹. 弗朗西斯·培根：感觉的逻辑 [M]. 董强，译. 桂林：广西师范大学出版社，2007：23.

艺术家不同的是，超现实主义艺术家利用偶然性来描述梦境中的物质，或唤起观众的一些非理性。而培根正与其相反，一直坚持对真实主题的关注，他将偶然性创作方式作为激发联想的手段，从而将对主题的感觉更加充分、明白地表达出来[①]（如图 4-19）。

图 4-19 《教皇英诺森十世肖像的习作》（弗朗西斯·培根，布面油画，152.5 cm × 118 cm，1953）

4.1.3 抒情抽象主义

第二次世界大战后的十年里，摄像技术的迅速发展对绘画造成了空前的影响。“摄影篡夺画家以影像准确复制现实的任务，摄影通过接管迄今被绘画所垄断的描绘现实的任务，把绘画解放出来，使绘画转而肩负其伟大的现代主义使命——抽象。”[②] 写实不再是绘画界永恒的题材，各类自由抽象和几何抽象的绘画形式，开始在欧洲和美洲占据主导地位。很多画家尝试去用一种体系化或完全理性化的方法来创作画面中的图像，抒情抽象主义（Abstraction Lyrique）的兴起是为了反对几何抽象的绘画观点。自由抽象的部分元素在康定斯基的所谓“即兴”的绘画中已经可以辨识。1947 年，法国画家乔治·马蒂厄（Georges Mathieu，1921—2012）首次用“抒情抽象”一词来描述这种强调艺术家个人独特情感表达的绘画。马蒂厄在其代表作《到处都是卡佩王朝人物》（图 4-20）中寻求增强画家自我表现力度的方式，将抒情与自由融入了抽象绘画中。抒情抽象主义是对超现实主义和抽象表现主义的一些方面的发展，它将超现实主义对艺术家心理状态自由表达的信仰与抽象表现主义对艺术家肢体语言的强调相结合[③]。

① 费恩伯格. 艺术史：1940 年至今天 [M]. 陈颖，姚岚，郑念缇，译. 上海：上海社会科学院出版社，2015：150.

② 苏珊·桑塔格. 论摄影 [M]. 黄灿，译. 上海：上海译文出版社，2012：94.

③ 史蒂芬·法辛. 艺术通史 [M]. 杨凌峰，译. 北京：中信出版集团，2015：468.

图 4-20 《到处都是卡佩王朝人物》(乔治·马蒂厄,布上绘画,295 cm × 600 cm,1954)

4.1.3.1　赵无极

赵无极(Zao Wou-ki，1921—2013)出生于北京,是一位华裔法国画家,与吴冠中(1919—2010)、朱德群(1920—2014)合称“留法三剑客”。他童年于江苏成长并学习绘画，1935 年考入杭州艺术专科学校,随林风眠(1900—1991)先生学习绘画；1948 年赴法国修习西方现代主义绘画并定居法国。赵无极用西方现代绘画的技巧和表现方式来传达中国传统文化的意韵,创造了色彩变幻、笔触有力、富有韵律感和光感的新的绘画空间,在西方画坛独树一帜,被称为“西方现代抒情抽象派的代表”(图 4-21 为其作品《连理》)。赵无极受到现代主义绘画尤其是塞尚的影响很大。他认为,塞尚是现代绘画的开拓者,没有塞尚就没有毕加索更没有立体主义,塞尚是他绘画生涯的领路人,是塞尚给了他重新解读传统艺术的启发。

图 4-21 《连理》(赵无极,油画,73 cm × 91.5 cm,1956)

赵无极于艺术成熟期开始向中国传统艺术回归,他在充分了解和掌握了西方抽象艺术的精髓后回视中国传统绘画的本质。这种回归是有机的,是在中西方传统哲学和美学差异角度的审视下的回归。他那不拘一格的抽象形式中蕴含了东方传统文化的意韵,而其笔端也自然流露出了他几十年在海外生活所理解和浸透的西方浪漫主义色彩。赵无极的绘画暗示自然主义的风景,其中有中国的笔墨,在西方抽象绘画的基础上增添了东方艺术哲学并将其融会贯通,使得他的作品更加抒情。赵无极与美籍华人建筑家贝聿铭先生、美籍华人作曲家周文中被誉为海外华人的“艺术三宝”。其代表作有1955年的《小桥流水》、1970年的《无题》(图4-22)。

图4-22 《无题》(赵无极,1970)

赵无极不仅从西方绘画那里汲取养分,对中国绘画也有深刻的认识。赵无极曾谈及他如何理解中国画:“老子讲过‘大象无形’,这就是真正绘画的道理。画画不仅仅是画的问题,要像和尚静养一样,想想怎么画,把主题忘掉,把世界什么东西都忘掉,你就把自己摆进去,使人本身同感情、画面连接起来。什么是创造?创造是你的心灵同画面的接触。”[①]赵无极的艺术是对中西方艺术的结合。这也启发了一些中国设计师将中西方文化加以结合来进行具有中国文化内涵的现代设计创作。

4.1.3.2 卢西奥·丰塔纳

卢西奥·丰塔纳(Lucio Fontana, 1899—1968)是空间主义的创始人,是空间主义与贫穷艺术的代表艺术家之一,是20世纪最伟大的幻想家之一。在创作初期,丰塔纳尚未形成后来空间主义的创作模式。他年轻时集中精力创作雕塑,作品有明显的原始风格,此后逐渐拓展创作范围,作品涉及绘画、金属雕塑、陶瓷等,19世纪30年代成为意大利最初研究抽象主义的艺术家之一。在他“前空间主义”的作品中,我们看到他利用不同材料,进行不同创作方向的探索,既有铁丝弯成的纤细曼妙的雕塑,也有表现人物、静物的古典风格的彩色作品。

丰塔纳开创了空间主义。他将音乐、诗歌、雕塑、建筑等艺术融入绘画中,打破了绘画的领域限制,将绘画变为一个复杂的综合的行为。“20世纪50年代,他以物质(matter)进行了试验,用厚厚的颜料、糨糊和胶水来堆成透孔的表面,他还在那些东西里结合了小石子、玻璃片、

① 赵无极.赵无极谈艺录[J].爱尚美术,2018(4):72-75.

画布片或陶瓷片。在 1958 年和 1959 年终，他感到他的作品太复杂，装饰过分，便猛砍一块废画布，在这简单的行动中，他认识到，他能获得他所追求的表面和深度的一体化。”[①]

丰塔纳在米兰开始尝试打破材料的限制，经常在创作时将画布戳破，来创造出更多的可能性，他的作品是时间与空间的“四维艺术”。戳破画布成了丰塔纳的一个独特的具有标识性的艺术行为，他认为这样会使作品多出一个维度，而不是传统的二维或者三维，并将这种行为称为“构建”而不是“破坏”，为了将他的作品构建得更加立体、更加多维、更加丰富，他在雕塑中也延续了这个理念。丰塔纳在 1949 年发出了白色宣言，并且创立了空间主义。它的目的就是利用技术来实现对第四维的表达，形成一种激进的新美学，跳出仅仅依靠雕塑、绘画的分类。

他认为运动的物质、色彩和声音同时发展起来才能构成新艺术的形象。虽然他的想法看似模糊，但是因为他是第一个从这个角度驳斥了传统艺术画面中构架出的虚幻或者虚拟空间，因此他的观点具有深远的影响。这个想法让丰塔纳改变了整个西方艺术史的传统艺术空间，通过混合的形式让画布变成一个动态的概念。空间甚至超越了抽象绘画的界限，激活了环境空间和在后现代生活里科技之间的关系。丰塔纳为开辟现代艺术的新的发展方向做出了贡献，如环境艺术（Art as Environment）、光或光效艺术（Optical Art）、物体绘画（Painting as Object）、造型画布艺术（Shaped Canvas）等，最重要的是他打破了绘画和雕塑乃至建筑这些互有区别、各自独立的形式之间的界限[②]。其代表作有《特雷西塔肖像》（图 4-23）、《空间概念，期望》（*Concetto Spaziale*，*Attesa*，图 4-24）。

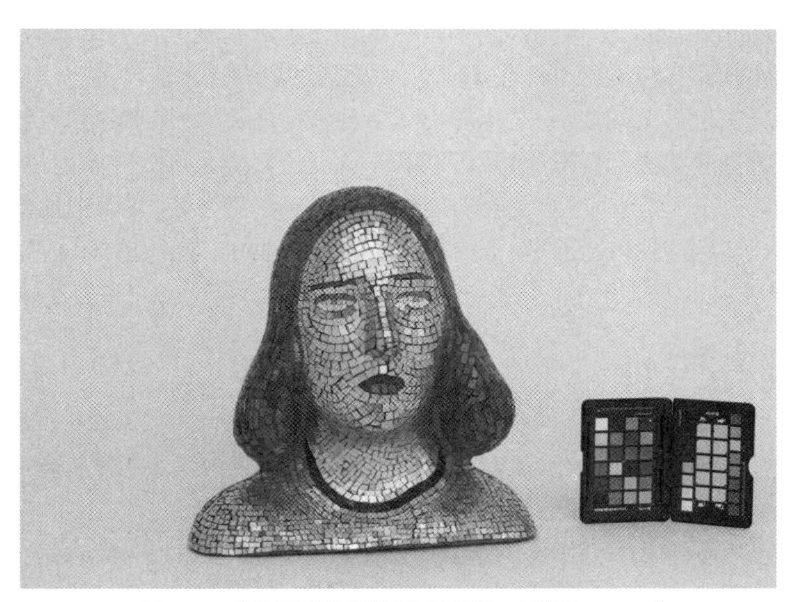

图 4-23　《特雷西塔肖像》（卢西奥·丰塔纳，1940）

① H.H. 阿纳森. 西方现代艺术史 [M]. 邹德侬，巴竹师，刘珽，译. 天津：天津人民美术出版社，1987：578.

② H.H. 阿纳森. 西方现代艺术史 [M]. 邹德侬，巴竹师，刘珽，译. 天津：天津人民美术出版社，1987：579.

图 4-24 《空间概念，期望》（卢西奥·丰塔纳，1966）

第二次世界大战后四五十年代的艺术是在现代艺术的基础上发展出来的，抽象表现主义开创了战后绘画的新面貌，其观念具有开创性，对之后的各种艺术流派甚至当代美术都有决定性的影响。“第二次世界大战之后，艺术界出现多种多样的流派，但唯独抽象艺术引起了激烈的反响，不仅在德国和美国，甚至还波及苏联和东德。这其实是冷战开始前体制之间的斗争。‘铁幕’的另一侧——‘那边’当然是推崇规规矩矩的现实主义艺术，而把抽象主义说成颓废的资本主义艺术予以抵挡。‘这边’则把抽象艺术等同于自由，是自由的标志和保证，理所当然地成为反对共产主义的武器。”①

4.2 空间与野性

在现实世界，空间无处不在，但其有无、大小，则要靠参照物体才能被感觉出来。雕塑正是虚实空间的穿插构成，是空间的艺术。伴随着现代工业的发展，在第二次世界大战以来的欧美，新材料的出现为雕塑家的创作提供了新的可能。对于不同的材料，无论是金属、木头、玻璃还是塑料，不同的雕塑家或是利用它们的不同特质，就像罗杰·弗莱（Roger Fry，1866—1934）所说的，追求“材料的真实性”，或是将不同材料与新技术、新工艺相结合，甚至是与观念、装置相结合，他们的所有这些探索，都在新的层面定义了雕塑②。

① 乌韦·施内德. 二十世纪艺术史 [M]. 邵京辉，冯硕，译. 北京：中国文联出版社，2014：197.

② 柯秉飞. 雕塑的材料、叙事与意义转换：以二战后欧美的几位雕塑家 [J]. 美术研究，2007（2）：124-126.

4.2.1　雕塑中的构成与装配

4.2.1.1　亨利·摩尔

亨利·摩尔（Henry Spencer Moore，1898—1986）是英国最著名的雕塑家之一，受达达主义和毕加索艺术的影响巨大。摩尔竭力在雕塑中探讨空间和体量，将古典雕塑重体量的传统与现代雕塑重空间的原则进行了有机结合。摩尔的作品经常出现孔洞，这些孔洞形成的“负空间”使雕塑具有“场”的气质，这种“场”正是空间中物体与物体之间的关系。摩尔的雕塑是抽象的，他创造了分散的组团和各类雕塑空间。为了更好地研究雕塑空间中的虚与实之间的关系，他将青铜和其他金属作为材料来扩大雕塑的孔洞（如图 4-25）。

在谈及绘画与雕塑的关系时，摩尔曾说过：“我几乎是无意识地做出了我第一件双联体雕塑，后来在我做第二件的时候它就成了一个明确的观念。我意识到一件分开的双联体作品很好地暗示了人像与风景的关系——膝盖和胸脯就像山峰——一旦这两部分分开，你就不能把它看成一个自然属性的人像了；这样，你可以有充分的理由把它看成一处景致或一块岩石。如果它是一个单体人像的话，你会猜它将像个什么样子。而如果它是双联体的，它会引起更大的惊奇，你会得到更多的景观视点。所以，雕塑不同于绘画的独特长处——具有许多不同视点的可能性——应该得到更多挖掘。”①1965 年摩尔创作的《三路 2 号（阿切尔）（图 4-26）》是他对雕塑空间进行探索的典型作品，一系列的孔洞在实体中穿插排列，形成微妙而复杂的空间。“正因为孔洞有这种生命启示意义，孔洞和一个实体一样具有造型意义。”② 摩尔对雕塑艺术的贡献主要在于他发现了雕塑在空间上的可能性，扩展了雕塑的空间结构。他将雕塑实体与空间有机地结合，塑造出具有动感和节奏性的现代雕塑。

图 4-25　《母子》（亨利·摩尔，青铜，英国，1953）

---

① 李鹏伟. 英国现代雕塑家亨利·摩尔雕塑形式探讨 [J]. 美与时代（下），2014（8）：60-63.

② 陆军. 摩尔论艺 [M]. 北京：人民美术出版社，2001：184.

图 4-26 《三路 2 号(阿切尔)》(亨利·摩尔,青铜,英国,1965)

贝聿铭非常欣赏摩尔的雕塑,经常在自己设计的建筑旁放置摩尔的雕塑,来营造环境氛围。1983 年,贝聿铭设计了华侨银行总部大厦,还专门为摩尔的雕塑设计了一个水池和小型广场。贝聿铭说:"那里的光线变幻无常。大厦非常雄伟,阳刚十足。所以两者之间有非常好的互补。重点是人们可以近距离欣赏这件作品。我敢肯定它在新加坡会很受欢迎。"①

4.2.1.2 芭芭拉·赫普沃思

芭芭拉·赫普沃思(Barbara Hepworth, 1903—1975)是第二次世界大战后与摩尔同样重要的英国现代雕塑家。20 世纪 30 年代,赫普沃思善于创作抽象雕塑,将一些不同的形状用一种微妙的关系和谐地组织起来。赫普沃思受让·阿尔普的抽象有机雕塑和构成主义艺术的影响较大。20 世纪 30 年代后期,赫普沃思开始创作极简形式的雕塑作品。20 世纪 50 年代,赫普沃思尝试新的创作,她将一些扁薄的材料塑造成弯弯曲曲的线圈。

赫普沃思曾谈及自己对现实主义抽象雕塑的理解:"以现实主义方法进行艺术创作,可增添你对生活、人类和地球的爱。以抽象主义方式进行艺术创作,会使你的个性获得解放,知觉变得敏锐。于是,在观察生活的过程中,深深地打动人们的是对象的整体性或内在意向——组成部分各得其所,每个细节都具有整体意味。"② 赫普沃思为联合国秘书长达格·哈马舍尔德(1905—1961)创作了纪念碑雕塑《唯一形式》(*Single Form*,图 4-27)。作品采用具有柔和色彩的木材与石头创作,整个雕塑呈卵形,表面十分光滑,色彩变化十分细腻丰富,体现出一种有

① 乔迁. 刀刃体:贝聿铭和亨利·摩尔的空间共舞 [J]. 雕塑,2014(5):45-48.

② 柯秉飞. 雕塑的材料、叙事与意义转换:以二战后欧美的几位雕塑家 [J]. 美术研究,2007(2):124-126.

机抽象的形态。她在雕塑中探讨雕塑与绘画的关系，思考如何在雕塑中表达出绘画的一些特征，如怎样将雕塑变成二维平面的作品，使它具有不稳定性。在《唯一形式》这个作品中，赫普沃思做出了尝试，雕塑的侧面看上去非常薄，就好像是一条线。

《空间的形式》是用木材进行雕刻的作品。她将木材特有的年轮形状作为基本的构成形式来进行创作，表现出了材料本身的特色。赫普沃思的雕塑也有许多孔洞，体现出她对雕塑空间与实体之间关系的关注。孔洞为雕塑带来了光影效果。光影的形状照在雕塑上与雕塑的形状相呼应，营造出一种前所未有的抽象形式。孔洞的光影是随时间和光线的变化而变化的，这样就在雕塑上形成了动态的图形，使雕塑具有了生命意义（如图 4-28）。

图 4-27 《唯一形式》
（芭芭拉·赫普沃思，1961—1962）

图 4-28 《带两个圆的正方形》
（芭芭拉·赫普沃思，1963）

4.2.1.3　戴维·史密斯

第二次世界大战后，美国先锋雕塑家和抽象表现主义画家的代表人物基本都是曾经的超现实主义画派的成员，受存在主义哲学影响深刻，他们的雕塑作品呈现出抽象的形式和一些超现实主义符号的特征。代表人物是戴维·史密斯（David Smith，1906—1965）。

史密斯曾是超现实主义画家，后因抽象雕塑而出名。史密斯是 20 世纪最伟大的雕塑家之一，与考尔德齐名。史密斯受毕加索和冈萨雷斯焊接钢材雕塑的影响，开始研究金属材料的可塑性并利用焊枪工具来进行雕塑创作。史密斯的作品大部分都是金属焊接或铸模而成的，他将雕塑理解成绘画，尽量在每个视角都消除雕塑的立体性，使雕塑具有了绘画般的平面特征，具有很强的抽象性。

史密斯受到抽象表现主义绘画的影响，尤其是波洛克行动绘画的影响，在创作前并不需要构思或画草图，而是根据具体情况在一系列连贯动作中创作，在创作中思考。“立方体”系列是史密斯的代表作品(如图 4-29,图 4-30),作品使用几何语言,他将方钢制作成各种尺寸的长方体盒子,最后用焊枪将它们焊接起来,使其具有很强的抽象几何的稳定性。这些作品兼具人形和图腾之感,仿佛是巨人或仪式建筑,它们俨然是史前的建筑物,令在场之人心生敬畏,并且可以使人感受到其中蕴含的强大精神力量,这些放置在高坛上的雕塑作品,好像建构宇宙的基石一般,其动感与坚固性反映出生命的本质,而不稳定的排列方式则反映了万事万物的变化无常①。史密斯刻意制造了许多不同的视点,使其作品具有多面貌的特性。

史密斯对雕塑艺术的最大贡献在于他丰富了雕塑创作的语言,史密斯使用的钢铁材料使他的雕塑具有强大生命力与表现力,这种生命力不仅仅来自材料和形式本身,更来源于史密斯的艺术观念。20 世纪 50 年代早期,史密斯创作了作品《字母表》。《字母表》表现的是抽象的密码,造型粗犷且醒目,具有很强的能量感。史密斯的雕塑具有自由的抽象形式和独特的原始粗犷的特征,作品中有类似于祭坛、圣门、守护者、圣物箱和图腾的符号。史密斯将雕塑的创作过程看成艺术的解放过程。在 1950 年关于雕塑教学的一次谈话中,他说:"克莱门特·格林伯格(Clement Greenberg ,1909 —1994)② 宣称,立体主义使绘画从单一模式中跳出来获得自由。艺术作品让人感受到的鼓舞在一个人心中产生的自由感与他反抗社会束缚所获得的自由感相类似。"③ 史密斯的雕塑创作明显受到抽象表现主义艺术的影响,具有很强的自由性特征。

图 4-29 《立方体 1》(戴维·史密斯,钢,1963)

图 4-30 《立方体 6》(戴维·史密斯,钢,1963)

这一时期,现代主义雕塑在各国得到进一步发展,艺术家们将地域文化与现代主义雕塑手法结合,创造出许多具有地方文化特色的现代雕塑,为现代主义雕塑增添了文化、地域元素,从此开启了一条重空间表现的雕塑创作道路。现代雕塑对建筑设计的影响很大,尤其是杜布

① H.W. 詹森. 詹森艺术史 [M]. 艺术史组合翻译实验小组,译. 北京:世界图书出版公司北京公司,2010:1043.

② 克莱门特·格林伯格是美国抽象表现主义的主要理论代表人,著有《艺术与文化》《朴素的美学》等。

③ 米歇尔·布伦森. 戴维·史密斯:自由和神话 [J]. 吴杨波,译. 世界美术,2007(1):25-28.

菲、史密斯等人的雕塑本身就有类似于建筑的地方，他们的雕塑艺术拓宽了建筑设计在形式上的创新道路。

4.2.2　野性雕塑

第二次世界大战后世界艺术的中心转移到了美国，随之艺术家必然要对传统美学提出质疑甚至推翻，开始寻求和建立新的艺术标准。许多艺术家将视线投向了原始艺术、东方艺术和儿童艺术，并探索一种自然、原始的表现形式，让·杜布菲就是其中的代表人物。杜布菲提出了“原生艺术”概念，他的雕塑作品（如图 4-31）也具有“原生艺术”的特征：①强烈地反工业文明，反学术、反理性、反形象，不讲求正统的表现规则，在表现上往往带有一种“原始状态”；②作品表现的对象大部分为精神病患者，其次为流浪艺人、大众艺人等社会边缘的非主流群体；③ 作品通常源自个人的灵感、喜好、冲动、野性释放，更无心机，更为亲切①。

杜布菲的雕塑艺术明显是对其绘画艺术的继承，粗壮有力的黑色边线凸显出形体的奔放，色彩明快、对比强烈。杜布菲的雕塑与传统的雕塑有极大的区别，他的雕塑就像是用一块块拼图拼贴起来的一样，呈现出一种儿童拼贴涂鸦的感觉，给人以强烈的视觉震撼。杜布菲的雕塑具有很强的抽象性，体量巨大且构成形式极不规则，追求一种非理性的美感，并呈现出一种平面的效果。杜布菲的原始艺术为现代雕塑界提供了一个新的视角。其代表作《四棵树》（图 4-32）坐落在美国曼哈顿金融区，形体极不规则，与传统雕塑完全不同，色彩鲜艳，线条粗犷原始，点线面之间的交错使得形式稳定有力，与周围的高楼大厦形成了鲜明的对比。整个形体非常壮观，类似于自然界的某种植物或大树的造型，非常生动。杜布菲创作的巨大雕塑也具有一种街头涂鸦的效果，在释放野性的同时也具有些许的趣味性。

图 4-31　《饶舌者》（让·杜布菲）

图 4-32　《四棵树》
（让·杜布菲，美国纽约曼哈顿银行广场，1969）

① 吴线. 形与色的野性：论杜布菲的雕塑艺术 [J]. 美术大观，2016（9）：44-45.

杜布菲的雕塑具有原始和野性的特征，唤醒了观者内心潜在的原始本性，从而给人带来一种神秘的体验。杜布菲用原始的艺术来表现现代社会的精神内涵，丰富了雕塑的艺术表现题材。

4.3 第二次世界大战后建筑的新发展

欧洲的现代主义建筑运动的发展在包豪斯达到顶峰，包豪斯关闭后，运动就基本停止了。由于战争的原因，美国汇集了大多数的欧洲现代主义大师，如格罗皮乌斯、米斯、沙里宁等现代主义大师。现代主义大师来到美国后开始结合美国国情展开设计活动，其他各国也纷纷开始了现代化的建筑探索活动，如丹麦、巴西、日本等将本民族的文化与现代建筑体系相结合，创造出具有民族和地方特色的现代建筑，同时也丰富和发展了现代主义。第二次世界大战期间，世界大量城市遭到毁灭，随着战后经济的复苏，各国开始了重建，产生了大量的建筑需求。现代主义和新一代大师们在美国和世界各地开始了新的探索，立足于新时代背景的建筑设计逐渐突破权威的、冰冷的方盒子形式。

4.3.1 第二次世界大战后现代主义大师的活动

由于战争的影响，现代主义大师纷纷逃往美国继续自己的建筑事业，这对美国的建筑界无疑是一个极好的帮助。他们结合美国国情设计出了某些超越经典现代主义的作品。第二次世界大战给现代主义大师们留下了极为深刻的印象和影响，战后他们在建筑领域寻求更多的变化和复杂性，努力将不断变化的社会情境具体化[①]。他们在战后依然不断发挥余热，进行新的探索，在现代主义的基础上又发展出新形式。

4.3.1.1 弗兰克·劳埃德·赖特

第二次世界大战后，赖特的建筑开始从正正方方的几何体向圆形发展，如 1948 年的雅各布住宅二期、1957—1959 年在纽约设计的古根海姆博物馆（图 4-33）等。

图 4-33 古根海姆博物馆（赖特，美国纽约，1957—1959）

① 威廉·J.R. 柯蒂斯.20 世纪世界建筑史 [M]. 本书翻译委员会，译. 北京：中国建筑工业出版社，2011：547.

古根海姆博物馆可以完全地展示赖特在这一时期的建筑思想。1943 年，美国商人所罗门·古根海姆(Solomon R. Guggenheim)和他的艺术收藏顾问希拉·蕾贝(Hilla von Rebay)邀请赖特为他的绘画藏品设计一座博物馆。蕾贝对博物馆提出要求："这应是一座不同寻常的博物馆，一座精神的庙宇(a temple of spirit)。"在这里展出的不是传统的艺术作品，而是能够触发观看者精神体验的抽象画作。赖特设计的古根海姆博物馆的外形是螺旋与方体的结合，让人联想到两河流域的金字塔神庙或古巴比伦的巴别塔，其螺旋式的造型象征着现代艺术朝着精神内核不断演进的发展过程。

"赖特敏锐地观察到建筑的周围环境。为了不破坏整个界墙，赖特调整了这座占据整个街区的建筑的行政机关办公楼的屋顶，使之成为平面，而非早期设计版本中的弧形。平屋顶为与博物馆毗邻的平面顶建筑和这座弧形的博物馆之间提供了自然的过渡，像极了爵士乐中的变调，从主题演奏变到重复乐段。"① 从这一点来看，赖特在这个时期就已经超越了经典的现代主义，运用了象征和表现主义的手法为建筑增添了一些历史的、文化的含义。古根海姆博物馆这座建筑也体现了建筑与绘画的有机融合，"创造的是一个适宜于展示抽象画作的氛围"②。抽象绘画所表达的不是我们日常所知的任何事物，简单来说，他将色彩和形式优美的、充满韵律的元素组织起来，让人有活得美的感受。针对抽象绘画的这一特征，赖特没有选择方正、敞亮的传统的展馆空间形式，而是打破传统，特别设计了流动的螺旋空间，使得靠墙的抽象画就像是自由漂浮在空间里的线条和色块，创造了一个适合欣赏抽象画作的空间氛围③。

4.3.1.2　瓦尔特·格罗皮乌斯

第二次世界大战后的格罗皮乌斯依然在哈佛大学从事建筑教学活动，1949—1950 年的哈佛大学研究生中心(Harvard Graduate Center，Cambridge，Mass，TAC，图 4-34)要在一个由 18 世纪延续到 20 世纪的传统建筑环境中，建造一个现代的建筑物。他一反经典的现代主义形式，没有用混凝土材料，采用了石头和其他材料，使建筑的外形更加具有传统的气息，与周围环境相协调。这一点证明了格罗皮乌斯开始注重建筑与周边环境的关系，建筑要体现历史，这也显示出格罗皮乌斯打破现代主义建筑的条条框框，推动现代建筑向前发展。

战后，格罗皮乌斯最得意的一个作品大概是波士顿的巴克港中心，但这座建筑并未能建成。这是一个大规模的工程，包括一些办公楼、一个能举行会议的宴会厅、一个商业中心、地下停车场和一个汽车旅馆。两栋板式建筑被布置成 T 形，用支柱支起，高于错综复杂的、园林化的人行道和车行道。它的立面具有丰富的质地感。在创造总体的工业、商业或文化中心方面，这个完整的综合体是当时探索美国商业建筑形式的一个优秀案例④。这个方案体现了格罗皮乌斯到美国后其建筑思想的变化，不仅仅是在欧洲时的现代主义乌托邦的理想化思想，更多的是为美国商业化服务的思想。

---

① 克雷格·惠特克. 建筑与美国梦 [M]. 张育南，陈阳，王远楠，译. 北京：中国建筑工业出版社，2019：103.

② LEVINE N.The architecture of Frank Lloyd Wright[M].Princeton，NJ：Princeton University Press，1997：347.

③ 熊庠楠. 古根海姆博物馆：建筑造型、展览空间和抽象艺术的融合 [J]. 装饰，2018(8)：30-35.

④ H.H. 阿纳森. 西方现代艺术史 [M]. 邹德侬，巴竹师，刘珽，译. 天津人民美术出版社，1987：436.

图 4-34 哈佛大学研究生中心（格罗皮乌斯，美国，1949—1950）

4.3.1.3 勒·柯布西耶

战争丝毫没有减弱柯布西耶对建筑设计的热情。1947—1952 年，他设计了著名的粗野主义的代表作——马赛公寓。柯布西耶将自己创作的过程记录了下来："它源自一次午餐后唤起的回忆，就被随手勾勒在餐馆菜单的背面，那回忆是关于意大利的一处查尔特勒修道院的——'宁静带来的幸福'。"①

"如果说米斯·凡·德·罗在 20 世纪 50 年代早期在美国建筑界占据主要地位，那么勒·柯布西耶则在 20 世纪 60 年代早期占据主要地位。"② 最能代表柯布西耶晚期思想的作品是 1955 年的朗香教堂（La Chapelle de Ronchamp，图 4-35）。朗香教堂完全打破了柯布西耶之前的理性、正方体的建筑风格，采用了扭曲式的不规则的建筑形体，具有强烈的雕塑感。朗香教堂的外形结合了柯布西耶在绘画和雕塑领域的成就，呈现出一种不规则的抽象美。建筑外形给人一种神秘感，具有强烈的象征性，类似于一种原始建筑。在教堂的东、北两面墙上，他设计了各种大小的矩形开窗，并使用各种颜色的玻璃，它们使照进教堂的光也具有了不同的颜色和形状，营造出一种神秘、神圣的室内空间氛围，为教堂增添了浪漫的色彩。在朗香教堂的设计中，柯布西耶发展出了不同于之前的建筑语言，是他感性的、艺术性的设计风格的体现。朗香教堂用"形""色""光"来将教堂的神圣与神秘表达得淋漓尽致。朗香教堂不仅体现了柯布西耶晚期的建筑思想，同时也对世界建筑的发展产生了深远的影响，为后现代主义建筑提供了一个参考的范本③。

---

① 杨远帆. 勒·柯布西耶的乌托邦：论马赛公寓的理论和意向来源 [J]. 华中建筑，2012(11)：11-15，32.

② 威廉·J.R. 柯蒂斯.20 世纪世界建筑史 [M]. 本书翻译委员会，译. 北京：中国建筑工业出版社，2011：557.

③ 徐笑非. 朗香教堂建筑细部设计的启示 [J]. 装饰，2016(2)：134-135.

图 4-35　朗香教堂（柯布西耶，1950—1953）

4.3.1.4　米斯·凡·德·罗

第二次世界大战后，米斯成为美国国际主义的代表人物，这一时期米斯的作品有 1953 年的德国曼海姆国家剧院、1956 年的伊利诺伊理工学院建筑及设计系馆（Chapel of Saint Savior IIT，图 4-36）等。他不仅把自己的模数体系精心推敲得十分简洁，而且由于他设计的建筑运用了一种悬吊的框架结构，从而能够实现即使被任意分割或局部分隔但其自身仍是一个完整连续的内部空间，这正体现了米斯的流动空间理论。

图 4-36　伊利诺伊理工学院建筑及设计系馆（米斯，美国伊利诺伊州，1956）

第二次世界大战后米斯的一个具有代表性的作品是范斯沃斯住宅（Farnsworth House，图4-37）。1945—1951年，米斯为范斯沃斯医生设计的住宅发挥了米斯对匀质空间理论的理解。“整个建筑是一个地面透明的‘方玻璃盒子’。主体建筑和南侧的平台被三排白色H形钢柱从地面上架起，就像漂浮在福克斯河畔（Fox river）的浑然天成的一块晶体，在湖光山色的映衬下，熠熠生辉，散发出无限的魅力，是继流水别墅和萨伏伊别墅之后的又一个经典的现代主义住宅建筑。米斯说：‘我相信我的作品对其他人的影响力是因为它的合理性（reasonability），任何人都可以以它（理性原则）来工作而不至成为一个模仿者，因为它是完全客观的。’范斯沃斯住宅在总体上实现了部分的匀质，是米斯通向终极匀质建构过程中的重要探索之一。”①

米斯的建筑哲学并不只是形式主义。“我们并不认可形态的问题，我们只认定建筑的问题。形态并不是我们创作的目的，充其量只不过是结果而已。”② 米斯晚期最著名的作品是其于1954—1958年设计的西格拉姆大厦（Seagram Building，图4-38）。西格拉姆大厦玻璃幕墙整齐划一，非常统一，体现出米斯精练的审美。整座大厦采用古铜作为材料，表现出一种艺术性的材料质感与色彩感。西格拉姆大厦将米斯精练细腻的建筑审美观念完美地展现了出来，代表了国际主义建筑的最高水平。西格拉姆大厦建成三年后于1961年被美国发布的纽约城规方案提议为未来高层大厦的模板。“其魅力如此之大，以至于隐藏在西格拉姆大厦背后的美学观念促使纽约区域规划彻底翻新。在无意识中，西格拉姆大厦成为20世纪纽约最具影响力的建筑。”③ 西格拉姆大厦甚至成功解决了纽约城市规划中的许多问题。

图4-37 范斯沃斯住宅（米斯，美国芝加哥，1945—1951）

① 汤凤龙，陈冰.“半个”盒子：范斯沃斯住宅之“建造秩序”解读[J]. 建筑师，2010（5）：49-57.

② 伊东丰雄. 衍生的秩序[M]. 谢宗哲，译. 台湾：田园城市出版社，2008：208.

③ 克雷格·惠特克. 建筑与美国梦.[M] 张育南，陈阳，王远楠，译. 北京：中国建筑工业出版社，2019：58.

图 4-38　西格拉姆大厦（米斯，美国纽约，1954—1958）

4.3.1.5　阿尔瓦·阿尔托

阿尔托一直保持着独特的有机现代主义风格。1947 年，马萨诸塞理工学院一座大型学生宿舍楼的设计明确地体现出他的建筑思想。学生房间沿 S 形曲线布置，带来了不断变化的景致，并提供了大量完全相同的单元。在平面和立面上，建筑师都以曲线形式来对抗现代主义的约束和控制着建筑物形式的矩形和三角形。阿尔托的设计特点在于他对材料的运用富于亲切感和人情味，赋予特定建筑以独特的性格，以及使建筑与人的尺度相协调等等。与柯布西耶或赖特的建筑相比，他的作品更加有人情味，更加亲切，就如由基地上生长出来的一样，在各种特殊限制条件中脱颖而出。阿尔托最突出的个人风格在珊纳特赛罗市政厅上可以明显地看出。这座带有折线形的倾斜屋顶的砖结构建筑，与自然环境融为一体。天花板使用了大量硬质木材，细部加工十分美丽，与内部和外部的砖墙形成对比。这座建筑尽管在概念上多少有点浪漫，但是他把有效的规划和对自然环境的尊重结合了起来，这是阿尔托和北欧最优秀建筑的特色①。

4.3.2　世界各地的现代性探索

第二次世界大战后，现代主义经由德美传向世界各地，结合不同的地域特性，现代主义开始在全球开出不一样的花朵。现代建筑运动，在其形成时期几乎不是一种世界性现象；它只是

① H.H. 阿纳森. 西方现代艺术史 [M]. 邹德侬，巴竹师，刘珽，译. 天津：天津人民美术出版社，1987：439，440.

西欧的某些国家、美国以及苏联的某些地区的专属。回顾起来，这并不令人感到惊讶，因为非常概念化的现代建筑是与正在（所谓）“先进的”工业化社会中探索真实性的前卫派联系在一起的。然而时至 20 世纪 50 年代末，经过演变、差异化和造价降低，现代建筑已经发现了它通往世界上许多其他地区的道路①。

4.3.2.1 奥斯卡·尼迈耶

奥斯卡·尼迈耶（Oscar Ribeiro de Almeida Niemeyer Soares Filho，1907—2013）是现代建筑界的传奇人物、拉丁美洲现代主义建筑的倡导者，被誉为“建筑界的毕加索”。尼迈耶对整个南美洲的建筑的影响巨大。1936—1937 年，他参加了巴西教育卫生部大厦的设计并任设计组负责人。柯布西耶为这个工程的顾问。在设计过程中，尼迈耶受到柯布西耶很多直接指导。这座教育卫生部大厦被认为是巴西第一座重要的现代建筑。1956—1961 年，他参加巴西新都巴西利亚的建设工作，设计了三权广场以及广场上的总统府、巴西议会大厦和大教堂等建筑（图 4-39）。尼迈耶在巴西做了很多项目，其作品是对巴西的民族性与国际时代性的有机结合。

图 4-39 三权广场（奥斯卡·尼迈耶，巴西巴西利亚，1958—1960）

“巴西建筑被称为现代建筑的唯一独立的分支。柯布西耶在爬上巴西利亚高原的坡道看到尼迈耶的设计时不禁惊讶道：‘这里有思想。’”② 尼迈耶自己也坚信在建筑背后必须有思想，如果没有就不是建筑。尼迈耶继承并发扬了柯布西耶、米斯等现代建筑大师的理念。因此人们通常认为尼迈耶是第二代现代主义建筑师。但与前人不同的是，他忽略了那些所谓正统的方方正正的建筑和用尺规设计的建筑方式。尼迈耶设计的尼泰罗伊当代艺术馆（图 4-40）放弃了冰冷的理性主义，而去拥抱曲线的世界。他说：“我不喜欢金属结构，因为他们需要直线的

① 威廉·J.R. 柯蒂斯.20 世纪世界建筑史 [M]. 本书翻译委员会，译. 北京：中国建筑工业出版社，2011：491.

② D.D. 博尔斯，常钟隽. 奥斯卡·尼迈耶谈建筑 [J]. 新建筑，1993（1）：49-50.

设计。……我也不喜欢那种过于职业化的建筑师。对我来说建筑本身是最重要的，例如，赖特就一直努力运用他那个时代技术上的可能性去创造优美、新颖的东西。"① 尼迈耶创造了"混凝土曲线美学"。它抛弃了国际主义冰冷的直线，利用钢筋混凝土创造曲线的现代建筑。尼迈耶认为，"建筑艺术必须表达某一时代占统治地位的技术和社会力量的精神"②，如其设计的尼迈耶文化中心（图 4-41）。

图 4-40　尼泰罗伊当代艺术馆（奥斯卡·尼迈耶，巴西，1996）

图 4-41　尼迈耶文化中心（奥斯卡·尼迈耶，西班牙阿莱维斯，2006）

4.3.2.2　丹下健三

丹下健三（KenzoTange，1913—2005）是日本现代建筑的最重要的奠基人之一。1935—1938 年，他在日本东京大学学习建筑；1938—1941 年，在日本现代建筑的重要先驱之一的前川国男（Maekawa Kunio，1905—1986）的建筑事务所中从事建筑设计，这是他设计生涯中非常重要的一个阶段。设计实践使他在大学学习到的建筑理论得到具体的应用，同时他对现代建筑

① D.D. 博尔斯，常钟隽. 奥斯卡·尼迈耶谈建筑 [J]. 新建筑，1993（1）：49-50.

② 弗兰姆普敦. 现代建筑：一部批判的历史 [M]. 原山，等译. 北京：中国建筑工业出版社，1988：323.

的技术、材料和运作也有了非常深刻的理解。他一生都投身于对现代建筑形式的探索。正如他自己所希望的那样："在所有这些设计中，我努力想找到一条道路，使现代建筑生根于日本。"①他的将现代建筑的基本因素与部分日本传统建筑结合的方式，影响了整整两代日本建筑家，使日本的建筑真正有了自己的独特形象，从而能够在国际建筑中占有一席之地（如图 4-42）。

图 4-42 香川县体育馆（丹下健三，日本高松，1962—1964）

他受前川国男的影响很大，"前川的建筑轮廓、形态以及构成比例等建筑语言，都可见日本传统纪念建筑的身影。丹下健三还将这种纪念性的表达手法发展至更远，在 1961—1964 年创作的东京奥林匹克体育馆中，他用钢悬索结构创造出具有建筑力学效果的交织曲线网格"②。1941 年，丹下健三提出了"国民住宅方案"，这是他的最早引起注目的设计项目。第二次世界大战期间，丹下健三没有多少建筑可以设计，因此集中精力从事研究。他在东京大学的城市规划研究所工作，重新将建筑实践经验进行理论性的深化，研究的重心是城市规划与建筑的关系。他提出了公共场所设计的交流性理论（communication space），认为公共场所的空间，除了具有使用功能之外，还应具有交流的功能，能够促进人际关系的发展，而不仅是提供一个足够的空间那么简单，他在设计上对此非常重视。他认为，欧洲的交流空间是广场，而东方的交流空间是邻里狭窄的街道、精细的室外空间等。文化背景不同的国家有不同的交流需求，形成了在公共空间上处理交流问题的不同手法，西方大量的公共广场和东方大量的有趣的小街道、密接的社区形成鲜明的对照。他认为，两种类型的公共空间都有其道理，也都有助于促进交流，密切人际关系。他希望能够把两者结合起来，创造新的交流空间，使新的城市具有更好的交流功能，而不仅仅是提供足够的物理性的使用空间而已。通过这些研究，他已经把建筑的问题从简单考虑物理功能的水平扩展到心理功能层面（如图 4-43）。

---

① 林中杰. 丹下健三与新陈代谢运动 [M]. 韩晓晔，译. 北京：中国建筑工业出版社，2011：5.

② 威廉·J.R. 柯蒂斯.20 世纪世界建筑史 [M]. 本书翻译委员会，译. 北京：中国建筑工业出版社，2011：508-509.

图 4-43 圣玛利亚教堂(丹下健三，日本东京，1964)

丹下健三不仅对日本建筑的贡献非常巨大，对战后日本经济的复苏也起到了很大的作用。"丹下健三是日本新的建筑体系之父……丹下四十多年的创作活动是与战后日本经济的复兴、高速增长、动荡不安以至较稳定的增长等密切相关的。"①1946 年，战争刚刚结束，他受东京大学聘请，担任这个学院的建筑系助教。教学的过程使他对现代建筑有了进一步的深刻理解和系统的认识。他在 1946—1947 年提出了日本广岛市的重建计划，同年又提出了前桥市重建计划、伊势崎市重建计划、东京银座地区重建计划和新宿地区重建计划，将欧洲现代建筑和城市规划的原则与日本国情进行了很好的结合，得到了很好的评价。这几个项目，特别是广岛的重建项目，是他战时城市规划思想和"交流空间"思想的集中体现，对于日本建筑界和规划界具有很大的影响。1960 年，丹下健三以东京的重建为着手点，提出了"有机规划"理论。1964 年，他设计了东京代代木国立室内综合体育馆(Yoyogi National Gymnasium，图 4-44)，这是对现代主义与日本民族精神文化建筑审美的结合。丹下健三的学生矶崎新曾说："丹下最伟大的功绩在于通过国家的重大活动，让世界认识了日本建筑，与其说他是个建筑师，还不如说他是位管弦乐队的指挥家。"②

图 4-44 代代木国立室内综合体育馆(丹下健三，日本东京，1964)

① 马国馨. 丹下健三 [M]. 北京：中国建筑工业出版社，1989：4.

② 薛菊. 丹下健三建筑思想与作品解析 [J]. 高等建筑教育，2010(6)：9-12.

4.3.2.3 路易斯·巴拉干

路易斯·巴拉干(Luis Barragan, 1902—1988)出生于墨西哥,是20世纪最著名的建筑师,在他的作品中可以看到绘画、雕塑、建筑与景观之间的关系,现代建筑师没有人能够像他这样设计出杰出的景观,现代景观设计师也难以达到他在建筑中的成就。巴拉干将现代建筑、景观思想与墨西哥传统文化、艺术相结合,创造出了与众不同的个人风格。

巴拉干的诸多作品都是景观和建筑的综合体,如饮马泉广场等体现了巴拉干建筑与景观一体的环境观。阿尔多·西扎曾评价巴拉干的建筑:"围绕着我们的建筑好像是自然存在的,简单而丰富。它们是平常的又是特殊的,抛弃所有的描述、模仿。其外部的空间静谧而不张扬,然而,我们偶尔会出乎意料地从并不被人注意的景观中发现令人振奋的细节。我们从园林中安静地走过,言语在这里显得那么多余,其中的每一件东西都拥有毋庸置疑的独特性,光线轻松而迷人。色彩则不受任何限制地表达着作者的各种情感与精神。"① 巴拉干的建筑是对现代建筑空间与墨西哥传统文化的有机结合,是现代与历史的对话。他的作品具有强烈的现代性,适应现代社会的需求,同时又植根于墨西哥的传统地域文化,并体现地域文化特色(如图4-45)。

图 4-45 卫星城塔(路易斯·巴拉干,墨西哥,1957)

奥克塔维·帕兹(Octavio Paz)对巴拉干的建筑有如下的评价:"巴拉干告诉我们如何理智地利用墨西哥传统,这种方式与墨西哥作家、诗人、画家一样……由此,墨西哥当代文学和艺术的发展路线已一目了然……要想真正地具有现代性,必须首先向我们的过去致敬。"② 巴拉干对艺术也有着非常浓厚的兴趣,将色彩大胆地运用在建筑设计上。起初,巴拉干所使用的色彩仅仅限于红、蓝、白,后来受到墨西哥地方传统服饰与装饰的触动开始使用黄色、粉色、红色、紫

① BARRAGAN L.Barragan: the complete works[M].NewYork: Princet on Architectural Press, 1996.

② PAZ O.Los Usos de la Tradicion[M].[S.L.]: Artes de Mexico, 1992: 32-33.

色，迈入了更加丰富的色彩殿堂。这些都源自画家瑞斯对他的影响。巴拉干在获得普利兹克奖（Pritzker Architecture Prize）的谢词中说："一个建筑师要知道如何去观察，我所指的是不被理性分析所压制的观察。在这些方面我得益于我敬重的一位好友，他正确的艺术品位让我认识到单纯的观察是一项十分困难的艺术。他就是墨西哥画家彻绸·瑞斯（Chucho Reyes），我要公开答谢他对我英明的教诲。"[①]

巴拉干的建筑被评价为具有诗意的建筑，他认为建筑必须传达宁静，宁静是通往诗意的途径。1976 年，他设计了吉拉迪住宅。住宅中央有一棵开有紫色花的大树，住宅前部是主要的生活区域，中部为庭院，有一条走廊通过，后部是一个室内游泳池，连接前后的走廊开着一排竖向长窗，抹灰墙采用明艳的黄色。光从院中投过来，富有韵律，屋顶上有极细的光束照射着鲜红或鲜蓝的墙。这是一片令人惊讶的奇特景色，好像在梦中。穿过梦幻的长廊，有一个梦境展开了。柔静的水池中升起刚勇的红墙，阳光如一只利箭直射然后又被折射、反射，一唱三叹。而漫射的光柔和地照进庭院，热烈的、冷峻的、温和的色彩互相辉映，又有白墙来晕染，又有水体来融化。在这小小的幽静的空间，各种角色好像都在舞蹈。又一次，巴拉干创造了一种奇特的美景[②]。从作品中可以看出巴拉干是将建筑视为景观的一部分来设计的，建筑空间是环境中的一个有机部分，是一种景观环境（如图 4-46）。

图 4-46　巴拉干公寓（路易斯·巴拉干，墨西哥，1948）

① 黄雯. 吸纳与升华：路易斯·巴拉干设计思想形成历程浅析 [J]. 建筑师，2014（3）：52-57.

② 王丽方. 潮流之外：墨西哥建筑师路易斯·巴拉干 [J]. 世界建筑，2000（3）：56-62.

4.3.2.4 雅各布森(ArneJacobsen，1902—1971)

雅各布森是丹麦现代主义建筑大师，涉足建筑、家具、产品等设计领域。斯堪的纳维亚五国的设计在现代设计运动中一直是独树一帜的。20 世纪 50 年代，科学技术进一步发展，新工艺和新材料的出现为设计增添了更多的可能，斯堪的纳维亚的设计开始了一次新的飞跃，涌现出一批现代设计大师，形成了有机现代主义风格。

1929 年，雅各布森与弗莱明·拉森(Fleming Lassen，1902—1985)合作，参加了由建筑师协会举办的以"未来住宅"为主题的设计竞赛。在为这次设计竞赛设计的作品中，他考虑将屋顶作为直升机降落平台，采用了当时最先进的理念。从学生时代开始，雅各布森一直受到瑞典建筑大师贡纳尔·阿斯普朗德(Gunnar Asplund，1885—1940)建筑思想的影响，强调建筑与周围环境的融合，这种思想体现在奥尔胡思市政厅(Aarhus City Hall)、诺瓦工厂(Nova Factory)等建筑中。雅各布森是推动丹麦建筑现代化的领军人物，他的建筑作品突破现代主义冰冷的外壳形式，散发着浓郁的人文主义气息，强调功能与形式和谐的原则，偏爱对自然形态的仿生转化，将现代主义强调的刻板的功能主义转化为自然流畅的形式，其作品具有优美的雕塑形态和造型语言，又有很浓烈的个人风格①(如图 4-47)。

图 4-47 丽笙皇家酒店(雅各布森，丹麦哥本哈根，1958)

20 世纪 50 年代是现代主义在世界各地丰富发展的时期，世界各地区将地域文化与现代主义结合，建造了许多具有地方文化的现代建筑，为现代主义建筑增添了文化、地域元素，为之后的地域主义建筑做出示范。第二次世界大战后的建筑师不仅仅关注建筑，也开始将注意力投向景观，以一种更先进的环境观来指导设计实践活动，创造出了许多建筑与景观和谐共生的设计。现代主义建筑在这个时期开始走出了单一的方盒子面貌的限制，开始走向有机的形式，并为之后的后现代主义运动做出了形式上的铺垫。

① 袁嘉欣，吴卫. 丹麦现代主义设计大师雅各布森作品探析 [J]. 设计，2017(21)：88-90.

4.4　现代景观走向成熟

20 世纪以来，城市景观一直在朝着不同的方向进行探索。在现代主义的影响下，美国的城市景观设计逐步走向了成熟。它在一定程度上改变了美国在世界城市景观设计领域中的地位，美国的景观设计风格成为引领当代世界城市发展的主要潮流之一①，对全球城市景观艺术设计的发展有着重要的影响。

4.4.1　美国加州风格

4.4.1.1　加州风格的形成和特征

第二次世界大战后的景观发展以美国为中心，在 20 世纪 40 年代末和 50 年代早期，美国加利福尼亚州形成的本土景观设计风格逐渐成熟。20 世纪 40 年代，在美国西海岸“一种不同以往的私人花园风格逐渐兴起，不仅受到渴望拥有自己的花园的中产阶级的喜爱，也在美国景观设计行业中引起强烈的反响，成为当时园林的代表。这种花园的典型场景是露天木制平台、游泳池、不规则种植区域”②。这种风格的形成不是偶然的，与当地的地理条件和当时的社会背景都密不可分。

与东海岸移植自欧洲的现代主义风格不同，西海岸的加利福尼亚花园（以下简称“加州花园”）风格（California Garden Style）是美国本土产生的一种现代园林风格。当地的气候和景色是新风格得以产生的基本条件。新风格的出现“更多的是由战后美国社会发生的深刻变化引起的。在经过了超过十年的大萧条和战争之后，美国经济得到复苏，中产阶层日益扩大，收入逐渐增多。”③ 一大批美国人从农村和小城市迁移到大都市和市郊，在气候温和的西海岸地区的城市定居。年轻的景观设计师也从美国各地聚集到西海岸。

加利福尼亚州的传统住宅多为带有凉廊、门廊的天井花园式的西班牙式建筑。20 世纪早期，平房作为一种新的家庭住宅形式进入当地。这种形式的住宅更适合加州的气候。当地人喜欢在花园中进行户外活动和休闲娱乐。第二次世界大战后，加利福尼亚的生活氛围更加轻松休闲。花园作为住宅的基本要素，最先成为景观设计的试验地。加州花园风格出现于 20 世纪 40 年代到 50 年代，《日落》（*Sunset*，图 4-48）杂志刊登的景观设计作品能极大地满足西海岸的人们追求低成本且随性的生活方式的需要。为了满足人们对户外空间的新需求，一批具有影响力的设计师提出了以使用者为导向、极具功能性的现代主义景观设计原则④。“它是一个综合艺术、功能和社会之下的构图，它的每一部分都综合考虑了气候、景观和生活方式的影响，是一个本土、时代和人性的设计。”⑤ 托马斯·丘奇就是其中最具影响力的设计师代表之一。

---

① 周林. 近现代文化艺术思潮影响下的美国城市景观艺术设计 [D]. 无锡：江南大学，2007：40.

② 纪立广. 景观设计视野中的场所精神：感悟托马斯·丘奇的“加州花园”设计 [J]. 艺术. 生活，2009（4）：56-57.

③ 林箐. 托马斯·丘奇与“加州花园”[J]. 中国园林，2000（6）：62-65.

④ 伊丽莎白·伯顿，奇普·沙利文. 图解景观设计史 [M]. 李哲，肖蓉，译. 天津：天津大学出版社，2013：215.

⑤ 马克·特雷布. 现代景观：一次批判性的回顾 [M]. 丁力扬，译. 北京：中国建筑工业出版社，2008：12.

图 4-48 20 世纪 40 年代的《日落》杂志

4.4.1.2 托马斯·丘奇

托马斯·丘奇是加利福尼亚州的本土景观建筑师,其设计风格深受巴黎美术学院式艺术风格的影响,以尺度较小的住宅设计的成就最为突出。在其大多数设计中,丘奇摒弃了中轴线对称以及按照功能组织空间的设计手法,经常把曲线和仿生形式巧妙地糅合在一起,来避免方正、呆板的形制,在不对称的空间布局中强调空间结构。在他设计的平面构图中,我们可以看到超现实主义作品中常见的形式语言,如锯齿线、肾形、阿米巴曲线结合而成的水池平面。

1948 年,丘奇设计的唐纳花园(Donnel Garden,图 4-49)大概是其设计生涯中最出名的作品。作为丘奇的代表作之一,唐纳花园不仅是艺术层面上的杰作,更是现代景观发展史上的一个重要的里程碑[①]。"庭院由入口院子、游泳池、餐饮处和大面积的平台所组成。平台的一部分是美国杉木铺装地面,另一部分是混凝土地面。庭院轮廓以锯齿线和曲线相连,肾形泳池流畅的线条以及池中雕塑的曲线与远处海湾的'S'形线条相呼应。树冠的框景将原野、海湾和旧金山的天际线带入庭院中(图 4-50)。"[②] 加州花园风格体现了 20 世纪中期人们随性的生活方式。

图 4-49 唐纳花园(托马斯·丘奇,美国加利福尼亚州,1948)

① 王向荣,林箐. 西方现代景观设计的理论与实践 [M]. 北京:中国建筑工业出版社,2002:63-64.

② 林箐. 托马斯·丘奇与"加州花园"[J]. 中国园林,2000(6):62-65.

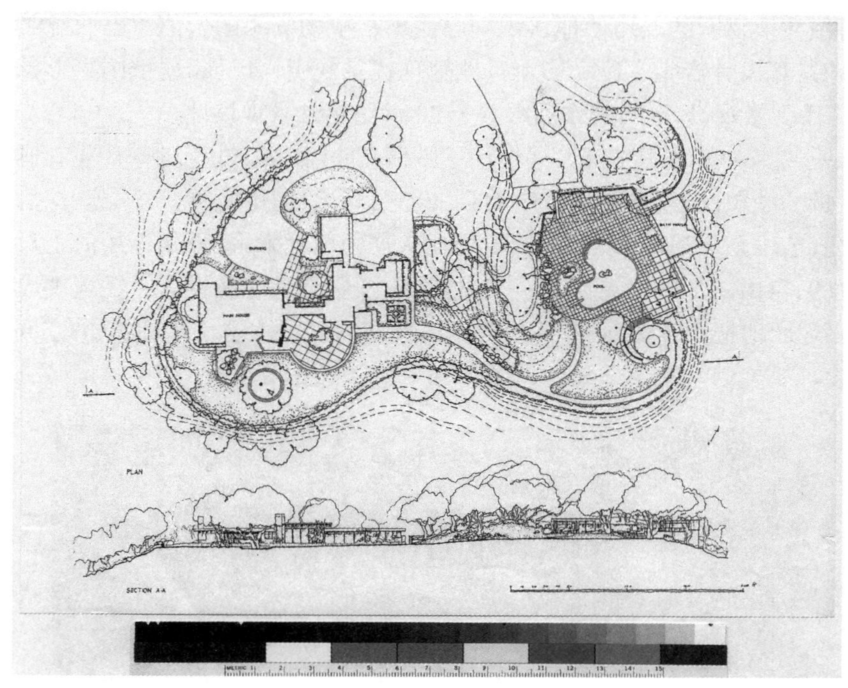

图 4-50 唐纳花园场地规划平面图

丘奇的设计风格在很长时间内对美国和其他国家的年轻设计师们有着引导的作用，尤其是在第二次世界大战前后，他的事务所对全美的年轻设计师来说是最具吸引力的地方。1955 年，他的著作《园林是为人的》（*Gardens are for People*）出版，书中总结了他的设计思想和设计作品。“立体主义、超现实主义的形式语言如锯齿线、钢琴线、肾形、阿米巴曲线，被他结合形成简洁流动的平面，结合花园中质感的对比，运用木板铺装的平台和新物质，如波状石棉瓦等，形成了一种新的风格，相对于这以前的设计，是一个非常显著的进步。”[①]

4.4.2 拉丁美洲景观设计

20 世纪，拉丁美洲在探索一种崭新的以生物学为导向的景观艺术创作，在现代主义设计风格大行其道之时，开辟出了一条全然具有自己本土设计语汇和理念的景观设计道路。国际设计师罗伯托·布雷·马克斯和路易斯·巴拉干的作品已成为现代主义设计的范例，体现出“将景观设计作为艺术作品”的理念。他们的作品通过色彩、材料与线条来塑造具有鲜明地域特色的景观。

4.4.2.1 罗伯托·布雷·马克斯

罗伯托·布雷·马克斯（图 4-51）来自巴西，是公认的 20 世纪最有天赋的景观设计师之一。他致力研究国际前卫艺术和本土文化艺术，对巴西景观中的地域性特征进行了分析，并提炼出了适合巴西的设计语言，创造出了具有鲜明地域特征和生命力的景观作品。巴西原为葡萄牙殖民地，马克斯必然也受到了 19 世纪欧洲园林设计理念的熏陶。18 岁时，他前往德国学习绘

① 沈守云，张启翔. 现代景观设计思潮 [M]. 武汉：华中科技大学出版社，2009：67.

画，一次访问柏林植物园的经历使他认识到巴西丰富植物资源的价值。巴西优美的沿海风景也对马克斯的景观设计产生了巨大影响。他把现代景观引入巴西，还把国家形象、挂毯设计、民间艺术等应用到景观设计中，其作品影响了 20 世纪热带景观设计。

1937 年，马克斯为教育卫生部大楼设计了屋顶花园（图 4-52）。他采用了在画布上作画的方法，画出曲折的抽象图案，暗喻从空中看到的巴西河流，他用龙舌兰、朱蕉、棕榈等植物组成图案。他认为，艺术是相通的，景观设计与绘画从某种角度来说，只是运用的工具不同。他用流动的、有机的、自由的形式设计园林，一如他的绘画风格。他在设计中还表现出对植物学和绘画的浓厚兴趣。他把设计场地视为画布，利用典型的天然植物，组织抽象的空间结构并呈现出丰富的色彩①。

图 4-51 马克斯正在绘制画作桌布

图 4-52 教育卫生部大楼的屋顶花园平面图（马克斯，巴西里约热内卢，1937）

① 陈如一. 国际与本土艺术融合的地域性景观范例 [C]// 中国风景园林学会. 中国风景园林学会 2013 年会论文集（上册）. 北京：中国建筑工业出版社，2013：14.

从罗纳托·布雷·马克斯的设计平面图中可以看出，他的形式语言大多来自米罗和阿尔普的超现实主义作品，同时也受到立体主义的影响。他创造了适合巴西气候和植物材料特点的风格，开辟了景观设计的新天地，与巴西的现代建筑运动相呼应。1948 年，他在蒙泰罗花园（Monteiro Garden，图 4-53，现称“费尔南德斯花园”，Fernandes Garden）的设计中，利用空间创造一种纯粹的视觉体验，使景观与建筑相互独立自成一体。马克斯并没有将建筑的几何形式沿用到花园中，而是使用流线这种有机语言设计花园。他用花床限制大片植物的生长范围，但并不修剪植物。以植物叶子的色彩和质地的对比来创造美丽的图案，并且还通过其他材料如沙砾、卵石、水等来重复和强调这种对比，并不只是靠花卉。“在他的眼里，这些造园的材料好像都是调色板上的一种颜料，任凭他在大地上挥洒。他的这种注重材料整体的色彩和质感的方式，被许多后来者学习。”①

图 4-53　蒙泰罗花园（布雷·马克斯，1948）

4.4.2.2　巴拉干

巴拉干是一名墨西哥景观建筑师，他的设计作品往往色彩丰富、空间构图简洁，将墨西哥传统风格与现代主义风格相结合，开拓了现代主义创作的新途径。巴拉干的作品规模都不大，以住宅为多。他在作品中对建筑、园林连同家具统一进行设计，使其成为具有鲜明个人风格的统一和谐的整体。巴拉干的园林通过具有明亮色彩的墙体与水、植物和天空形成的强烈反差，创造宁静而富有诗意的心灵庇护所。

1925—1926 年，巴拉干在欧洲游历了两年，期间有机会参观了巴黎现代工艺美术博览会，这对他的一生产生了重大影响。博览会中法国作家费迪南德·巴克（Ferdinand Bac，1859—1952）的作品让他流连忘返。巴克的书和作品引导巴拉干重新认识了地中海传统风光的丰富

① 张丹. 西方现代景观设计的初步研究 [D]. 大连理工大学，2006：20.

内涵以及故乡中的风景。在摩洛哥旅行时，他看到这里的建筑与当地的气候、风景如此协调，与当地人的服装、舞蹈和家庭密切相关。他认识到，墨西哥的民居，白墙，宁静的院子和色彩明亮的街道，与北非尤其是摩洛哥的村庄、建筑之间存在着深刻的联系。在这次旅行中，巴拉干不仅对巴克的设计思想和地中海精神理解得更透彻，也对现代绘画、文学和建筑运动有了更深刻的认识[①]。

“在巴拉干设计的一系列园林中，使用的要素非常简单，主要是墙和水以及吸引人的阳光和空气，有时再添加一两件木制的构件。童年时期对父亲的农场的记忆构成他作品的基础，他的作品就是要将这些遥远的、怀旧的东西移植到当代世界中。特别是对喷泉的美好回忆一直跟随着他，如排水口、种植园的蓄水池、修道院中的水井、流水的水槽、破旧的水渠、反光的小水塘。”[②] 在位于墨西哥城近郊的圣克里斯托瓦尔马场（San Cristobal Horse Farm，图 4-54）项目中，巴拉干利用粉刷的灰泥墙和水景元素构造了一系列富有活力的空间。建筑、水池（分别供人和马使用）和马厩组合在一起，激发了同时代的建筑师、设计师和景观建筑师的设计灵感。

图 4-54 圣克里斯托瓦尔马场（巴拉干，墨西哥）

一些后辈的景观设计师都继承了布雷·马克斯与路易斯·巴拉干的设计理念与手法，如凯瑟琳·古斯塔夫森（Kathryn Gustafson，1951— ）、帕特里夏·约翰逊（Patricia Johanson，1940— ）在位于得克萨斯州达拉斯市（Dallas）的菲尔花园（Fair Park）中，模仿水生植物的形状设计道路系统（图 4-55）。西班牙景观建筑师费尔南多·卡伦科（Fernando Caruncho，1958— ）重新诠释了西班牙麦圃花园（Mas de les Voltes）中的装饰型农场（Ferme Ornee，图 4-56）。古斯塔夫森将场地像编织物一样进行翻转和折叠；约翰逊把生物形式转换为建筑元素进行设计；卡伦科则借鉴农业的布局模式构建景观，加入植物、水体和矿石等元素[③]。

① 张丹. 西方现代景观设计的初步研究 [D]. 大连：大连理工大学，2006：23.

② 林箐. 诗意的心灵庇护所：墨西哥建筑师路易斯·巴拉干的园林作品 [J]. 中国园林，2002（1）：30-32.

③ 伊丽莎白·伯顿，奇普·沙利文. 图解景观设计史 [M]. 李哲，肖蓉，译. 天津：天津大学出版社，2013：221.

图 4-55　菲尔花园中模仿水生植物形状的道路系统
（古斯塔夫森、约翰逊，美国得克萨斯州，19 世纪 30 年代）

图 4-56　麦圃花园中的装饰型农场（费尔南多·卡伦科，西班牙，1994）

4.4.3 美国现代景观设计的兴起

4.4.3.1 盖瑞特·埃克博

埃克博来自夏季干旱的加州。1935 年,他获得了加州大学伯克利分校的景观设计学学位后,在南加利福尼亚的阿姆斯特朗苗圃用了一年时间设计了大约 100 个花园。他通过实践不断地开阔自己的设计视野,又凭借设计竞赛奖学金进入哈佛大学研究生院开始学习景观设计。当他听到"那些真实反映人造特点的花园在某种程度上要逊色于那些不规则的花园——人类对理想自然的模仿"这样的观点时感到非常震惊。于是,他在哈佛大学的教科书——哈伯德和金博尔所编写的《景观设计学习初步》(*Introduction to the Study of Landscape Design*)中一页的空白处写下了他的质疑:"为什么自然比人造更完美?"①

埃克博拒绝二分法和陈腐的观点。他进一步质疑道:"为什么我们必须是自然主义的或是规则式的呢? 二者之间的各个渐变阶段是怎样的呢?"埃克博在哈佛大学的同学罗斯和克雷在景观设计工作室中也有同样的困惑和反传统的态度。为了获取灵感,他们研究了最新的建筑期刊和现代艺术书籍、毕加索和乔治·勃拉克的立体派绘画、拉兹洛·莫霍利·纳吉的构成主义雕塑和其他古老的艺术作品,如金字塔、巨石阵以及不知名的农民和手工艺人的作品。

1937 年,格罗皮乌斯来到了哈佛大学,带来了包豪斯关于社会和艺术的观点,这给了埃克博、罗斯和克雷更多的创作激励。加拿大裔的花园设计师和规划师克里斯托弗·唐纳德当时还没来到哈佛大学,但是 1937 年和 1938 年他在《建筑评论》(*Architecture Review*)上发表的文章对这三位学生有着强烈的影响。埃克博参加了建筑课程,同时继续在景观设计系上课。埃克博是第一个批判巴黎美术学院风格和形式主义美学的景观设计师②,他和同学③一起抵制旧的造园思想并开始"探索将科学、建筑和艺术作为现代景观设计的源泉"。

在哈佛大学的时光对埃克博的设计思想和风格的形成有着深远影响:学校给了他一个实验室供其做研究。一些设计研究调查了埃克博与现代艺术社会思想根源的联系。埃克博也受到几位抽象画家的影响,包括拉兹洛·莫霍利·纳吉和卡西米尔·塞文洛维奇·马列维奇。康定斯基做了几项研究,说明了使用对角线细分方形的各种方法,其作品《构图 8 号》(*Composition VIII*,图 4-57)正是采用了这种方法。我们可以从埃克博的花园中总结出以下特点。

(1)借鉴艺术家绘画的灵感通过植物分层和体量传达设计中的运动感。

(2)廊架以及座椅等设施不仅具备家庭日常使用的功能,同时也是定义空间的元素,如埃克博对金石花园(图 4-58)的设计。

(3)用简单的几何构图处理不规则的庭院边界,简化植被种植,强调材质的选择。

---

① 彼得·沃克,梅拉尼·西莫. 看不见的花园 [M]. 王健,王向荣,译. 北京:中国建筑工业出版社,2009:123.

② 伊丽莎白·伯顿,奇普·沙利文. 图解景观设计史 [M]. 李哲,肖蓉,译. 天津:天津大学出版社,2013:215.

③ 他们希望能将新的教学风格应用于景观设计,彻底改变景观设计的方法,但他们遭到了毫不客气的拒绝。后来,詹姆斯·罗斯被赶出学校,克雷辍学,埃克博完成了他的硕士学位。

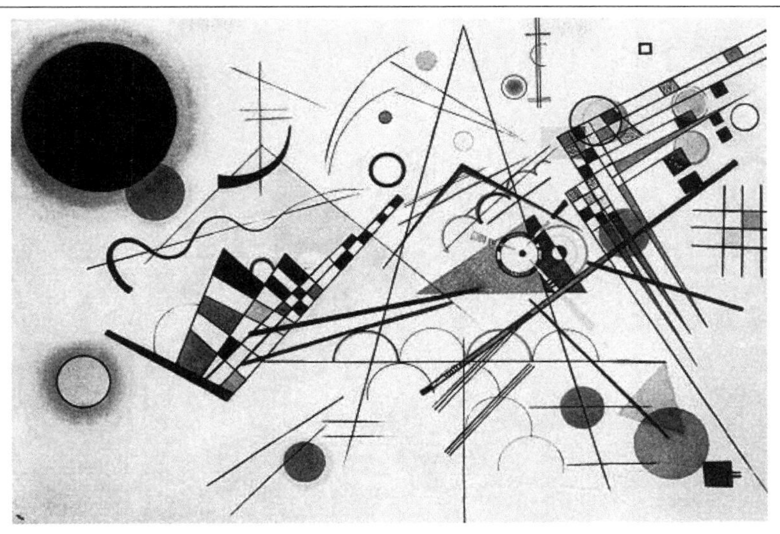

图 4-57 《构图 8 号》(康定斯基,1923)

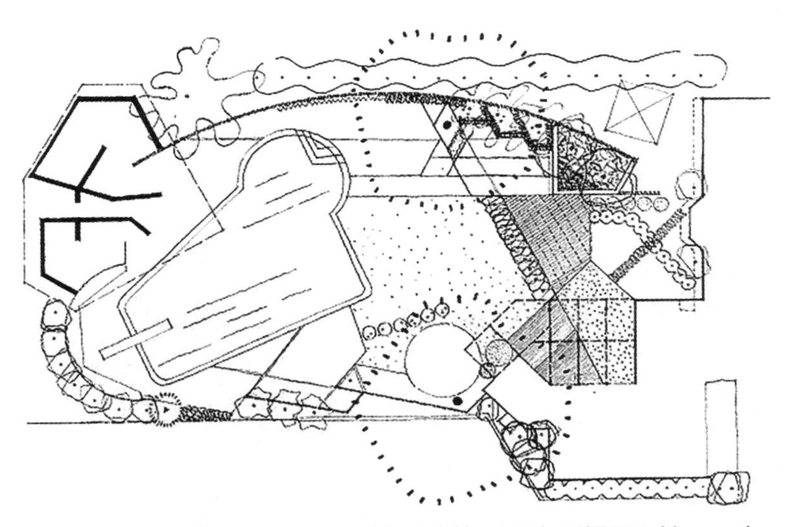

图 4-58　金石花园平面图(盖瑞特·埃克博,美国加利福尼亚州,1948)

埃克博于 1950 年出版的著作《生活景观》(*Landscape for Living*)和于 1956 年出版的《家庭艺术景观》(*The Art of Home Landscaping*)为小尺度空间的景观设计提供了指导。在书中他提到,空间的组织与建构才是花园设计的核心,应当根据使用者的需求与功能性空间之间的关系来进行规划(如图 4-59)。设计应能应对当时社会环境中的大问题,埃克博追求的是一种更加切合实际的设计理念。他深受当时文化潮流的影响,迷恋爵士乐、时尚、电影和艺术,这些都对他的设计产生了潜移默化的影响。埃克博还热衷于社会进步事业和富于社会意识的设计。他受农场安全管理局(Farm Security Administration)委托,设计建造了外籍务工人员住宅和社区中心。1959 年修建的位于加利福尼亚州月桂谷(Laurel Canyon)的阿尔卡未来公园(Alcoa Forecast Garden,图 4-60)是由美国铝业公司(Aluminum Company of America)出资建造的,旨在展示新材料如何运用于居住区设计。埃克博将自己住宅的后院用来展示最新的设计样品,如挡板、格子架和喷泉等所有样品都是用铝材制成的。

图 4-59 社区花园鸟瞰图(盖瑞特·埃克博,1939)

图 4-60 阿尔卡未来公园(盖瑞特·埃克博,美国加利福尼亚州,1959)

在整个职业生涯中，埃克博保持了对艺术与科学互动的愿景，创造了功能性和宜居性的环境，同时坚持使用社会、生态和文化的设计方法。他在 1969 年出版的著作《我们看到的景观》(*The Landscape We See*)中写道："艺术使智力情绪化，科学使情感智能化。它们共同为自然带来秩序，为人类带来自由……"今天，人们因建筑物的高度增加、城市或城镇的中心聚集、灯光和标志的喧嚣、交通堵塞的增加、承载精神生活的寺庙和宫殿以及许多其他辉煌的建筑在现代城市丛林中迷失了。

4.4.3.2　丹尼尔·厄本·克雷

丹尼尔·厄本·克雷(Daniel Urban Kiley, 1912—2004)师从沃伦·曼宁和建筑师路易斯·康(Louis Kahn, 1901—1974)。他在设计中特别注重形式与空间等级之间的关系，采用强烈的几何形式来建立景观秩序，有点类似于 17 世纪法国的形式主义，并由此创造出鲜明的方向感。克雷与许多著名的现代主义建筑大师都有密切的合作。他在设计中常常通过叠置平面、重复模数来创造景观空间的动态融合。

米勒花园(Miller Garden，图 4-61，图 4-62)位于美国印第安纳州哥伦布斯(Columbus)小镇，建于 1950 年，是一座私家花园。该花园是克雷的第一个现代主义设计作品，也是他设计风格的一个转折点[①]。该花园所在场地的地势由东向西下降，一直延伸到布满密林的河岸。园内建筑的平面呈长方形，内部 4 个功能区呈风车状排列在中心下沉式起居空间的四周。建筑前是一块约 4.05 hm^2 的长方形基地。克雷将基地分为 3 个部分：庭院、草地和树林，它们紧邻建筑，遵从建筑的秩序。他将花园内偏移的轴线、长长的林间小道、直线形的空间与设计的住宅形体有机地结合起来。在这以后，他放弃了自由形式和非正交直线构图，而在几何结构中探索景观与建筑之间的联系，克雷的独特风格初步形成。

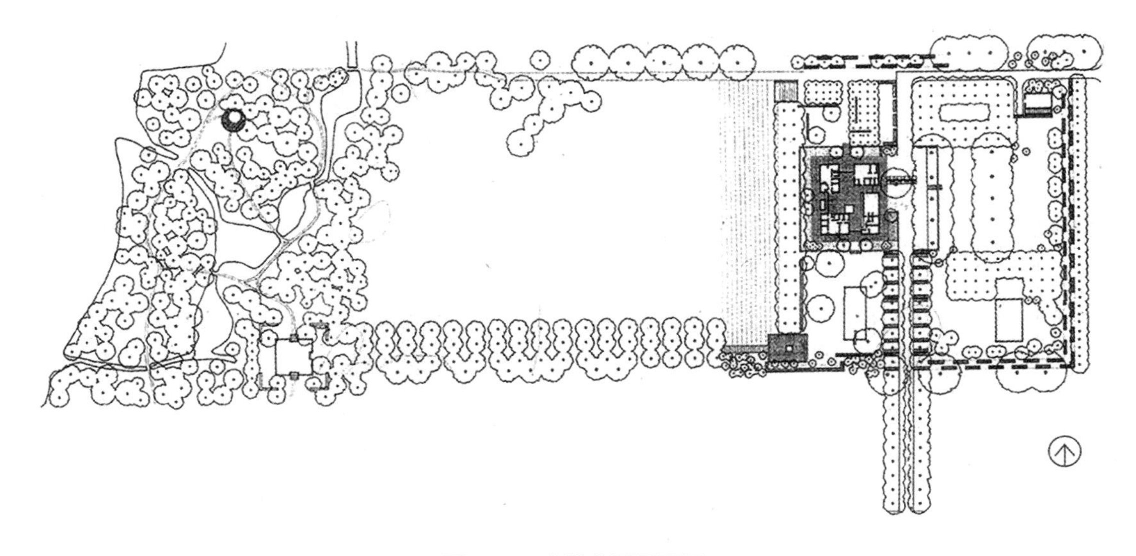

图 4-61　米勒花园平面图

① 王晓俊. 西方现代园林设计 [M]. 南京：东南大学出版社，2000:78.

图 4-62 米勒花园(克雷,美国印第安纳州,1950)

许多人都认为,米勒花园与米斯·凡·德·罗的巴塞罗那德国馆有很多相似之处。在巴塞罗那德国馆中,由于柱子承担了结构作用而使墙体被解放,自由布置的墙体塑造了连续流动的空间。而在米勒花园中,克雷通过结构(树干)和围合(绿篱)的对比,接近了建筑的自由平面思想,塑造了一系列室外的功能空间——成人花园、秘园、餐台、游戏草地、游泳池、晒衣场等[①]。

克雷的设计语言可以归结为古典的,而他的风格可视为现代主义的。他的作品从来没有一种特定的模式。他认为设计是生活本身,对功能的追求才会产生真正的艺术,"美是结果,但美不是目的。景观设计应当是将人类与自然联系起来的纽带"[②]。他擅长用植物来塑造空间,在他的作品中,绿篱是墙,林荫道是自然的廊子,整齐的树林是一座由许多柱子支撑的敞厅。

"他的设计通常从基地和功能出发,确定空间的类型,然后用轴线、绿篱、整齐的树列和树阵、方形的水池、树池和平台等古典语言来塑造空间,注重结构的清晰性和空间的连续性。材料运用简单而直接,没有装饰性的细节。空间的微妙变化主要体现在材料的质感与色彩、植物的季相变化和灵活运用。"[③] 克雷认为,对基地和功能直接而简单的反映是最有效的方式之一,一个好的设计师用生动的想象力来寻找问题的症结所在并使问题简化,这是解决问题的最经济的方式,也是所有艺术的基本原则。到了 20 世纪 80 年代,克雷的作品显示出一些微妙的变化,与早期相当理性和客观的功能主义风格不同,这一时期克雷与同事试图加强景观的偶然性、主观性,加强时间和空间不同层次的叠加,创造出更复杂、更丰富的空间效果,也体现出了某些现代主义的特征,尤其是极简主义的一些特征。

① 王芳华. 西方景观设计中极简主义现象的研究 [D]. 成都:西南交通大学,2004:30.

② 王向荣,林箐. 西方现代景观设计的理论与实践 [M]. 北京:中国建筑工业出版社,2002:75.

③ 林箐. 美国现代主义风景园林设计大师丹·克雷及其作品 [J]. 中国园林,2000(2):42-45.

达拉斯联合大厦喷泉广场（图 4-63）由植物、水体和喷泉组成，以两个重叠的 5 m × 5 m 的网格为基础，在每一个网格的交叉点上布置了圆形的种有落羽杉的树池，另一个网格的交叉点上则设置了加气喷泉。除了通行道路以及中心广场等特定区域，基地的 70% 被水覆盖，在有高差的地方，形成了一系列跌落的水池。广场中心的硬质铺装下设有喷头，这些喷头由电脑控制，能喷出不同的造型。在广场中行走，如同穿行于森林沼泽地。尤其是夜晚，当所有的加气喷泉和跌水被水下的灯光照亮时，广场便具有了一种梦幻般的效果。这些元素的组合、变化表达了克雷对于场地空间的理解和重组，达拉斯联合大厦喷泉广场被视为结构主义的代表作品之一①。

图 4-63　达拉斯联合大厦喷泉广场（克雷，美国得克萨斯州，1985—1987）

4.4.3.3　劳伦斯·哈普林

劳伦斯·哈普林（Lawrence Halprin，1916—2009）给风景园林带来了不止一次的变革。他的设计作品成为现代主义和环境设计运动的沟通桥梁。哈普林的职业生涯从托马斯·丘奇的事务所开始。哈普林早期设计了一些典型的“加州花园”，包括上文提到的其与丘奇合作设计的唐纳花园，为加利福尼亚学派的发展做出了贡献。但是很快，曲线在他的作品中消失，他转向运用直线、折线、矩形等形式语言，逐渐在景观设计实践中探索形成自己的风格和设计思想。除了景观设计事业外，哈普林还积极关注其他与大众相关的公共事业。1969 年，他的著作《高速公路》一书出版。在书中，他强调了高速公路对地域性景观和景观生态的破坏。在西雅图高速公路花园（Freeway Park，图 4-64）的设计实践中，他用景观减小高速公路带来的噪声等一系列消极影响。在这个项目中，哈普林巧妙利用竖向空间，将城市开放空间和高速公路结合，扩大了城市公共绿地的面积。

① WALKER P K，LILEY D，ORMSBEE J，et. al. A designer’s designer Dan Kiley cast a long shadow：appreciation by his associates and friends[J].LandscapeArchitecture，2004，94（5）：116-125.

图 4-64 高速公路花园（劳伦斯·哈普林，美国西雅图，1969）

除此之外，哈普林的著名设计作品还有华盛顿特区的富兰克林·德拉诺·罗斯福纪念公园（FDR Memorial Park）以及加利福尼亚州旧金山市的李维·斯特劳斯广场（Levi Strauss Plaza）。在罗斯福纪念公园（图 4-65，图 4-66）中，他叙说故事并鼓励游览者参与，以岩石和水的不同的变化和组合，营造不同的空间气氛，烘托各个时期的社会氛围，并用雕塑表现每个时期的重要事件。哈普林构建的四个空间代表了罗斯福总统的四个时期，并按照游览顺序展开，提供了一种表现纪念性公园的设计新思路。

图 4-65 罗斯福纪念公园（哈普林，美国西雅图，1959）

图 4-66　罗斯福纪念公园中的罗斯福雕像（乔治·西格尔，美国西雅图，1959）

哈普林的设计有以下特点。

（1）重视自然和乡土性。“在 1962 年的旧金山海滨牧场公共住宅（Sea Ranch）的设计中，他先花费了两年时间调查基地，通过手绘‘生态记谱’图的方法，把风、雨、阳光、自然生长的动植物、自然地貌和海滨景色等自然物列为设计考虑因素，最终完成的住宅呈簇状排列，自然与建筑空间相互穿插，在不降低住宅密度的同时留出更多的空旷地，保护了自然地貌，使新的设计成为当地长期自然变化过程中的有机组成部分（图 4-67）。”①

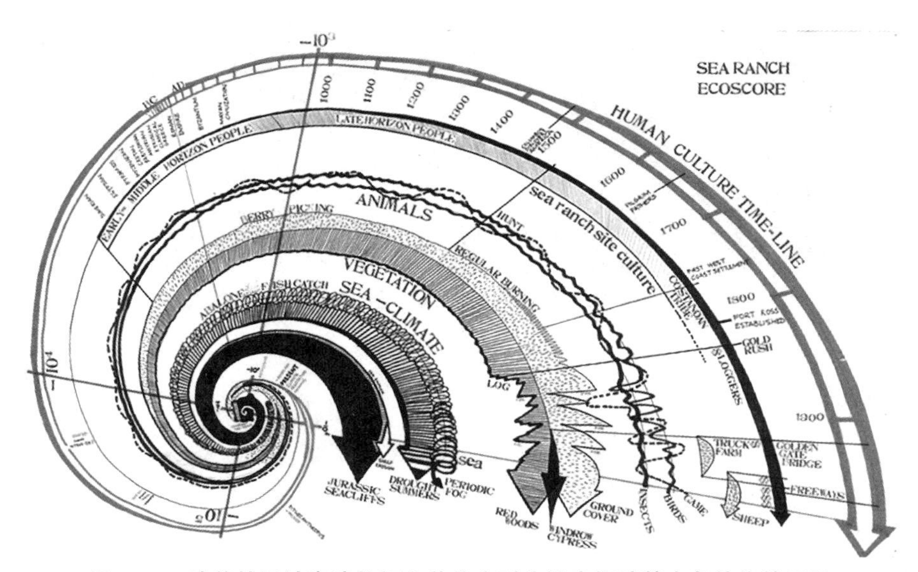

图 4-67　哈普林设计海滨牧场公共住宅时为调查场地基本条件作的记录

（2）对设计过程进行创新。哈普林认为，设计是过程和结果都很重要的整体性问题，必须

① 骆天庆. 近现代西方景园生态设计思想的发展 [J]. 中国园林，2000（3）：79-81.

依靠集体的努力和使用者的参与。他对由现代建筑大师格罗皮乌斯创建的仅适用于部分专业人员的集体创作理论进行了改革,“他主张设计师应与科学家及其他专家进行广泛的合作。这对于生态设计向科学的方向发展起到了积极的推动作用”①。他在其1969年出版的著作《RSVP循环:人类环境的创造规程》(*RSVP Cycles: Creative Processes in the Human Environment*, RSVP: Resources——资源、Scores——分值、Valuation——评估、Performance——功能中阐述了他对人类与自然之间关系的看法,最先提出了一套景观打分体系,试图完整地勾勒出一幅自然的、社会的和文化的图景。哈普林也是最先提倡“市民参与设计”的景观设计师。

(3)城市中人的舞台。哈普林在家中为自己的舞蹈家妻子设计了专供其表演练习的木制平台。在这个设计过程中,哈普林产生了室外空间就是一个舞台的感悟,这对其以后的设计有着深远的影响。波特兰市(Portland)一系列城市广场的设计也体现了他的这一理念。在波特兰市哈普林设计了一组连续的城市广场,是其广受好评的作品之一。成系列的三个小广场分别承担着不同的功能:爱悦广场(Lovejoy Fountain Park),活泼、生气勃勃,以互动式的喷泉出名;帕蒂格罗夫公园(Pettygrove Park),氛围安静、松弛,并在起伏的小丘和树荫下设置座椅供人休息;伊拉·凯勒水景广场(Ira Keller Fountain,图4-68),雄伟、热烈,演讲堂前亭广场可供临时演出、集会活动使用。这三个城市广场成为一组具有高利用率的城市景观,可供人们进行不同活动。

图4-68 伊拉·凯勒水景广场(劳伦斯·哈普林,美国波特兰,1974)

4.5 小结

第二次世界大战后绘画、雕塑与建筑的发展处于现代主义尚有余温和后现代主义萌芽的阶段,抽象观念深深影响着景观设计的发展。西方现代绘画为现代景观设计奠定了基础,现代景观设计中暗含着现代艺术的规律和基本特征。现代主义对园林的贡献是巨大的,因为现代主义为当代园林开辟了一条新路,使其真正突破了传统园林的造林方式,形成了丰富多样的设

① 李晓鹏,李兴霞. 探究设计师在公众参与设计中的作用与作用机制:以劳伦斯·哈普林的城市更新实践为例[J]. 包装世界,2016(4):51-54.

计手法[①]。而抽象艺术也对现代景观的发展起到了重要的作用。抽象艺术作为一种观念艺术，对景观的影响不仅仅停留在色彩、构图、构成形式、表现形式上，更多则体现在抽象艺术中的行为观念和设计思想上。“抽象表现主义的几个特征——‘表现性’‘主体性’‘行为性’和其对色彩的理解和探索对设计有着尤其大的启发作用。抽象表现主义对景观设计的影响主要还是在思想上，一种自由创作的观念、一种个人的发自内心的创作情感和一种新的抽象形式。”如何找出一条在生活中创造艺术和美的方式影响、启发了许多设计师的设计活动。

“1930—1950 年，现代主义设计受到现代主义艺术立体派的启发，尤其依赖现代艺术中用简单有序的形状创造纯粹的视觉效果的构图形式。现代主义设计师对浪漫主义和新古典主义表示质疑，他们认为前者只是用刻意的线条模仿自然，后者所关注的精致的装饰、对称的布局常常只是为了给建筑提供一个背景，而完全忽略了人们对室外空间的实际功能需求。景观设计借鉴‘功能主义’，分析环境的自然特征和实用性以及人在环境中活动时产生的实际要求，反对用中轴线的方式单纯地从视线的角度串联景点，把整个环境看作一个一个实用空间的总和，引发了景观空间的审美革命。”[②]

20 世纪前叶，年轻的景观设计师受到了现代建筑大师格罗皮乌斯、柯布西耶、米斯的极大影响。“早期曾在德国留学的布雷·马克斯以其强烈的现代绘画形式造就了一代新的园林，在德国，表现主义绘画以及后期印象派、立体派、野兽派画家给予他深刻的印象，使他萌发了利用热带植物作为造园素材的构想。30 年代，他在联合国教科文组织巴黎总部屋顶花园中真正实现了梦想，现代抽象艺术的随机性图案构成了他的绿地设计方案，在屋顶花园与底层庭院的绿地上，采用了自由的有机曲线与有着强烈色彩对比的植物配置形式。平面的绘画特性，充满生命力的设计形态，展示出前所未有的魅力。”[③]格罗皮乌斯由于第二次世界大战的原因到了美国，在哈佛大学进行教学，将现代主义设计教育体系带到了美国，直接影响到了美国的景观设计教育，间接导致了哈佛革命的产生，培育了一批具有新理念的设计师，如罗斯、克雷、埃克博等。在欧洲现代建筑体系的直接影响下，现代景观设计的新思维在美国传播开来。

① 王晓俊. 西方现代园林设计 [M]. 南京：东南大学出版社，2000：234-235.

② 覃杏菊. 丹·凯利及其“结构主义”与现代景观设计 [J]. 广东园林，2006（3）：7-12.

③ 吴婷. 现代艺术视野中的园林景观设计 [D]. 南京：南京林业大学，2007：31.

第 5 章　后现代主义艺术与景观的发展

西方现代艺术在 20 世纪 60 年代后发生了巨变，无论是艺术形式还是观念都有了多元化的发展趋势。这个时期是后现代主义艺术和设计的兴起和发展阶段。有人把后现代主义看成对现代主义的继承，也有人主张说它已经取代了现代主义。后现代主义主张反抗旧日标准化的规则，质疑绝对真理、声音一面倒的主流权威以及固化的思维。

法国文化理论家让－弗朗索瓦·利奥塔（Jean-Francois Lyotard，1924—1998）所理解的现代性是一种追求不断进步的信念，而处于这个进步过程制高点的后现代却将不断的改变视为常态，过去关于进步的想法都被它视为不合时宜的。直到 20 世纪尾声，从生物进化论到核物理学，我们看到自然世界在契合那些有着复杂动态又相互矛盾并具有多义倾向的思想时被修正[①]。后现代主义艺术更多是观念性的艺术。约瑟夫·克索斯（Joseph Kosuth，1945—　）曾说："所有艺术（在杜尚之后）在本质上都是观念的，因为艺术只能以观念的方式存在。"[②] 杜尚的现成品艺术观念吹响了 20 世纪先锋艺术的号角，因为他在为艺术与日常物品建立联系的同时又将它们从日常生活中分离出来。后现代艺术的显著特征是其一直缺乏稳定的历史参照，无论是从常识层面去抽离一柄雪铲的意义或拆解那些有着显著风格的、夸张的、广告的图像而忽略掉原始意图。后现代主义是一门具有包容性的美学，主张风格的不连续。但尼尔·波斯特曼（Neil Postman）曾指出，后现代主义的态度在 20 世纪 60 年代的大众媒体弥漫，正如电视新闻里被随意处置的音节，在那里所有对内在一致性的揣测都被消除了，然后矛盾继之而来[③]。20 世纪 60 年代后，绘画、雕塑、建筑、景观领域的后现代运动陆续展开。

5.1　后现代主义美术新动向：回归物体

20 世纪 60 年代以来，后现代主义美术在欧洲和美洲艺术界兴起，出现了装置艺术（Assemblage Art，又称装配艺术、集合艺术）、偶发艺术（Happening Art）、波普艺术（Pop Art）和新现实主义（Neorealism）等流派，虽然其界限不甚明确，但它们有着共同的思想根源。

抽象表现主义的国际化引起了艺术思想方面的反应，虽然抽象取得了重大成就，但艺术的具象化是对抽象的对抗；画家创作题材普遍回到物体本身，甚至将艺术作品"物化"。所谓回到物体本身是指回到日常的视觉和触觉世界，并以此为题材进行艺术创作。

① 费恩伯格. 艺术史：1940 年至今天 [M]. 陈颖，姚岚，郑念缇，译. 上海：上海社会科学出版社，2015：371.

② 刘悦迪. 艺术终结之后 [M]. 南京：南京出版社，2006：320.

③ 费恩伯格. 艺术史：1940 年至今天 [M]. 陈颖，姚岚，郑念缇，译. 上海：上海社会科学院出版社，2015：372.

1960 年后，一系列后现代主义美术展览相继开展，如塞茨（William C Seitz）于 1961 年在现代艺术博物馆举行的“装置艺术展”、于 1962 年在西德尼·贾尼斯美术馆举办的“新现实主义展览”，它们展出了关于现代艺术史的内容，从二维的立体主义“贴纸”、相机蒙太奇，到达达主义、超现实主义的艺术品，最后到废品雕塑和整体室内环境（complete room environments）。塞茨对展览做出了评价：“①它们是装配起来的，而不是画、描、雕、塑出来的；②它们的全部或部分组成要素，是预先形成的人造或天然材料、物体或碎片，而并没有用艺术材料。”①

1960 年 11 月至 12 月和 1961 年 5 月，在巴黎里斯坦尼美术馆举行了新现实主义小组最后一次展览“高于达达 40°”。比埃尔·里斯坦尼（Pierre Restany）要求主题“是非个性的表达”（impersonal presentation），没有现实主义或社会现实主义的色彩，这可以和波普艺术相参照，但是由于艺术家们所关注的事情不同，结果是有很大不同的，此次展览明确表达出了新现实主义与以往艺术的关系。这个派别的艺术家有克莱因、雷西（Martial Raysse）、斯波里等。西方现代主义美术艺术开启了新篇章。装置艺术、偶发艺术、环境艺术、波普艺术、大地艺术、表演、欧普艺术、超级写实、观念艺术等如雨后春笋般兴盛起来。

5.1.1 偶发艺术

偶发艺术（Happening Art）的创始人阿伦·卡普罗给偶发艺术下了定义：“在超过一个时间、一个地点的情况下，去表演或理解一些事件的集合（assemblage）。它的物质环境，可以直接借助可以利用的或者稍加改动就可以利用的东西来构成；就其各种活动而言，可以是有点创造性的，或者是平平常常的。一个偶发事件并不像舞台演出，它可以在超级市场里出现，可以出现在奔驰的公路上，可以在一堆破烂儿下出现，也可以出现在朋友的厨房里；或者是立即出现，或者相继出现，假若是相继出现，时间也许会拖长到一年多。偶发是按照计划表演的，但没有排练、没有观众、没有重复。它是一种艺术，而且是似乎更接近生活的艺术。”② 偶发艺术与传统艺术的体系相违背，是一种新的艺术形式，是对拼贴艺术的发展，且更具随机性。卡普罗用“happen”一词来描述这种艺术的创作状态，艺术创作活动讲究即兴发挥，以自发的、偶然的事件为表现方式。

在 20 世纪五六十年代的艺术实践中，偶发艺术是一种非常独特的艺术思潮，与当时所谓正统的抽象艺术不同的是，偶发艺术具有一个最为独特的属性，即在形式上明确提出了艺术的日常生活化和公众参与性③。偶发艺术具有如下特点：①偶然性，即表演者生发的所有体姿动态，不是艺术家事先设计、训练安排妥当的，而是所有参与表演的人在表演时临时感性即兴生发的，其也没有连贯的情节和故事，具有很强的偶然性；②组合性，在艺术家所设计的时空环境里，既有声响、光亮、影像和行为，又有实物、色彩、文字等综合内容，它们共同构成一个特定环境中人的行为过程。

阿伦·卡普罗（Allan Kaprow，1927—2006）曾师从汉斯·霍夫曼学习抽象表现主义绘画，后受到达达主义艺术家杜尚和阿尔托谈话的影响，在 1958 年筹划了偶发艺术事件。卡普罗的艺

① H.H. 阿纳森. 西方现代艺术史 [M]. 邹德侬，巴竹师，刘珽，译. 天津：天津人民美术出版社，1987：599.

② H.H. 阿纳森. 西方现代艺术史 [M]. 邹德侬，巴竹师，刘珽，译. 天津：天津人民美术出版社，1987：612.

③ 赵炎. 经验拓展的场域：偶发艺术与新媒体实验 [J]. 世界美术，2018（1）：18-26.

术是对姿态绘画和废品雕塑的超越。他将城市现实主义与空间表现主义相结合，后者是他在波洛克那里推断出来后放到真实的环境中的。他从将发现的物品并置发展到“发现事件”并置。1958 年，卡普罗在他发表的文章《杰克逊·波洛克的遗产》（*The Legacy of Jackson Pollock*）中写道：“在我看来，波洛克给我们留下的观点是我们应该全神贯注地去关注我们日常生活中的空间和物品，甚至为之着迷……不应满足于透过涂抹我们其他感知而得到的启示，我们应该利用具体物质的景象、声音、动作、人、气味、触觉。每件物品都是新艺术的材料，如油漆、椅子、食品、电灯和霓虹灯、烟、水、旧袜子、一条狗、电影以及其他成千上万的东西。”① 如图 5-1 所示的作品正体现了他的这种观点。

图 5-1 阿伦·卡普罗的作品（一）

偶发艺术对设计领域的启发很大。偶发艺术对建筑、景观设计之所以有巨大的影响是因为它们都具有公共参与性、审美性和多学科交叉性。如建筑的外立面同时也是景观中的一个元素，外立面需要在与观众的互动中找到其作为景观立面的存在价值，恰巧偶发艺术的设计视角满足了这点要求。偶发艺术关注公共参与行为，通过观众的参与为作品注入灵魂，启发建筑、景观、室内设计密切关注人在空间中的参与度，研究探讨通过群众参与空间的行为来设计出“人性场所”。建筑外立面的审美性要求设计师在设计时应立足于社会语境，扩大观众的审美维度，从精神层面与观众实现交流与互动，令观众从主题关系中产生审美愉悦，以求作品的开放性和偶然性。偶发艺术的创作方式符合建筑外立面设计的审美诉求，以求实现体验式、交互式、参与式、浸没式的交往活动，促进作品与观众的互相理解，引发共鸣②。偶发艺术的多学科交叉的特质为建筑、景观、室内设计提供了更自由的表达手段，如遥感技术、人机交互、信息交

① KAPROW A. The legacy of Jackson Pollcok[N]. Art news.1958-10-01（50）.

② 杨叶灵. 跨界中的建筑表皮偶发性设计研究 [D]. 长沙：湖南师范大学，2018：25.

互等一切的跨学科技术手法以及数字影像、虚拟现实、剧场性表演等一切丰富彼此的交互手段被应用起来并变得顺理成章①，如图 5-2。

图 5-2　阿伦·卡普罗的作品（二）

5.1.2　表演

表演艺术家以表演的形式出现在艺术界，从身体或象征意义出发创作艺术。20 世纪 60 年代，一批英国艺术家开始在表演方面进行艺术创作，发起了表现艺术运动。20 世纪 60 年代初期，约翰·莱瑟姆（John Latham）、杰夫·纳托尔（Jeff Nuttall）和波依尔在伦敦使用混合媒介来进行艺术创作②。在视觉艺术领域，有许多流行的倾向，其中一个重要的代表就是表演。在表演中，艺术家仅仅作为一个独特的表演者出现，而不是采用绘画或雕塑等形式进行创作。艺术家不再是像以前一样待在画室创作，而是从画家本身或者是某些象征意义上被划分到艺术作品中去，或者说直接成为艺术作品。从抽象表现主义的行动派绘画出现，人们关注到了动作艺术，到表演派美术的兴起，可以说行为、动作的艺术化创作达到了顶峰。

乔治·马修（Georges Mathieu，1921—2012）是法国抽象画家、艺术理论家和巴黎美术学院的教师。他被认为是欧洲抒情抽象主义的创始人之一，引领了非正式主义的趋势。

① 杨叶灵. 跨界中的建筑表皮偶发性设计研究 [D]. 长沙：湖南师范大学，2018：26.

② H.H. 阿纳森. 西方现代艺术史 [M]. 邹德侬，巴竹师，刘珽，译. 天津：天津人民美术出版社，1987：658.

5.1.2.1 约瑟夫·博伊斯

约瑟夫·博伊斯(Joseph Beuys，1921—)是德国著名艺术家，是表演艺术的代表艺术家，是欧洲后现代艺术中最有影响力的人物之一。博伊斯是激浪派的代表人物。“激浪派”(Fluxus)在拉丁文中的意思是“流动”。博伊斯试图将日常生活中的元素融入艺术。受杜尚艺术理念的影响，他开始关注观众与艺术品之间的关系。杜尚认为，观赏者试图理解艺术时会对作品进行解读，在这个过程中，观众自己的欲求和创造性会充分介入，而这种渗透干涉是作品不可或缺的一个方面。激浪派意图打破现代艺术和日常生活之间的隔阂。他们推崇的并非一种自我表现的艺术——因为他们认为这种类型过于重视艺术家个人——而是一种政治性的艺术，所干预应对的是物质世界以及其中的社会事务。激浪派的作品借鉴了达达主义偶发和即兴的创作理念，像博伊斯的《我喜欢美国，美国也喜欢我》(图 5-3)就是一个典型的作品。他坐飞机前往纽约，被裹上毛毯，有一辆救护车将他送往勒内·布劳克画廊。在画廊里，他和一只北美野生小狼同居一室，为期三天。博伊斯和小狼一同睡在铺有一层干草的地上，他在走动时提着牧羊人通用的曲柄木棍，还向小狼投掷皮手套，以此与小狼进行互动。行为表演结束时，博伊斯与小狼拥抱，随后离开画廊[①]。

博伊斯还参与影片创作活动。博伊斯曾参与兰诺克·穆尔(Rannoch Moor)制作的一个影片，博伊斯在里面进行了表演，传达了一些他独特的艺术观念。影片中一部分表现的是博伊斯的手，先是挤一块肥肉，然后对着惨白的野外背景挤血浆。他用了一根棍子作为一个支撑的指示杆，贯通这一作品[②]。博伊斯的表演总是让人惊讶和不知所措，这也正是他艺术的独特之处，如其作品《如何向一只死兔子解释绘画》(图 5-4)。

图 5-3 《我喜欢美国，美国也喜欢我》
(约瑟夫·博伊斯，行为表演，美国，1974)

图 5-4 《如何向一只死兔子解释绘画》
(约瑟夫·博伊斯，行为表演，德国，1965)

---

① 史蒂芬·法辛. 艺术通史 [M]. 杨凌峰，译. 北京：中信出版集团，2015：513.

② 艾德里安·亨利. 总体艺术 [M]. 毛君炎，译. 上海：上海人民美术出版社，1990：151-152.

5.1.2.2　克里斯·伯登

《枪击》(*Shoot*,图 5-5)是克里斯·伯登(Chris Burden，1946—2015)的著名作品。伯登站在画廊一动不动,雇用一个枪手向自己的左胳膊开了一枪,然后被送到医院。伯登谈到此作品时说:“我当时并没有想象中的那么疼,被送到医院后,他们先是让我等着进行询问和记录而并没有直接对我进行治疗,我向他们表达说这是我的作品,但他们并不相信。我之所以要做这件事,是因为在这个国家枪击事件如此频繁,我要先体验它然后去探讨这件事,我要接受这一枪。” 1974 年,他用胶布做了一个大茧,将自己裹起来,并在犹他艺术博物馆的墙上展出,与文艺复兴时期的绘画呼应,下面还有一个美术馆的作品标签。他的头和脚的下方点燃了蜡烛,伯登在茧里待了一天[①]。1979 年创作的《大轮》(*The Big Wheel*)是他的具有代表性的雕塑作品。他将一个庞大的铁轮支撑固定在纽约当代艺术馆,用摩托车带动铁轮转动,铁轮产生巨大的噪声和风力,现场极其震撼。

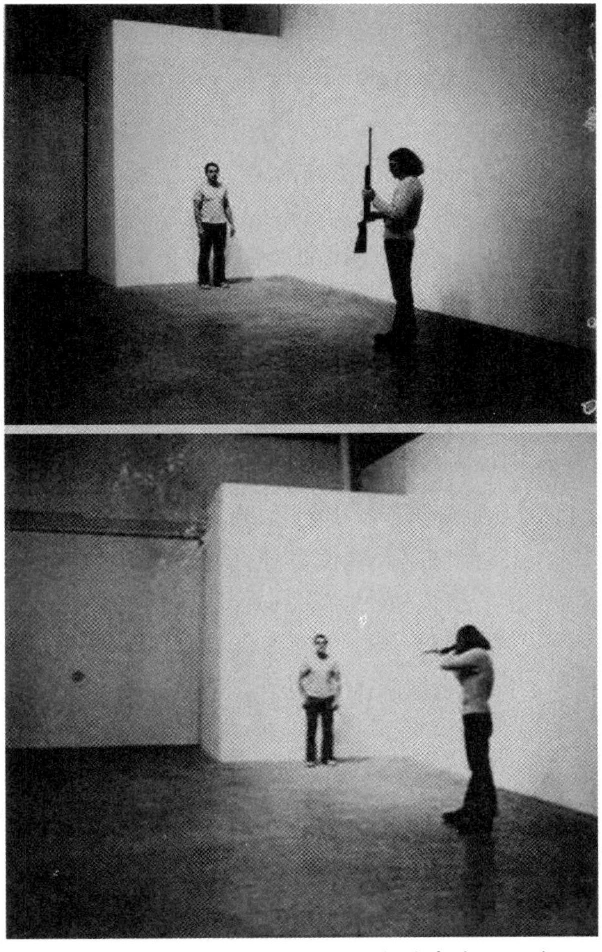

图 5-5　《枪击》(克里斯·伯登,行为表演,1971)

① H.H. 阿纳森. 西方现代艺术史 [M]. 邹德侬,巴竹师,刘珽,译. 天津:天津人民美术出版社,1987:660.

5.1.3 波普艺术

人们通常认为波普艺术（Pop Art）是美国的现象，其实波普艺术运动于1950年中期萌发于英国，主要是针对大众文化及其包含的种种态度而形成的。“一切艺术应该只有一个目的，即克尽厥职，为最高的艺术——生活的艺术，做出自身的贡献。”① 波普艺术就是艺术关注生活、表现生活的最好代表。“pop”来源于“popular”（流行）一词。达达主义首次把现实生活中的物品引入艺术作品中。杜布菲在20世纪40年代曾呼吁，艺术应该在日常生活中成长，并从大街上获得养料。10年之后，起源于英国，随后盛行于美国的波普艺术，以严肃的态度探讨了日常生活与艺术之间的关系。波普艺术的兴起结束了欧洲原始主义的艺术浪潮以及美国抽象表现主义绘画对崇高精神的追求②。波普艺术影响到很多后现代艺术和当代艺术家。罗伯特·贝希特勒曾说：“波普艺术还导致了艺术家对商业性艺术技巧的认识——包括对照片和幻灯机的应用，这一点进入了我的创作中。”③

5.1.3.1 英国波普艺术

1952年末，一群青年艺术家、雕塑家、建筑师和评论家在伦敦当代艺术学院（Institute of Contemporary Art）召开会议，参加者除了创始人劳伦斯·阿洛威（Lawrence Alloway）之外，还有建筑师史密森夫妇（Alison and Peter Smithson），雕塑家爱德华多·包洛奇（Eduardo Paolozzi，1924—2005），史学家雷纳·班哈姆（Reyner Banham，1922—1988），艺术家理查德·汉密尔顿（Richard Hamilton，1922—2011）。此次会议的内容是研讨大众文化及其含义——西方电影、空间小说、广告牌及其美——讨论一切反美学的东西。会上出现了新粗野主义艺术作品，汉密尔顿和包洛奇的某些作品形成了波普的许多语汇和倾向。汉密尔顿曾这样评价波普艺术：“通俗的（为广大观众而设计的）、短暂的（短期内可消解掉的）、可放弃的（容易被忘掉的）、低成本的、批量生产的、年轻的（针对青年人的）、诙谐的、性感的、噱头的、刺激的和大企业的。”④

理查德·汉密尔顿是波普艺术的代表人物，被称为“波普艺术之父”。汉密尔顿出生于英国，在伦敦大学斯莱德（Slade）美术学院学习绘画，是现代艺术之父杜尚的弟子，深受杜尚反艺术哲学的影响。在其拼贴作品《到底是什么使得今日的家庭如此不同，如此有魅力？》（图5-6）中，他表现了一个“现代家庭”的室内生活景象：一个肌肉丰满的男子摆出强壮、自信的造型，手拿着球拍大小的棒棒糖，棒棒糖上写着“POP”，暗示这是一个“波普图像”（Pop Image）；沙发上坐着一个性感的裸体女子，她表情傲慢，乳房上贴着闪闪发光的小金属片；室内墙上挂着用画框装裱过的通俗漫画《青春浪漫》（*Young Romance*）；桌上放着一块包装好的“罗杰基斯特”牌火腿；画面中还有电视机、录音机、吸尘器、台灯等现代家庭必需品，灯罩上印着“福特”标志；透过窗户可以看到外边街道上的巨大电影广告的局部。汉密尔顿是一个客观的艺术家，他的艺术在于描摹都市人生活的客观世界，他不带任何感情色彩和批判色彩，而是要用波普的方式客观地去表达和记录（如图5-7）。所以，汉密尔顿的艺术作品的重要性体现在其趋向于大众文化或

---

① 房龙. 人类的艺术 [M]. 衣成信，译. 北京：中国和平出版社，1996：3.

② H.H. 阿纳森. 西方现代艺术史 [M]. 邹德侬，巴竹师，刘珽，译. 天津：天津人民美术出版社，1987：613.

③ 埃伦·H. 约翰逊. 美国当代艺术家论艺术 [M]. 上海：上海人民美术出版社，1992：172.

④ 吕彭.20世纪中国艺术史 [M].3版. 北京：新星出版社，2013：206.

群众性的传播媒介。

图 5-6 《到底是什么使得今日的家庭如此不同，如此有魅力？》（理查德·汉密尔顿，1956）

图 5-7 《我的玛丽莲》（理查德·汉密尔顿，1965）

爱德华多·包洛奇于 1924 年出生于苏格兰，是一位意大利裔英国雕塑家。他比汉密尔顿更早地进行波普艺术的绘画实践，运用拼贴的方式创作出独特的艺术作品。他最早的拼贴创作可以追溯到 20 世纪 50 年代早期，这些拼贴作品表现为一种前卫的新美学。包洛奇的作品大部分取材于科幻小说，为波普艺术运动的发展奠定了重要基础。“包洛奇比汉密尔顿等早接触到波普艺术绘画实践，早在 20 世纪 40 年代后期，他就开始在广为人知的大众杂志上选取大量的素材和形象。”① 其晚期的雕塑创作带有古典趣味，而依旧应用拼贴—组装的方式，包洛奇的代表作有《米开朗格罗德》（图 5-8）、《我是一个富人的玩物》（图 5-9）。

① 乌韦·施内德. 二十世纪艺术史 [M]. 邵京辉，冯硕，译. 北京：中国文联出版社，2014：201.

图 5-8 《米开朗格罗德》
（爱德华多·包洛奇，1944）

图 5-9 《我是一个富人的玩物》
（爱德华多·包洛奇，拼贴，1947）

5.1.3.2 美国波普艺术

20 世纪 50 年代，两位年轻的艺术家罗伯特·劳森伯格（Robert Rauschenberg，1925—2008）和贾斯珀·约翰斯（Jasper Johns，1930— ）开始从抽象表现主义的团体中走出来，投入波普艺术的浪潮中，纽约的波普艺术由此拉开帷幕。“1953 年，劳森伯格将库宁的一幅素描（用橡皮）擦掉，与波洛克、纽曼和罗斯科一起表明了他们的志向：现在是结束崇高的、形而上学的和抽象艺术的时候了。现在需要讨论的是现实生活中真实的物体以及它们在传统中的形象。”[1] 图 5-10 为劳森伯格的作品《峡谷》。

图 5-10 《峡谷》（罗伯特·劳森伯格，207.7 cm × 177.8 cm × 61 cm，美国纽约，1959）

① 乌韦·施内德. 二十世纪艺术史 [M]. 邵京辉，冯硕，译. 北京：中国文联出版社，2014：202.

美国波普艺术的出现可以说是源于一种天然的需求。第二次世界大战后，美国人生活在大喊大叫的、弥漫着商业气息的环境中，英国波普就运用了许多来自美国影片、大众崇拜偶像、连环画标志牌等的形象。而美国艺术家一旦了解了日常生活所能带来的创作的可能性，结果就会更加大胆。波普首先是针对抽象表现主义的。20 世纪 50 年代后期，美国出现了人物造型、人本主义和即时环境，20 世纪初也有精确主义，具有现实的传统。杜尚居美后，反艺术的艺术纲领对美国年轻艺术家影响巨大。波普艺术的代表人物安迪·沃霍尔曾说："东京最美的是麦当劳。斯德哥尔摩最美的是麦当劳。佛罗伦萨最美的是麦当劳。……美国真的是最美的。不过假如人人都有足够的钱过好日子的话会更美。"[①] 美国波普艺术的特征反映了"用了就丢"的商业时代特点和对日常生活不做解释的生活态度（如图 5-11）。

图 5-11 《床》（罗伯特·劳森伯格，混合画，191.1 cm × 80 cm × 20.3 cm，1955）

理查德·林德纳（Richard Lindner，1901—1978）于 1941 年来到美国，1950 年便开始出名，他的艺术创作与莱热和施莱默的机械立体主义有关，被认为是原始波普主义（Proto-pop）。在《2 对》（图 5-12）中，他创造了一种惊世骇俗的梦境似的身着紧身时装的模特形象。画面采用明亮、刺激的平涂色彩，而且具有拼贴的特征。画面中的形象非常奇特，充满了其个人色彩。林德纳在受到早期超现实主义、机械立体主义和美国波普艺术的机械论等思想的影响后，做出了一种联系的可能。

① 沃霍尔. 安迪·沃霍尔的哲学：波普启示录 [M]. 卢慈颖，译. 南宁：广西师范大学出版社，2011：68.

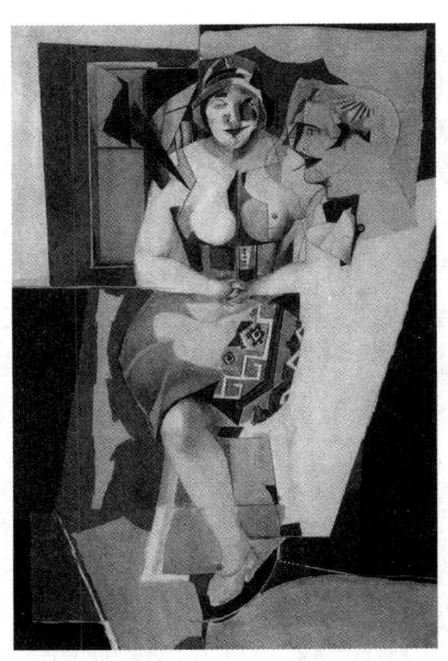

图 5-12 《2 对》(理查德·林德纳)

汤姆·韦塞尔曼(Tom Wesselmann, 1931—2004)作为一名艺术家,从事绘画、拼贴和雕塑工作,以表现电视、商业和电影、杂志中的巨大女性裸体形象而出名。他惯用真实的钟表、电视机、空调机等作为装配元素,其作品具有从窗户看过去的相机蒙太奇效果及声音效果。他创造了一种城市环境,在这种环境中,实际物体和照片中的形象生动真实,和他画的那幅画形成对比,传达出一种不真实的效果。他经常放大人体的局部作为画面的元素进行创作,从人体的各种器官中找到构成的元素和线条,常用女人的嘴部和胸部来表达美感。他画的裸体具有平面化的效果,营造出一种随意、虚幻的氛围。

韦塞尔曼将广告带入艺术中,他创作的肖像画采用拼贴的手法,追求画面的深度,画面中的元素相互制衡而又统一和谐,色彩运用鲜明大胆,显然是受到蒙德里安和马蒂斯的绘画风格的影响。马蒂斯对色调、线条、形状、结构等的充分运用,使他认识到素材在拓展视觉深度方面大有可为,也使他能保持描述出的场面的真实感。他善于模仿精巧的构图技巧,他的新作简单明了,避免过分强调形状与激动人心的构图。他把最后的目标集中于题材的深度和使绘画生动和真实上。这种深化将依靠主客观以及表现形式的内在力量来达到。1960 年,韦塞尔曼开始创作系列作品《伟大的美国裸体》(*Great American Nudes*),这些绘画作品取材于真实的美国大众生活,将现实生活中的图像直接拿来并应用到创作中,是具有大众文化和大众消费特征的波普艺术作品。"在 1964 年的《伟大的美国裸体 57 号》(图 5-13)里,人物只是简单勾出的、平面的、肉色的形状,韦塞尔曼没有刻意描绘脸部,而是有针对性地画了最性感的细节特征——嘴唇、乳头和阴毛——他还有意将它们引用到花瓶上。韦塞尔曼描绘的美国妇女是商品的、诱人的和非人性化的,如同一张广告图。"① 其创作的《静物》(图 5-14)正是如此。

① 费恩伯格. 艺术史:1940 年至今天 [M]. 陈颖,姚岚,郑念缇,译. 上海:上海社会科学院出版社,2015:254.

图 5-13 《伟大的美国裸体 57 号》(汤姆·韦塞尔曼,1964)

图 5-14 《静物》(汤姆·韦塞尔曼,274.3 cm×365.8 cm,油画和拼贴画布,1963)

安迪·沃霍尔(Andy Warhol, 1928—1987)出生于美国宾夕法尼亚州的匹兹堡,是捷克移民的后裔,他生活在一个贫民区,幼时患病使其精神受到过打击。沃霍尔是美国波普艺术运动的领袖,被认为是美国艺术界独一无二的人物,被誉为 20 世纪艺术界最具影响力的艺术家之一。他比任何人都更支持波普艺术绘画,他的创作来源于生活。沃霍尔从现实传媒中选取他的创作素材,然后对他们进行艺术性的美化加工。

沃霍尔是一名成功的商业艺术家。作为一位波普艺术家,他最初把注意力完全放在一些标准的商标和超级市场的产品上，如可口可乐瓶子、坎贝尔汤罐头等。他最擅长的就是重复，例如无休无止地排列可口可乐瓶子，画面中的瓶子看起来就像是被安排在超市的货架上，或者像是过去在商业电视上看到过的样子。“运用丝网作业法，机械地重复他所要进一步强调的愿望，去消除艺术家的个人手笔，以描写我们时代的生活与形象，而无须加以解释。”① 他的绘画图式几乎千篇一律。他把那些取自大众传媒的图像，如坎贝尔汤罐头、可口可乐瓶子、美元钞票、蒙娜丽莎像以及玛丽莲·梦露头像等作为基本元素在画面中重复排列（如图 5-15）。他试图完全抛弃艺术创作中手工操作因素。他的所有作品都用丝网印刷技术制作，形象可以无数次地重复，给画面带来一种特有的呆板效果。实际上，安迪·沃霍尔画中特有的那种单调、无聊和重复所传达的是一种冷漠、空虚与疏离，表现了当代高度发达的商业文明社会中人们内在的感情。

图 5-15 《玛丽莲·梦露》（安迪·沃霍尔，1967）

沃霍尔的艺术代表了 20 世纪 60 年代美国的艺术，并对当下的艺术发展有着不可磨灭的影响。当代艺术家们对他的评价很高，认为他是新时代的表率。“世界各国的年轻艺术家们如今都将安迪·沃霍尔奉为偶像。这是一个新征兆。马塞尔·杜尚不再是至高无上的唯一表率。马塞尔·杜尚关上了一扇门，安迪·沃霍尔则开启了另一扇门。”② 安迪·沃霍尔的艺术对大众的渴望、对融入生活的追求，无疑是革命性的，他直接介入人们的生活和情感中，贴近社会各类焦

① H.H. 阿纳森. 西方现代艺术史 [M]. 邹德侬，巴竹师，刘珽，译. 天津：天津人民美术出版社，1987：627.

② 米歇尔·努里德萨尼. 安迪·沃霍尔 15 分钟的永恒 [M]. 欧瑜，译. 北京：中信出版社，2012：6.

点主题，贴近生活感受，而这正是人们的诉求，他以一种艺术的方式表达对社会生活和社会问题的关切。沃霍尔的艺术创作是对传统艺术状态的突破，在客观上提高了艺术在社会中的参与程度，丰富了视觉语言的表现手法。沃霍尔的艺术理论在艺术史上具有重大意义。他将艺术大众化，一些诸如生活内容、商业内容、媒体引导等人们日常熟视无睹的社会现象，被他以商业符号进行拼凑，摒弃了艺术家的情绪倾向，将艺术从神坛上拉了下来，变成平民化的事情，生活就是艺术[①]（如图 5-16）。安迪·沃霍尔还对艺术的创作方法做出了重要的贡献。将生活中的现成品转化为艺术作品需要艺术家有一定的艺术创作技巧和相应的艺术思想。安迪·沃霍尔曾说："我喜欢有人跟我讲怎么做，我该做的就是照着他们的意见去画、去修改，我最想要聘用的是一个老板，老板可以告诉我该做什么，那么，做事情就简单了。"[②] 可以看出，安迪·沃霍尔的艺术理念和实践对艺术、设计等方面的影响巨大。

图 5-16 《坎贝尔汤罐头》（安迪·沃霍尔，帆布（丝网印刷），纽约，1962）

克莱斯·奥登伯格（Claes Oldenberg，1929—　）于 1929 出生于瑞典首都斯德哥尔摩，1936 年到芝加哥定居，曾任职于耶鲁大学和芝加哥艺术学院。奥登伯格是纽约波普艺术运动中最富有能力的天才艺术家之一。他总是能把生活中最普通的生活用品变成一件艺术品。奥登伯格的作品不仅通俗易懂、让人容易接近，更是波普艺术中唯一在全世界留传下来的公共艺术作品。"对于 20 世纪 60 年代的流行艺术家而言，在传媒泛滥、产品至上的唯物主义文化观笼罩下，作品的内容由其商品属性决定。"[③] 奥登伯格的作品无疑是绝好的例子，他将艺术定义为"快乐的东西"。奥登伯格或许是波普艺术家中最激进、最富有创造性的一个。在经历了一

① 王欣欣. 安迪·沃霍尔艺术的美学阐释 [D]. 保定：河北大学，2017：104.
② 雷鑫. 图像与影响：沃霍尔艺术研究 [D]. 南京：东南大学，2015：86.
③ 阿莱克斯·葛瑞. 艺术的使命 [M]. 高金岭，译. 南京：译林出版社，2016：36.

段时间的用涂鸦般的手法组合废弃材料的艺术实践之后，奥登伯格还创作过许多废品艺术作品和一些具象的实物艺术作品。在谈及自己的作品时，奥登伯格曾说："我使用质朴的仿制品，这并不是由于我缺乏想象力，也不是由于我想谈谈日常生活。"奥登伯格仿制一些普通物品和创造出来的物品，例如符号，这不带有艺术创作的意图，而是单纯地想赋予其魔法般的功能。奥登伯格还试图通过他自己毫不做作的质朴手法，去进一步发展这些东西，进一步充实它们的质朴强度，精心处理它们的关系，奥登伯格并不想把它们搞成艺术品，他仿制这些东西有一个教诲性的目的，想要人们习惯普通物品的威力，其代表作有《柔软的抽水马桶》（图 5-17）。

奥登伯格的艺术是现实的，是与观众站在一边的。"他把俗套的东西放在基座上，相反却把很多人视作严肃的东西，解读成微不足道的东西。这使他的作品极其令人愉快。甚至对那些思想纯粹、认为艺术应该是美和技巧的人，也是这样。他的作品中充满了容易理解的幽默。奥登伯格的艺术品令人迷恋，他作为一个制作者的快乐，是即刻便显而易见的，非常有感染力。"[①]

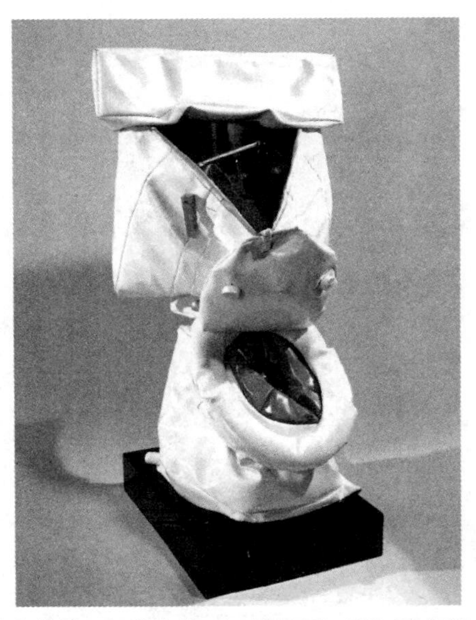

图 5-17 《柔软的抽水马桶》（克莱斯·奥登伯格，木、聚氨酯、线和混合媒介，144.8 cm × 71.1 cm，1966）

波普艺术不仅在绘画、雕塑领域广受欢迎，还对建筑、景观领域尤其是设计领域产生了巨大影响。波普艺术运动可以说对后现代设计的发展起到了关键的作用。从后现代主义建筑大师文丘里的著作《建筑的矛盾性与复杂性》和《向拉斯维加斯学习》中人们可以发现，波普艺术的思想是构成其理论体系的重要来源，而文丘里本人也曾说过他的建筑创作灵感来自波普艺术。"建筑总是受到其他艺术形式的启发，但在手法应用上又因为技术条件等制约而总是滞后于其他艺术形式的发展。"[②] 波普艺术的创作手法如元素拼合、重复排列、由小放大等都可以应用到建筑、景观设计中去，但这些可能只表现在图纸上或只是建筑、景观设计在形式上的基础手法，波普艺术对景观设计的影响最主要的还在于突破思维定式，将景观以更有创意的方式呈现在人们眼前，并且打破建筑与景观在某种意义上的分离。当今，单纯满足功能的设计已经逐

① 米歇尔·罗贝奇. 克莱斯·奥登伯格的觉醒：平民主义 [J]. 刘海平，译. 世界美术，2013（4）：12-17.

② 兰颖. 当代主题公园中的波普艺术 [J]. 园林，2018（2）：36-39.

渐被淘汰，人们需要的更多的是文化、氛围，所以我们应该多学习借鉴波普艺术，进行更好的设计活动。

5.1.4 新现实主义

“新现实主义（Neorealism）是欧洲的一个艺术家团体，是由法国评论家皮埃尔·雷斯塔尼（Pierre Restany，1930—2003）召集在一起的。1960 年 10 月 26 日，在伊夫·克莱因的家中，雷斯塔尼公开宣告这个团体成立。第二天，艺术家们共同签署了一份宣言《新现实主义 = 对现实真相的感知新途径》①，丹尼尔·斯波利（Daniel Spoerri，1930—　）和吉恩·丁格利（Jean Tinguely，1925—1991）以及几位法国艺术家签名加入。”② 新现实主义的这一宽泛定义构建了一个集体身份的概念，可以广泛涵盖这些艺术家创作的各类作品。

在 20 世纪 50 年代晚期抽象绘画占主流的形势下，新现实主义是一次重要的反叛。这些第二次世界大战之后的第一代艺术家生活创作所处的物质匮乏和破败凋敝的社会环境已经改变。新的社会形态出现，财富日渐增长、科技不断进步、政治迅速变化，新现实主义正是产生在这个“新”世界。新现实主义专注于描绘日常现实，反对理想化的装饰行为，受到立体派机械美学和超现实主义对日常事物非凡特质的发掘与领悟的影响。20 世纪 60 年代，新现实主义或照相写实主义者开始讨论人物画，他们的作品风格刻板且粗犷，一个很早的例子是莱斯利（Alfred Leslie）于 1966—1967 年创作的《自画像》。

伊夫·克莱因（Yves Klein，1928—1962）在 1928 年出生于法国的一个艺术世家，从小就受到浓厚的艺术熏陶。克莱因创造了环境艺术、光艺术、单色绘画和人体艺术（Body Art），被认为是一位“态度艺术家”（Attitude Artists）。他关心构思的戏剧效果。1958 年，克莱因举办的虚无展览吸引了成千上万的人去看，这是一个什么也没有的展览。后来，他又把光裸裸的墙面提供给赞助者，并让他们付出纯金为代价。

在他的艺术生涯中，克莱因对色彩表现出浓厚的兴趣，尤其是纯色。1955 年克莱因创作了《橙色》（*Monochrome Orange*），但这幅作品在展出时却遭到新现实沙龙（Salon Realites Nouvelles）的拒绝，沙龙评委们认为这幅作品太过简单，只是一种颜色。两年后，克莱因在意大利米兰展出了 8 幅同样大小、涂满蓝色颜料的蓝色系列作品，获得了巨大的成功，之后这种蓝色被称为“国际克莱因蓝”（International Klein Blue）。克莱因有自己的对颜色的感觉，这种感觉不用解释，也无须语言，就能让心灵感知——正是引导他画单色画的感觉。克莱因为我们增添的不仅仅是其独有的那一抹蓝，更多的是对艺术观念的探讨，他的艺术创作预示并启发了第二次世界大战后的抽象主义运动，并影响了后来的动态艺术、行为艺术和观念艺术。“受克莱因思想熏陶的艺术家都秉承着这样一种信念：确切地说抽象艺术，尤其是单色画并不是炫耀技艺的竞技场，而是艺术的试验田，其新颖的气息风行于艺术的各个领域，让各类艺术都染上了它们的痕迹。”③ 图 5-18、图 5-19 分别为他创作的《人体测量 86 号》《人体测量学绘画》。

① 史蒂芬·法辛. 艺术通史 [M]. 杨凌峰，译. 北京：中信出版集团，2015：496.

② 丹尼尔·斯波利是以色列新达达主义、新现实主义艺术家，代表作有《乐厨》. 吉恩·丁格利是瑞士废品装置艺术、新现实主义艺术家、雕塑家，代表作有《向纽约致敬》.

③ 马克·奇塔姆，帅慧芳. 单色画的铺陈与革新：马列维奇、克莱因和杰讷若·艾蒂尔 [J]. 艺术百家，2010，26（5）：179-189，205.

图 5-18 《人体测量第 86 号》(伊夫·克莱因,纸、颜料(人体拓印),151 cm × 112.5 cm,1960)

图 5-19 《人体测量学绘画》(伊夫·克莱因,1961)

克莱因相信只有最单纯的色彩才能唤起最强烈的心灵感受,他认为"国际克莱因蓝"可以传达出空间的本质。一些艺术家使用各种色彩以求获得艺术的生命力,而克莱因宁愿回归单纯。"国际克莱因蓝"的 RGB 比值是 0 ∶ 47 ∶ 167,但是明确的数据并不能减少人们面对它时的那种震惊。蓝色本身象征着天空和海洋,象征着没有界限,又因为"国际克莱因蓝"太过纯净,以致很难找到可与之搭配的色彩进入人们的视野,因此,它的冲击力格外强烈。这种蓝被誉为一种理想之蓝、绝对之蓝,它的明净空旷往往使人迷失其中。

5.1.5 欧普艺术

欧普艺术（ Op Art ）也叫光效绘画（ Optical Art ）或视网膜绘画（ Retinal Painting ），也就是通常所说的视错觉艺术（ Optical Illusion ）。1964 年秋天《时代》杂志发表的一篇文章首创“欧普艺术”这一名称用以描述一种新风格的艺术。这篇文章宣称：一种新的艺术已经在整个西方世界兴起，那便是以视觉影像的不可靠性与欺骗性作为玩弄和游戏的对象的‘欧普艺术’……视觉研究者们运用各种光学元素让欧普艺术作品显得诱惑撩人，令人目眩神迷，甚至这种刺激已经达到眼睛无法承受的地步，一个光学技师在狂乱梦魇中的全部所见大概也不过如此[①]。后来，“欧普艺术”的概念就被用来形容利用视觉幻象、光学效果进行艺术创作来使欣赏者有相对的生理和心理反应的艺术作品。欧普艺术经常利用错觉进行艺术创作，利用各种透视角度和影视结构来创造一个虚假的、迷惑人眼睛的视觉效果，使观赏者看到的图像经常是运动的。色彩和视觉理论可以追溯到 18 世纪的哲学家乔治·贝莱克（ George Berkeley，1685—1753 ）、大卫·休谟（ David Hume，1711—1776 ）和约翰·沃尔夫冈·冯·歌德（ Johann Wolfgang von Goethe，1794—1832 ）等人的哲学理论。19 世纪的德拉克洛瓦为色彩理论的先行者，印象主义和新印象主义将知觉试验引入新的范畴。舍夫勒夫、霍姆赫兹、鲁德即是色与光的理论家。

欧普艺术在设计方面的影响也很大，受招贴艺术的影响很大。欧普艺术借鉴招贴的表现方式，打破了传统绘画中描摹自然的准则，创造出一种表现运动、幻觉的抽象设计形式，将视觉艺术与探究知觉心理的科学联系起来，使严谨的科学设计在视觉作用下形成视觉艺术形象，使人们产生抽象化幻象[②]（ 如图 5-20 ）。

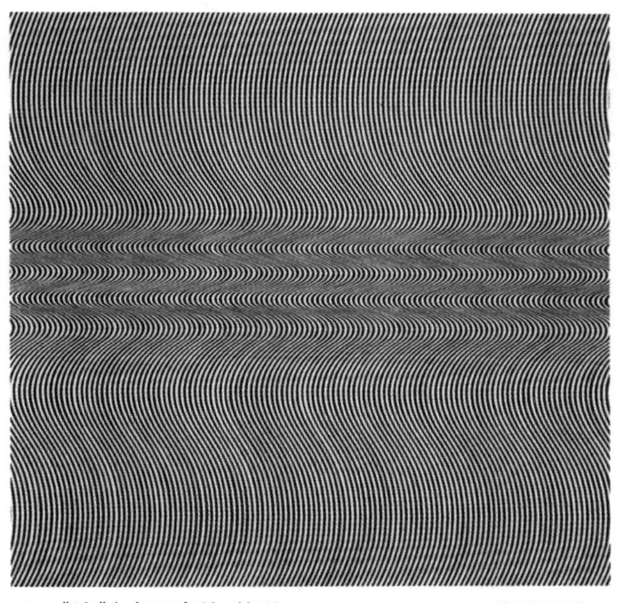

图 5-20　《流》（ 布丽奇特·赖利，148 cm × 149.5 cm，美国纽约，1964 ）

① 史蒂芬·法辛. 艺术通史 [M]. 杨凌峰，译. 北京：中信出版集团，2015：524.

② 祝海珊. 论欧普艺术在招贴设计中的形式探究 [J]. 装饰，2011（ 1 ）：134.

维克多·瓦萨莱利（Victor Vasarely，1908—1997）于1906年出生于匈牙利，曾在包豪斯学习，受蒙德里安和康定斯基绘画理论的影响巨大，是最有影响力的光效艺术大师。瓦萨莱利对人的视知觉和幻觉进行深入的研究，经常创作出一系列利用视错觉来形成运动和变形幻觉的绘画。他在1955年的《黄色宣言》中提出了自己的想法："绘画和雕塑正在成为不合时宜的术语，用二维、三维或者是多维的造型艺术来表达会更确切些。我们不再明确地显示创造性的敏感，而是在不同的空间中去发展一种独特的造型敏感。"瓦萨莱利认为，艺术作品是艺术家的思想本源，而不是由画布上的颜料所构成的物体。这种思想依靠平展的集合抽象形状来实现，他运用数学的方法对这些形状加以组织。瓦萨莱利于1953年创作的《索拉塔—T》（*Sorata-T*）是大小为198.1 cm × 457.2 cm的立式三联画。这三块透明的玻璃屏饰可以各种角度布置，以创造直线图案的各种不同组合。其善于表现纪念性，能够在壁画、陶片墙壁画和大规模玻璃构成中证明这一点。他称之为《折射》（*Refractions*）的作品，涉及以不断变化的形象所形成的玻璃或镜面效果[①]。瓦萨莱利的艺术可以对景观设计中纪念性氛围的营造提供一些启示。

瓦萨莱利一直坚信，在当代社会，艺术应表达社会性的东西，更应使用科技的手段来创作。瓦萨莱利认为，在艺术创作中，应该尽量消除艺术家个人的个性表达，主张一种社会统一的艺术概念，追求用科学的数学方法通过平面、几何的抽象形式来进行艺术实践（如图5-21），艺术必须表达现代社会的科技内容。瓦萨莱利的艺术思想和实验引起了一批拉丁美洲年轻艺术家的兴趣，并对他们日后以几何造型和构成色彩的方式创作版画产生了很大的影响。

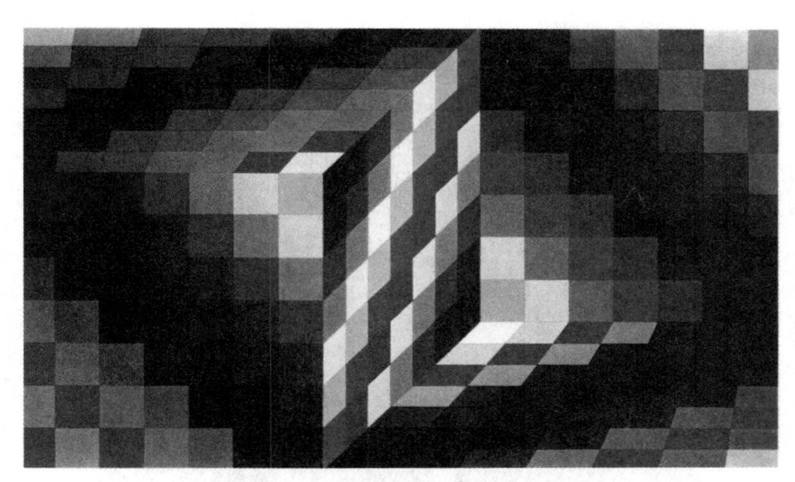

图5-21 《马尔桑》（瓦萨莱利，1966）

5.1.6 超级写实主义

20世纪60年代末到70年代，一些艺术家开始从波普艺术中发展出了超级写实主义（Supper Realism）、相机写实主义，追求真实的、具象的艺术形式，并以此来抗衡抽象的艺术。超级写实主义是从波普艺术中的一些观点中发展起来的，和波普艺术密不可分。相机写实主义追

① H.H. 阿纳森. 西方现代艺术史 [M]. 邹德侬，巴竹师，刘珽，译. 天津：天津人民美术出版社，1987：671.

求一种类似于照片一样真实、清晰的画面。照片写实主义者所注重描绘的不是那些被疏远和遗弃的人，而是世界本身——他们并不是寻求创造人的形象，而是要清楚地展现非人的形象[①]。超级写实主义非常注意画面的细节，超级写实主义的绘画和雕塑并不仅仅是对某一场景、形象或照片的重现，而是用绘画元素来表现现实中不存在或人眼不能看到的现实幻觉。超级写实的艺术作品通常会传达出感情、文化、社会政治等主题。相机写实主义在大幅的画布上临摹事物，以照片式无懈可击的写实方式从事绘画创作（如图 5-22）。

图 5-22 《自画像》（查克·克洛斯，263 cm × 213 cm，1968）

超级写实主义绘画的价值主要体现在两个方面。当观众直面一个尺寸数倍于常态的描绘出来的真实形象时，随之而来的是视觉上全然的陌生感和强烈的震撼感。艺术家用全新的形式冲击了人们传统的视觉接受模式，建构了一个“不同以往的具象世界”。超级写实的绘画作品并非放大了的照片，而是隐匿在具象形式下的具有抽象表现意味和符号化特征的艺术作品。相机无疑是超级写实主义诞生的源泉。“摄影术改变的不仅是艺术的外观，而且还改变了艺术的目标。通过创立一种新的世界语言，摄影术打破了艺术史的连续性，使其朝着复制这一更伟大的绘画技法前进。”[②]

5.1.6.1 安德鲁·怀斯

安德鲁·怀斯（Andrew Wyeth，1917—2009）于 1917 年出生于美国，被认为是美国 20 世纪最伟大的画家之一。怀斯出生于一个画家家庭，小的时候对水彩画有异常的兴趣，但是怀斯并没有接受过正式的教育，而是在父亲的指导下练习绘画。1936 年，怀斯在纽约举办画展，展出了他逼真的写实主义作品，其中有美国乡土、人物等素材的绘画作品。他以灵敏的捕捉能力、精湛的技巧、丰富的想象力和表现能力在艺术界获得盛名。怀斯的艺术促成了新现实主义绘画作品的产生，他也是当代美国写实主义的代表画家。在创作时，怀斯始终保持着一种宁静的状态，仿佛完全沉迷于自己的世界而对外界的影响毫无感觉，以至于他的作品能传达出宁静、简洁和纯粹的效果。怀斯的心里却藏着一种紧张、扭曲和不安全感，其作品《克里斯蒂娜的世界》（图 5-23）反映出怀斯心灵深处无形的苦痛。怀斯用极度真实的表现手法来表现美国乡村的风景和人物，来表现人与大自然之间的和谐，引发人对家乡的思念情感和对大自然的亲近之情，使作品具有浓厚的乡土色彩。怀斯拥有强大的想象力，并善于捕捉和组织，经常在许多生活场景中寻找素材，将一个个碎片式的景象拼合成一个令人有感触的画面。

① 封一函. 超级写实主义 [M]. 北京：人民美术出版社.2003：3.

② 琳达·蔡斯. 理查德·埃斯蒂斯 [M]. 南宁：广西美术出版社，2015：27.

图 5-23 《克里斯蒂娜的世界》(安德鲁·怀斯，1948)

对怀斯来讲，抽象性显然是永远不会自己完结的，当他从自然表面之下吸取其漫无规律和杂乱的精华时，他同时在构图中加进了主观的心理上的紧张状态和偏见。这一切组成了他的艺术，并且使之超过其他美国风景画家或摄影家的艺术。美国地方色彩主义画家元老托马斯·哈特·本顿(Thomas Hart Benton，1889—1975)在评价怀斯的一幅画时说："它带有地方色彩主义的特点，但它的不寻常在于有一种诗一般迷人的色调。而只有怀斯才能赋予这种诗意。或者只有他能唤醒这种诗意。"不管我们如何称呼怀斯这种迷人的诗意。他只和怀斯本人及其对艺术意义的独特理解相联系 ①！

5.1.6.2 菲利普·珀尔斯坦

菲利普·珀尔斯坦(Phillip Pearlstein，1924—)一开始与波洛克、库宁等人一起投身于抽象表现主义绘画之中，后来其艺术风格发生了巨大的改变，开始创作新写实主义风格的作品。珀尔斯坦称自己的艺术是"后抽象主义的写实主义"，他的作品使用了过于真实的表现手法，所画的人体形态与传统的往往不同，而经常画一种扭曲的非常规、非舒展的人体形象，画面往往是不完整的。他擅长表现反向的视觉感受。珀尔斯坦对人物的骨骼、经脉和血管进行细致的描绘，在人体的细节方面做了深刻的研究，使他的画面表现出逼真的效果(如图 5-24)。

后现代主义美术打破了传统美术的一些概念，使美术更加生活化、物质化、行为化、概念化、虚幻化、多元化。现代主义美术在 20 世纪开展了数百个运动——野兽主义、立体主义、表现主义、构成主义、未来主义、达达主义、超现实主义等运动，每个流派都有自己独立的思想和宣言。然而到了后现代时期，所有的运动流派都消失了，艺术史不再受某种或某一种内在的必然所驱动，艺术活动开始越来越找不到叙事的方向 ②。

① 鲍玉珩. 安德鲁·怀斯的艺术 [J]. 世界美术，1982(4)：50-54.

② 阿瑟·C. 丹托. 艺术的终结之后 [M]. 王春辰，译. 南京：江苏人民出版社，2007：5

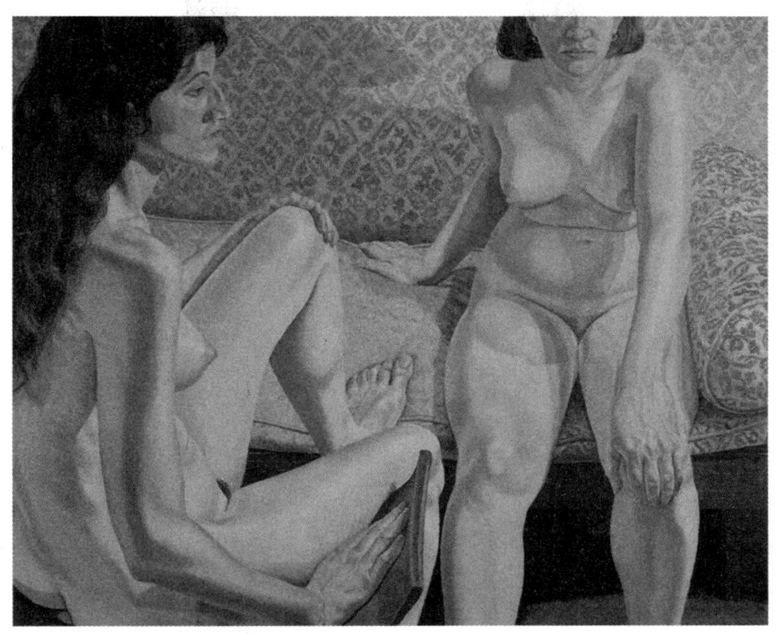

图 5-24 《两个女模特和摄政式沙发》(菲利普·珀尔斯坦，152.4 cm × 177.8 cm，1974)

杜尚曾在 1962 年对汉斯·里希特(Hans Richter)说："新达达如今自称新现实主义、波普艺术、拼接……那不过是一种廉价的娱乐，依靠达达主义曾经的作为苟活。我们刚刚发现现成品时，希望能打击一下审美主义的狂欢。然而新达达主义者们却利用现成品，发掘其中的美学。我将小便池向他们的脑袋砸去，作为挑衅。现在可好，他们却在欣赏这些东西的美感。"[①] 杜尚的话从某个方面暗示了现代艺术和后现代艺术之间的关系，所以有很多学者认为杜尚是后现代艺术之父。的确，后现代美术是从现代美术发展起来的，但不可否认的是后现代以来的情况变化剧烈，艺术家、艺术流派、艺术品是如此的洋洋大观，要想轻易对他们下一个定义、找一个来源，几乎是不可能的事。我们作为设计师，主要是厘清当中的脉络，弄清缘由，寻找可以启发我们从事设计活动的一些知识。后现代主义美术拓展了现代景观设计的创作思路，为现代景观的研究与实践提供了不可估量的指导性作用。

5.2　后现代主义雕塑运动

20 世纪 60 年代，西方绘画领域步入了后现代主义时期，雕塑也开始了各种纷繁热闹的后现代运动。在这段时间内，雕塑领域所有的运动和其所展现出来的形式特征都不是出于偶然的，而是后工业社会的政治、经济、文化、科技因素产生的复杂反应。后现代主义时期，雕塑形式图景的改变有着复杂的哲学基础，它在挑战传统形式所建立的"美"的价值标准的同时[②]，也在改变着传统雕塑的思维方式和创作行为。

① 马克·吉梅内斯. 当代艺术之争 [M]. 王名南，译. 北京：北京大学出版社，2015：46.

② 顾浩. 论西方后现代主义时期雕塑技艺的消解趋势 [J]. 装饰，2003(4)：88-89.

5.2.1 初级结构

"20 世纪 60 年代，构成主义在所谓的初级结构（Primary Structure）、最低限艺术、极简主义艺术（也称 ABC 艺术）中开始了新的创作。虽然这些艺术家开展的雕塑运动还没有找到一个完全适合的名字，但初级结构大概还是比最低限雕塑（Minimal Sculpture）更为可取。"① 在这次运动中，艺术家创造出了基本形式、简化形式的三维结构以及单一色调（flat color），提出了几何中的线、面、体。初级结构在 20 世纪 60 年代的雕塑领域中传达出一种非常重要的态度，与其他近十年的流派雕塑的概念有很大的相似度。其认为：雕塑创造一种建筑空间或环境；绘画包括造型画布和数学体系。初级结构也和色场绘画有很大的共性，其本身也与体系绘画相似。

初级结构将传统上与创作相联系的艺术家的个性消减到最低，艺术家经常可以用一种特定的程序来完成艺术创作，比如制作家具或钢制品，或制造塑料或者荧光管。初级结构的雕塑家们经常用创作表现纪念性，他们将东西对着墙布布置在地板上，或者将其挂在天花板上，将整个环境考虑为一个整体。初级结构的雕塑家运用新的综合材料，一般都是采用建筑的形式，色彩、光线也都被戏剧性地应用。其中作品的基础是艺术与自我无关的客观性和个体艺术家自我的从属性，就像体系绘画一样，是对抽象表现主义或行动绘画的个人姿态的一种可以认识的反作用力。初级结构代表了一个反对 20 世纪初抽象派的作品，如蒙德里安和康定斯基的作品②。

5.2.1.1 托尼·史密斯

托尼·史密斯（Tony Smith，1912—1980）是美国雕刻家、建筑家和著名的文艺理论家，他被认为是美国极简主义雕塑的先驱人物。托尼·史密斯在 20 世纪 60 年代作为一名前卫的艺术家，为美国雕塑界做出了巨大的贡献。他的一些艺术观念成为日后大地艺术作品的基础，他还影响到了大体量建筑形式的设计。托尼·史密斯原本是一名建筑师，后来学习雕塑，并在雕塑领域取得了巨大的成功。将表现主义的艺术手法与初级结构结合，创作出了一些作品。他善于用厚重、庞大的结构，采用拱起的形式，或三角形或四边形，通常是用自身回转的形式来表现动势的效果（如图 5-25）。代表作有《香烟》。

托尼·史密斯在建筑方面的成就也很高，从他的创作经历可以明确地看出艺术与建筑的关系。史密斯在 1932 年学习立体主义绘画，后来又学习至上主义和风格派绘画，他开始进行"可能性练习"的平面尝试，也就是对他同时进行的建筑实践的一种平面化实验，即三维的建筑和二维的绘画在空间语言上的转换研究。随后，其绘画作品中的二维元素开始出现圆形（或"细胞型"）和"花生型"，这些元素组成的画面被史密斯反复地描绘和呈现。1960 年后受到抽象表现主义绘画影响，他的作品开始发展出抽象几何的绘画特征，他考虑在画面上用类似建筑轴线的方式来展现和探讨将二维平面转化为三维立方体的可能性。如名为《广场》（1964）的绘画作品，描绘的几乎就是建立在坐标系统中的一个几何形建筑物，是一幅描绘两个方向相反的建

① H.H. 阿纳森. 西方现代艺术史 [M]. 邹德侬，巴竹师，刘珽，译. 天津：天津人民美术出版社，1987：644.

② H.H. 阿纳森. 西方现代艺术史 [M]. 邹德侬，巴竹师，刘珽，译. 天津：天津人民美术出版社，1987：653.

筑的表现图[①]。究其本质，这幅绘画作品其实是由建筑草图转化而来的，史密斯随后的雕塑作品往往体现出“结构组合体”和“抽象逻辑体”这两个主题，这两个主题都与现代建筑主题密切相关。史密斯的结构组合体在形式上更接近于去除楼板、屋面、墙体和装饰的建筑结构，而抽象逻辑体则以环境雕塑的尺度叙述着关于空间秩序、形式原理和美学原则的一些关键词。“……史密斯的雕塑是作为一种可以体验的构筑物而存在的，是介于建筑和装置之间的一种环境雕塑，而建筑与雕塑之间的恰恰是他的绘画作品。”[②] 从史密斯的作品中，我们可以看出绘画、建筑、雕塑之间不可分割的关系，它们是一个整体。

图 5-25 托尼·史密斯的作品

5.2.1.2 唐纳德·贾德

唐纳德·贾德（Donald Judd，1928—1994）于 1928 年出生在美国密苏里州，10 岁便开始学习绘画，1948 年在纽约美术学生联合会学习美术，同时在纽约哥伦比亚大学学习哲学。1958 年，他在哥伦比亚大学学习美术史硕士课程。1962 年，贾德开始制作几何形的抽象雕塑，作品多采用非天然材料，如铝合金、不锈钢、有机玻璃等，他将作品挂在墙壁上并以排列的矩形盒子的形式进行展示。贾德在创作时强调总体性，关注精致的作品的外观。贾德的艺术不同于抽象表现主义，也和波普艺术划清界限，以理性、冷漠、无人情味的面貌来表达自身的纯粹和高贵的品质。贾德以金属立方为主体的雕塑作品是极少主义艺术最具代表性的作品，它们被安排在室内或户外，每件作品都是以标准化的形体制作的，并且有时会被涂上色彩以强调其形体美。贾德把客观的态度贯彻到数学的精确之中。1968 年以来，贾德的作品在尺度上又有了新的进步，在《无题》（图 5-26）中，他将 8 个边长为 30.48 cm 的箱子加以组合，营造出一种非常有秩序和气场的景观效果，这与采用了高度反射的不锈钢材料不无关系。但由于贾德创作的

---

① H.H. 阿纳森. 西方现代艺术史 [M]. 邹德侬，巴竹师，刘珽，译. 天津：天津人民美术出版社，1987：649

② 张艳来. 托尼·史密斯：建筑与艺术之间 [J]. 城市建筑，2015（4）：113-115.

雕塑并不反映具体内容或对象,《无题》便成了其绝大多数作品的唯一标题,图 5-27 便是他创作的又一个名为《无题》的作品。贾德的雕塑艺术不仅在雕塑界产生了巨大的影响,也为极少主义绘画、建筑、景观等的发展做出了巨大的贡献。

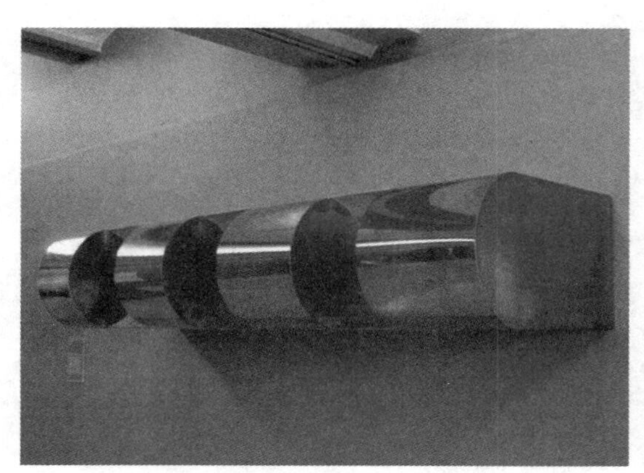

图 5-26 《无题》(一)(贾德)

图 5-27 《无题》(二)(贾德)

贾德在建筑和家居设计领域也有很高的建树。1973 年,他在玛法(Marfa)小镇时设计了一些家具,这些家具多由粗糙的松木制造而成。之后,他开始研究使用金属材料制作家具的可能性,用金属材料创作了椅子、书架、床等家具。书桌及椅子分别由电镀铝和钢制作,这是贾德从手工艺家具转向工业化生产家具的体现[①]。

5.2.2 环境艺术

20 世纪 60 年代,许多最低限雕塑的尺度巨大,这就需要特殊的空间或特定场所来展示。最低限艺术的尺度的增大,自然就引出了一个环境艺术(Environmental Art)的概念。如何使美术馆内的空间与雕塑作品和谐共生,或是直接将建筑空间作为一个因素在艺术创作时加以考虑,成为艺术家关注的问题。1964 年,在纽约格林美术馆举办的罗伯特·莫里斯展览(图 5-28),展出了环境艺术作品。巨大的几何形雕塑单元被放置在展厅的环境之中,雕塑与空间融为一体,艺术家将展厅空间也作为雕塑艺术的一部分加以考虑。在雕塑领域,环境艺术的流派具体有场所雕塑派和大地艺术派。

① 张天怡,朱琳. 唐纳德·贾德和他的方盒子 [J]. 公共艺术,2013(5):78-83.

图 5-28　罗伯特·莫里斯展览(纽约,格林美术馆,1964)

5.2.2.1　场所雕塑

场所雕塑是在特定的场合安置特定的装置。索尔·莱维特(Sol Lewitt, 1928—　)是场所雕塑派的代表人物,他的作品具有明显的场所雕塑的特点。莱维特的作品经常是一种系列式的雕塑,是由同样的透空方块组合形成的合乎比例的大单元。这些方块被增大了尺度,直到控制了所在的建筑空间。在这些作品中,有形的基本的东西只是方块的外轮廓,而方块本身是虚空的空间。莱维特凭借他在 1968 年创作的《洞里的盒子》成为观念艺术的早期先驱人物。这件作品在荷兰,是由一个金属盒子组成的,他把盒子埋起来,盖上,并且为这一过程留下了一系列的照片。他的代表作有《横向发展 6 号》(图 5-29)。

图 5-29　《横向发展 6 号》(索尔·莱维特,1991)

20世纪70年代初期，莱维特又用特别的方式开阔美术馆的空间。他直接往墙上画一些线描，而在每次展览会闭幕时，常常又会把它们毁掉。这些线描一般是用尺和铅笔画的一些重叠的矩形，被涂上了不同等级的灰调子，再结合一些手写的说明。每个矩形内部用以塑造格调的线条除了是垂直的、水平的以外，也可能是像对角线一样斜向的，常常可以形成相当美的几何抽象形式。莱维特曾在《观念艺术阶段》这篇文章中说："当一个艺术家运用艺术的观念形式，那意味着所有的规划和决策都是事先想好的，而付诸实行只是一件顺理成章的不重要的事。我们的想法变成一台创作艺术的机器，这种艺术不是对理论的阐释和说明，是直观的，它涉及所有类型的心理过程，是无目的的。与需要依赖艺术家那种工匠般的技巧来表现的艺术相比，它通常是自由的。"[①] 莱维特的艺术是对场所艺术与观念艺术的综合，引导我们从多视角去观察他的雕塑，带给我们的不仅仅是一种视觉上的愉悦，更多的是对艺术概念的思考。"正如瑞士心理学家琼·皮尔杰特（Jean Piaget）喜欢谚语一样，认知应当是快乐的。"[②] 莱维特的雕塑艺术明显受到解构主义的影响，他将立方体模块看成"语法"来进行独特的艺术创作。他将解构主义中普遍可以解读的结构发展成为一种观念，让观者与艺术品之间产生一种关联。莱维特的雕塑艺术是场所与艺术的有机结合，更是表达概念的手段，给我们带来了感官和心理上的诸多愉悦。莱维特的艺术使我们更加接近艺术的思维。

场所雕塑本身关注的就是环境、空间、场所下的雕塑，所以它从一开始便与空间设计、建筑设计、景观设计有着强烈的联系。场所雕塑以场所性为前提来表现艺术的精神和价值，本身就具有景观雕塑的特性，在不同的空间场所下，雕塑应呈现不同的与场所相呼应的形态，这是对雕塑的"场所理论"与"空间理论"的体现，对景观雕塑设计具有极大的启发意义。

5.2.2.2 大地艺术

20世纪60年代，西方的一些现代艺术家走出画室和展览馆，在远离都市的大自然找到了创作地。后工业时代给城市带来了大量工业废弃地和一系列环境、社会问题，大地艺术家普遍厌倦现代都市生活和高度标准化的工业文明，主张返回自然，对曾经热恋过的极少主义艺术表示强烈的不满，以之为现代文明堕落的标志，并认为埃及的金字塔、史前的巨石建筑、美洲的古墓、禅宗石寺塔才是人类文明的精华，承载着人与自然亲密无间的联系。大地艺术家们以大地作为艺术创作的对象，或在沙漠上挖坑造型，或移山湮海、垒筑堤岸，或泼溅颜料遍染荒山，故大地艺术（Earth Art）又有土方工程、地景艺术之称。

大地艺术以大自然为创作对象，从一开始就具有了景观的意义，并且为景观设计学科的发展做出了贡献。大地艺术与传统观念上的雕塑不同，它是以环境为基础的，强调空间与场所的概念，将艺术引入工业环境中，创造了新的景观设计美学，为重新审视工业废弃地、解决工业的环境污染问题提供了一种新的艺术化的思路。大地艺术的产生是与艺术家对现代都市生活、工业文明和艺术商品化的反叛分不开的，大地艺术启示景观设计对生态问题和社会问题的关注以及对现实的揭示与批判，为工业景观设计拓宽了思路[③]。

丹尼斯·奥本海姆（Dennis Oppenheim，1938—2011）是一位参与了观念艺术、表演艺术、

① 费恩伯格. 艺术史：1940年至今天 [M]. 陈颖，姚岚，郑念缇，译. 上海：上海社会科学院出版社，2015：309.

② 罗伯特·C. 摩根. 索尔·莱维特的视觉系统艺术 [J]. 陈艳，译. 湖北美术学院学报，2005（2）：60-61.

③ 刘海龙，孙媛. 从大地艺术到景观都市主义：以纽约高线公园规划设计为例 [J]. 园林，2013（10）：26-31.

人体艺术及电视、光和声等艺术创作的代表[①]。奥本海姆于 1965 年在加利福尼亚州的奥克兰工艺美术学院获得美术学士学位；于 1966 年在位于加利福尼亚州帕洛阿尔托的斯坦福大学获得艺术硕士学位；于 1969 年获得古根海姆基金会奖学金；于 1974 年和 1982 年分别获得国家艺术基金会奖学金；于 2003 年获得加利福尼亚州交通卓越奖，同时还获得了温哥华雕塑双年展终身成就奖。他的作品本质上是记录当地大自然瞬息万变的空中图形实录。

奥本海姆利用了所有可用的表现手法，包括写作、动效、表演、视频、电影、摄影以及有声音的独白或无声的装置艺术。他运用机械和工业元素、烟火、普通物品及传统材料、地球材料、自己或他人的身体进行创作。他的作品涉及建筑内部、外部和公共空间。这位艺术家在与比尔·伯克利的谈话中道出了他不愿局限于表现客体的原因：“是你在表现，而非事物。当你在表现时应当已经找到一种方式与事物分离，这样才能以一种更加无形的方式来展现它。”其具有开创性意义的作品包括《年轮》（*Annual Rings*，1968），他在雪地中创作的年轮图案被美国和加拿大的界河所分割，这几乎定义了特定场地作品的概念；在作品《阅读Ⅱ度烧伤的位置》（*Reading Position for Second Degree Burn*，1970）中，艺术家的身体因在阳光下暴露了超过两个小时而变红；在作品《企图骚乱》（*Attempt to Raise Hell*，1974）中，一个象征着艺术家的坐像反复撞向一只铸铁铃铛。奥本海姆与克里斯托的艺术是大地艺术的代表，奥本海姆还经常设计一些公共艺术作品，如《根除邪恶的工具》（*Device to Root out Evil*，图 5-30）等。奥本海姆曾说：“公共艺术与大地艺术有很大的不同。公共艺术是危险的，大型设计作品尤其如此。一次美术展，观众可以看完就忘，仿佛一切都没发生过；公共艺术品，一旦被竖立起来，便永久地立在那里。公共艺术隐藏着太多的未知数。完成后的作品规模如此巨大，根本无法预料，尽管可以制作模型。”[②]

图 5-30　《根除邪恶的工具》（丹尼斯·奥本海姆，加拿大温哥华，1997）

---

① H.H. 阿纳森. 西方现代艺术史 [M]. 邹德侬，巴竹师，刘珽，译. 天津：天津人民美术出版社，1987：656.

② 丹尼尔·格兰特. 公共艺术是危险的：丹尼斯·奥本海姆访谈 [J]. 彭筠，译. 世界美术，2006（4）：47-52.

5.2.2.3 克里斯托·贾瓦切夫

克里斯托·贾瓦切夫（Christo Javachef，1935— ）于1935年出生在保加利亚，对包装物有极大的兴趣，克里斯托与妻子珍妮·克劳德（Jeanne Claude，1935—2009）共称为“包裹艺术家”“大地艺术家”，艺术界将这对执着的夫妇视为当今最有魄力的艺术家。从生活用品到人物再到大楼，克里斯托什么都包，曾出版《包装》（*Empaquetages*）来表达自己的艺术态度。这些以及他后来用幕布把店铺正面挡起来的做法，对现代工业或生产文明做出了另外一种解释，把它们又还原为物体，并形成另一种带虚无性的形式（如图5-31）。

图5-31 《铁幕，油漆桶墙》（克里斯托，1962）

20世纪70年代，克里斯托把他的艺术概念扩大到夸张的尺度，他开始包装博物馆和宫殿。他的包装艺术不仅是一种全新的艺术，更是一种态度艺术。克里斯托夫妇的作品不在画廊、展馆或美术馆中，而屹立在大自然中，有即时性特征。20世纪60年代以来，克里斯托夫妇包裹了山谷、海岸、大厦、桥梁、岛屿。公共建筑和自然与他们的艺术品有机地结合起来，为人们创造了一种既熟悉又陌生的宏大景观。他们的艺术无法归类，是介于建筑、雕塑、装置、环境工程、景观之间的。克里斯托夫妇的艺术无疑渗透到了建筑、景观领域，他们的“包裹”与建筑的关系，与自然、景观的关系，最终呈现出的效果都对设计师有很大的启发。克里斯托夫妇于2005年在纽约中央公园展出了作品《门》（图5-32）。这件作品的灵感来源于公园入口处的门，奥姆斯泰德把它们统称为“gates”，并为每个门取了特别的名字，例如“谋杀者之门”“艺术家之门”“水手之门”等。当克里斯托夫妇看到这些名字之后，决定在公园内搭起新的形式的“gates”，向其致敬。鲜艳的橙色之“门”在中央公园的人行道上蜿蜒盘旋，其所形成的庞大规模的色彩在视觉上充满美感与震撼力，突出了中央公园的地形走向[①]。

① 李艺. 克里斯托和珍妮·克劳德的装置艺术：艺术创作中的社会参与[D]. 北京：中国美术学院，2014：27.

图 5-32 《门》(克里斯托,纽约中央公园,2005)

克里斯托的作品已经和中央公园融合,并为中央公园增添了更加精彩的景色。在人造景观中再度搭建景观装置的意义在何处? 居伊·德波在对景观社会的批判中提到,"景观具有统合的效果,在一种隐性的形态意识之下,通过呈现我们前面的各种景观确立一种认同性和无意识的支配力量"。[①] 可见,克里斯托夫妇的艺术观中透露着对建筑、景观的关注,他们的艺术与景观是密不可分、相互影响的整体。

大地艺术和景观的联系主要体现在工业废弃地景观上,大地艺术在创作时尊重自然环境,不对生态系统做出破坏,而且注重作品与环境的融合;大地艺术在工业废弃地创造出具有艺术性的景观环境,增强了工业废气地的场所精神,提升了其视觉效果,成为有效地改造工业废弃地景观的有效途径之一。大地艺术的创作手法还对景观设计影响巨大。

(1)为景观设计提供形式语言。大地艺术家常常使用简练、抽象的几何元素,并且多用减法的手段打造最简化的抽象形式,让参观者能够置身于一种具有抽象图像效果的空间。这种简洁、抽象的语言蕴含深邃的思想,给人们丰富的体验,这种简单的形式不但对联系没有简化,而且建立了新的秩序[②]。

(2)为景观设计提供艺术化地形的设计概念。地形是景观设计中的重要构成要素,是景观设计中的常用元素。大地艺术对景观的地形进行了艺术化的处理,形成了更好的视觉效果和空间节奏。景观设计师对地形的艺术化应用独具特色,形成了很好的效果。

(3)为景观设计提供启示。大地艺术启示景观设计师要关注生态环境问题,景观设计师

① 居伊·德波. 景观社会 [M]. 王昭凤,译. 南京:南京大学出版社,2006:208.

② 冯鑫. 大地艺术视野下的乡土景观设计研究 [D]. 长春:东北师范大学,2017:8.

要通过设计来解决工业化进程带来的环境破坏问题，应注重恢复工业废弃地的环境破坏问题，要关注自然美的形式，应注意设计与自然环境和谐，利用自然材料进行设计等。

5.2.3 装置艺术

1953 年，杜布菲提出“装置艺术”（Assemblage Art）的概念，“装置”一词用来形容一些超越了立体派拼贴艺术的作品。1961 年，纽约现代艺术博物馆举办了“装置艺术展”，从此“装置艺术”这个术语在艺术圈使用开来。装置艺术使艺术大众化，也为日常物品赋予了艺术概念，将艺术与生活的界限变得非常模糊，这种趋势是 20 世纪 50 年代后艺术界的一种新思考。

20 世纪 60 年代，波普艺术家继承并发展这种思想，用不同的方式去探索演绎大众文化的艺术[①]。反映出装置艺术特点的作品可追溯到毕加索的拼贴（Collage）、综合立体主义，杜尚的现成物体，以及达达主义、超现实主义、未来主义的绘画。库尔特·施威特斯[②]是废品雕塑传统的发起者，第二次世界大战后废品雕塑运动盛行。其特征包括：①艺术作品主要是装配起来的，而不是画、描、雕或塑起来的；②组成要素是预先形成的天然的或人造的材料、物体或碎片，并未采用艺术材料；③这些作品记录了现实，但对现实并没有批判。杜尚无疑是直接影响装置艺术的重要人物，甚至“装置”这个词和一些其他相关的如“现成物”（ready made）或“活体雕塑”（mobile）这类词都源于他。“他的最后一幅油画《嗵》，几乎是一部具有战后艺术倾向的词典，从波普艺术到光效艺术、色场绘画、程序绘画（Programed Painting）、结构绘画（Structured Painting）及雕塑，应有尽有。”[③]

5.2.3.1 约瑟夫·科内尔（Joseph Cornell，1903—1972）

科内尔对西方大多数的艺术和文学都有研究。他用难以保存的材料做成盒子，用最脆弱的材料来阐释时间的主题。20 世纪 30 年代早期，他在欧洲超现实主义展出中心朱利恩·利维美术馆（Julien Levy Gallery）中接触到了许多被纳粹和第二次世界大战迫害过的超现实主义者。他的第一批实验性的拼贴艺术品是在恩斯特的影响下产生的。20 世纪 30 年代中期，科内尔的艺术作品经常是以一个简单的盒子为形式的。正面安装有透明的玻璃，里面放置一些杂物，如照片、钟表、地图等，就像是一个有着历史年代感的家庭室内装置。科内尔的艺术明显受到超现实主义者的影响，并结合了古典写实主义绘画的某些特点，将现实表达得更加具有历史感和梦幻感。

“科内尔的箱子充满了使人产生联想的东西，让人想到家庭、童年以及他所读过的文学作品。……他的整个生命好像都奉献给了对往事的回忆，一种对失去的童年或失去的世界的怀旧情绪。1942 年的《美狄奇立刨床》（*Medici Slot Machine*）是他早期的杰出作品之一。他以莫罗尼（Giovanni Battista Moroni，1525—1578）所画的一幅肖像《埃斯特家族的一位少年王子》为中心，采用了立体主义、几何抽象和从早期电影那里得来的多次重叠影像，以及暗示过去和现

① 费恩伯格. 艺术史：1940 年至今天 [M]. 陈颖，姚岚，郑念缇，译. 上海：上海社会科学院出版社，2015：192.

② 库尔特·施威特斯是欧洲达达主义的代表画家，主张在艺术创作的时候可以使用任何的材料，并尝试用综合材料进行艺术创作. 其代表作有《梅兹堡》（1923—1936，装置艺术，综合材料）。

③ H.H. 阿纳森. 西方现代艺术史 [M]. 邹德侬，巴竹师，刘珽，译. 天津：天津人民美术出版社，1987：600.

在之间关系的象征符号。"①20 世纪 40 年代至 50 年代，科内尔受到蒙德里安的影响，他的艺术发生了许多的变化，创作了三维立体的新造型主义的构成作品——《复合立体》。可以说，科内尔的艺术作品影响了全世界。

5.2.3.2　路易丝·奈维尔森

路易丝·奈维尔森（Louise Nevelson，1899—1988）是装置艺术领域的杰出代表。20 世纪 60 年代，她用几十个独立的箱子建造了一面木墙，箱子里面被精心安排了数百件找来的物体，它们通常是从旧家具上锯下来的碎片或者从拆掉的旧房子上弄来的木作，然后这些东西统一被刷上了黑油漆，或者像后来的作品一样，刷白色或金色的油漆。虽说构成的是废品，但它们营造出一种废旧物品的优雅感、一种雅致的对老房子的怀旧感②。

奈维尔森说："我无论从哪见到一块木头，我都把它拾起来带回家并把它用在我的作品上。我总是想向人们表明：艺术存在于这个世界的每一个角落——除非它被一个富于创造性的头脑所忽略。"奈维尔森被许多评论家认为是 20 世纪最伟大的装置艺术家，这一点愈发令人瞩目，因为在艺术这一领域一直存在着对女艺术家的强烈抵制。自从新石器时代（Neolithic Times）以来，雕塑一直被视作男人的特权，人们误以为女性不适于雕石、刻木、镂制金属等繁重的体力劳动。奈维尔森不使用废品创作艺术装置，她绝大部分作品是将涂上单色的木质浮雕加以组装。受到他的老师汉斯·霍夫曼影响，她的审美特点是重视对废品装置的融合和坚持图像的平面性③（如图 5-33）。

图 5-33《无题》（露易丝·奈维尔森，1950—1959）

只有在 20 世纪并且只有在美国，女艺术家才被承认是主要的艺术家，尤其是自从 20 世纪 50 年代和 60 年代以来，女性艺术家在世界艺术界大放光彩，展现了她们的独特性和创造力。女性在艺术界的地位日臻显赫，这得益于美国经济与艺术的发展。1945 年之后，美国成为超级大国，经济稳居世界首位，纽约迅速变成世界艺术中心，重要的艺术作品在美国初露头角。一些著名的作品就出自女性艺术家。显然，在这些女性中最杰出的便是奈维尔森，她在许多评论家的眼中可谓当时最具独创性的女艺术家。《纽约时报》（*The New York Time*）著名艺术评论家希尔登·克莱默（Hilton Kramer，1913—1989）对她的作品评述道："我认为奈维尔森女士在画家常常失败的地方却获得了成功。"她的作品被人比作毕加索的立体派结构、米罗的超现实主义物体以及施威特斯的"梅尔茨"。奈维尔森承认，她受到了上述画派影响，并且还受到非洲雕塑以及土著美洲人和前哥伦布艺术的影响，但她将所有这些影响予以吸收融合，创造出一种独特的艺术，

① H.H. 阿纳森. 西方现代艺术史 [M]. 邹德侬，巴竹师，刘珽，译. 天津：天津人民美术出版社，1987：601.

② 韦秀玉. 后现代美术创作材料与艺术形式的关系研究 [J]. 美与时代，2003（1）：43-44.

③ 费恩伯格. 艺术史：1940 年至今天 [M]. 陈颖，姚岚，郑念缇，译. 上海：上海社会科学院出版社，2015：192.

表现都市风景以及20世纪的审美意趣(如图5-34)。

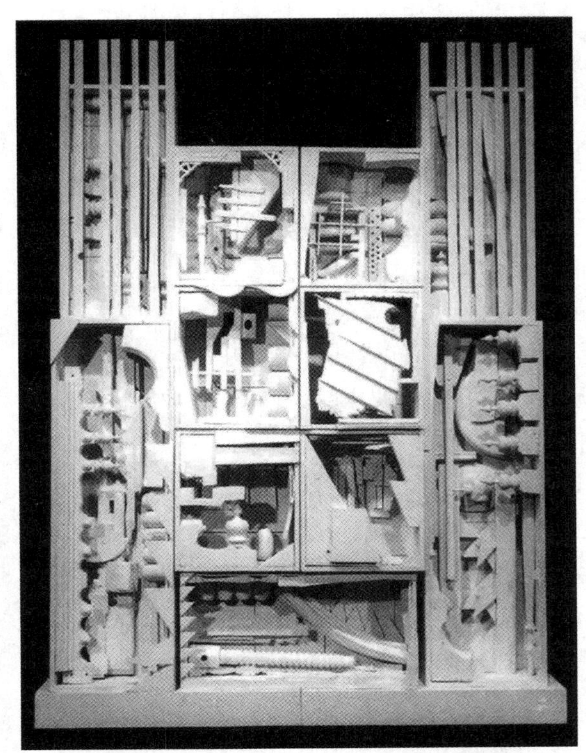

图5-34 《黎明的婚礼礼拜堂Ⅱ》(路易丝·奈维尔森,白色油漆木头,1959)

5.2.3.3 路易丝·布尔乔亚

路易丝·布尔乔亚(Louise Bourgeois, 1911—2010)是20世纪最伟大的女性艺术家之一,真正举世闻名是在20世纪70年代。她于1911年生于法国巴黎,25岁时开始专注于艺术创作,她以接近于超现实主义的方式进行绘画和版画创作,后来又开始尝试雕塑,受杜尚艺术的影响很大,但布尔乔亚的艺术创作灵感基本都来自其童年时的噩梦。

布尔乔亚的作品明显受到超现实主义艺术的影响,她的作品充满了象征意义。母亲的缝纫机与针线、女性的贴身内衣裤或是男性的身体都成为她创作中常用的题材,但她又不同于传统的超现实主义艺术家,将"象征"当作超脱现实世界的工具。她说:"借由象征,人们可以有更深层的意识性的沟通。但是你也必须明了一件事,象征就是象征,它不是血肉的交流。"① 她用独特的艺术方式将内心的情感表达出来,展现出了人类的欲望和疏离、死亡与恐惧,在她的装置空间里,我们可以感受到病态的沮丧和排解这种沮丧的幽默感。对布尔乔亚来说,雕塑就是躯体的再现,她本人的躯体就是她艺术的本质。

她在作品《蜘蛛》(图5-35)中使用各种符号语言来象征其母亲的形象。这件作品反映出对男权主义社会的反抗及对女性权利的表达,"大蜘蛛"其实就是母亲的形象,蜘蛛象征着女

---

① 马里昂·卡乔里(Marion Cajori),艾美·沃拉奇(Amei Wallach).纪录片《路易丝·布尔乔亚:蜘蛛、情妇与橘子》(*Louise Bourgeois, The Spider, the Mistress and the Tangerine*),2008.

性，蜘蛛的织网行为象征着母亲的针织行为。这件作品表达了她对母亲角色的重新理解和其女性意识的觉醒①。这种女权思想启发了各领域的女性，在为数不多的女性建筑设计大师如扎哈·哈迪德（Zaha Hadid，1950—2016）的建筑中，就带有明显的女性特征和女权思想。

图5-35 《蜘蛛》（路易丝·布尔乔亚，美国纽约，1999）

布尔乔亚的艺术具有强烈的空间感，这种空间不仅是画面空间而且还是感情空间、建筑空间。1974年，布尔乔亚在作品《父亲的毁灭》中转变了空间环境，创造了一个阴暗的类似于巢穴的环境：天花板和地面有许多乳胶制成的球状物，被围绕在中间的是一个长方形的餐桌，上面有许多阴茎状的突起物。布尔乔亚说，这是他们一家人吃晚饭的场景。“父亲如一个暴君似的坐在桌子的前面，大家都沉默不语，母亲竭力讨好她的丈夫，父亲夸耀着他的伟大，孩子们忍无可忍，最终他们把他推倒在餐桌上，并吞噬了他。”② 空间中满满流露着布尔乔亚内在的感情色彩。布尔乔亚的雕塑作品中存在的空间感都是对建筑设计的一种启发，甚至她的雕塑已经具有建筑的某些元素（如图5-36）。

图5-36 《堆积》（路易丝·布尔乔亚，1969）

① 魏华.路易丝·布尔乔亚“大蜘蛛”系列作品的符号学分析[J].大众文艺，2012（10）：29-30.

② 林佳.情感与空间：解读路易斯·布尔乔亚的雕塑作品[D].北京：中国美术学院，2012：12.

5.2.4 运动和光

20世纪60年代,对运动和光(move & light)的探索推动了艺术的新发展,并且这种探索遍布世界各地。艺术家们探索和应用运动和光,不是简单地画出光线的效果或是雕出明暗。第二次世界大战前,考尔德对运动和光在艺术中的应用做出了创造性的贡献。20世纪三四十年代,拉兹洛·莫霍利·纳吉及他的学生继续深入地探索光(如图5-37),并继续研究色彩器(color organ)。色彩器是一种编排好程序的装置,能够产生出有色的光的转换图像。这些色光图像来源于1922年路德维希·赫希菲尔德·麦克(Ludwig Hirschfeld Mack)在包豪斯开展的探索活动和美国人托马斯·威尔弗雷德(Thomas Wilfred, 1889—1968)的探索活动。威尔弗雷德是色彩器的发明人,是一位卓越的、有创造力的天才人物。20世纪60年代的最后几年,将光当作艺术形式在所谓的混合媒介中再度盛行起来。生命活动、声音、光和电影一起冲击着人的感官①。

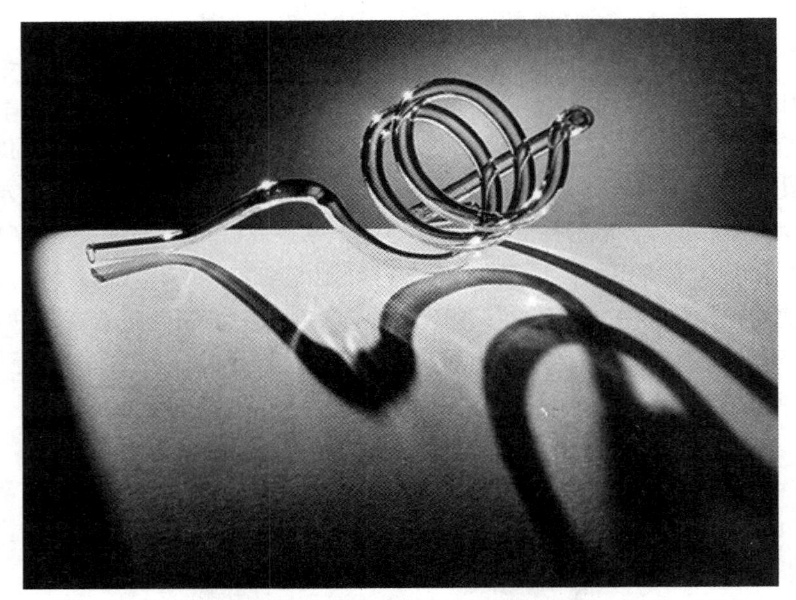

图5-37 探索光影与构成的摄影作品(拉兹洛·莫霍利·纳吉,1922)

尼古拉·舍弗尔(Nicolas Schoffer)是运动和光传统的主要继承人,起初为表现主义艺术家,20世纪50年代转向蒙德里安和新造型主义和抽象构成,不久后研究控制论(这是有关计算机和通信的理论),之后用电动机让构成活动起来,并转向运动和光。他将科学、工程的特点带进艺术之中,使用空间动力学(Spatiodynamics)、光动力主义(Luminodynamism)等专业术语进行艺术创作。这使他成为运动和光艺术雕塑家中的代表人物。其代表作有1960年的《克罗诺斯》(图5-38),这个作品体现了对“时间动态”“空间动态”和“动态”的新崇拜心理。

① 史蒂芬·法辛. 艺术通史[M]. 杨凌峰,译. 北京:中信出版集团,2015:660.

图 5-38 《克罗诺斯》(尼古拉·舍弗尔，1960)

运动和光的艺术给景观设计中的照明设计提供了启发与灵感，照明设计也是景观设计中的一个重要环节，灯光是景观在夜晚的灵魂，好的灯光设计应具有很强的艺术性。景观灯光设计能烘托出整个环境的气氛。随着照明技术的进一步发展，景观设计师对景观照明设计的要求越来越高。景观灯光设计是提高景观环境质量、将景观环境艺术化的重要手段。运动和光的艺术完全可以指导景观照明设计的实践活动。

5.2.5　观念艺术

观念艺术(Conceptualism)又叫思想艺术(Idea Art)或信息艺术(Information Art)。20 世纪 60 年代，在欧洲和美洲兴起了观念艺术的思潮，其抛弃了传统的实体艺术的创作，采用直接表达观念的艺术方式。观念艺术受杜尚的影响最大。杜尚认为："一件艺术品从根本上来说是艺术家的思想的表现，而不是那个有形的物体——绘画或雕塑，有形的实物应该出自思想。"观念艺术有各种各样的形式，如日用品、摄影作品、影像、表格和语言等。观念艺术是涉及语言和生活的艺术，艺术家自然趋于用词语、录音、访问(交换意见)、录像，也通过文献资料如地图、图画、照片来表达概念。

达达主义的一些画家很早就探索过抛弃客观对象来创作艺术，到了观念艺术，这种思想已经登峰造极。观念艺术在达达主义的思想基础上又加入了语言学(Linguistics)、结构主义

(Structuralism)和符号学(Semiology)等的元素进行艺术创作[①]。不同的艺术家创造出不同形式的观念艺术,他们共同表达艺术家对艺术概念进行评论的权利,否定艺术评论家的作用,也就是排除评论家,排除主题,坚持由艺术家自己来执行评论任务,艺术家是创造者,也是解释者、鉴定人。20世纪60年代中期,观念艺术画家将艺术的实体完全去除,把重点放在艺术的"概念"上,他们丢掉了传统绘画中最重要的色彩、结构、形体,还取消了绘画和雕塑本身,强调艺术品背后的作者的思想感情,并使用各种各样的媒介来表现。表达手法有挪用并列式、篡改置换式、转化再造式等。

约瑟夫·克索斯是观念艺术的先驱人物,于1945年1月31日出生于美国俄亥俄州托莱多市,克索斯在托莱多博物馆设计学院、克利夫兰艺术学院和视觉艺术学院学习。1969年,他在利奥·卡斯特利画廊举办了首次个人画展,并被任命为《美国艺术与语言杂志》的编辑。之后,这位艺术家在社会研究学院开始了人类学和哲学的研究,并继续他的艺术实践。克索斯在《遵循这里的艺术》一文中谈论,要解放美学或形式主义和对观察到的现实所做的模仿对艺术的束缚。他认为,艺术等同于瞬息万变的物体表面的形态这种观点过于肤浅。克索斯还为观念艺术下了定义,使其与其他各种艺术流派区分开来。

克索斯是一位美国观念艺术家,因他对语言及其在艺术中的实用性的不断研究而闻名。通过基于文本的作品和装置,克索斯研究了符号学的表达,正如在他的具有开创性意义的作品《一把椅子和三把椅子》(1965)中所看到的那样,这里的椅子由一把木头椅子、同一把椅子的照片和字典中对椅子的定义组成。"'什么是一把椅子'以及'我们是怎么对椅子这一概念有如此的认识的'。克索斯质询的是对一件物品的影像再现或描述怎样与物品本身产生指涉关联、人类意识又是如何处理这种关联的、是否一种概念形式比另外一种更有价值。他激发观众去思考艺术与文化是如何通过语言和意义构成的,而不是通过形式美和风格构成的。"[②] 像约翰·巴尔德萨里(John Baldessari,1931—)和丹尼尔·布伦(Daniel Buren,1938—)[③] 的作品一样,克索斯把艺术从物质世界带入了思想领域。他认为,当物体出现在艺术环境中时,它们与世界上任何物体一样,都有资格受到美学上的考虑。对存在于艺术领域的物体的美学考虑意味着物体在艺术环境中的存在或功能与审美判断无关。

观念艺术使艺术的本质发生了变化,使其从物质层面转向观念层面,使艺术具有了动词的意义。"非物质化"是观念艺术最大的特征,正如阿瑟·C.丹托在评价后现代艺术的时候所说:"艺术产品的一个特征就是关于艺术作品的理论接近无穷,而作品客体接近于零。"这对景观设计的启发就是,我们要脱离以形式为中心的形式主义,从概念出发多思考、多创新,从而指导一些观念性的景观设计实践活动,并促进景观学科的发展。

后现代主义雕塑是西方后现代艺术的重要现象,在实质上属于对西方现代主义艺术思潮的延续和发展,在艺术观念和形态上表现出双重性,它一方面继承了达达主义等现代艺术的传统,向公众的价值准则挑战,带有浓厚的反艺术特征;另一方面又反映出当代工业社会对人的

---

① H.H.阿纳森.西方现代艺术史[M].邹德侬,巴竹师,刘珽,译.天津:天津人民美术出版社,1987:698.

② 史蒂芬·法辛.艺术通史[M].杨凌峰,译.北京:中信出版集团,2015:502.

③ 约翰·巴尔德萨里是加州艺术学院的教授、美国当代艺术家,被称为"观念艺术的教父"。丹尼尔·布伦是法国当代艺术家、观念艺术的代表人物。

生活方式的影响深刻地改变了人与艺术的关系，将艺术品从原来的空间占有方式中解放出来，成为西方当代文化的标志之一[①]。后现代雕塑与建筑、景观的关系越来越密切，如大地艺术、环境艺术（场所雕塑）、欧普艺术、观念艺术等都对建筑、景观等设计领域有不同方面的启发意义。

5.3 后现代主义建筑运动

20 世纪 60 年代，后现代建筑师开始活跃，他们将根据前期的后现代片段创作出一套新的视觉速记体系，充满对艺术史的引用和对流行文化的暗示。同时，后现代建筑也是一种难以消化的混合物，建筑师用戏谑般的做作和讽刺性的胆怯来使它变得可口一点。

以菲利普·约翰逊设计的位于纽约麦迪逊大道 550 号的美国电话电报公司（现为索尼大厦）的建筑为例，这座设计于 1978 年（建成于 1984 年）的建筑是一座普通的现代主义摩天大楼，显示出路易斯·沙利文、瓦尔特·格罗皮乌斯或米斯的古典风格，但带有一些后现代主义的特点。美国电话电报大楼是一个典型的后现代主义的拼缀物，对艺术史的诙谐引用混杂着对现代文化的热情。抽样、嘻哈文化、混合、对公众形象的敏锐意识均成为后现代主义的特色，自觉的洞察与辛辣的讽刺成为后现代主义的通用语言。而且，既然任何东西都没有单一的答案，那就意味着任何东西都值得考虑，而且如果需要，就可以被合法地容纳进来。区别和定义变得模糊，无法分清事实与虚构。对后现代主义来说，表面形象至关重要，但它经常被证明是虚假的或矛盾的[②]。

5.3.1 后现代建筑的兴起

"现代主义建筑兴起的时候，一种发展主义的世界观正在西方工业国家间盛行，先锋派正尝试创造一种真实的现代风格以适应当时快速发展的社会状况。……但作为结果的现代建筑形式却在世界范围内被复制且经常被滥用。……直到 20 世纪 40 年代和 50 年代，现代主义的形式才对'欠发达'国家产生积极的影响。"[③]

后现代建筑是对现代主义建筑运动之后至今的各流派的建筑的总称，包含了多种风格的建筑。20 世纪 40 年代到 60 年代是现代主义建筑、国际主义风格垄断的时期，第二次世界大战后社会状况发生了巨变，传播媒介、电子技术、信息技术的发展使世界走向信息时代。到了 20 世纪 60 年代末和 70 年代，战后出生的一代人开始成为消费主体，他们接受过比之前一代更好的教育，更加具有革新和反叛精神，他们尊重历史、讲求时尚，试图改变理性、千篇一律、冰冷无情、毫无个性的现代主义形式。从 20 世纪 40 年代到 60 年代末期，经历了 30 年的国际主义垄断建筑、产品和平面设计的时期，世界建筑日趋相同，地方特色、民族特色逐渐消退，建筑和城市面貌日渐呆板、单调，往日具有人情味的建筑形式逐步被国际主义建筑取代。建筑界出现了一批青年建筑家，他们试图改变国际主义的面貌，引发了建筑界的大革命。现代主义之

① 罗沙林·克劳斯，范迪安，小武. 后现代主义雕塑新体验、新语言 [J]. 世界美术，1989（2）：2-10.

② 威尔·贡赔兹. 现代艺术 150 年：一个未完成的故事 [M]. 王烁，王乐同，译. 桂林：广西师范大学出版社，2017：409.

③ 威廉·J.R. 柯蒂斯.20 世纪世界建筑史 [M]. 本书翻译委员会，译. 北京：中国建筑工业出版社，2011：557.

后，建筑界出现了后现代主义、新现代主义、高科技风格和解构主义等运动，但实际上这些运动都是在现代主义和国际风格的基础上对其进行的反叛或补充更新，并没有从根本上将现代主义推翻。

5.3.2 后现代主义建筑运动的产生

后现代主义建筑运动是从建筑设计中产生的，它是对现代主义、国际主义设计的一种装饰性的发展，核心是反对米斯的“少即是多”的极少主义理论，主张功能主义并不是建筑的全部，重视装饰效果与人的感情，认为设计要体现历史文化。后现代主义建筑大量采用各种历史的装饰，并用折中的手法处理，试图打破冰冷单一的现代主义建筑外表，开创建筑的新的装饰阶段。

20 世纪 60 年代，现代主义和国际主义风格的弊端暴露得越来越严重。“一些困境源于经济和技术的快速发展所带来的物质主义和缺乏准备。新经济规则下的特有类型是方盒子似的办公楼和住宅板楼，不论何种情况，都以空旷的马路和停车场围绕着孤立的建筑——种种蔓延方式不仅缺乏都市气氛，而且也破坏了乡村。”①

美国评论家、建筑家、作家查尔斯·詹克斯（Charles Jencks）是后现代主义设计理论的权威之一，早在 20 世纪 70 年代，他最先提出和阐释了后现代建筑的概念，并且将这一理论扩展到了整个艺术界，形成了广泛而深远的影响。现代主义运动通过建筑革命和对记忆的结构来改变人的企图，对人的尊严和自我身份意识产生影响，而平庸的建筑师缺乏应有的个性和诗意，充斥于世界各地的大多数陈腐乏味的国际主义风格的建筑促使公众产生了一种厌恶的情感。建筑师罗伯特·文丘里（Robert Venturi，1925—2018）在 1966 年出版的著作《建筑的矛盾性与复杂性》（*Complexity and Contradiction in Architecture*）中提出建筑设计应重新“再现历史”，号召建筑师创造一种新的建筑，抛弃现代主义、国际主义风格的冰冷与抽象。新建筑应该是有所指涉的，这意味着建筑要让人回想起历史上的建筑风格，或者包含指涉历史与现在的题材。大多数理论家将文丘里这本著作视为后现代主义设计的宣言。除了文丘里，后现代主义的代表人物还有菲利普·约翰逊、查尔斯·穆尔（Charles Moore）、罗伯特·斯坦恩（Robert Stern）、迈克·格里夫斯（Michael Graves）等人。

5.3.2.1 罗伯特·文丘里

文丘里无疑是后现代主义建筑的奠基人之一，也是迄今为止具有相当影响力的国际建筑大师。他的后现代主义理论和实践引发了后现代主义建筑运动，他在当代建筑史上有着非常重要的地位。文丘里重视理论研究，从 1957 年开始一直到 1965 年，都在宾夕法尼亚大学建筑学院教学，通过教学，他一方面把自己的设计思想传授给学生，另一方面利用学院的研究条件来丰富自己的设计思想。

文丘里是后现代主义建筑家中的重要理论家之一，他于 1966 年出版了《建筑的复杂性和矛盾性》，这是一部极具世界影响力的著作，更是后现代建筑理论的里程碑。书中，他提出要采用折中的装饰主义来修正国际主义风格建筑的刻板面貌，特别要折中地使用历史建筑风格、波

---

① 威廉·J.R. 柯蒂斯.20 世纪世界建筑史 [M]. 本书翻译委员会，译. 北京：中国建筑工业出版社，2011：548.

普艺术的某些特征和美国的商业建筑的细节。他强调，建筑应该不明晰（paradox）、形式含糊（ambiguity）和具有复杂性，提出要创作“杂乱的活力”（essyvitality）来取代缺乏生气、缺乏趣味、单调和刻板的国际主义风格。他在《建筑的复杂性和矛盾性》这本书中还总结了他在意大利居留的两年时间中对建筑的心得体会，对人文主义和巴洛克风格进行了深入的探讨，认为这两种风格的设计对于简单直线式的现代主义风格是重要的补充。他从这个时候开始对如何运用历史风格来补充、促进、完善建筑设计，特别是对现代主义、国际主义风格的补充进行了探索与设计试验。他的这本著作给青年一代的建筑师带来了极大的影响和震动，导致建筑界对现代建筑、对国际主义风格的建筑的全面挑战，改变了现代建筑的美学原则，奠定了后现代主义建筑的理论。

1972 年，文丘里发表了自己的第二部具有历史意义的著作《向拉斯维加斯学习》（*Learning from Las Vegas*），这是他与妻子布朗（Denise Scott Brown）和斯蒂文·依泽诺（Steven Izenour）合作完成的。他在这本书中进一步发展了自己的后现代主义思想，强调美国的商业文化在现代建筑中和设计中具有重要的借鉴作用，强调霓虹灯文化、汽车文化以及拉斯维加斯这个赌城的艳俗面貌对于改造刻板的国际主义风格的重要作用。他在文章中提出，装饰主义应该成为建筑的重要形式原则，建筑不应该再被现代主义、国际主义风格的反装饰主义垄断。他在此书中也讨论了自己的建筑探索，认为设计师不应忽视、漠视当代社会中各种各样的文化特征，而应该充分吸收当前的各种文化中的精华到自己的设计中去，这样建筑才可能丰富、进步。他呼吁所有的美国建筑家对形式问题的注意，认为当时充斥美国的国际主义风格建筑是“丑陋的、平庸的”。他反对设计上提倡的崇尚现代主义大师的“英雄主义”作风，提出应该精心地运用历史的装饰风格和设计风格来丰富当时单调的现代主义、国际主义设计。他提出了后现代主义的原则：非英雄主义的，非大师的，强调个性的，强调个人表现和个人演绎，主张建筑风格的多元化[①]。

文丘里力求缓解现代主义建筑的抽象性，再次赋予它文脉性。他的作品尽量与周围的建筑相适应，以温柔的、带有喜剧性的面貌显现于市井，而不带有任何“侵略性”或“伪劣性”。文丘里的建筑虽然带有某种改良性，但仍属于现代主义范畴。他说：“我们需要建筑的丰富性与多元性而不是单一性与纯粹性，需要矛盾性与复杂性而不是和谐性与简洁性，建筑物应充满活力并要多姿多彩。作为一个建筑师，我力图摆脱习俗的袭拢而遵循昔日的经验。”[②]文丘里最重要的作品“母亲住宅”（图 5-39）是最典型的后现代主义建筑，它具有所有后现代主义的特征，一反当时盛行的现代建筑风格，不采用平屋顶、方盒子的建筑形式，而是引用了传统住宅的坡屋顶形式，但它又不是完全回归传统，而是对传统形式的变形和修饰，如中间有意开口的三角形山花墙，其表现了安德烈亚·帕拉迪奥（Andrea Palladio 1508—1580）[③]式的对称性；门上的一道弧线隐喻着古典建筑的拱券；尺度不一的窗户；背面故意歪曲地引用了罗马的弦月窗等。这

① 王受之. 罗伯特·文丘里（Robert Venturi）[EB/OL].http://blog.sina.com.cn/s/blog_4bdabb490100aac9.html.

② 张百平. 一个建筑师的路：普利兹克建筑奖获得者罗伯特·文丘里 [J]. 建筑学报，1991（30）：62.

③ 安德烈亚·帕拉迪奥常常被认为是西方最具影响力和最常被模仿的建筑师，他的创作灵感来源于古典建筑，他对建筑的比例非常谨慎，而其创造的“人”字形建筑已经成为欧洲国家和美国豪华住宅和政府建筑的原型。“帕拉迪奥母题”（Palladian Motive）是指对已建大厅进行改造，增建楼厅并加固回廊设计。原厅层高、开间和拱结构决定了外廊立面不适合传统构图，建筑师创造性地解决立面柱式构图，后人称之为“帕拉迪奥母题”。

座建筑具有一种非理性、复杂、暧昧、不合逻辑的美学趣味，显示出文丘里的后现代主义建筑思想①。

图 5-39 母亲住宅（文丘里，美国宾夕法尼亚州，1961）

5.3.2.2 菲利普·约翰逊

约翰逊于 1906 年在美国出生，在哈佛大学主修哲学专业。1928 年，约翰逊在埃及、希腊旅游时，看到古典建筑，为之所震撼，说："我认识到这是建筑艺术，我想我当不了建筑师，因为我不会画画，而且始终不会。但是我看了埃及的庙宇和帕特农神庙，那真是转折，我没想到有那么激动人心的事情，他比音乐更打动人。因此，我不久或在此之后，就自然而然转而学习建筑学。"②约翰逊自此对建筑产生了极大的兴趣，并转入建筑专业，之后获得了哈佛大学建筑学院的建筑学学士学位。毕业后，约翰逊借工作的机会到欧洲旅行，结识了许多欧洲现代派建筑师。

回国后，约翰逊于 1932 年任纽约现代艺术博物馆（The Museum of Modern Art，MOMA）建筑部主任，同年与希契科克合著《国际式风格》一书，并举办展览，首次向美国介绍欧洲现代主义建筑。同时，他又与希契科克一起撰写关于"建筑国际风格"的相关著作，将欧洲的现代主义设计介绍到美国，并将其发展成国际主义风格。

1939 年，约翰逊进入哈佛大学建筑研究生院学习，其导师是马塞尔·布劳耶，但其受到米斯的影响更大。约翰逊是一个聪明的建筑师，他懂得如何向大师学习。1947 年，约翰逊借工作之便在美国纽约现代艺术博物馆展出了米斯的建筑，并出版了《米斯·凡·德·罗》一书，并与米斯一起工作。1957 年，他与米斯一起合作设计了国际主义典范之作——西格拉姆大厦，并一举成名。由此，人们有趣地称他为"米斯·凡·德·约翰逊"，但他毫不在意。他认为，向大师学习是一个明智的做法，并说："在建筑史上，一个年轻人理解甚至模仿老一辈伟大天才人物是正常现象。米斯就是这样一位天才。"③1949 年，他设计了自己的住宅——美国康涅狄格州纽卡纳安玻璃住宅（Glass House New Canaan，CT），这是典型的国际主义建筑，确立了他作为建

① 张炜. 从文丘里看现代主义与后现代主义的异同 [D]. 济南：山东师范大学，2004（18）：15.

② 迪安（Andrea O.Dean）："菲利普·约翰逊谈话"[J]. 美国建筑师协会会刊，1979：258，265.

③ 菲利普·约翰逊. 菲利普·约翰逊著作集 [M]. 纽约：牛津大学出版社，1979：226.

筑师的声望。

20 世纪 60 年代后，约翰逊察觉到国际主义的式微及后现代主义的兴盛。约翰逊转而成为后现代主义建筑运动的带头人。1984 年，他设计了后现代主义经典建筑——美国电话电报大楼（AT&T 大厦，图 5-40）。这座建筑在设计时考虑到许多历史和环境的问题。约翰逊在评价美国电话电报大楼时说，美国电话电报大楼的设计是和纽约相适应的，因为纽约的摩天大楼一度有一种古典复兴的传统，基座、墙身和顶部划分得很清楚，有厚重的石头墙和神气的入口，一些有名的摩天楼顶子很特别，有独特的轮廓线。他说，他不会在达拉斯、休斯敦一类满是玻璃幕墙摩天大楼的城市里设计这么一座古典的建筑[①]。1987 年，他设计了美国得克萨斯州达拉斯市立国家银行大楼（Bank One Center Dallas，TX，图 5-41），这座大楼具备后现代主义建筑的特征：重历史、重表现、运用象征手法、与环境结合。

图 5-40　美国电话电报大楼（菲利普·约翰逊，美国纽约，1984）

图 5-41　美国达拉斯市立国家银行大楼（菲利普·约翰逊，美国得克萨斯州达拉斯，1987）

5.3.2.3　矶崎新

日本后现代主义建筑的杰出代表人物矶崎新（Arata Isozaki，1931—　）于 1931 年出生于大阪，于 1954 年毕业于东京大学建筑系，师从丹下健三，于 1961 年获东京大学建筑学博士学位。矶崎新擅长将古典的建筑元素与现代建筑语汇相结合，创造出一种既有现代主义理性特征又有古典历史的符号装饰效果的建筑面貌，这实际上是给现代主义加了一些历史的元素，与其说矶崎新的建筑是反对、推翻现代主义，不如说是对现代主义的进一步发展。矶崎新擅长设计大体量的建筑，常常使用大体块的混凝土墙，将建筑塑造出一种雕塑感，其设计的建筑经常体现一种表现主义设计手法。矶崎新的建筑价值在许多方面是和现代主义背道而驰的，正如

① 欧阳朔. 菲利普·约翰逊 [J]. 世界建筑，1981（4）：71，75.

菲利普·德鲁(Philip Drew)评价的那样:“矶崎新是反现代主义建筑手法的典型代表。”①

矶崎新曾在表达他的建筑观点时说:“反建筑史才是真正的建筑史。建筑史有时间性,它会长久地存留于思想空间,成为一部消融时间界限的建筑史。阅读这部建筑史,可以更深刻地了解建筑与社会的对应关系,也是了解现实建筑的有益参照。”20世纪80年代是矶崎新建筑事业的高峰期,他将西方的现代主义建筑体系、古典的历史装饰元素与东方建筑细腻的结构部件装饰完美地结合起来,设计了许多大型建筑,有1979—1983年设计建造的日本筑波市市政中心、1986年的洛杉矶当代艺术博物馆等。矶崎新在建筑上运用的古典符号是非常考究的,具有暧昧的特点。他通过比较模糊的方式来表达自己的古典主义立场,同时又用戏谑的手法形成了生动活泼的效果。矶崎新还是新陈代谢派的代表人物。新陈代谢派善于运用机械主义手法去表现类似于细胞或蜂巢等的有机结构。“尽管新陈代谢派的激进设想未曾实现……并偶尔能影响其他建筑师的方案——例如矶崎新在九州的大分(Oita)所创作的一些建筑作品……均运用了结构与机械设备的戏剧性对比。”② 其代表作有奈良百年会馆、上海喜玛拉雅艺术中心等。矶崎新设计的中央美术学院美术馆(图5-42)于2008年竣工。美术馆建筑为微微扭转的三维曲面体,有虚有实,用天然岩板建造的幕墙和曲线建筑语言形成了雕塑般的形式。曲线语言具有现代有机属性,一方面强调了社会发展与技术支持的必然关系,另一方面又突出了人对技术的把控。曲线语言是一种艺术性的建筑语言,能让观者感受到建筑的自由、理性与期待。在中央美术学院,这个另类的建筑不仅具有雕塑的色彩和音乐的旋律,而且流畅的曲面表达出鲜明的自我个性和自由精神。

图5-42 中央美术学院美术馆(矶崎新,中国北京,2008)

20世纪80年代,矶崎新设计的筑波市市政中心引用西方文化中过去和现在的多种形式,并对其进行了变形或翻转,和谐统一,并以隐喻、象征等手法赋予其多重意义,这座建筑宣告了建筑的后现代主义时代的到来③。而中央美术学院美术馆运用了连续、切入、撕裂的手法来寻求对建筑的“解构”,建筑设计的灵魂开始由物质层面逐步转向精神层面,美术馆的空间语言在

① 张燕来. 现代建筑与抽象 [M]. 北京:中国建筑工业出版社,2016:184.

② 威廉·J.R. 柯蒂斯.20世纪世界建筑史 [M]. 本书翻译委员会,译. 北京:中国建筑工业出版社,2011:510.

③ 欧阳国辉,王轶. 建筑阅读:矶崎新的中央美院美术馆 [J]. 中外建筑,2012(5):22-26.

关注展品之后开始关注人的内心世界，人的视觉空间变得深远和丰富。这是人与建筑进行交流的必要条件，也是中央美术学院艺术家所需要的视觉效果。

范迪安曾这样评价矶崎新："在国际现代主义建筑已经提供了大量遗产的条件下，他不是顺从已有的建筑观念和主义，而是以批判的视角重审建筑的现代进程及其本质意义。在某种程度上说，他首先是一个建筑精神的探险者，他的探险精神和意志源于他对一切已有建筑秩序、规则、方法和风格的怀疑，他的目光穿越了建筑与城市、结构与规划、自我与社会的界限。"① 其设计的卡塔尔国家会议中心（图 5-43）因其独特的结构而成为当地的标志性建筑。

詹克斯认为，后现代主义建筑是双重译码的——部分是现代主义的，部分是一些其他的：民间风格的、信仰复兴主义的、地方风格的、商业化的、隐喻的或者是背景主义的。后现代主义是对现代主义的单一权威、冷漠无情面貌的反叛。后现代主义设计的兴起标志着时代的变革。

图 5-43　卡塔尔国家会议中心（矶崎新，卡塔尔，2010）

5.3.3　高技派建筑

高技派（High-Tech）是 20 世纪 50 年代后期兴起的建筑流派，强调建筑结构形式要讲求科技审美与技术审美。高技派的高超而精湛的结构技术处理技巧对现代设计进行了补充。高技派为现代设计提供了源源不断的灵感，并为整个社会创造了一系列具有强烈时代感的空间象征性作品。他们认为，技术是人类文明的一部分，反技术就像是反对建筑、文明本身一样不可取，并向更广阔的未来提出了挑战，高技术不是其本身的目的，它是实现社会目标与更加广泛的可能性的一种手段②。20 世纪 70 年代，建筑师把航天领域的一些材料和技术掺和在建筑设计之中，将金属、铝材、玻璃等结合起来构筑出一种新的建筑结构元素和视觉元素，逐渐形成一

① 欧阳国辉，王轶. 建筑阅读：矶崎新的中央美院美术馆 [J]. 中外建筑，2012（5）：22-26.

② 窦以德. 福斯特 [M]. 北京：中国建筑工业出版社，1997：206.

种成熟的建筑设计语言，因其技术含量高而被称为“高技派”。罗杰斯曾说：“我觉得我跟诺曼还有伦佐·皮亚诺都有很多相似之处。如果有个建筑风格的度量的话，那么皮亚诺的风格应该是在比较偏诗意的那一端，我可能是处于中间的位置，而诺曼则是处于更偏工业化的那一端。但实际上并没有那么大的差别，只是三种风格的同一方案，就是有些人会提到的‘高技派’建筑。”① 高技派设计的特点主要表现在以下三个方面。

（1）提倡采用最新的材料——高强钢、硬铝、塑料和各种化学制品来构造体量轻、用料少，能够快速与灵活装配的建筑；强调系统设计（systematic planning）和参数设计（parametric planning）；主张采用与表现预制装配化标准构件。

（2）认为功能可变，结构不变。表现技术的合理性和空间的灵活性，既能适应多功能需要，又能达到机器美学效果。

（3）强调新时代的审美观应该考虑技术的决定因素，力求使高水平的工业技术接近人们习惯的生活方式和传统的美学观，使人们容易接受并产生愉悦。

高技派的代表作有福斯特与罗杰斯合作设计的香港汇丰银行大楼（图 5-44）、法兹勒汗的汉考克中心（Hancock Center）、瓦尔特·奈奇设计的美国空军高级学校教堂。高技派的建筑突出当代工业技术成就，并在建筑形体和室内环境设计中加以炫耀，崇尚“机械美”，在室内暴露梁板、网架等结构构件以及风管、线缆等各种设备和管道，强调工艺技术与时代感。高技派典型的建筑实例为法国巴黎乔治·蓬皮杜国家艺术与文化中心、香港汇丰银行等。代表人物有理查德·乔治·罗杰斯。

图 5-44 香港汇丰银行大楼（诺曼·福斯特、乔治·罗杰斯，中国香港，1986）

5.3.3.1 理查德·乔治·罗杰斯

理查德·乔治·罗杰斯（Richard George Rogers，1933— ）是英国建筑师，于 1933 年 7 月 23 日出生于意大利佛罗伦萨。他在伦敦学习建筑，1962 年获得美国耶鲁大学建筑学硕士学位。他与他的妻子和他的同学诺曼 • 福斯特及其妻子共同组建了四人小组。2007 年，他获得

① 罗杰斯. 理查德·罗杰斯专访 [J]. 建筑创作，2018（1）：140-159.

第 29 届普利兹克奖，评委会称赞他的作品是“表现了当代建筑历史的片段”。罗杰斯注重对细节的处理，他认为，“细节的诱惑是感官上的，是建筑中诗意的一部分，是你在建筑中听到的音乐”。罗杰斯重视城市公共空间设计及其与建筑、环境的关系的研究，关注建筑与环境的整体平衡。他在设计洛伊德公司总部时考虑了建筑与环境的结合，依据城市总体规划建筑，考虑建筑的合适高度，以形成一个美丽、连续的天际线。在总体规划乔治·蓬皮杜国家艺术与文化中心时，罗杰斯与皮亚诺把一半的建筑用地都划作了广场，给人们提供了足够的休息、交流空间。

罗杰斯的代表作有著名的“千年穹顶”、与皮亚诺共同设计的乔治 • 蓬皮杜国家艺术与文化中心（Le Centre National d' art et de Culture Georges Pompidou，以下简称“蓬皮杜艺术中心”，图 5-45）、与福斯特合作设计的香港汇丰银行、伦敦劳埃德大厦、马德里巴哈拉机场等。蓬皮杜艺术中心位于巴黎中心区，这座建筑是一个高 42 m，长 168 m，宽 48 m 的长方体建筑。建筑采用钢桁架梁柱结构，但整个建筑内部看不到支柱，边柱向四周挑出 6 m 的悬臂。皮亚诺和罗杰斯将它看成“一艘抽象的船”，自动扶梯被圆形的玻璃管道罩着，悬挂在建筑的外立面上，就像大轮船上的舷梯。“蓬皮杜艺术中心把灵活多变的‘机械耕作’的形象推向了极致。……被公认为暗示着‘开放’与‘社会多元主义’。”[①] 蓬皮杜艺术中心竞赛方案评选小组负责人说，蓬皮杜艺术中心的建筑观点将启发我们时代的创造精神，这个建筑所达到的成就，应该引起建筑师和设计师的强烈反响[②]。蓬皮杜艺术中心成为高技派建筑的代表作品。

图 5-45　乔治·蓬皮杜国家艺术与文化中心（理查德·罗杰斯、伦佐·皮亚诺，法国巴黎，1977）

罗杰斯曾在访谈中说到艺术与建筑的关系：我不敢说建筑师是否在社会中扮演着更广泛的角色，但在历史上确实曾经如此。比如菲利波·布鲁乃列斯基（Filippo Brunelleschi，1377—1446）[③] 曾是一个雕塑家，同时也是艺术家和工程师。……建筑同时也是艺术，也一直都是艺术。

① 威廉·J.R. 柯蒂斯.20 世纪世界建筑史 [M]. 本书翻译委员会，译. 北京：中国建筑工业出版社，2011：600.

② 杜歆. 国立蓬皮杜艺术与文化中心 [J]. 世界建筑，1981（3）：19-24.

③ 布鲁乃列斯基是文艺复兴时期佛罗伦萨建筑师，被称为文艺复兴建筑的先驱，代表作有佛罗伦萨主教堂。

说到建筑的广义功能，我觉得是美感。这点很重要，当我们环顾四周，我们看到那些美丽而有吸引力的东西。所有的动物都会进行某种形式的创作，一些图案或是节奏。人类的祖先们先是在岩洞中作画，然后是建造一些临时的茅草屋。艺术能让人的精神得到升华，它的重要性不言而喻。艺术和建筑是一种庆典形式，用来庆祝或昭示一些事情。例如人类早期的第一张岩画记录的便是猎杀猛兽的场景；而一座建筑，可以用来庆祝人们来此集合和交流[①]。

5.3.3.2 伦佐·皮亚诺

伦佐·皮亚诺（Renzo Piano，1937— ）于1937年出生于意大利热那亚（Genoa）的一个建筑商家庭。1964年他从米兰理工大学获得建筑学学位。1969年，皮亚诺得到了第一个重要的设计项目——位于日本大阪的工业亭。1971年，皮亚诺与罗杰斯合作参加巴黎的蓬皮杜艺术中心国际竞赛，他们最终获胜并使得蓬皮杜艺术中心成了巴黎公认的标志性建筑之一。自蓬皮杜艺术中心这个项目之后，皮亚诺在日本、德国、意大利和法国进行的大胆的商业、公共建设项目及博物馆设计为他赢得了广泛的国际声誉。1977年，皮亚诺开始与结构工程师彼得·雷斯合作，并成立了皮亚诺 & 雷斯设计事务所。其代表作有蓬皮杜艺术中心、特吉巴欧文化中心、保罗·克利中心等。普利兹克奖评委评价皮亚诺的作品“将艺术、建筑与工程（engineering）融合”，但皮亚诺认为他的建筑不仅仅是“工程”，而更是“构造”（construction）。由于家庭原因，皮亚诺从小就接触构造方面的知识，形成了一种“技术性思维”，从而习惯从技术的层面去看待建筑。在技术的观念上，他继承了现代主义建筑的“技术乐观主义”倾向，主张从功能需求出发，用技术来解决现实问题，用时代的材料来体现建筑的时代感。在形象的表达上，他探索建筑与环境的协调、统一，用高技术的工艺来表达科学技术时代的美学[②]。

1977年，皮亚诺与他的英国搭档理查德·罗杰斯设计的蓬皮杜艺术中心震惊了整个建筑界，这座高科技戏仿品矗立于巴黎18世纪时的市中心。皮亚诺不仅仅重视技术层面的问题，还关注场所文化和特性。他总是将场所精神与技术相结合。皮亚诺在1996年进行耶路撒冷的项目时曾说过：“技术与场所不存在矛盾……在开始工作之前，我通常要在当地花费很长时间，努力把握这个地方的‘场所精神’。任何地方都会有其精神，就连关西国际机场这样一无场地、二无岛屿、一无所有的较为抽象的地方也不例外。我们仍然用了一下午的时间乘小船勘查现场，构思着设计的创意、小岛的轮廓以及建筑的尺度。这种地形学研究的方法所包含的用地形态研究的内容与建筑研究的内容同样丰富。当所有材料汇集到一起后，对场所的感觉便基本形成了。”[③]

皮亚诺的建筑是适宜环境的、独特的、具有个性的建筑，而不是国际主义那样千篇一律、可以放在任何地方的建筑，如其于2017年设计的西班牙 Centro Botín 艺术文化中心（图5-46）。可见，皮亚诺的建筑观念已经在两个层面超越了现代主义，一个是技术层面，一个是场所文化层面。在特吉巴欧文化中心设计中，皮亚诺展现了对场所特点、气候环境、材料技术、历史和当代的理解，显现出一种建筑与环境对话的效果，这是从壮观的自然景观和具有特色的当地村落建筑形式中获取的灵感，是他通过对自然环境特征和传统文化的理解与诠释，富有想象力地将

① 罗杰斯. 理查德·罗杰斯专访 [J]. 建筑创作，2018（15）：140-159.

② 董春波.“技术性思维”：伦佐·皮亚诺的创作思路分析 [J]. 华中建筑，2002，20（2）：27-29.

③ 张伟，薛华培，陈骁. 意大利建筑师皮亚诺的设计理念 [J]. 新建筑，2000（6）：59-62.

其与现代科学技术相融合而达到的效果[①]。

图 5-46　西班牙 Centro Botín 艺术文化中心（伦佐·皮亚诺，西班牙桑坦德，2017）

5.3.3.3　诺曼·福斯特

诺曼·福斯特（Norman Foster，1935—　）出生于 1935 年，曾在曼彻斯特大学学习建筑学和城市规划，1961 年毕业后到耶鲁大学学习建筑学并获耶鲁大学建筑学硕士学位。诺曼·福斯特被认为是高技派的代表人物。其代表作有香港汇丰银行大楼、北京首都国际机场新航站楼（图 5-47）、德国议会穹隆等。诺曼·福斯特所强调的是“适用技术”。

图 5-47　北京首都国际机场新航站楼（诺曼·福斯特，中国北京，2004）

诺曼·福斯特认为人与自然要共生共存，不能相互排斥，要在历史的文化中学习经验，提倡满足人类生活需要的建筑形式。诺曼·福斯特的建筑哲学不仅表现在高技术层面，更体现在建筑的生态层面。诺曼·福斯特作为高技派建筑的代表人物，他认为，“高技术不是其本身的目的，

① 张伟，薛华培，陈骁. 意大利建筑师皮亚诺的设计理念 [J]. 新建筑，2000（6）：59-62.

它是实现社会目标和更加广泛的可能性的一种手段。高技术建筑同样关注砖瓦砂石土及木材和手工活"①。但诺曼·福斯特并不想被所谓的"高技术"定义,他说:"我热衷于采用'高技术',因为在相当长的时间里,我还没有见过与'高技术'无关的东西。如果要我找出没有'高技术'(的东西),那大概就是在建筑师们被从工程建设中排除之后,或在建筑师们变成风格主义、变成到处卖弄稀奇古怪的各式风格的陈词滥调的装饰设计师的危险之时!"②诺曼·福斯特也非常重视艺术与建筑的关系,他认为艺术和功能是一个事物的两个方面,是不可分割的,建筑在实用的同时也需要美。在设计中,他非常重视文化与环境。在尼斯文化中心的设计中,建筑周边有一座古典神庙,诺曼·福斯特尽量使建筑与环境协调,使建筑显示出一种古典的特征。这表明了诺曼·福斯特的设计哲学,他认为建筑应是适合于当地的,应根植于环境,建筑应尊重自然而不应征服自然,而且这种尊重和适应并不是表面形式层面的,而是对时代建筑的综合观念的体现。正是他这种尊重环境的建筑观,使他在新的建筑形式的创造和传统关系处理上表现出一种自由的、具有历史特征并且有时代精神的建筑风格③(如图 5-48)。

图 5-48 马斯达尔研究院(诺曼·福斯特,阿联酋马斯达尔,2010)

5.3.3.4 高技派对景观设计的影响

高技术观念影响了景观设计领域,推动了景观设计与高技术之间的密切联系。设计师提倡利用高技术来进行景观设计。如在景观设计中应用新材料、新技术来表现出传统材料无法

① Images 出版公司. 世界优秀建筑大师集锦 诺曼· 福斯特 [M]. 林箐,译. 北京:中国建筑工业出版社,1999:93.

② Images 出版公司. 世界优秀建筑大师集锦 诺曼· 福斯特 [M]. 林箐,译. 北京:中国建筑工业出版社,1999:154.

③ 马书元,周东红. 论诺曼·福斯特与高技派 [J]. 合肥工业大学学报(社会科学版),2005(1):85-88.

表现出的特定的质感、色彩、光影等，来体现时代的科技感和前卫性。如玛莎·施瓦茨设计的怀特海德生物学院研究所拼合园，由于屋顶不能承受住植物生长所需的土壤的重量，玛莎·施瓦茨使用了聚酯和塑料材料，并通过高技术的手段将其设计成植物的造型，从而将植物形象引入屋顶，创造出一种带有高技术感的、超现实的、梦幻的景观环境。

5.4　引领景观设计的新潮流

新的资源、技术、交通模式和通信系统改变了 20 世纪后半叶人与人之间、人与自然之间的沟通方式。景观设计对这些价值观的变化进行了形象化的表达并掀起了新的探索热潮。20 世纪 70 年代以来，随着后现代主义文化的发展，景观设计师带着对现代主义的批判，把目光投向解决开放空间和形式的问题上，而不是参照给定的方法或借鉴历史与传统。他们试图在园林与自然里进行更多大胆尝试与突破。创新的需要使景观设计师寻找不同于过去的设计源泉。新时代下，经济发展、科技进步、艺术革命、哲学运动、人与自然的冲突都成为景观设计改革的影响因素和创作灵感。此时，以功能化和合理化为目标的城市设计席卷西方，现代主义日益式微，后现代主义等艺术兴起，琳琅满目的艺术风向为景观设计提供了全新的思路与表现形式。而每况愈下的全球气候与自然观念的变革促进了生态学的发展，也迫使设计师要更多地考虑如何将多元化的景观设计与生态建设有机结合。“艺术”与“科学”的碰撞打破了“城市”与“自然”的对立，把“城市视作动态的生态过程并学习与之共存，在策略上对自然元素及其运作过程加以调节和利用，在美学上则将自然本来的失衡、无序或技术化的人工生态修复过程作为审美目标”①。在这个过程中，西方景观逐渐摆脱古典样式的束缚，在设计新潮流的引导下，景观设计师开始注重表达异于传统的观念和更为直白的设计策略。

5.4.1　艺术思潮的影响

20 世纪后半叶，西方社会被日益增多的冲突所撕裂，出于对现代主义长期禁锢的厌倦，艺术界出现了许多新的设计思潮和风向，这激起了艺术家投身景观设计的热情。与建筑设计一样，景观设计师从艺术领域广集灵感，此阶段园林作品与艺术作品的界限逐渐模糊，各种“主义”与“思潮”影响下的景观作品运势而生。例如受雕塑艺术影响而形成的大地艺术、受设计艺术中的后现代主义影响而形成的后现代主义园林、受文学作品与哲学理论影响而形成的解构主义园林、受极简艺术影响而形成的极简主义园林等都成为对抗现代主义园林的新武器。在这个时期，大量具有先锋精神的景观设计师相继出现，他们开始思考“传统”与“现代”之间的关系，力图发掘出新的审美趣味和设计风格，并向现代主义理性至上的原则发起了挑战。他们打破了生活与艺术的界限，艺术自此由精英走向大众，日常生活中的任何物品都可以成为景观中的设计要素，机巧多变的设计符号使景观设计更为生动活泼②。

---

① 邓楠. 试论西方现当代景观规划设计中的观念变革 [J]. 艺术工作，2018(1)：107-110.

② 陈学文，赵禹舒. 西方后现代艺术观念对景观设计的影响及启示 [J]. 天津大学学报(社会科学版)，2018，20(1)：61-65.

5.4.1.1 景观结合雕塑的设计——空间的雕塑

纵观整个西方景观史，雕塑一直在园林景观里扮演着重要的角色（如图 5-49）。自古希腊、古罗马时期起，就有将雕塑作为花园中的装饰物的传统，即使到了今天，这种做法也屡见不鲜。正如前文所述，20 世纪 60 年代，雕塑的内涵和外延有了新的扩展，雕塑的形式更加抽象、尺度更加宏大、材质更加自然，这种变化使现代雕塑与其他艺术形式之间的界限逐渐模糊，特别是在景观设计领域里，现代雕塑作品作为新的景观符号可以更好地融入场地设计中，大尺度的雕塑构成会给新的城市建筑和景观方案提供一个很合适的装饰，并成为空间塑造的一种新颖材料。雕塑家也就有越来越多的机会为新的城市广场和公园提供一些供人欣赏的重点作品[①]。此时，大批雕塑家加入景观设计队伍中，用雕塑的语言进行景观设计，为景观设计注入了一股新的活力。

图 5-49　埃斯特庄园中的雕塑（意大利）

野口勇（Isamu Noguchi，1904—1988，图 5-50）是现代雕塑史上的一位国际性人物，也是较早尝试将雕塑与环境设计相结合的人。他出生在美国，两岁时回到日本，在日本的生活使他受到了日本传统文化的熏陶。之后，其独自回到美国，跟随学院派现实主义雕塑家 G. 博格勒姆（G. Borglum，1867—1941）学习雕塑。成年后的他游历了许多国家，曾在中国跟随著名画家齐白石学习中国画，在法国学习雕塑，在日本学习陶艺与园林，这些经历对野口勇之后的设计产生了深刻的影响。布朗库西是他的启蒙老师，他不仅教授了野口勇石雕的技巧，启发了他用岩石做雕塑的兴趣，还帮助他重新理解雕塑、空间与自然的关系。《黑太阳》（图 5-51）即是野口勇用巴西花岗岩雕出的作品。野口勇创造了不少富有个性的园林作品，如巴黎联合国教科文组织总部庭院（Garden for UNESCO）、查斯·曼哈顿银行广场下沉水石园（Sunken Garden for the Chase Manhattan Bank Plaza）、底特律的哈特广场（Hart Plaza）、“加州剧本”（California Scenario）等等。

① 王向荣，林箐. 西方现代景观设计的理论与实践 [M]. 北京：中国建筑工业出版社，2002：176.

图 5-50　正在创作的野口勇

图 5-51　《黑太阳》(野口勇)

1958 年完成的巴黎联合国教科文组织总部庭院(图 5-52)是野口勇第一个日式庭院作品，它分为石园和日本庭院两部分。石园平坦的地面上铺设有大块石头，视线中心是一块像碑一样的立石，上有类似书法的凹刻，水流顺着凹痕缓缓跌入石下的矩形池中。石园下方是下沉的日本庭院，尽管庭院在风格和细部处理上都采用了日本传统要素，但整体的构图和对置石的处理更带有雕塑家独有的审美和情调。东方传统的汀石、水木配合的光影被塑造成抽象地面景观，但不规则的曲线形态又渗透出一种带有极简主义趣味的、明快的现代主义风格，呼应了西方园林的几何形式。

图 5-52　巴黎联合国教科文组织总部庭院(野口勇,法国巴黎,1958)

1964 年受日本传统园林的影响,野口勇设计的查斯·曼哈顿银行广场下沉水石园(图 5-53)可以说是日本枯山水庭的新版本,花园中的石材小品几乎全部专门从日本精心挑选而来,石头下面的地面隆起成一个小小圆丘,他用花岗岩铺装出环状花纹和波浪曲线,好像耙过的沙地。夏天时,喷泉喷出细细的水柱,庭院里覆盖着薄薄一层水,散布的石峰仿佛是大海中的几座孤岛[①]。野口勇将这个设计作品亲切地称为"我的龙安寺"。这个作品表现出他对日本造园精髓与西方现代景观结合的新理解。

图 5-53　查斯·曼哈顿银行广场下沉水石园(野口勇,美国曼哈顿,1964)

位于洛杉矶近郊斯塔美沙镇的一个商业中心的"加州剧场"(图 5-54)是野口勇在美国最为知名的公共作品。在这个视线较封闭的、占地约 1.44 hm^2 的方形园区内,野口勇在其中布置

① 王向荣,林箐. 西方现代景观设计的理论与实践 [M]. 北京:中国建筑工业出版社,2002:179-180.

了一系列的石景和元素，以象征当地气候与地形，表达出自然与文明的对话。如花岗岩组石雕塑——“利马豆的精神”反映了公司创始人的奋斗精神，圆锥形喷水——“能量喷泉”象征着加州经济的繁盛，“森林步道”上种满了加州当地的红杉木，“沙漠地”代表了当地干燥的荒漠。一系列抽象、隐喻的石雕作品连同园中花木都被雕塑家视为空间装饰的素材，分担扮演大地上的点、线、面，唤醒游客对场地历史的记忆。

图 5-54　加州剧场（野口勇，美国加利福尼亚州，1983）

野口勇的作品是东西方文化的交融体，蕴含着日本文化的精髓，为西方景观借鉴日本传统提供了范例。石雕是野口勇的作品中最不可或缺的造园要素。他认为，与土地的接触可以使艺术家从对工业产品的依赖中解放出来，石雕更能表现出现代雕塑对景观设计的影响，他将园林视为“空间的雕塑”，是另一种意义上的对雕塑的体验和运用，是超越单个雕塑的、对整个空间的塑造。随着雕塑风格与尺度的改变，雕塑艺术逐步走进景观设计中，设计师们开始重视景观设计中的艺术性，城市景观不再是仅由绿植与休憩场地构成的单调的设计，雕塑语言成为一种新的空间塑造的设计符号。

野口勇并不是将雕塑与环境相结合这支队伍中孤独的一员。意大利著名建筑师卡洛·斯卡帕（Carlo Scarpa，1906—1978）于 1973 年为工业家布里昂所设计的家族墓地更是结合了建筑、雕塑与景观的一件杰作。一件件充满隐喻的雕塑品构建了一个充满联想的、静谧的、优美的空间，抽象而含蓄地表现了设计师对生与死的思考。

1985 年，希腊女艺术家阿塞娜·塔哈（Athena Tacha，1936—　）在迈尔斯堡（Fort Myers）的南佛罗里达大学内设计了由带有孔洞的砖墙所构成的螺旋形迷宫（图 5-55）。该设计的灵感来自当地常见的飓风、水云旋涡和佛罗里达的贝壳、花朵。砖墙上的孔洞在保证美观的同时避免了人在其中会有幽闭的感觉。这座花一样的迷宫在校园中形成了一个错综复杂的空间，同样是雕塑语言在景观设计中应用的典型案例[①]。这些雕塑家与他们的景观作品深深地影响着后代的设计师。事实上，现代雕塑对景观设计的影响并不仅停留于艺术装饰与空间塑造层面，大地艺术、极简艺术同样是现代雕塑与景观设计结合的产物。

① 李卫芳. 探索韵律之美：阿塞娜·塔哈的雕塑及景观 [J]. 中国园林，2004（7）：22-26.

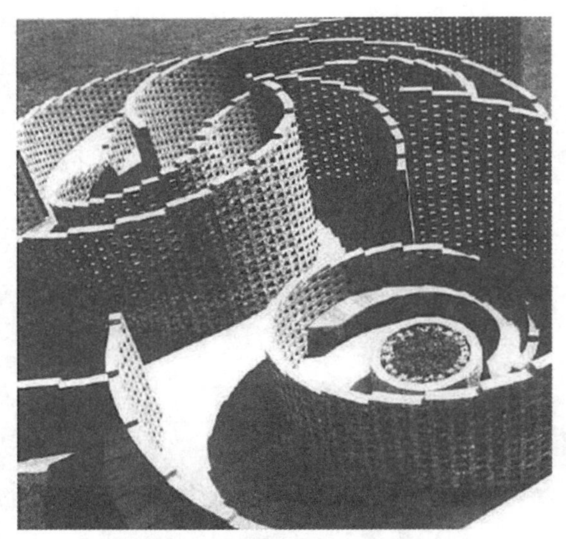

图 5-55 螺旋形迷宫（塔哈，美国迈尔斯堡，1985—1986）

5.4.1.2 大地艺术在景观设计中的表达

大地艺术是现代雕塑与现代景观设计结合的产物。随着雕塑尺度的逐渐扩大，现代雕塑不可避免地走出画廊并走向社会，不再是束缚在博物馆中的展品。走向自然的大地艺术作品在某种意义上也是一种巨大的雕塑作品，是设计师们以大地为背景，在广袤的自然空间中创造出的传统艺术从未尝试过的规模与尺度的作品。这是景观设计领域积极探索出的具有创造性的表达方式，也是对大范围文化、环境变革的回应。

早期的大地艺术作品多以追求艺术的纯粹性为主，常常位于远离文明的地方，植物、岩石、土壤、冰雪等自然要素都是大地艺术家钟爱的设计材料。如 1970 年罗伯特·史密斯建造了大地艺术的标志性作品——螺旋式防波堤（图 5-56），人们参观它的时候第一印象不是一件美术作品，而是一件与场地景观紧密融合的巨型雕塑。

图 5-56 螺旋式防波堤（罗伯特·史密斯，美国犹他州，1970）

“闪电的原野”(图 5-57)是艺术家沃尔特·德·玛利亚(Walter de Maria，1935—　)于 1977 年在新墨西哥州一个荒无人烟的山谷中设计的一处著名的大地艺术作品。此处是雷电的多发地带，玛利亚以 67 m × 67 m 的矩形阵列在地面上插了 400 根不锈钢杆。随着天气的变化，这些钢杆发出光与影的变化，烘托出了这里雄壮绮丽的风景。

图 5-57　闪电的原野(玛利亚，新墨西哥州，1977)

另一些艺术家试图展现自然界中一些转瞬即逝或者不可察觉的过程景象。英国雕塑家安迪·戈兹沃西(Andy Goldsworthy，1956—　)创作了一些临时性的雕塑来展现大自然的时间变化。他利用天然材料，如冰、树叶、石头和木材搭建特定的场地，塑造出独特的景观形制(如图 5-58、图 5-59)。他的设计作品在被风、水以及气候损毁之前都用照片的形式记录了下来。

图 5-58　安迪·戈兹沃西的设计作品(一)

图 5-59 安迪·戈兹沃西的设计作品(二)

克里斯托夫妇的包裹艺术同样是大地艺术的典型代表。他们致力于将周围的一切建筑与自然用布料和绳索包裹起来,他们的作品既新颖又神秘,如"1970 年克里斯托夫妇创作的包裹费城艺术博物馆,包裹了其内部的地板、台阶、墙壁……故意制造的布料褶皱出现密排的纵向纹理,并且呈现出如丝绸一般的垂坠感"①。1972—1976 年,他们创作了"流动的帷幕"(图 5-60),用白色的布料在山峦之间筑起了长达 48 km 的白色长墙,用艺术的画笔在广阔无垠的大地上绘出一幅跌宕起伏的画卷。

图 5-60 "流动的帷幕"(克里斯托夫妇,1976)

上述大地艺术作品既是艺术品,又是某种意义上的景观作品。因为大地艺术的本质就是以自然为设计要素,打造人与自然共生的结构。它强调人与自然的沟通,运用艺术的手段改变现有场所并将场地精神释放出来,为场地注入浪漫主义色彩。这种思想同时适用于景观设计,使景观设计的手段和表现形式更加丰富。

后期的大地艺术更具社会性,更注重人的参与性,该时期的作品并非远离人烟,而是逐渐成为一种改善人居环境的手段,成为一种震撼人心的公共艺术作品。

① 郭林凤. 转瞬与永恒:大地艺术家克里斯托夫妇包裹艺术的言说方式 [J]. 美与时代(城市版),2015(2):91-92.

由建筑师阿瑞欧拉（Andreu Arriola Modorell）、费欧尔（Carme Fiol Costa）、派帕（Beverly Pepper，1924—　）共同设计的巴塞罗那北站广场，通过三件巨大的大地艺术作品构成了一个极具艺术化的景观空间。它们分别是入口处两个种有植物的斜坡、名为“落下的天空”的巨大曲面雕塑、名为“树林螺旋”的在沙地上以树木做出螺旋线的下沉空间（图 5-61）。不同的空间相结合不仅满足了人群的使用需求，更是一种艺术性的突破，是当代城市设计中艺术与实用相结合的典范。

（a）　（b）　（c）

图 5-61　巴塞罗那北站广场植物斜坡（a）、落下的天空（b）以及树林螺旋（c）
（阿瑞欧拉、费欧尔、派帕，西班牙巴塞罗那）

大地艺术对景观设计的一个重要影响是它带来了艺术化地形设计的观念。在此之前，西方景观设计对地形的处理一般无外乎两种方式：由文艺复兴园林和法国勒·诺特尔园林发展而来的建筑化的台地式；由英国风景园传统发展而来的对自然的模仿和提炼加工的形式。艺术化的地形同样可以运用在小尺度的场地里。“位于美国马萨诸塞州韦尔斯利（Wellesley）的少年儿童发展研究所的儿童治疗花园（Therapeutic Garden for Children）是一个用来治疗儿童由于精神创伤引起的行为异常的花园，由瑞德（Douglas Reed）景观事务所和查尔德集团（Child Association）共同设计……花园被设计成了一组被一条小溪侵蚀的微缩地表形态：安全隐蔽的沟壑，树木葱郁的高原，可以攀爬的山丘，隔绝的岛屿，吸引冒险者的陡缓不一的山坡……”[①] 这座花园能使患儿通过感知美丽的环境，在接触自然的过程中得到内心的治愈。

① 王向荣，林箐. 西方现代景观设计的理论与实践 [M]. 北京：中国建筑工业出版社，2002：202.

苏格兰宇宙思考花园（The Garden of Cosmic Speculation，图 5-62）位于苏格兰西南部的邓弗里斯（Dumfries），它是著名建筑评论家查尔斯·詹克斯（Charles Jencks，1939— ）于 1990 年建造的私家花园。建造花园的设计灵感源自科学和数学，建造者充分利用地形来表现宇宙与分形的主体。立体的波浪线塑造的草坡与水面，构成了富有戏剧性的花园景观。

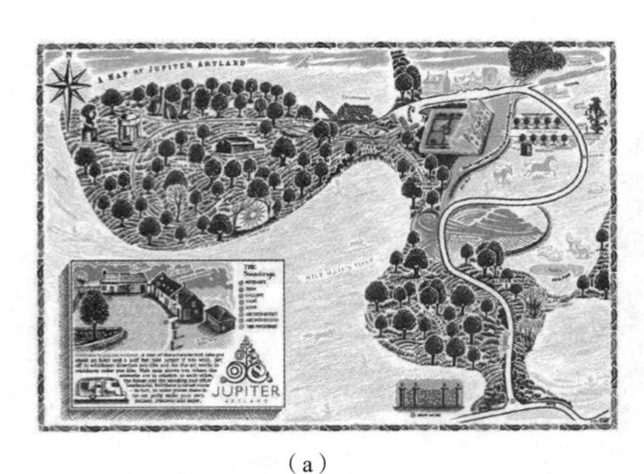

（a）

（b）

图 5-62 宇宙思考花园（詹克斯，英国邓弗里斯，1990）

大地艺术是现代雕塑艺术发展的产物，是雕塑与景观设计交叉产生的。它有着雕塑艺术中的叙述性和象征性，表现出人与自然更亲密的关系；有着极简艺术的简单造型，融合了过程艺术、观念艺术的思想，成为艺术家涉足景观设计的一座桥梁。在大地艺术作品中，雕塑不再是被放置在景观中的事物，而是景观本身。而“回归自然”的宗旨势必会引导艺术家将目光汇聚在生态平衡与环境和谐上。由于人们长期以来对自然的疏离以及艺术与现实的隔绝，使得大地艺术家决定用艺术来调和文明与“遗弃之地”。大地艺术家们通过自己的艺术创作，协调了环境保护与社会发展之间的矛盾。截至今日，大地艺术仍深刻地影响着当代景观设计，许多景观设计师都借鉴了大地艺术的手法，诸如哈格里夫斯（George Hargreaves，1953— ）、玛莎·施瓦茨（Martha Schwartz，1950— ）等，他们的设计非常巧妙地将各种材料与自然变化融合在一起，创造出了丰富的景观空间。同时，大地艺术中的思想也深刻地影响了当代城市规划与设计，促进了城市规划学科的发展。千篇一律的城市景观开始走向个性化。

5.4.1.3 彼得·沃克的极简主义景观设计

后现代主义艺术不仅解放了设计师的思想，它所创造的艺术形式也为景观师所借鉴。20 世纪 60 年代，受风格派与构成主义的影响，极简主义悄然出现。极简主义艺术家主张把视觉经验的对象的比重减少到最低额度，在至上主义的作用下，极简主义追求抽象、简化、几何秩序，喜好几何或有机的形式，主张形式的单纯与重复。它不同于激情和张扬的抽象表现主义和平易近人的波普艺术，透露出冷静、理性、纯粹与克制的气质。在选材上，它突出采用不锈钢、电镀铝、玻璃等大量工业材料，在审美趣味上有着工业文明的时代感。在景观设计领域，西方当代的设计师都或多或少受到了极简主义的影响，不少景观设计师像极简主义艺术家一样，开始强调个性，追求设计形式上的极简化，以构成简洁有序的简单景观。其中最具代表性的当数美国设计师彼得·沃克，他的许多作品都借鉴了极简主义艺术的造型手法，形成了浓郁独特的个人风格。

彼得·沃克于 1955 年毕业于美国加州大学伯克利分校，获风景园林学士学位，1956 年在伊利诺伊大学读研究生，1957 年获哈佛大学设计研究院风景园林硕士学位。同年，哈佛大学设计研究院佐佐木英夫教授和沃克共同创立了 SWA 景观设计公司。在 20 世纪 60 年代和 70 年代，作为 SWA 的总设计师，沃克成功地主持了许多区域规划、城市景观和园林设计项目，然而与此同时，他发现这些风景式的景观与他本人对极简主义艺术的兴趣相距甚远。因此，他最终于 1976 年离开了 SWA 而赴哈佛大学设计研究院任教并从事极简主义园林的研究工作。1983 年，沃克创办了自己的设计公司，从而得以把他对极简主义的探索付诸实践，并取得了巨大成功①。

在沃克的大部分作品中，我们不难看出他对环境交流的渴望，他善用光、声、水、风、电等要素的变化来反映自然的神秘。17 世纪法国勒·诺特尔式园林中的古典秩序是沃克园林的重要灵感来源，在沃克的不少作品中都表现出对图案、节奏、秩序等综合要素的组合。同时，日本禅宗园林对沃克的影响也很突出。“在他设计的许多庭园中，无论个别的设计要素还是统一的整体都不难找到从复杂中抽象提炼出精华以达到追求极简这样一种最基本的设计哲学。”② 这种设计哲学在设计中最直观的体现就是将简单几何元素以一定的逻辑与秩序重复运用在作品中。

1983 年建成的福特沃斯市伯纳特公园(Burnett Park，图 5-63)是他早期以网格为设计母题创作的代表作。“米”字形方格将用方格网布阵的道路系统、巨大的长方形草坪以及矩形水池结合在一起，构成了一个层层相叠的结构系统。水池中布有一排喷泉柱，打破了严谨的平面构图，使其如同一幅充满节奏与秩序的极简艺术画作。同时，沃克这种对图案看似无意识的叠加又带有后现代艺术中图像性表达的意味，这种网格的多层次叠加通过组合传递出了设计新意，让公园成为一个多元化的交流空间。

图 5-63　福特沃斯市伯纳特公园(沃克，美国得克萨斯州，1983)

① 刘晓明，王朝忠. 美国风景园林大师彼得·沃克及其极简主义园林 [J]. 中国园林，2000，16(4)：59-61.

② 里尔·莱威，彼得·沃克. 彼得·沃克极简主义园林 [M]. 王晓俊，译. 南京：东南大学出版社，2002：7.

在慕尼黑机场凯宾斯基酒店(Hotel Kempinski)的前广场(图 5-64)设计中,沃克再次利用方形母题,用黄杨绿篱围合出数个方形空间,每个正方形空间内的地面都被铺上了红色碎石与绿色草坪。以此为单元,网格与建筑的轴线形成约 10° 的夹角并有序地排列,形成了图案式的构图。可以看出勒·诺特尔式园林对沃克的影响,他将古典主义的几何构图形式与现代艺术巧妙融合,凡尔赛花园中经典的绿篱在沃克的方格网秩序中映出结构主义的趣味。

图 5-64 慕尼黑机场凯宾斯基酒店前广场(沃克,德国慕尼黑,1994)

"位于日本 Makuhari(幕张)的 IBM 大楼庭院(图 5-65),是一个极富禅意的作品。庭院呈长条形,被建筑打破,分为两部分。沃克没有理睬建筑的分割,而是按照严格的几何序列,从竹林、绿篱、铺装、水池到竹林逐渐过渡。紧贴地面的一条狭长的光带穿过竹林、穿过建筑、穿过水池、穿过柳树岛,贯穿始终,将庭院连为一体。庭院严谨的构图、简单的线条,以及园中的砂砾铺装,巨大的立石,平静的水池中漂浮的睡莲,使庭院笼罩着一种深沉宁静的寺庙园林气息。"①

图 5-65 日本 Makuhari(幕张)的 IBM 大楼庭院(沃克,德国慕尼黑,1991)

① 王向荣,林箐. 西方现代景观设计的理论与实践 [M]. 北京:中国建筑工业出版社,2002:239.

沃克作品使用的材料十分常见,但平面却十分复杂。他用人工的手段来处理自然要素,体现了工业时代的秩序与神秘。一方面沃克对极简艺术充满热情,另一方面,他在大学阶段的学习和后来的景观实践项目中受到了许多风景园林大师的影响,在他的设计中,既有勒·诺特尔式古典园林的形式美,又有日本禅宗园林至简的风格①。沃克对于设计元素的运用带有符号化设计的特征。对场地精神的探索、再现以及对传统园林的借鉴使他的作品丰富多元,带有后现代主义倾向。这是他对景观艺术的探索,并非是对极简艺术原封不动的挪用,这种创新使当代景观到达了一个新的高度,沃克与他的极简主义园林给之后的景观设计师带来了新的思路与启发。

5.4.2　后现代主义思潮的影响

后现代主义涵盖对现代主义思潮的质疑。20世纪下半叶,哲学家、艺术家和作家开始对"特权"观念和主流观点发起挑战,他们认为当代文化就像一个大拼盘,将各种不同内涵和影响的阐释融合在一起。在艺术领域,后现代追求含混和同时性,意义并不存在于艺术作品中,而存在于观者的心中。空间也被认为是中性的。为了与现代主义的枯燥乏味相区别,艺术家和设计师再次将活泼的装饰、丰富的色彩和历史性主题与地域性文化植入作品中。此外,回归具象同样是后现代艺术观念对西方景观设计的重要影响。"抽象的思维意识加上具象化的人类思维情绪,将抽象的艺术表达以极简的非逻辑认知表述后,西方后现代艺术在景观设计的观念上开始重视人们情绪的变化,关注心灵的波动,使得景观设计中具象的表达与抽象的联想并存,景观设计的根基依然回归到具象中,仅在部分的装饰思考中进行抽象的表达。"②

建筑师查尔斯·摩尔(Charles Moore, 1925—1993)所设计的新奥尔良意大利广场(Plaza D' Italia,图5-66)是典型的后现代主义作品。广场的地面铺装汲取了附近一栋大楼的黑白线条元素。中心水池也借用了意大利西西里岛地图的图案。广场周围设计了一组没有任何功能的彩色弧墙。柱廊上的罗马柱采用了不锈钢柱头。五颜六色的霓虹灯勾勒出墙上的线脚。墙上还挂有一对摩尔本人的喷水头像,充满了讽刺、诙谐、玩世不恭的意味。

图5-66　新奥尔良意大利广场(摩尔,美国新奥尔良,1973)

① 刘晓明,王朝忠. 美国风景园林大师彼得·沃克及其极简主义园林[J]. 中国园林,2000,16(4):59-61.

② 向莜丹. 西方后现代艺术观念对景观设计的影响及启示探讨[J]. 艺术科技,2019,32(1):230.

罗伯特·文丘里在富兰克林故居纪念馆（Benjamin Franklin Museum，图 5-67）的设计中，将纪念馆主体建筑置于地下，用不锈钢架勾画出故居建筑的轮廓，又用白色大理石在红砖地面上标注出旧建筑的平面。雕塑般的展窗展出了故居的原貌，保护了旧居的基础。整个设计带有符号式的隐喻，渗透出旧建筑的灵魂，又能唤起人们的思念之情。

日本建筑师黑川纪章设计的石园（图 5-68）的主体是日本传统枯山水庭院，庭院几乎为白砂覆盖，只在一侧布置了简单的汀步与树木。设计师在庭院中央用一块巨大的不锈钢圆锥来代替传统日式庭院中的置石。这个设计既呈现出传统日本园林的氛围，又呈现出现代园林的简洁明快，是“传统”与“现代”的碰撞。至此，越来越多的设计师们开始标新立异，勇于在形态和材料上做出突破[①]。

图 5-67　富兰克林故居纪念馆
（恩伯特·文丘里，美国费城，1972）

图 5-68　黑川纪章石园

景观设计师阿兰·普罗沃斯（Allain Provost，1938—　）和吉尔斯·克莱门特（Gilles Clement，1943—　）于 1992 年在安德烈·雪铁龙公园（Prac André Citroën，图 5-69）的设计中另辟蹊径，在巴黎郊外一家旧汽车厂的基地上展开营建活动。在这座占地 14.16 hm^2 的公园里，他们精心组织场地布局，创造出的景观被视为对 17 世纪法国规则式花园大胆而抽象的重新诠释。像城市中心那些具有历史感的滨水花园一样，一片大草坪构成垂直于塞纳河（The Seine）的轴线。草坪北侧设有 6 座主题花园，它们具有神秘的隐喻象征性，分别对应着金属、行星、一周中的某一天、水的物质形态以及感官（包括属于第六种感官的直觉在内）。设计师利用水渠对空间进行了细分，花园的东端建有两座温室，分布于广场两边，广场中还设有一座不断变换造型的喷泉。草坪的南侧是一条逐渐上升的步行道，与倒映的水池平行。一条对角线式的道路斜穿过整个公园，营造出一系列充满动态的空间体验。“普罗沃斯利用几何式的构图诉说了场地的历史，用一种具有现代气息的古典主义风格表现了传统，在公园里人们体验到的是理性而简洁的现代感和对历史的怀旧感相交织的情绪。”[②]

① 王晓俊. 西方现代园林设计 [M]. 南京：东南大学出版社，2000：204.

② 吴爽，丁绍刚. 解读阿兰·普罗沃斯风格：法国当代风景园林设计大师阿兰·普罗沃斯的设计思想和作品简介 [J]. 中国园林，2007（5）：60-65.

（a）　（b）

图 5-69　安德烈·雪铁龙公园(阿兰·普罗沃斯、吉尔斯·克莱门特,法国巴黎,1992)

事实上,很难把某一个景观作品列入真正的后现代之列,它们更多的是透露着某些后现代主义的趣味,带有表征后现代主义的符号。与现代主义相比,后现代主义的作品更加多元,既是众多复杂因素的结合,更是对现代主义的超越。标准化、限定化的景观设计风格已逐渐模糊,体现出互动、掺杂、合一的多元风格与多彩的自由思想。亦如拥有艺术家与景观设计师双重身份的玛莎·施瓦茨深深受到了当代艺术与极简主义的影响,作品呈现出多元化的魅力。

玛莎·施瓦茨(图 5-70)出生在美国费城的一个建筑师家庭,她从小学习艺术并立志成为一名艺术家。1973 年,施瓦茨在密歇根大学艺术系修得学士学位,开始熟悉大地艺术,并对景观设计感兴趣。次年,施瓦茨进入密歇根大学景观系学习。后来,施瓦茨结识了彼得·沃克。取得硕士学位后,她进入 SWA 景观设计公司。沃克对施瓦茨的设计生涯产生了很大的影响。1990 年,施瓦茨建立了自己的景观事务所。

施瓦茨的作品里充斥着对现代主义的继承和批判,反映了后现代主义重视历史文脉与地方特色的特点,且充满着文化的活力。自 1970 年开始,施瓦茨完成了从私家花园到城市景观的大量设计。1979 年,施瓦茨在自己的家中设计了一座面包圈花园(Bagel Garden,图 5-71)。她在黄杨围合的方形空地上铺设了紫色的碎石地面,上面放置了 96 个用焦油做过防水处理的面包圈。在内围的黄杨绿篱里,等距离种植着藿香,花园里还种植着紫杉和日本槭。金色的面包圈在花园中其他要素的衬托下更为明亮。面包圈是一种廉价的材料,同时又是她丈夫最喜欢的食物。在这个作品里,施瓦茨用自己的方式对传统景观设计提出了挑战,在营造诙谐幽默的氛围的同时,也表现了家庭的温馨与活力。

1988 年建成的亚特兰大里约购物广场(Rio Shopping Center,图 5-72)庭院是施瓦茨最具影响力的作品之一。她将长条形的庭院分为三部分:第一部分是草坪与碎石间隔的条纹状坡地,高 12 m 的巨型钢网架球被布置在坡地的下方;中间部分是水池,黑色池底用光纤条划出了一些等距的白色平行线,它们在夜晚可放出光芒,水池上有一道斜放着的平桥水面;第三部分是休息平台,平台铺装图案有强烈的构成色彩。整个庭院内都布置了有着约 2 m 间隔的金色青蛙点阵,所有的蛙都面向钢网架球,反映出了波普艺术的新奇和幽默。

图 5-70 玛莎·施瓦茨

图 5-71 面包圈花园(玛莎·施瓦茨,美国纽约,1979)

图 5-72 亚特兰大里约购物广场(玛莎·施瓦茨,美国亚特兰大,1988)

施瓦茨在盐湖城新监狱庭院(King County Jailhouse Garden,图 5-73)中,设计了缀满彩色碎瓷片的地面与墙壁。碎瓷片带有深层的隐喻——混乱、危险与生命的脆弱。地面上放有许多大小不一的几何形雕塑,可以作为座椅和游戏设施使用。整个作品在呈现出后现代主义色彩的同时,也带有几分超现实主义的色彩。

施瓦茨的作品蕴含着对景观与艺术的综合,她的作品有浓烈的波普色彩,是对不同艺术的综合。她善于使用廉价而新奇的材料,甚至会用塑料植物代替自然植物。她的设计变化莫测且不受常理和传统观念的约束。在公共项目中,由于功能、资金、法规等的限制,她的作品较为谨慎,更多表现出极简主义或后现代主义的特征;而在一些临时性项目或实验性景观作品中,她的作品更加大胆,充满了诙谐与讽刺的隐喻。

图 5-73　新监狱庭院（玛莎·施瓦茨，美国盐湖城，1987）

5.4.3　解构主义思潮的影响

对于与现代主义做抗争的设计师来说，后现代主义并不是唯一武器。解构主义作为后现代主义思潮主流统率下的支流，同样显现出了生机与活力。解构主义质疑古典主义、现代主义和后现代主义。从哲学角度来看，解构主义是批判哲学，这种风格的景观与现代主义景观最大的差异在于，解构主义景观空间更具前瞻性、更富弹性，而传统景观通常忽略将来的可变因素，仅围绕一个中心或一个聚焦空间进行划分。从形式上来看，解构主义主张以对现代主义的真正理解与透彻认识为基础，探索以恒变、无次序、无固定形态、无中心、反非黑即白的手法将现存的众多风格元素进行重构，从而通过一种更为宽容的、自由的、多元的、非统一的、破碎的、凌乱的形式来建立一种新的可能性①。20 世纪 80 年代后，解构主义成为建筑设计的新风向，建筑理论与文学理论的思潮深深影响着设计师们，大量富有解构主义色彩的建筑艺术作品出现。

1982 年，建筑师伯纳德·屈米（Bernard Tschumi，1944—　）在巴黎郊外的旧屠宰场改建公园的设计竞赛中中标。根据解构理论，他设计了拉维莱特公园（Parc de la Villette，图 5-74）。在设计中他对建筑和空间的定义与边界都进行了质疑。这座公园被认为是 20 世纪反理性主义最彻底的作品之一，它提供了一个占地 34.4 hm^2 的开放空间，是一项规模巨大的重建计划，包括一座科学与技术博物馆和一个音乐中心。屈米放弃了公园设计传统的综合观与整体观，以三个各具自律性的“点、线、面”抽象系统为工具，建立了公园的基本框架。“点”由呈方格网布置的间距为 120 m 的一组网格交点组成，在网格交点上共被安排了 40 个鲜红色的、具有明显构成主义色彩的小构筑物（屈米称之为“folly”）。“线”由空中步道、林荫大道、弯曲小径等组成，其间没有必然的联系。“面”是指地面上大片的铺地、水体、草坪、建筑等。屈米将各个设

① 闻晓菁，严丽娜，刘靖坤. 景观设计史图说 [M]. 北京：化学工业出版社，2016：216.

计要素割裂分解，比起传统公园精心布置的空间景致，他更注重景观的随机性和偶然性。

图 5-74　拉维莱特公园（屈米，法国巴黎，1982）

这座城市公园体现了公园设计的新理念，塑造了一种完全不同于 19 世纪追求如画般景观效果的新设计风格。拉维莱特公园创造的是一种刻意、不确定的空间。游人在其中可以自由地活动和行进，它试图重新唤起人们对"封闭式花园"（The Hortus Conclusus）的回忆，为我们带来祥和、优美与快乐的生活。

美国建筑师丹尼尔·列伯斯金德（Daniel Libeskind，1946—　）在其设计的柏林犹太人博物馆（Berlin Jewish Museum，图 5-75（a））的霍夫曼花园（E. T. A. Hoffmann Garden，图 5-75（b））中，设计了不规则穿插的线性图样铺装，它们象征着战争中犹太人所受到的苦难。他又按矩形布置了 49 根斜向天空的空心混凝土方柱，方柱上种植着美丽的绿色植物，具有强烈的视觉冲击和空间效果，表现出对犹太民族惨痛记忆的缅怀及对和平与美好未来的展望。

（a）

（b）

图 5-75　柏林犹太人博物馆鸟瞰图（a）及霍夫曼花园（b）（丹尼尔·列伯斯金德，德国柏林，2005）

公认的解构主义景观作品比较少，但受解构主义的影响，具有某些解构主义特征的作品并不少见，如德国著名景观设计师卢茨（Hans Luz）所作的阿尔布拉中学景观设计（图 5-76）。德国设计师马克（Bert Macker）的作品也常表现出解构主义的特征，如德国哈勒市（Halle）的城市广场和建筑庭院设计（图 5-77），从设计平面看，看似无规则的材质色彩变化及几何图样的变换与穿插像极了一幅抽象画，不难看出蒙德里安对设计师的影响。

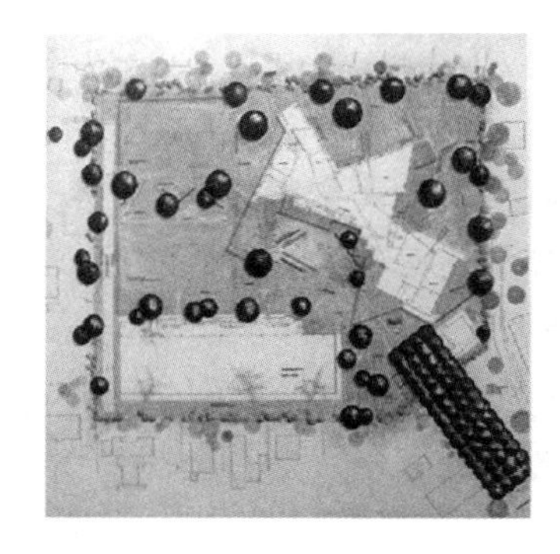

图 5-76　阿尔布拉中学景观设计平面图

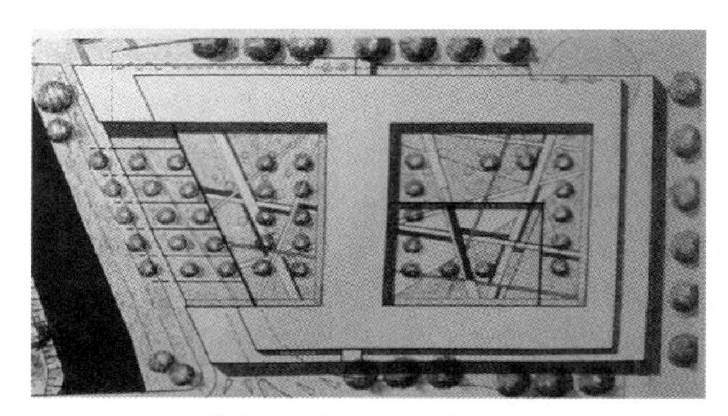

图 5-77　哈勒市的城市广场和建筑庭院设计平面图

解构主义并不要求把解构的世界重新整合成一个有序的世界，它所追求的就是一个多元因素差异并置的世界。解构主义反对建筑设计中的统一与和谐，它标志着以“我思”主体为根基的现代性思维模式的终结和现代性哲学的终结。景观中的解构主义势必会涉及建筑符号学的内容，并“严格地把自己限定在这个领域内，对符号的能指、所指关系，形式、意义关系进行消解”①，虽然解构主义在景观设计中的运用并不是主流，但这种具有哲学意味的探索诚然丰富了建筑设计与景观设计的表现形式，对建筑设计与景观设计也会产生持续的影响②。

5.4.4　生态主义引领下的景观设计

伴随着西方国家工业化的迅猛发展，环境的恶化与资源的枯竭也为人类的生存敲响了警钟，人们开始认识到对大自然掠夺式的开发所带来的惨烈后果，一系列环保法规相继出台。设计团队应当对项目在自然、社会和经济等方面的影响进行分析评估。由此，在景观设计中也掀起了对生态环境保护的思考与探索，“以人为本”的宗旨被置于更加宽泛的自然生态圈之中③。“人们越来越意识到景观是一个很独特的界面，在这一界面上，各种自然和生物过程、历史和文化过程发生并相互作用、相互影响。”④这种特性即景观设计在修复自然系统、传承场地文脉和重构城市特色风貌上得天独厚的优越性。因此，景观成为与人类生存和生活都息息相关的艺术，生态主义固然也就成为景观实践中日益重要的设计指引。

5.4.4.1　生态主义设计的发展

西方景观设计的生态学思想可以追溯到 18 世纪的英国风景园，19 世纪的城市公园运动

① 龙赟. 解构主义与景观艺术 [J]. 山西建筑，2004(16)：13-14.

② 曹磊. 当代大众文化影响下的艺术观念与景观设计 [D]. 天津：天津大学，2008：21.

③ 闻晓菁，严丽娜，刘靖坤. 景观设计史图说 [M]. 北京：化学工业出版社，2016：220.

④ 俞孔坚. 回到土地.[M]. 北京：生活·读书·新知三联书店，2009：25.

也受其影响。美国景观设计师延斯·詹森在他职业生涯的早期就已认识到环境问题的重要性。他的设计作品充满了自然主义风格，他坚信公园及其休闲设施将带来更多的社会收益。詹森深受19世纪改革派理念和20世纪草原式设计风格的影响。他在空间设计中常常使用乡土植被和石材。在1933年出版的《过滤》(*Sifting*)一书中，他阐述了环境设计理念。1935年，他在威斯康星州建立起一所被称为“空地”(The Cleaning)的民间学校，主要开设园艺学和艺术学课程。

另一位推动生态理念发展的重要人物是伊恩·麦克哈格(Ian McHarg, 1920—2001)，他也倡导完整的设计方法。他在1969年的著作《设计结合自然》(*Design with Nature*)中，提出了综合性生态规划思想。他提出以生态学的观点，从微观和宏观的角度来探索人与自然的关系，并将注意力集中在大尺度景观和环境规划上，将整个景观作为生态系统。在这个系统中，麦克哈格提出一套场地分析方法，他运用地图叠图技术，对生态系统中不同的生态要素进行单独分析，并以其作为进行景观设计的依据，这为地理信息系统技术(geographic information systems, GIS)的发展也奠定了基础。他还在设计中提倡对潜在机遇和约束条件进行分析，评估项目的社会效益和环境效益。《设计结合自然》将生态学思想运用到景观设计中，将景观设计与生态学完美地融合起来，开辟了生态化景观设计的科学时代。

受环境保护主义和生态思想的影响，生态设计深入人心，越来越多的设计师开始在设计中遵守生态的设计原则，诸如保护当地土壤、水系、植被与其他自然资源，使用清洁的可再生能源，保护湿地与动物栖息地，使用当地材料与树种等。设计师试图利用生态系统原理，为环境问题寻找创造性的解决方案。他们的目标是，解决方案既要美观，还要实用，具有可持续性。在今天，生态主义在当代的景观设计中是一个普遍的原则，它意味着人与自然的协调，人对生态规律的遵循。除了传统的、涵盖遭受污染的工业用地的生物治理和修复、垃圾填埋场的改造、湿地的复原等实践项目以外，生态主义在城市中可以有一些视觉化的表现，如在城市现代化的建筑环境中种植一些当地的野生植物，在城市的中心公园中设立自然保护地，这不仅美化了城市，展示荒野的野趣，还具有实际的生态意义。

5.4.4.2 后工业景观

后工业景观(Post - Industrial Landscape)是受生态主义影响的典型代表，是指“工业之后的景观”，基本含义是用景观设计的方法对工业废弃地进行改造、重组与再生，使之成为具有全新功能和场所精神的新景观。一方面，从生态角度来讲，工业废弃地对环境造成了不同程度的污染，但工业化历史进程所留下的设施和构筑物给废弃地留下了大量的视觉景观。另一方面，从文化角度来讲，虽然人们在早期的工业化进程中对生态环境造成了破坏，但工业历史本身也记录着人类文明发展的不同阶段，因此工业废弃地也蕴含着不菲的文化价值，是人类文化遗产的一部分[①]。

华盛顿州西雅图市的煤气公园(Gas Works Park，图5-78)开了后工业景观设计的先河。这座公园是美国景观设计师理查德·哈克(Richard Haag, 1923—)于1975年设计的。他对一个占地7.69 hm^2 的废弃天然气工厂进行了改造。哈格没有采用将原有工厂设备全部推平的

① 贺旺. 后工业景观浅析 [D]. 北京：清华大学，2004：13-16.

常规设计手段，而是将这些工业时代的设备和旧址有选择地保留了下来，使其以巨大的装饰性雕塑和工业考古遗迹的形式存在。哈格分析了深层土壤中的残留污染物，引进能分解有害物质的酵素和有机物，运用生物与化学手段逐步清除污染物并治理土壤。在植物种植方面，考虑到基地土质，哈格设计了大量的草地而没有选择昂贵且养护困难的树种，大大降低了公园的维护管理成本。同时，他还设计了可供游客餐饮、休憩、开展公共活动的场地。原先肮脏废弃的工厂区一跃成为具有生态、历史、美学与实用价值的公共景观设计。这一设计对后来的各种类型的旧工厂改造设计产生了很大的影响。

图 5-78　西雅图煤气公园（哈格，美国西雅图，1975）

美国华盛顿州水园（Waterwork Gardens，图 5-79）工程是一项集生态和艺术为一体的工程，水园面积 3 hm^2。它由乔丹（Lorna Jordan）、双乔尼斯（Jones & Jones）景观事务所与布劳和卡德维尔（Brown & Caldwell）工程顾问公司共同设计。在场地内，有一块湿地位于废弃水厂旁，暴雨时积水十分严重。设计师以生态原则处理雨水并增加湿地建设，雨水被收集注入 11 个池塘里，在沉淀污染物后，被释放到下层湿地，以供园区的灌溉使用。以带状种植的美丽的湿地植物、潺潺的流水、曼妙的花园空间、神秘的彩色岩洞，使花园更富独特的艺术感[①]。

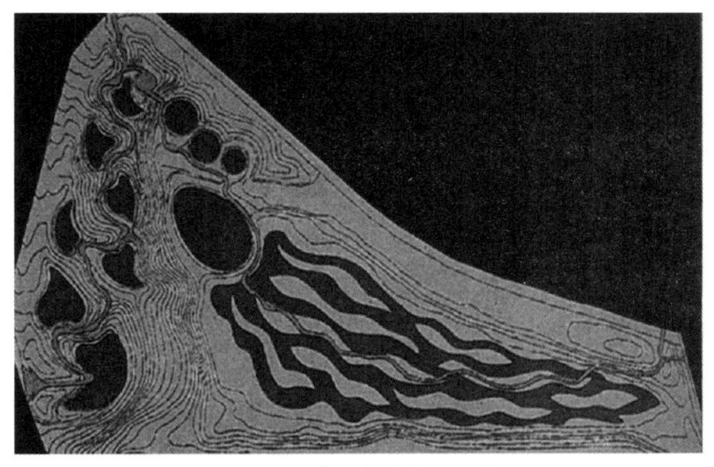

图 5-79　华盛顿水园平面图

① 王向荣，林箐. 西方现代景观设计的理论与实践 [M]. 北京：中国建筑工业出版社，2002：213.

谈到后工业景观，就不得不提彼得·拉茨（Peter Latz，1939— ）。拉茨出生于德国，他的父亲是一名建筑师。1964 年，拉茨毕业于慕尼黑工业大学景观设计专业，随后，他在亚琛工业大学继续学习城市规划和景观设计。毕业后的拉茨成立了自己的事务所，并开始在卡塞尔大学任教。在那里，拉茨有机会和不同行业的工程师与艺术家合作，这也使他有机会接触到不同的学科与技术。这些研究与合作为他在未来景观设计中贯彻技术与生态的思想奠定了基础①。

德国的杜伊斯堡公园（Duisburg-Nord Park，图 5-80）是拉茨的代表作之一。这个项目是他在 1994 年设计改造的。他将鲁尔河谷（The Ruhr River Valley）中的一座占地 202.34 hm^2 的废弃钢铁和煤炭加工厂改造为公共开放空间，昔日的建筑以及工程物被作为纪念物保留下来，它们有的被磨成碎料作为红色混凝土的添加剂，有的被作为植物的攀爬架，有的被改造成主题广场。随着时间的流逝，这些设施还会不断地受到自然的侵蚀直至回归自然。

图 5-80　杜伊斯堡公园（拉茨，德国杜伊斯堡，1994）

拉茨的另一个重要的作品是位于萨尔布吕肯市（Saarbücken）的港口岛公园（Bürpark，图 5-81）。在这里，拉茨同样运用生态的思想，对废弃的材料进行重新再利用，处理这个遭到重创而衰败的运煤码头。拉茨将原有码头上的工业遗迹全部保留下来，经过艺术处理的遗迹得到了很好的利用。他用废墟中的碎石作为花园的重要建筑材料，这既唤起了人们对过去的记忆，又体现了经济的原则。

拉茨认为，技术、艺术、建筑、景观是紧密联系的，技术能产生很好的结构，这种结构具有出色的表现力，能成为一种艺术品，例如杜伊斯堡公园中塑造的地形、工厂中的构筑物，甚至是废料等堆积物都如同大地艺术的作品。拉茨的作品从很多方面是难以用传统园林概念来评价的，他的园林是生态的，又是与艺术完美融合的，他在寻求塑造场地、空间的过程中，利用了大量的艺术语言，他的作品与建筑、生态和艺术是密不可分的。

---

① 王向荣. 生态与艺术的结合：德国景观设计师彼得·拉茨的景观设计理论与实践 [J]. 中国园林，2001（2）：50-52.

图 5-81　港口岛公园(拉茨,1985—1989)

生态主义影响下的后工业景观设计提供了一种对待工业遗迹的新态度和新方法。受到工业生产破坏的自然环境在设计师的手下变成了一种新的生态平衡和景观形态。工业遗迹作为一种历史符号和文化景观被保留下来,反映了后现代主义重视场地文脉的特性。在恢复生态环境的同时,设计师们将人类文化景观与自然景观叠加,并突出表现两者之间的关系,使人们在清楚了解基地历史的同时,思考人与自然更深层次的关系①。这是科学与艺术的统一,亦是当代景观设计中自然与文化两大永恒的设计主题。艺术的思想与表现形式可以在适当的科学技术的指引下在景观领域绽放出更为绚丽的光彩。

5.4.4.3　跨学科的交流与融合

生态主义思想的发展及生态学原理在风景园林领域的应用离不开相关学科的理论、方法和技术的支持。跨学科的交流与融合成为景观设计中重要的一环。地理学的发展强调了人类文明与自然环境之间的相互影响,遥感新技术的应用为景观系统分析、生态规划技术的提高提供了支撑。地理学的进步也为生态规划方法的确立和生态主义思想在风景园林中的科学化、数量化作出了巨大的贡献。20 世纪后半叶,生态学家与景观师交流密切,生态学知识的渗透使风景园林关注的内容由个体生态、种群生态、生态系统维稳和生态系统的动态演化发展到更深层次的环境及伦理层面。生态学的原理、理论和方法的融入使风景园林学向生态可持续的发展途径更进一步。多学科的渗透也成为学科发展的动力,景观格局与生态结构的信息相互重叠,景观生态学应运而生②。景观生态学的产生极大拓展了景观生态规划的研究领域,为当代景观生态规划奠定了坚实的科学基础。

① 贺旺. 后工业景观浅析 [D]. 北京:清华大学,2004:199.

② 于冰沁. 寻踪—生态主义思想在西方近现代风景园林中的产生、发展与实践 [D]. 北京:北京林业大学,2012:127-136.

5.5 小结

20 世纪下半叶的艺术，在形态和观念上均出现了质的突破，公共意向、波普艺术等层出不穷。西方艺术出现了明显的反抽象、反表现趋势，甚至在看似与现代主义一脉相承的极简艺术中，都反映出对现代主义的批判。此后的西方艺术便在批判与被批判中反复发展和前进，诸如装置艺术、过程艺术、行为艺术等，不仅在不同的艺术门类之间相互跨界，也在艺术与生活之间跨界。这些新的艺术风向解放了不同门类设计师的思想，使设计师具备了超越传统表现形式与材料限制的条件。大量新颖建材和技术的运用，使得现代艺术、雕塑具备了前所未有的质感与魅力。

作为对现代主义设计思想和理念的批判与修整，后现代主义风格应运而生。在建筑领域，后现代主义的设计思想完全抛弃了现代主义的严肃性和简单，往往带有一种历史性的隐喻，充满了大量的装饰细节，刻意营造了一种模糊、混乱的感觉，强调与空间的关系。到 20 世纪 80 年代后，西方建筑界广泛关注后现代主义作品，它开始更多地吸收各种历史建筑元素，并运用折中风格和讽刺手法。

受到后现代主义的影响，设计师开始倾心体验设计场地中隐含的特质，充分揭示场地的历史人文或自然地理特点，更加注重挖掘基地中历史人文文脉的发展、基地使用特征的变迁历程，以此来揭示设计场所中隐含的更深层次的特质，使游人体会到场所精神，使设计成为记录并展现基地历史、自然或演化过程的信息库。

后现代主义发展至今仍是一个模糊的、没有确切定义的概念，但仍可以归纳出以下几个特点。

（1）多元性。在一个设计作品中往往可以看到多种形态的、富有不同意味的艺术风格的融合。后现代主义设计具有独特的对历史风格集成与融合的方式，即针对历史风格中不同元素的抽取与再融合。

（2）象征性。在针对设计元素的排列组合过程中插入诱人深思的模糊的隐含寓意。后现代主义建筑设计是一种对空间语言进行重新组合的过程，是对文化、历史、人文、形态、功能、结构等多方面因素融合再创作的过程。

后现代主义思潮对当代建筑设计界产生了不可磨灭的影响，在当代任何一个建筑设计中都能看到后现代主义的影子①。

在景观领域，设计师在力求满足使用功能的同时，不断寻找新的形式语言，现代艺术、绘画成为其新灵感的主要来源之一。这主要是源自设计者与艺术家身份及作品的双重交叉，现代艺术例如现代雕塑艺术、装置艺术、大地艺术、包裹艺术、观念艺术等所富有的材料运用、空间把握、观念变革都可以在现代景观园林中表达得淋漓尽致。不同艺术风格、艺术样式和不同的材料媒介促成了“艺术园林”的产生。丰富多彩的现代艺术同时也为现代园林提供了一套多元化的视觉形式语言体系，构成设计中最基本的“点、线、面”形式单元都可以在现代景观中自

① 任绍辉，曹宇宁. 后现代主义思潮对建筑设计的影响 [J]. 设计，2015（21）：70-71.

由与灵活地运用。例如屈米的拉维莱特公园便是深受构成艺术影响的产物，从表现形式上看，公园完全就是一件现代立体构成作品。

还有一部分设计师在生态与设计结合方面做了更深入的工作，他们可以称得上是真正的生态设计者。他们在设计中贯彻着生态与可持续的设计思想，力求打造与自然共处的生活环境。在当今的景观设计中，生态已经是不可或缺的设计因素，这正是建立在他们对自然不断探索的基础上的。景观设计开始变得多元化，其他学科的介入使现代景观的概念和形式较之以往都更加广阔，越来越多富有个性的景观作品相继出现，不断为现代景观添加新的内容。

第 6 章　多元化的艺术与景观时代

20 世纪 80 年代，人类社会几乎所有领域——包括科学、技术、医学、政治、文化、艺术和设计都发生了巨大的变化。20 世纪 80 年代，传真机和影碟机得到广泛应用；笔记本电脑、互联网开始迅速发展；美国女性第一次被成功任命为最高法院法官；人类第一次迈入太空；柏林墙倒塌、德国统一预示着共产主义在东欧的瓦解。20 世纪 90 年代冷战结束，苏联解体，美国成为世界第一位的超级大国，亚、非、拉等地的发展中国家崛起；全球变暖等环境问题困扰着全球人；DNA（脱氧核糖核酸，deoxyribonucleic acid）克隆技术兴起；东南亚政局混乱，战争频繁[①]。20 世纪 80 年代末，后现代主义开始没落，世界艺术进入了一个多元的时代。当代艺术的主要特征就是多元化，多元化时代的艺术的特征与以单一、权威为特征的现代主义艺术正好相反，显现出主张艺术大众化、方法多元化、反对权威的特征。

6.1　多元的美术

20 世纪 80 年代后，艺术界发生了巨变，美国纽约"世界艺术中心"的身份逐渐弱化，世界艺术活动同时分布于其他艺术中心城市——伦敦、洛杉矶、东京、上海、迪拜、孟买、柏林等。世界不同地区的思想文化相互交流、融合。艺术的重点被放到了对复杂性的关注上，艺术开始向不纯粹演变，多元化的特征在艺术领域逐渐建立起来，世界艺术变得多元化、大众化、商业化。1980 年，艺术领域由于艺术家、交易商、收藏家的增多，出版物的大量发行和展览空间的拓展而发展迅猛。在很大程度上，当代艺术家的起起落落发生在展示新艺术的商业画廊这个空间内。艺术家声誉的建立依靠名艺廊交易商和艺评人、策展人和收藏家的认可[②]。于是，有学者提出绘画这种传统艺术已经失去了往日的荣耀和地位，甚至绘画艺术已经死亡。但绘画作为一种艺术活动，它在情感表达、视觉形象塑造和文化意义传达上，都体现出其他艺术无法替代的优势。绘画一直在随着时代的发展而不断变化，"只要它还能够承载时代精神，就会一直生动地延续下去"[③]。

艺术市场的国际化促使了艺术题材的广泛拓展，艺术开始变得复杂。面对当代艺术，就算是职业的艺术评论家也会显得不知所措，因为他很难准确地将当代某位艺术家或艺术品分门别类或下一个定义。一个分化的、复杂的、混乱的、无权威的、多元的艺术时代开始了！

6.1.1　挪用

"挪用"（Appropriation）是由美国的道格拉斯·科瑞普（Douglas Crimp）和阿比盖尔·S. 格

---

① 简·罗伯森，克雷格·迈克丹尼尔. 当代艺术的主题 [M]. 匡骁，译. 南京：江苏美术出版社，2011：17.

② 简·罗伯森，克雷格·迈克丹尼尔. 当代艺术的主题 [M]. 匡骁，译. 南京：江苏美术出版社，2011：19.

③ 邵亦杨. 后现代之后：后前卫视觉艺术 [M]. 上海：上海人民美术出版社，2008：222.

杜（Abigail S. Godeau）提出的，是一种重要的艺术手段。“挪用”手法一直在绘画领域应用，早在作品《奥林匹亚》中，马奈就挪用了古典绘画中横卧的维纳斯构图。1960 年以来，挪用已成为绘画的重要手法。杜尚于 1917 年挪用了达·芬奇的作品《蒙娜丽莎》创作了《带胡须的蒙娜丽莎》（图 6-1）；安迪·沃霍尔直接挪用玛丽莲·梦露的形象和罐头的图像进行创作。1970 年后期，艺术家们习惯于将现成物挪用过来进行剪裁、拼贴或二次艺术化处理来发展一种大众化的原创艺术和真实的表达手法。到了现代，“挪用”已经成为艺术界常用的艺术手段。辛迪·舍曼（Cindy Sherman，1954—　）在作品中挪用好莱坞电影图像；杰夫·昆斯将现代商品挪用到创作中；王广义在作品《大批判——可口可乐》（图 6-2）中挪用可口可乐标识等。

图 6-1 《带胡须的蒙娜丽莎》
（杜尚，1917）

图 6-2 《大批判——可口可乐》
（王广义，版画，87.5 cm × 78 cm，2002）

6.1.1.1　辛迪·舍曼

舍曼出生于美国新泽西州，在纽约州立大学巴夫洛学院学习绘画。1977 年，舍曼来到纽约，开始了她的艺术生涯，并以自己为模特拍摄照片和电影。舍曼的作品《无题电影剧照》（图 6-3）共有 69 张照片，其中展出了许多不同的形象。舍曼的作品能够引导观众以她的作品的视角去看待我们所处的社会，带有强烈的叙事性。观众观赏舍曼的作品并试图确认其中的某种含义，因为她提供了如此多的形象，所以她阻挠了观众要通过自己的想象来认识它们的企图。威尔·贡培兹（Will Gompertz，1965—　）曾在书中评价舍曼的艺术：“舍曼从照片中去掉一切有关个人特性的痕迹，这种做法与极简艺术家不愿在作品中流露自我相类似。贾德和他同伴的动机是要把观众的注意力完全集中在他们的作品上，不因操心艺术家的性格而分散其注意力。舍曼的想法则不同，因为把自己置身其外，她就可以伪装任何她喜欢的人物，扮演任何一个角色，这让她可以自由地随意更换角色，因为对于她，观众没有先入为主的印象和了解。舍曼的变色龙艺术是对媒体和名流虚构、操纵公众形象手法的一种反思，这一形象不是基于某一个体的真实性格，而是基于市场的需要。”①

图 6-3 《无题电影剧照》(辛迪·舍曼，摄影，1977)

舍曼的艺术电影剧照不是与电影无关的普通照片，而是像一个电影广告招贴式的再创造。作为广告招贴，其目的是挖掘出更大的票房价值。在舍曼的电影剧照中，她塑造了十分重要的形象。舍曼的《无题电影剧照》并不是对表演的记录，而是一种女性形象的表现记录。可以说，舍曼的电影剧照艺术在于对艺术表现与摄影的结合。舍曼也认为她早期受到 20 世纪 70 年代女权主义艺术思想的影响②。舍曼经常运用挪用的艺术手法进行艺术创作，尤其是在“无题”系列摄影作品中，她用女性的视角来看历史肖像。例如，在摄影作品《无题 205》(图 6-4) 中就明显地挪用了拉斐尔的《拉芙娜·莉娜》(图 6-5)。舍曼的艺术对当代艺术家甚至是设计师有着巨大的影响，她大胆地应用个性化的、挪用的艺术手法和摄影形式来进行创作③。

图 6-4 《无题 205》
(辛迪·舍曼，摄影，1989)

图 6-5 《拉芙娜·莉娜》
(拉斐尔，木板油画，85 cm × 60 cm，1518)

① 威尔·贡培兹. 现代艺术 150 年：一个未完成的故事 [M]. 王烁，王同乐，译. 桂林：广西师范大学出版社，2017：412.
② 阿马赛德·克鲁兹. 电影、怪物和面具：辛迪·舍曼的二十年 [J]. 张朝晖，译. 世界美术，1999(2)：16-20.
③ 彭雪. 当代艺术创作中的“挪用”[D]. 北京：中国美术学院，2018：13.

6.1.1.2　挪用艺术与景观

查尔斯·西蒙兹（Charles Simonds）在纽约因挪用景观而出名。他的作品看起来像是迷你版的古代遗迹，并且好像是把短暂的存在转化为神秘的、未知的未来。西蒙兹的作品详细地表达了神秘的“小人国”文明（如图 6-6）。因为有机的结构而发展，机缘巧合又赋予了他们涌动的自我化观念。建筑风格反映了小人国的宇宙观，并且由于他们在纽约的不同居民区迁移，建造房子然后又将其遗弃，他们就通过这些人工制作留下了他们在自然历史中的痕迹。西蒙兹十分关注建筑、文化和人类文明的有机发展。这些临时性的景观作品非常脆弱，具有很强的临时性，且经常被放置在容易被破坏的环境中。路人常会在屋檐下、破败房屋的墙缝里或露天的阳台发现他制作的微型黏土村庄，有人会把它带回家而破坏了这些作品。这些作品表达了事物幻灭的本质，观者看到后会感觉这个遗迹里有人居住过，但是现在却消失了，给人带来一种怀念和感叹的情感，甚至有人还会在第二天专门回去看看这个小小的古迹是否还存在。西蒙兹说：“如果在我们离开这个世界时，我们对这个世界的看法可以引起别人的思考，这才是我们的价值。但我不认为有必要留下那些在时间的磨砺下变得无意义的东西，即使在假定的过去的某个时间片段里，它们曾作为意义的象征符号存在过。”[①] 对于西蒙兹来说，这些挪用的景观作品是他对 20 世纪 70 年代物质主义和从众的集体文化的一种反抗。

图 6-6 《居所（细节）》（查尔斯·西蒙兹，未烧制陶土墙壁浮雕，2.44 m × 13.41 m，芝加哥当代美术馆）

戈登·玛塔－克拉克（Gordon Matta-Clark）是超现实主义画家玛塔的儿子，在康奈尔大学和索邦大学（Sorbonne）学习建筑，并尝试将挪用景观当成一种社会批判行为。克拉克景观作品的吸引人的地方并不在于作品形式而是其对场所意识的表达。克拉克不是去创造一个新的景观，而是去破坏现存的建筑的整体性，他将建筑内部的墙体、天花板和地面打破，甚至将整个建筑从中间一分为二（如图 6-7）。他说：“我要彻底改变整个空间，这就意味着要对建筑的整体（符号学）结构有所认知，并不是任何理想化的形式上的认知，而是对建筑的真实要素的认

① 费恩伯格. 艺术史：1940 年至今天 [M]. 陈颖，姚岚，郑念缇，译. 上海：上海社会科学院出版社，2015：401，402.

知。”克拉克的这种艺术手法被艺术家们称为“Anarchitecture”（去建筑化），是“Anarchy”（无政府主义）和“Architecture”（建筑）两个词的组合。将“无政府状态”和“建筑学”相结合表现出了对政治的挪用。克拉克解释说：“拆解建筑物的行为使我发现社会现状的许多方面都和我正在努力的方向相反。”他认为，纽约犹太社区的房子和监狱里的囚犯室并没有什么区别，而郊区的那些现代主义“方盒子”建筑更是糟糕。克拉克破坏建筑的目的是消除人与人之间的障碍，打破那些真实的和象征性的“非纪念—非精神性结构”①。克拉克的“破坏建筑”创造了一种新的场所精神。画家苏珊·罗森博洛（Susan Rothenberg，1945—　）评价他的作品说：“从外面看那条裂缝很有仪式感。但是进入内部，感觉就像是世界在你脚下裂开了一个深坑。这让人意识到一栋房子就是家、庇护所、安全感……在那样一栋房子里，你会觉得你进入了一个空间。精神的分裂，世界的脆弱，无比的惊奇。”② 克拉克的建筑艺术营造的是一种分裂的、冲突的、破坏的甚至是灾难性的空间氛围。

图 6-7 《圆锥交叉》（戈登·玛塔 - 克拉克，银盐染料漂洗冲印照片，75.6 cm × 100.3 cm，1975）

挪用艺术是当代艺术家们最常用的一种艺术手法。挪用艺术体现了当代艺术大众化的倾向，也是当代社会多元化特征的体现。这种创作手法在设计中有非常广阔的应用空间，在建筑设计中可以挪用一些经典的结构或古典符号来体现整个设计与传统文化的联系；在景观中可以将空间的特征或造型挪用过来进行一种类型学和符号学的设计。如前文提及的施瓦茨于1979 年设计的面包圈花园（图 6-8），就是将甜甜圈这一现成物挪用到景观中的一个很好的例子。

① JACOB M J. Gordon Matta-Clark：a retrospective[M].Chicago：Museum of Contemporary Art，1995.

② 费恩伯格. 艺术史：1940 年至今天 [M]. 陈颖，姚岚，郑念缇，译. 上海：上海社会科学院出版社，2015：402，403.

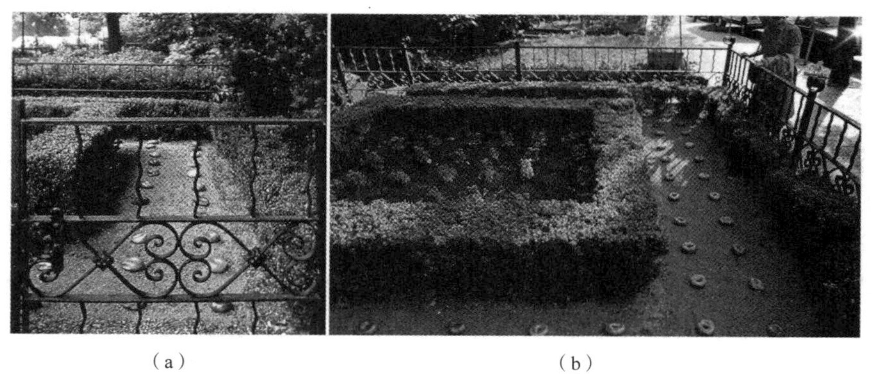

（a）　（b）

图 6-8　面包圈花园（玛莎·施瓦茨，美国纽约，1979）

6.1.2　女权主义艺术

女权主义艺术（Feminist Art）源于欧美第二次妇女运动浪潮①，其本身带有一种强烈的反抗精神。20 世纪 70 年代，女权主义艺术家以摄影为媒介进行艺术创作。贝亚·内特尔斯（Bea Nettles）将缝纫技术与摄影结合，运用照相乳胶、棉布、针线等材料创作了《受惊的苏珊娜》（图 6-9）。他的作品表面被棕色的污点填满，充满了挑衅的气息。内特尔斯进一步将他的作品提升到反文化、反政治的高度上，如他反对美国对越南内政的干涉。他把这幅画的裸体形象剪了下来，将边缘缝合起来，然后找到一个以传统庭院为背景的照片将其放进去，使观看者成为在草丛中偷看的角色，以此来讽刺美国的政治行为。20 世纪 70 年代，出色的女权主义者是最早的将身体和社会、政治联系到一起的人，如南希·斯佩洛（Nancy Spero），将性别器官的解析图作为隐喻来创作以反对战争为主题的艺术②。

图 6-9　《受惊的苏珊娜》（贝亚·内特尔斯，77.1 cm × 88.9 cm，照相乳胶、棉布、针线，1970）

① 西方妇女运动一般被认为有两次高峰：第一次是 1840 年到 1925 年，第二次是 20 世纪六七十年代。第二次女权主义运动的兴起与第二次世界大战后欧美社会的政治、经济、文化发展密切相关。这次运动与同时代的民权运动、反主流文化运动、反战运动等遥相呼应，一同汇合成一幅波澜壮阔的政治运动画卷，其基调是要消除两性差别。裔昭印. 国际妇女运动一百年 [N]. 文汇报.2010-03-06（8）.

② 费恩伯格. 艺术史：1940 年至今天 [M]. 陈颖，姚岚，郑念缇，译. 上海：上海社会科学院出版社，2015：390.

朱迪·芝加哥(Judy Chicago, 1939—)是女权主义艺术的代表人物,并被视为20世纪70年代美国女性主义艺术的象征。她的艺术是为了创造出独立的女性文化,反对男权主义社会文化。朱迪·芝加哥曾回忆说:“对于一个女性艺术家那是一个艰难而又令人兴奋的时代,女权主义艺术运动也是在此时开始的。我记得当时还读了瓦莱丽·索拉纳斯(Valerie Jean Solanas, 1936—1988)的SCUM(Society for Cutting up Men,摧毁男人社会)宣言,我不敢相信她竟然真的将一切都说了出来。在那个时代,这些可是彻头彻尾的禁忌啊!”① 朱迪·芝加哥的艺术和思想促进了大量身体艺术作品的产生,更激发了年轻女性画家在艺术中表达她们自己被压迫的情感的热情。

“我开始认识到我的真实的性别身份被我的文化所否定,在某种程度上,这也代表了什么为女性艺术家所经历的痛苦。我认为如果我能表现自己的性爱本质,我就能通过作品的象征意义来开拓女性主义本质论的讨论。”② 作品《晚宴》(图6-10)是由400多位女性共同创作而成的,象征着女性的奋斗与成就。在作品中,瓷砖地面和三十九套餐具下的桌布上刻有一些出名女性的名字,三角形的三边各有十三套盘子,盘子上边放置着阴道样式的雕塑。《晚宴》似乎表达了一种关于女性艺术家的观念:“主动地看自己和被别人看是不同的,这种力量的产生来自你对自己性别的认识,对女性自身的了解。”③《晚宴》引发了社会对性别问题的关注。

图6-10 《晚宴》(朱迪·芝加哥,17.6 m×12.8 m×0.9 m,混合材质,1974—1979)

女权主义艺术更大的价值在于呼吁女性在社会上与男人有平等的地位。在当代的各行各业中,女性的参与度越来越高,女性在社会上也越来越活跃,扮演着越来越重要的角色。女性

---

① 格伦·菲利普斯,帕特里克·斯蒂芬,郭红梅.埃莉诺·安廷与朱迪·芝加哥:最早的女权主义者在工作[J].世界美术,2013(2):85-89.

② CHICAGO J. 穿越花朵:一个女性艺术家的奋斗[M].陈宓娟,译.台北:远流出版社,1997:58.

③ 琳达·诺克林.为什么没有伟大的女艺术家[M].李建群,译.北京:中国人民大学出版社,2004:20.

在行业中受到社会的认可，不仅是在绘画领域。在建筑行业中，扎哈·哈迪德、妹岛和世等女性建筑师受到了世界建筑界的认可，并获得了建筑界最高奖——普利兹克奖。玛莎·施瓦茨作为景观设计大师，设计出很多经典的作品，备受人们追捧。

6.1.3 数码艺术

数码艺术是一些电脑工程师将数码技术用到艺术领域后提出的概念。20 世纪 80 年代，哈罗德·科恩（Harold Cohen，1928—　）发明了“艾伦”绘图程序，成为数码艺术的技术基础。“艾伦”绘图程序最开始只能绘制黑白图像，之后加入了色彩程序。数码艺术是以新时代的数码技术、传媒技术为基础进行的艺术创作。作品形式通常是以数码化形式来表现，体现了艺术与时代科技的结合，是多学科交叉的艺术。数码艺术是数字化时代的产物，数字化是在电子信息技术的基础下用数字语言来代替传统语汇进行创作的艺术。从大背景来看，数字化艺术是信息技术的不断发展引发艺术创作手段深刻变革的产物，是数字技术在绘画领域的发展。汉密尔顿曾将自己的作品《到底是什么使得今日的家庭如此不同，如此有魅力？》扫描到电脑里做成数码版作品《到底是什么使得今日的家庭如此不同》，以此来映照当代现实。杰夫·沃尔（Jeff Wall，1946—　）和安德里亚斯·古尔斯基（Andreas Gursky，1955—　）等艺术家则将其摄影作品进行数码化处理，创造出一种看上去可以以假乱真的虚幻影像[①]（如图 6-11）。

图 6-11　《莱茵河：作品 2 号》（安德里亚斯·古尔斯基，摄影，1999）

虽然杰夫·沃尔是一位当代的前卫艺术家，但他并没有完全丢弃一些传统美术的经典原则，并在传统绘画中吸取养分，研究 19 世纪艺术家们在艺术创作时所采用的手法、技巧等，并运用传统画作中的题材、构图、比例、构成等原则。他善于挪用经典绘画作品中的题材、场景、构图等元素，然后利用数码技术进行艺术的再创作。这种挪用现成物的手法在当代艺术创作中被普遍使用，是当代艺术创作的重要手法之一，在前文中已经专门论述过。

他将当代数码科技和经典的艺术原则相结合来重新表现经典作品。他将摄影图像转换为数码文件，然后利用数字技术将图像拼贴、组合成他的艺术作品。沃尔的艺术突破了传统绘画

① 史蒂芬·法辛. 艺术通史 [M]. 杨凌峰，译. 北京：中信出版集团，2015：548.

要用画笔和纸进行创作的传统。沃尔将艺术与数码艺术、数字媒体相结合，不仅丰富了绘画的创作媒介和方法，也使艺术更加适合大众传播。沃尔在 1993 年创作了经典的数码艺术作品《一阵狂风（仿葛饰北斋）》（图 6-12）。沃尔挪用了葛饰北斋（Katsushika Hokusai，1760—1849）[①] 的木刻水印作品《骏州江尻》（图 6-13），采用《骏州江尻》的主题、构图等元素，用当代的城市人物和场景进行二次艺术诠释。《一阵狂风（仿葛饰北斋）》表现的是一个瞬间的情节，作品看似是对一个瞬间情节的抓拍，其实故事情节是他提前安排好的，他找到特定场景，然后请来演员，经过细心布置和多次编排后抓拍图像[②]。

图 6-12 《一阵狂风（仿葛饰北斋）》（杰夫·沃尔，摄影正片，229 cm × 377 cm × 34 cm，1993）

图 6-13 《骏州江尻》（葛饰北斋，版画，1831）

沃尔的艺术手法吸收了电影剪辑方法的养分，沃尔在创作时经常提前想好或设计出一个富有戏剧性的情节，然后精心创造出能够实现这个情节的场景，最后挑选合适的人物进行摆

① 葛饰北斋是日本江户时代浮世绘艺术的领军人物，代表作有《神奈川冲浪里》《骏州江尻》。

② 史蒂芬·法辛. 艺术通史 [M]. 杨凌峰，译. 北京：中信出版集团，2015：551.

拍。艺术中的挪用是把已有的图像、符号从原来的语境中抽取出来，使其陌生化并置入新的语境。沃尔的数码艺术作品常常表达出一种观念艺术的特征，他在探讨数码艺术表现的本质的同时传达一种时代的社会观念。沃尔用艺术的思维和眼光去创作数码图像作品，采用经典的绘画原则，从古典作品如印象派的油画和葛饰北斋的浮世绘中吸收养分，获得灵感，结合当代的城市生活与故事来表达他对当代社会的一些观念的理解。他的作品具有明显的象征性或文学性，这种象征性被应用到数码图像技术上产生了一种时代性的表现力，传达出他对当代社会的反思和见解。

厦门大学数字艺术研究学者黄鸣奋教授在书中曾写过他对数码艺术的理解："其范围涵盖了处理器艺术、电脑艺术，但主要是以数字计算机为技术基础，并通过数码媒体传播的作品，即数码艺术。所谓'处理器艺术'包括软件艺术、生成艺术、交互性装置及合成器超级设备，必须在计算机上运行。所谓'数字艺术'，就字面而言，包括任何以数码科技为技术条件的作品，可能与数字计算机、数码音频、数码电视、数码摄像机、数码打印机、数码照相机等多种技术设备有关。"[①] 数码艺术是当今时代的艺术创作，具有强烈的时代特征，在设计领域也有很广泛的应用，如数字化建筑、数字化景观等。数字化景观在下文中会重点讲述。

6.1.4　回到身体

1980 年，艺术创作呈现出多姿多彩的面貌，数码艺术、观念艺术、装置艺术、行为艺术等各类艺术盛行。在这样多元的大背景下，一部分艺术家又将注意力投向身体。他们用身体进行艺术创作，表现某些人生的哲理或是追求更为直接的感官艺术，传达自己的艺术思想。有些身体艺术家对人体的机能进行探索和实验，以求用艺术手法真实地表现人体机能，有些则探讨人体与环境的关系，创造出人体与环境的艺术。身体艺术是关于人体的艺术，代表人物有奇奇·史密斯（Kiki Smith，1954—　）、安·汉密尔顿（Ann Hamilton，1956—　）等人。

6.1.4.1　奇奇·史密斯

奇奇·史密斯善于用人体进行艺术创作，来表达人的脆弱性和生命的短暂性。20 世纪 80 年代，奇奇·史密斯创作了一组银色玻璃冷却瓶，瓶子上刻了尿液、乳汁、血液、眼泪、唾液、呕吐物、精液等名称，给观众一种瓶子中确实装有这些液体的感觉。他还创作了另一组作品，用 8 个相同的瓶子灌满血液，给人们一种强烈的心理冲击。在 1990 年创作的作品《无题》中，奇奇·史密斯以普通人为素材，如表现女人的乳房渗出乳汁，男人的阴茎流出精液，这些都是滋养、生殖和生命的特征。这件作品体现了整个生命的周期，也体现出对衰败的忧伤[②]。奇奇·史密斯在艺术上非常大胆前卫，一直用开放的心态去探索和接受新观念。奇奇·史密斯曾在一次采访中谈论自己对艺术的理解，她说："我没有一个很伟大的艺术抱负，但是我有一个理想，那就是去试着拥有一个美好的人生。我们的习俗常常限制了我们的行为。我们会发现没有足够的空间去发挥我们的天性。人们保持着那份去打破束缚以使我们的天性能够自由发挥的冲动。"[③]

① 黄鸣奋. 数码艺术学 [M]. 上海：学林出版社，2004：18-19.

② H.W. 詹森. 詹森艺术史 [M]. 艺术史组合翻译小组，译. 北京：世界图书出版社，2012：1105.

③ 宋春阳. 奇奇·史密斯 [N]. 美术报，2013-09-28（15）.

奇奇·史密斯否定了个性和独特性,她强调人类的关联性因素。她的艺术语言是在解剖学的基础上形成的,她曾在一次采访中说:“一位在斯特兰德书店工作的朋友给了我一册《格雷氏解剖学》,是它影响了我创作关于身体的画像并且提供给我一种表达和发现自我的语言。从个人和文化的角度来看,有太多的方式去思考在心里发生了什么。除了强调体液的作品之外,在真菌成长的环境里,我创作了手和手指的小雕塑。其他切开的胳膊和腿的作品来自我对自己生活的混乱的感受。我也受到利昂·葛鲁柏(Leon Golub,1922—2004)和他对于暴力非浪漫化表现的影响,这与美国介入中美洲有关,后者导致了人与人的分离。当我意识到其他人生活中更大的、可怕的现实,我不再想以主观的个人的方式即作为自身的象征来使用这种语言。”①奇奇·史密斯的艺术作品是基于对人体的物质研究的,在暴力美学的影响下创作出的独特人体艺术(如图 6-14)。

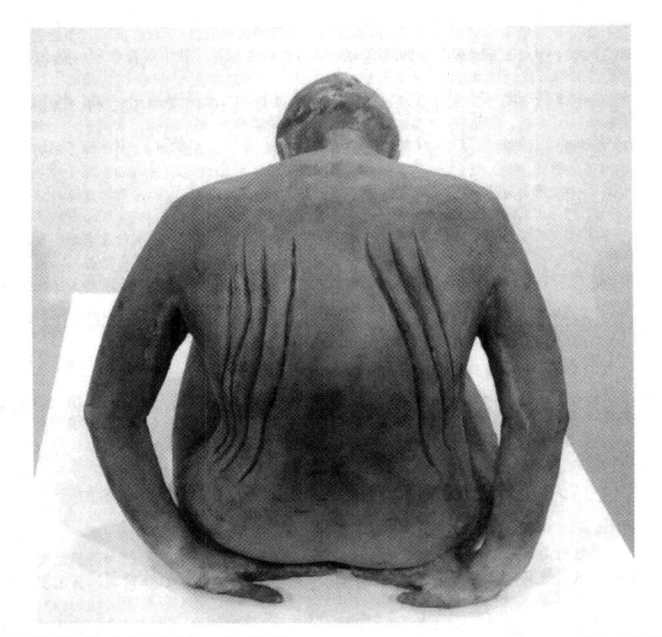

图 6-14 《坐着的人》(奇奇·史密斯,71.1 cm × 91.4 cm × 61 cm,美国纽约,1922)

6.1.4.2 安·汉密尔顿

安·汉密尔顿的作品带给人的常常是一种惊艳的身体体验,其作品总是来源于其自身的探索发现。安·汉密尔顿说:“让作品对你起作用,通过你的身体而不是通过你的眼睛。所以你让自己去尝试给它命名之前先去体验一些东西。”安·汉密尔顿的艺术是身体知觉感官层面的,是触觉和情感的体验。1985 年,安·汉密尔顿开始创作黑白身体照片系列作品,一共 16 幅。她将物体与自己的身体相结合,如在《牙签椅子 #13》(图 6-15)中,她将椅子挂到自己的背上,穿着全身插满牙签的外套,像刺猬一样。椅子也插满牙签,与人体形成统一的视觉感受。这件作品体现了安·汉密尔顿探索的人体与物体之间模糊共生的边界状态,表达了人类自我意识的物

① 乔伊斯·贝肯斯坦. 个人的好奇心:与奇奇·史密斯的一次谈话 [J]. 马芸,译. 世界美术,2017(4):49-53.

象般特点[①]。

图 6-15 《牙签椅子 # 13》(安·汉密尔顿,1984)

在中国乌镇“国际当代艺术邀请展”上,安·汉密尔顿展出了作品《唧唧复唧唧》。这是一件将中国传统故事和乌镇传统丝织工艺结合而设计出的一件大型装置艺术品,展现了中国地域文化和当代艺术的结合。安·汉密尔顿解释自己的这件作品时说:“纺织的历史是一段技术和材料的交流史,而纺织品的结构就是社会合作的隐喻。这些技艺——其社会性和人们对其的关注——就是我的实践的结构性基础。”[②] 的确,这些纺织线不仅连接了艺术品与观众、连接了艺术与整个舞台的空间,更连接了人与社会、人与历史、人与艺术、人与传统文化。安·汉密尔顿的艺术经常会表现出对时代或社会中的某些关系的关注,这正是汉密尔顿艺术的特别之处。汉密尔顿的艺术使我们主动地去认识了人体的某些可能性。汉密尔顿的作品不像传统的艺术那样按照常规的方式去刺激观众的视觉感官,而是对各个感官的同时刺激,如视觉、嗅觉等。汉密尔顿的艺术改变了我们对身体本身的认识,探索出了一条身体感知艺术之路[③]。汉密尔顿的艺术启发我们要对传统权威发起挑战,来探索和发展出一条新的艺术道路。图 6-16 为其创作的作品《反射》。

身体艺术给了我们一个关注人身体的视角,在艺术创作中,关注人身体本身,来表达一些人的本质的东西,启发我们在设计中,将视线投向人体本身而不是仅仅去关注对物体的设计,用一种人与环境和谐的人性设计观来指导设计行为。

① 费恩伯格. 艺术史:1940 年至今天 [M] . 陈颖,姚岚,郑念缇,译. 上海:上海社会科学院出版社,2015:494,495.

② 李黎阳. 柔性的维度:安·汉密尔顿的艺术 [N]. 中国妇女报,2016-07-26(B01).

③ 朱橙. 知觉与身体的重构:当代艺术与设计中的技术身体 [J]. 世界美术,2017(2):10-11.

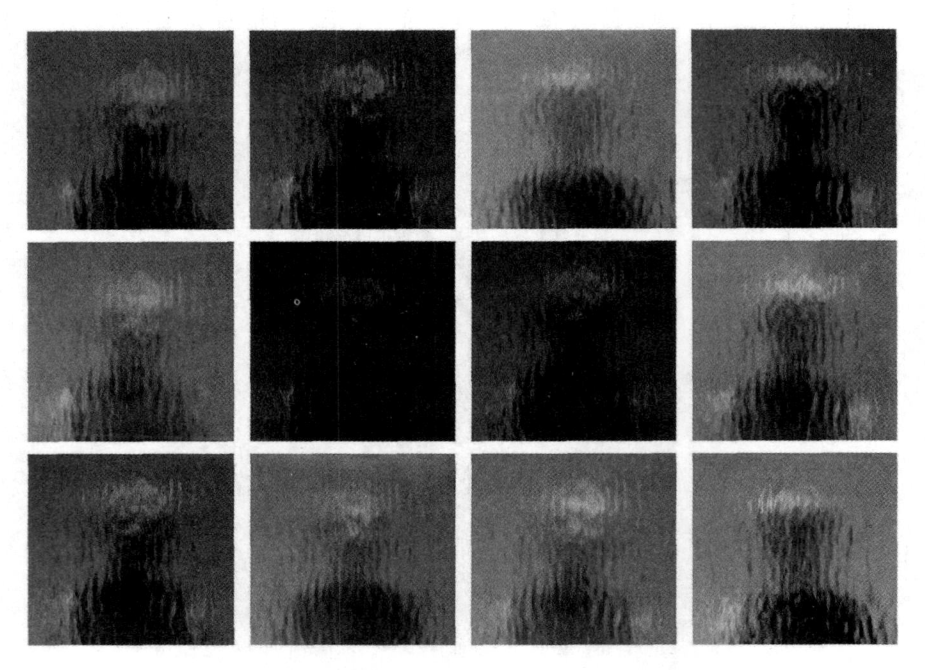

图 6-16 《反射》(安·汉密尔顿,12 张高精度电子版画,博物馆收藏级水彩纸,60.96 cm × 60.96 cm,1999)

6.1.5 城市艺术

城市艺术最初的表现形式是涂鸦。涂鸦艺术出现于 20 世纪 80 年代。对于涂鸦,不同的人有不同的见解。有人认为涂鸦是“在城市角落滋长的创作与正义”;有人说它是“一种种族性的反叛”;还有人认为它是“那些街头少年渴求新鲜艺术灵感的展现”①。最初的涂鸦是在公共场所的墙上涂抹出由简单的字母和数字组成的签名,之后逐渐发展为整幅的绘画。涂鸦艺术用喷灌颜料涂出高亮度的色彩,画面内容十分复杂,主要的媒介和载体是公共交通系统尤其是地铁。早期的涂鸦从流行文化和动画中寻找素材,创造出一种独特的大众审美文化②。涂鸦艺术不仅具有大众文化的所有特征以及娱乐性、可消费性,而且还含有明显的社会因素和政治因素,与其他绘画相比,涂鸦艺术具有更多的社会意义和环境意义。

基思·哈林(Keith Haring, 1958—1990)是城市艺术的代表性人物,因创作了纽约地铁站内的广告招贴板上的绘画而出名。哈林的艺术也是波普艺术的一种。哈林创造了一种与电视一样的具有娱乐性和可消费性的转瞬即逝的城市艺术作品。其内容十分丰富,风格千变万化,但具有很强的可识别性和很高的清晰度。哈林的作品更多的是在公共场所,大多是在地铁中的广告牌上,具有强烈的大众性和商业性特征。哈林的作品具有叙事性和沟通性的特点,他使用简洁的高度概括的抽象图形来叙述事情。他创造了一套独特的视觉形象语言,是一种使用现代抽象的象形文字来表达大众的富有诗意的通俗口头语言的图像。他的作品通过与大众进行沟通和对话,传达一种自由解放和热爱生活的乐观精神。

① 樊清熹. 后现代视角下的涂鸦艺术研究.[D]. 武汉:武汉理工大学,2013:27,28.

② 史蒂芬·法辛. 艺术通史 [M]. 杨凌峰,译. 北京:中信出版集团,2015:552.

1986 年，在纽约罗斯福高速公路旁的一座废弃球场的墙上，哈林创作了《疯狂的毒品》(图 6-17)。由于当时纽约毒品泛滥，但政府却在监管方面越来越松，哈林就创作该作品来暗喻并批判政府的这种不道德的纵容行为。但这幅作品被政府判定为违法的绘画而被清理，但在大众的呼声中，政府不得不允许哈林再次在墙上创作这幅作品。可见，哈林的艺术含有反映当代社会政治的因素[①]。艺术实践对他来说不仅仅是去揭示社会问题、批判社会弊病这么简单，更是要将某些东西通过艺术来融入大众文化。他认为，在大众文化中获取灵感的艺术应是要去表达大众文化的。他的作品在街道、地铁等各种公共场合，他还创办了一家波普商店尝试用艺术作品回馈大众文化。他在一次采访中曾谈到自己对艺术的理解："我认为艺术对我来说是一个瞬间的产物，是大脑在那一瞬间的状态，是一种存在状态或生存瞬间的记录，是时间的一个点，在这一点上你所有的能量，你所有的力量和环境聚集在一起，聚集在那一制作、那一创作……就我而言那一勾线的行动上。即便当我绘画时我通常实际上是在勾线……当在勾线时，那是彻底独立的，因为勾线是做标记和分割空间，是仅仅发现以前并不存在的某种东西，在其最简单的形式里有纯粹的创造……自发性动作是我创作任何作品过程中的实质部分，即当一件作品最终成形后作品中的物质材料不再起限制作用。"[②]

(a)

(b)

图 6-17　《疯狂的毒品》(基思·哈林，美国纽约，1986)

城市艺术是关注人与城市公共环境的艺术，从本质上来说城市艺术在城市环境中具有城市景观的特性。它不仅是为城市添加美感、提升城市形象，而且表达出许多城市艺术家对社会

① 史蒂芬·法辛. 艺术通史 [M]. 杨凌峰，译. 北京：中信出版集团，2015：555.

② 詹森·罗贝尔. 基思·哈林：最后的采访 [J]. 罗艺，舒眉，译. 世界美术，1993(2)：11-15.

的关注和参与，将艺术家们的社会参与在城市环境中进行表达。城市艺术的主题通常是城市地方社会文化与城市环境结合的产物，所以城市艺术还具有文化传播与教育的功能，城市艺术与城市景观的联系十分密切，城市艺术甚至可以归为景观设计的一部分。

6.1.6 中国当代艺术家

随着改革开放，中国也开始融入当代艺术的浪潮，中国当代艺术也出现了和西方一样的现象，“当代艺术家越来越关心形式的新颖度以及如何自我奋斗以赢得市场认可。……艺术市场都俨然变成了一个庞大的商业集团”①。中国当代艺术的产生和发展是在受到西方当代艺术的影响下进行的。中国的当代艺术家基本上以西方当代艺术为标杆来进行他们的艺术探索。但在学习西方当代艺术精髓的同时，许多人也将中国传统文化带入了艺术创作中，或是用艺术来体现中国当代的社会状况和问题，用艺术活动来反映和参与中国当代的社会活动。中国当代艺术家创作了独特的艺术形式，在世界艺术界占有一席之地。在多元的时代背景下，中国艺术家在当代艺术界逐渐开始活跃起来，他们将中国传统文化与当代文化相融合，创造出独特的当代艺术，代表人物有艾未未、蔡国强、徐冰、王广义、张晓刚等人。

6.1.6.1 艾未未

艾未未是艾青的儿子，是中国当代艺术的代表人物、《时代周刊》（*Time*）年度“最具影响力100人”之一，且多年入选《艺术评论》（*ArtReview*）“全球当代艺术最有影响力100人”前几名，但争议较大。1981年，艾未未在北京靠画人像谋生，同时创作行为和概念艺术。艾未未常常将艺术作为批判社会文化的武器。他的艺术涉及绘画、雕塑、装置、摄影、行为、建筑等众多领域。受到杜尚的影响，艾未未经常利用现成品进行艺术创作。

2010年，艾未未在伦敦泰特现代美术馆创作了装置艺术作品《葵花子》（*Sunflower Seeds*，图6-18），艾未未将1亿颗陶瓷葵花子散铺在地上，这些葵花子由景德镇艺人手工上色，看起来十分真实。参观者可以在葵花子上走过，来体验这项艺术作品。《葵花子》后由伦敦泰特美术馆购买并收藏。这件作品表现了艾未未对社会问题的反思，表现了人口过剩和过度生产、浪费，手工工人遭到忽视的问题，还展现了一个当代社会规模和数量的巨大变化的现状②。艾未未说，这些葵花子是用景德镇陶瓷做的，经过1 300℃的高温烧出它的坯子，80多个人用一年多时间绘制。它们对他来说能激发复杂的联想，让他想起遥远的计划经济时代，当时最幸福的就是看电影时能吃上一小包葵花子。另外，从葵花子又能想到向日葵，想到凡·高，想到红太阳和政治场合，想到无数的幼小果实，想到榨油、食用葵花子油的地区……很多东西被包含在里面③。艾未未也经常参与建筑活动，2008年他与雅克·赫尔佐格（Jacques Herzog，1950— ）、埃尔·德·梅隆（Pierre de Meuron）合作设计了2008年奥运会主会场北京鸟巢。艾未未曾在采访中评价鸟巢说：“‘鸟巢’是这个时代的野心和理想碰撞的结果，只有在全球化的时代才有可能实现，同时也只有在中国的现行体制下、在强大集中的效率之下，才有可能建成。”④

---

① 阿莱克斯·葛瑞. 艺术的使命 [M]. 高金岭，译. 南京：译林出版社，2016：106.

② 迈克尔·威尔逊. 如何读懂当代艺术：体验21世纪的艺术 [M]. 李爽，译. 北京：中信出版集团，2017：18.

③ 丁杰静. 艾未未：我喜欢的是变化 [J]. 中华手工，2010（3）：14-17

④ 张娟，徐烨. 艾未未：带着态度独行 [J]. 建筑，2009（3）：68-73，4.

图 6-18　《葵花子》(艾未未，伦敦泰特现代美术馆，2010)

6.1.6.2　蔡国强

蔡国强是一位活跃在当代世界主流艺术界的中国艺术家。蔡国强将传统文化与艺术相结合(如图 6-19)，在创造出独特的艺术形式的同时，还在海外弘扬中国的传统文化。蔡国强经常以“火药”为载体，将鲜明的中国符号结合西方现实主义手法进行艺术创作，体现了他对中国传统文化的深刻理解以及对当代多元化文化的广泛涉猎。蔡国强的火药艺术给观赏者一种视觉、听觉、嗅觉三位一体的、宏大的感官体验，反映出中西方文化在当代的结合。蔡国强曾说：“传统文化要有一个说法，要么有文学性，要么思考哲学，要么表现社会问题，这在艺术上不是问题，问题在于表现的手段、在理念上的高度。……我比较异类，探索生命和宇宙的关系，讨论艺术有什么方法论是可以直接和它发生关系的，火药的爆炸本身是一种能量。”[①] 其于 2003 年创作了《光环：中央公园爆炸计划》(图 6-20)。

蔡国强的艺术大大丰富了世界视觉语言，用火药来作画，体现了许多中国的智慧，比如说“阴阳”哲学，在火药爆炸呈现出作品时，创造与破坏在这一瞬间同时发生。蔡国强曾为北京奥运会开幕式创作《奥运，脚印》，获得极大成功。蔡国强是将中国的文化带入当代艺术界多元文化中的最早的中国艺术家之一，他用中国的火药发明创造出世界级独特的艺术。蔡国强曾评论火药艺术说：“火药是一个自发的、不可预测和无法控制的媒介。你越是想控制它，往往越无从入手，创作的结果永远难以预测，而这正是最有趣的部分。通过利用火药，可以探讨关注的一些东西，比方某种事先设计的力量如何转换，剧烈爆炸如何转换成美丽的具有诗意的事件。”[②] 蔡国强的艺术给我们的启示：一是中国传统文化在艺术或在设计等领域是取之不尽、用之不竭的灵感与素材；二是在创作时要突破常规，尝试运用不同的手段和媒介。

① 于娜. 蔡国强：用火药革艺术的命 [N]. 华夏时报，2012-09-20(20).

② 周文翰. 蔡国强对话毕尔巴鄂 [J]. 城市环境设计，2009(5)：21-25.

图 6-19 《草船借箭》(蔡国强，美国纽约现代美术馆，1998)

图 6-20 《光环：中央公园爆炸计划》(蔡国强，2003)

6.1.6.3 徐冰

徐冰是一个很有文化底蕴的艺术家，他的艺术基本都与“书”有关系，徐冰的重点不是去试验及找寻新的创作媒介和艺术表达方式，而是以艺术的形式深化“书”的本质和意义。他的艺术表现了中国文化在全球文化中的开创性传播，将中国文化带到当代文化浪潮中。“徐冰的作品很发人深省，却不失有趣，内藏一种柔软，而不是以直接、粗暴的方式面对观众。这种柔软丝毫不减损其作品的力度、思想的深度。”①

徐冰最著名的作品是《天书》(图 6-21)，从人类文明的大背景来看，书是具有可读性的，书具有传播知识的功能，更具有在不同的社会背景下传播文化的功能。在《天书》这个作品中，他所创作出来的书基本上都是无法被读懂的，因为书上的文字是人类文明史上未曾出现过的文字，这种文字是徐冰基于对文字和文化的见解而抽象出来的，尽管这些文字不能被人读懂，但表达出了他对文化和艺术的独到见解(图 6-22)。徐冰自己评论《天书》时说：“天书这

① 于非. 徐冰：别太把艺术当回事儿艺术才会出现 [N]. 北京青年报，2015-06-15(A09).

样书卷气很足的作品……讨论的是关于文化对人的限制的问题，与人的一种别扭关系。”[1] 徐冰的艺术实际上是在表达一种冲突，这种冲突是徐冰作品与阅读者自身的文化基础之间的冲突。他经常设置一种情景，使观赏者与他的作品互动进而更好地体验这种冲突。

图 6-21　《天书》(徐冰，美国纽约，1999)

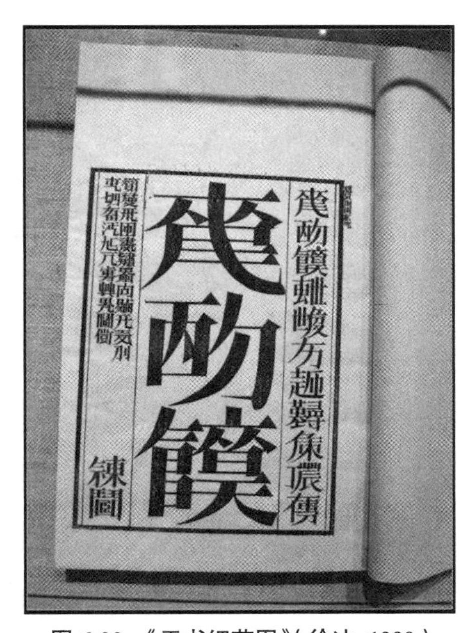

图 6-22 《天书细节图》(徐冰，1999)

① 潘晴. 鸟和当代艺术：徐冰·谭盾对话 [J]. 东方艺术，2007(3)：24-37.

中国当代艺术的发展状况反映出我国政治、经济、社会的发展。艺术家进行了大量的实践与探索，开始从盲目的抄袭模仿转向理性的借鉴与创新。随着我国经济的发展，人们的文化自信越来越强，开始重视本民族传统的文化的重要性，西方当代艺术毕竟是基于西方文化体系和社会的艺术，我们的艺术一定要根植于我们本民族的传统文化，结合当代社会审美来进行创作。设计行业也是如此，中国的设计在当今世界设计界并不突出，我们的设计学科发展历史较短，基于现状，要面向世界，在借鉴西方经验的同时，植根于我国传统文化，以此来更好地发展中国设计。

20 世纪 80 年代后的当代艺术是在多元化的时代背景下发生的，多元化是当代艺术最大的特征之一，多元化打破了之前现代主义的某一种风格占主导地位、具有权威性的特点。当代艺术家多采用多元化的风格，甚至进行群体创作，造就了世界性艺术的面貌。网络将世界缩小为一个地球村，促使世界性艺术的出现和发展[①]。阿瑟·C. 丹托在《艺术的终结之后》中说："艺术世界的全球化意味着艺术向我们表达的是我们的人性。"[②] 当代艺术还在进行，我们所处的是当代艺术正在发展的时代，难免会对其感到难以理解，或难以对其下定义，但这是个多元的时代，定义也许变得并没有那么重要了，重要的是我们如何理解当代绘画作品，然后从中汲取灵感，再将其应用到我们的设计实践中去。当代艺术打破了传统艺术重形式表现的特征，开始关注社会和大众文化的各个领域，来试图用观念改变整个社会的面貌，这种艺术观念也极大地刺激了艺术创作的多元化。这对现代景观设计来说也是一种极大的启发，景观设计也应从过去重形式、重构成和一系列所谓"限定"中解放出来，重思考、重创新，去关注大众生活，关注社会的各学科、各领域，来指导多元化的当代景观设计实践活动。

6.2 走向景观的雕塑

20 世纪 80 年代，批评家和艺术家们发现，他们生活在一个艺术多元化的时代。而艺术的多元主义又接受并催生出了各种各样的艺术流派和风格，创造了各种各样的艺术创作方式，它们都可以归到一个名称之下，那就是"当代艺术"。虽然对于"当代"究竟意味着什么这个问题还未达成共识，但它的确既包含对主流观念的否定，又包含对艺术多元主义的拥护。雕塑艺术也逐渐变得多元起来。"当代雕塑从以往强调个人的主观感受向非个性化的客观表现转化，突破了艺术与生活的界限，替代了过去艺术材料被局限的形式。解构思想的倡导与整合观念的实践，使传统雕塑走出了狭隘的生存空间，开始与公共空间艺术、装置艺术、陶瓷艺术等融合在一起，解构后的整合是当代艺术中重要的文化观念。"[③]

如今雕塑的概念被重新定义，雕塑不再是单一的具象、写实的艺术作品，而是通过"解构"之后逐步转向对抽象、夸张和多样性的探索与表现，当 20 世纪 80 年代后的艺术家将雕塑作为空间造型加以表现时，景观与雕塑之间的联系较之以往更加密切，这也使雕塑和景观的概念有了新的扩展。

---

① H.W. 詹森. 詹森艺术史 [M]. 艺术史组合翻译小组，译. 北京：世界图书出版社，2012：1107.

② 阿瑟·C. 丹托. 艺术的终结之后 [M]. 王春辰，译，南京：江苏人民出版社，2007：8

③ 于晓波. 当代雕塑的解构与整合 [J]. 美术大观，2018（12）：42-43.

6.2.1 装置艺术雕塑

装置艺术在之前的章节从绘画角度对其进行过陈述。在雕塑艺术中，装置艺术可以体现一种主题要素，与景观作品巧妙地融合，从而提升环境的品质，并以此搭建景观装置设计与人类思想交流的桥梁。城市景观中的装置艺术雕塑更加注重群众的参与性和互动性，好的装置艺术作品能使景观空间丰富有趣、多姿多彩。大众很容易就能感受到装置艺术带来的艺术价值。装置艺术雕塑在景观空间中起到锦上添花的作用，也拓宽了景观设计的表达方式和概念，凝聚着艺术家的情感思想，从而产生相应的艺术和文化价值①。

荷兰艺术家弗洛伦泰因·霍夫曼（Florentijn Hofman）尤为擅长在公共空间创作由巨大造型物构成的装置艺术作品。例如他在 2007 年设计了一系列以浴缸鸭为原型的大黄鸭（如图 6-23），把人们日常生活中熟悉的事物放置在不同的情景之下，改变人们的观察视角，并尝试着让自己的作品与大众进行交流，给大众足够的空间观察、思考。

大黄鸭的展览模式犹如叼着橄榄枝的和平鸽飞到世界的每个角落，给人们带来希望、喜悦，使世界各地的人紧紧地联系起来。他的大黄鸭形象是大多数国家都常见的、供小孩洗澡时玩耍的浴盆玩具。据他自己解释，他的灵感来自真实的“黄鸭玩具漂流记”。1992 年，一艘从中国出发的货轮在去往美国途中在东太平洋遗落了一个货箱，其中有 2.9 万只小玩具，以黄鸭数目居多。这批玩具途径日、美、加等地，于 15 年后到达英国海岸。在霍夫曼眼中，这就像现实版的童话，他在当年就决定做这个项目。霍夫曼对其进行“提纯精炼”并加之以艺术的规则，使之成为艺术版的真实事件。“弗洛伦泰因·霍夫曼：‘大黄鸭’是我们童年的记忆，它象征着喜悦，象征着幸福，它把全世界人们的感情都连接在一起。现在是一个快节奏的时代，互联网、超声速飞机等新科技已经使这个世界变成了一个近在咫尺的地球村。在这样一个时代里，我把自己的‘大黄鸭’比作一个幸福、快乐的使者，它把地球村的人们紧密地联系在一起。我希望 9 月份‘大黄鸭’来到北京时，同样可以把快乐、幸福、友情带到北京，也可以向世界展示中国与荷兰两国之间的友好与合作。”②

图 6-23 《大黄鸭》（弗洛伦泰因·霍夫曼，PVC 橡胶，2007）

① 高阳. 装置艺术的介入对当代设计创作产生的影响 [J]. 艺术与设计（理论），2010（5）：20-22.

② 许悦. 弗洛伦泰因·霍夫曼：“喜悦”是艺术创作的灵魂 [N]. 中国文化报，2013-07-07（4）.

霍夫曼作品经常以动物为题材。2001 年回到荷兰后，他最早的一些公共艺术作品尺度并不大，却是以量取胜，如 2003 年他将 210 只纸麻雀放置在位于阿姆斯特丹的一个玻璃植物花房内。同年，他创作了第一件大型动物公共雕塑——一只用废弃木材制作的巨型兔子。后来，他以兔子为题材创作过不少作品（如图 6-24），最具代表性的是 2011 年的《瞭望兔》。所谓瞭望兔，不仅是指兔子本身望向远方，而且是指观者可以进入 12 m 高的巨型雕塑内部，爬到雕塑中部和顶部，通过窗口眺望远方。这件作品最初被放置在荷兰奈梅亨市的街心公园内长达 6 个月。霍夫曼还尝试用各种可能的材料完成作品。2010 年，他在巴西圣保罗市内用千余只人字拖鞋构成了经典作品《大胖猴》。他的作品都试图让人认为这只大型动物其实是一个短暂的邻居。大尺度后来成了霍夫曼作品的策略，它能改变空间关系，但也会给环境造成压力。为了中和这种压力，霍夫曼的动物都采用柔和友好的姿态，比如 2011 年的《钢铁人》，霍夫曼就让高 11 m 的大棕熊手中拿了一个白色枕头，瞬间拉近了雕塑与观者之间的距离①。

图 6-24 《大黄兔》（霍夫曼，瑞典厄勒布鲁雷布洛中心，2011）

在文化思潮的影响下，当代雕塑从内容到形式都发生了巨大的变化。当代雕塑从过去注重表现个人的主观情感向客观的、非个性的方向转变，产生了大地艺术、公共艺术、装置艺术等。这些由雕塑艺术发展、演变而来的艺术形式突破了艺术与生活的界限。例如，当代雕塑在创作材料上就十分丰富，不仅仅使用木、石、铁、泥等传统材料。当代的多元文化使雕塑创作语言更加丰富，拓宽了雕塑的选材范围与创作方法，拓展了新时代雕塑的文化范畴，更重要的是将造型艺术推向更为宽泛的融合性艺术环境。“雕塑家不再强调整体与宏观的叙述，而是以一种多元化的方式吸纳传统，体现出一种清醒、冷静的独立意识。他们对社会问题的关注也不再是大而空的，而是善于从日常生活中发掘问题。雕塑也更多地与建筑、绘画、表演等艺术相互融合，强调与大众交流的更多可能性，借助大众文化的资源展现更具当代文化特征的生活样貌。他们对于过去的具象、抽象争论不再纠结，而是更加重视如何有效地运用多元的手段来传达思想与观念。”②

① 马榕君. 城市玩具：霍夫曼的公共艺术原则 [J]. 装饰，2013（9）：94-95.

② 吴为山. 文心铸史 雕塑时代：我看中国百年雕塑 [J]. 美术，2018（6）：94-98，93.

6.2.2　城市雕塑

城市雕塑是美化城市的一种形式，同时也是城市的一部分。城市雕塑涵盖了各类人物雕塑、动物雕塑、铜浮雕、铜鼎、铜钟、不锈钢雕塑、石材雕塑等等。城市雕塑不仅仅起到装饰的作用，更有属于时代与文化的象征意义，为人们的精神思想提供指引①。城市雕塑有着实体性特征。创作城市雕塑使用的材料，不论是水泥、陶瓷、木材、砖石、金属或是树脂，都具备不同的特性。选用的材料不同，所展示的质感、纹理、颜色也不同，大众在欣赏城市雕塑的时候，通过视觉、触觉感知不同材质的特性，体会艺术家在创作雕塑时想要表达的内容和主旨。不同的材料表达的艺术语言完全不同，材料是城市雕塑的外在展示，合理的选材可以提高雕塑整体的观赏价值，也符合大众对美学的要求。吴良镛先生说："所谓城市雕塑，并不是一个很准确的概念，它是相对于室内雕塑而言的，故可称之为室外雕塑。为了创造城市景观，也可称之为景观雕塑、城市环境雕塑等。多年来，'城市雕塑'一词既已约定俗成，也就无须再为它正名。"②

雕塑作品与城市景观的完美结合，可以创造美丽的城市形象，优化城市生态环境。城市雕塑的典型代表是西雅图奥林匹克雕塑公园，它位于尚未开发的滨水区，是由城市工业棕地改造而成的，被铁轨和主干道分隔。这片土地一直是加利福尼亚联合石油公司（UNOCAL）的港口燃料储存地。在公园建成的十多年前，政府和燃料公司一直致力于清理污染土壤。1999 年，韦斯 – 曼弗雷迪（Weiss-Manfredi）建筑事务所被选为公园的主要设计单位，负责场地的主要设计。韦斯 – 曼弗雷迪建筑事务所的设计理念是利用"Z"形道路，改变从顶层到滨水区的高差，使公园成为城市到海湾的连续景观。"Z"形的道路作为公园的基本步行街，创造了一个平滑的电路，连接了三个被由铁路和高速公路组成的交通网络分隔的空间。"Z"形路还穿过森林、山谷和滨水区三个部分。森林中种植的杨树具有丰富的季节变化。山谷中有蕨类植物和森林，滨水区能满足了蕨类植物和湿地植被的生长。这三个空间重塑了西北太平洋原有的景观模式。"Z"形公路还引导游客观赏西北太平洋的生物。

"奥林匹克雕塑公园为城市公共艺术品定义了一种新体验。地形变化和不同生境为公共艺术品提供了一个多样化的布置环境，不同形态的雕塑有了与环境融合的不同设置点。游客中心北侧的谷地中是理查德·塞拉（Richard Serra）的雕塑《航迹》，由 5 个巨大的'S'形的钢板焊接所构成的一组抽象造型，犹如一艘艘航行中的大船，劈波斩浪，勇往直前，铁锈红的钢板前后交错地排列在小广场上，场景甚是壮观。贝弗莉·派帕（Beverly Pepper）利用 4 个光滑如镜的矩形不锈钢框创作的《皮埃尔的狂热者系列三》雕塑伫立在斜坡小径边上，反射着周围环境的景色。可以根据游人意愿随意移动的红色椅子，让人们可以选择合适的角落，观海、眺望远处隐约的山脉，无形中拉近了城市与海湾的距离。《鹰》作为公园中最为醒目的雕塑，是由美国著名公共艺术大师亚历山大·考尔德于 1971 年创作的作品，雕塑位于公园正中，游客站在合适的角度往后望去，是西雅图的地标太空针塔，这只红鹰和太空针塔遥相对话，一起成为了西雅图的地标。公园被铁路切割的地方，有费尔南德斯（Teresita Fernández）的作品'西

① 罗兵. 当代城市雕塑艺术的创作特征分析 [J]. 艺术评鉴，2019（14）：179-180.

② 李晓蕾，王祝根. 抽象性城市雕塑的内涵辨析 [J]. 南京艺术学院学报（美术与设计），2019（1）：198-203.

雅图云彩’，一座玻璃桥横跨于其上。阳光照耀下，眺望这座玻璃桥，确有云端漂浮的感觉。一边的树林区设置了许多抽象雕塑，如雕塑家克莱丝·奥登伯格的作品《打字机胶擦》、托尼·史密斯的雕塑《流浪的岩石》等。”①

6.2.3 公共艺术

公共艺术的产生与发展促使雕塑从室内走向室外，被置于公共空间之中，与环境、人文进行整合，形成承载地域性文化的空间艺术。在一个国家或地区政治、经济、文化发展的不同阶段，公共艺术相应地都会有着不同的内涵。“以‘社会化的艺术’为基本特征的‘公共艺术’的概念于20世纪60年代在美国开始正式出现，此时其作为调整公共空间形态、整合外部景观环境的有效手段，或作为公共空间和外部景观环境的重要组成部分，并以艺术品的形式被装置于人类生存的环境中，发挥着现代艺术的新功能。可以这样认为，现代公共艺术设计是以人为核心，依托于公共空间和城市外部环境，以城市公共传媒、公共环境、公用设施等为主要承载对象，运用综合的艺术和技术手段，创造具有空间环境美和生活方式美特点的‘视觉体’的艺术设计。”②

公共艺术介入城市景观最早源自西方，其在我国仍是一个比较新的概念。如今公共艺术是城市景观中的重要元素。当我们提起城市景观中的公共艺术作品时我们不难想到散落在公园中的雕塑，这是公共艺术介入城市景观的一个重要特性，即被放置于公共空间之中，向市民开放并供其享用。另外，公共艺术具有两个重要特性：艺术作品具有某种公共精神及社会公益性质，例如位于青岛五四广场的地标性雕塑作品《五月的风》（图6-25）就充分展示了青岛的历史文化；其资金来源一般包括政府掌控的专项建设资金及社会捐赠（包括私人或团体按法规支出的公共艺术资金），例如美国利用“百分比计划”来发展公共艺术。

图6-25 《五月的风》（黄震，钢板结构，1997）

“百分比计划”最早起源于20世纪30年代罗斯福新政中的“公共工程艺术计划”，是在美国经济大萧条时期，政府主动出资聘请艺术家为公共建筑物和城市公共空间创作壁画、雕塑等

① 何镇海. 雕塑在公共空间环境中的主导作用：美国西雅图奥林匹克雕塑公园和西雅图中心印象 [J]. 雕塑，2013（4）：88-90.

② 过伟敏，郑志权. 依附于外部环境的公共艺术设计 [J]. 江南大学学报（人文社会科学版），2002（3）：102-104.

艺术品的一项政策计划。到了 1959 年，费城成为美国第一个通过百分比艺术条例的城市，百分比艺术条例就是规定将不少于一百分之一的建筑预算拨给公共艺术项目，并且成立专门的政府部门来负责公共艺术的相关工作。到了 20 世纪中后期，美国各州的百分比艺术条例基本确立。但是，由于资助基金并不宽裕，所以并不是所有的公共艺术项目都能获得资助，作品的价值取向和品质保证是资助部门对作品进行筛选并决定是否对其项目进行资助的重要条件。还有一点就是由于公共艺术是开放性的，是与城市市民的生活息息相关的，所以公共艺术作品的选择和评判除了政府机构、建筑师、艺术家之外必须还有广大市民的积极参与，只有让公共艺术品与市民对话、交流，才能使城市景观里的公共艺术作品发挥其最大的价值。

6.2.3.1　安尼施·卡普尔

公共艺术作品介入城市景观不仅能在一定程度上提升该城市的城市地位，而且还能吸引游客，带动城市的经济发展，例如位于美国密歇根湖畔千禧公园里的公共艺术作品《云门》（*Cloud Gate*，图 6-26）。《云门》是由英国艺术家安尼施·卡普尔（Anish Kapoor，1954—　）在美国首次安装的大型户外不锈钢艺术品，它由无缝隙的 110 吨重的椭圆形的不锈钢铸成，作品外部则由不锈钢抛光的亮面组成，仿如一面巨大的凸镜，它能反射附近的建筑楼群，宛如这座城市的全景投影一般，非常壮观。云门自建成并面向公众开放起，已经成为芝加哥新的城市地标，每年都会吸引数百万的游客前来参观，给城市带来了巨大的经济效益。

图 6-26　《云门》（安尼施·卡普尔，美国芝加哥，2004）

艺术史在杜尚之后的特点之一，如果用一个词总结，便是“消费”。事实上，消费文化将当代艺术家划分为三类：一是借助艺术家的身份成为商人，这一类艺术家通常接受了优质的学院训练，离校后希望自己快速成名，便通过商业操作让自己越来越商业化；二是通过商人的经营思维成为艺术家，这一类艺术家非常了解艺术史的发展进程，顺应时代特点，以消费为出发点，制造艺术品；三是以人类学为概念基础，探索艺术本身的可能性，随后尝试对社会文化进行改造。“艺术明星”并非人生追求，艺术家希望通过自身对当代文化的理解，探索属于人的精神价值，并对社会生态进行尝试性改造①。安尼施·卡普尔显然是第三类艺术家的代表人物。可以说

① 蔡屿汀. 安尼施·卡普尔：身份的选择 [J]. 艺术当代，2017，16（6）：28-31.

“安尼施·卡普尔”也是一种现象,即不妥协、不承认、不停顿的艺术现象。

6.2.3.2 野口勇

空间的雕塑概念是野口勇创作雕塑的核心理念。野口勇将雕塑看作对空间的塑造,突破传统的条条框框,将雕塑的意义提高到环境层面。野口勇无疑将雕塑带入了一个新的天地,扩展了雕塑本身的意义,超越了单体雕塑本身所具有的含义,是超越单体雕塑的对整个空间的塑造。野口勇曾说:“我喜欢把园林当作空间的雕塑。人们可以进入这样一个空间,它是人们周围真实的领域,当一些精心考虑的物体和线条被引入的时候,就具有了尺度和意义。这就是雕塑创造空间的原因。每一个要素的大小和形状是与整个空间和其他所有要素相关联的,它是影响我们意识的在空间的一个物体,我称这些雕塑为园林。”① 他把他的建筑和园林转化为他的雕塑语言,将狭义的雕塑空间有意识地转化为广义的空间,他找到了一种以雕塑面对世界的方式(如图 6-27)。

图 6-27 《红色方块》(野口勇,纽约,1968)

他从做布朗库西的助手时开始做石雕。回到日本后,他深入研究日本传统庭院空间文化,受枯山水影响很大,将枯山水中的元素应用到他的雕塑创作中。他在作品中运用大量的不同种类的石头,如“我的枯山水”曼哈顿下沉银行庭院、耶鲁图书馆下沉庭院、洛杉矶日美文化交流中心等。野口勇对石头有着特殊的兴趣,他钻研石头的雕刻处理,对石头的艺术创作得心应手,尤善于使用一种表面如铁锈抛光般极黑的玄武石。熟练的技术加之对雕塑本身独特的思考使他的雕塑作品独树一帜。他说:“作品最难的是处理它与它所在的环境的关系。无论是完成的或是未完成的,在这样一个环境和气场中都是合适的、感人的,也正如佛罗伦萨学院美术馆藏米开朗琪罗的雕塑一样吧,最精彩的不是尽头的大卫,而是大卫前两侧未完成的力士吧。关于陶瓷制品方面的工作可以分成几个时期。”②

① 徐升. 我的野口勇 [D]. 北京:中央美术学院,2014:13-14.

② 徐升. 我的野口勇 [D]. 北京:中央美术学院,2014:27.

6.3　当代建筑的新发展

后现代主义建筑运动自 20 世纪 90 年代开始衰退,同时期发展起来的其他的建筑运动流派如“高技派”“解构主义”等仅在很有限的范围内维持发展,或有所改良向现代主义靠拢,出现了重新肯定和发展现代主义建筑的大趋势。到了 21 世纪,后现代主义式微,建筑进入新的发展阶段。21 世纪的设计情况与 20 世纪相比发生了巨大的改变,时代的改变使设计情况变得复杂。20 世纪的建筑主要是为了达到满足功能需求的目的,而 21 世纪由于世界总体经济水平大幅度提高,现代工程技术、数码和电脑技术、通信技术、生态技术等的发展使建筑进入了一个多元化的发展阶段。

6.3.1　当代建筑发展概况

进入 21 世纪以来,世界的建筑无论是在规模上还是数量上都以前所未有的速度发展着,公共建筑、商业建筑、住宅建筑与日俱增。对建筑发展产生重要影响的有具有显著标志意义的“地标性建筑”和对环境重点关注的“环保主义建筑”。在全世界经济发展的过程中,建筑的数量超过了以往数千年建筑数量的总和。当代建筑发展具有如下特点。

(1)在全球化的大背景下,受国际主义风格的影响,建筑形式趋同化、同质化成为当代建筑的显著特点。各个城市的建筑千篇一律,城市面貌日益趋同,而丢失了地方特色和历史风格。虽然有很多的建筑探索、实践以及前卫的建筑设计运动,但主要的建筑面貌还是国际主义样式的。

(2)参数化设计。随着电子技术的发展,信息技术被广泛应用于建筑行业,并成为当代建筑重要特征之一。参数化设计主要是因为数字技术在设计应用上的普及而产生的一个术语,在当代建筑领域也被用一个具有“主义”后缀的术语“parametricism”来描述,主要是指用数码、电脑技术来辅助设计,这个技术的使用大概开始于 20 世纪 90 年代初期,最早的甚至可以推到 20 世纪 80 年代晚期。数码技术辅助设计手段已经成为探索新建筑形式的前卫设计的主要技术方法,参数化设计指的是设计通过参数在电脑的几何体系中形成立体形象。

(3)地缘政治和建筑理论。地缘政治和建筑的关系是 21 世纪后设计理论界一直研究的一大课题。但是,至今仍只是在建筑理论上有所探讨,没有真正影响建筑设计实践①。

6.3.2　解构主义建筑运动

“解构主义(Deconstructivism)是由法国哲学家雅克·德里达(Jacques Derrida, 1930—　)的解构概念所引发的一场建筑运动。”② 解构主义在建筑领域中其实更多的是对符号学和空间的探讨,是一种表达观念、文化的概念,与功能上的研究基本无关,甚至有时会破坏某些功能来实现所要达到的意向。吴焕加教授在《建筑与解构论稿》中谈到建筑中什么可以解构时说:

① 王受之. 世界现代建筑史 [M].2 版. 北京:中国建筑工业出版社,2012:406.

② 格兰西. 建筑的故事 [M] 罗德胤,张澜,译,北京:生活·读书·新知三联书店,2015:220.

“建筑的物质性方面是不能真正地解构的，建筑功能的解构要分部分，有‘硬指标’的不能解构，没有‘硬指标’的可以解构，解构建筑师解的不是房屋结构之‘构’，实乃建筑构图之‘构’也。解构主义针对我们思想观念中的一切形而上学的东西，要打破头脑中固有的各种对应观念和等级制。可以讲解构主义是对一切思想观念的怀疑和否定，但其方法绝不是通过‘破坏’来实现的，而是‘消解’，‘消解’才是解构的方法，也是解构的本质。”[①]“解构主义哲学所包含的对一切话语现象进行随意评说和反讽的近乎无政府主义的自由精神，使建筑师们找到了一种逆向解决过于理性和呆板的现实处境的方式。”[②]解构主义依靠的是经典的现代主义原则和体系，是对现代主义的反叛。解构主义建筑运动代表人物有弗兰克·盖里（Frank Gehry，1929—　）、雷姆·库哈斯（Rem Koolhaas，1944—　）、扎哈·哈迪德等大师。

6.3.2.1　弗兰克·盖里

1929 年，盖里出生于加拿大多伦多的一个犹太家庭。他 17 岁时移民美国，后于南加利福尼亚大学修得建筑学硕士学位，毕业后在哈佛大学从事城市规划研究，并任哥伦比亚大学建筑系教授。盖里的建筑极具雕塑感，他经常利用抽象元素符号设计出具有奇特不规则曲线造型雕塑般外观的建筑，其中最著名的建筑是位于西班牙毕尔巴鄂市有着钛金属屋顶的古根海姆博物馆（Museo Guggenheim Bilbao，图 6-28）。盖里非常善于运用新技术与新材料。他曾说过：“作为一位建筑师我相信如今我们都进入了一个崭新的时代，在这个时代里城市的未来不是由赖特或柯布西耶建造的，这些景象都会消失。已经建造起来的作品虽有风格特点但不解决社会问题。我认为在当今世界，建筑艺术的唯一出路就是与信息传媒、计算机和人文艺术更加广泛深入地联系。”[③]

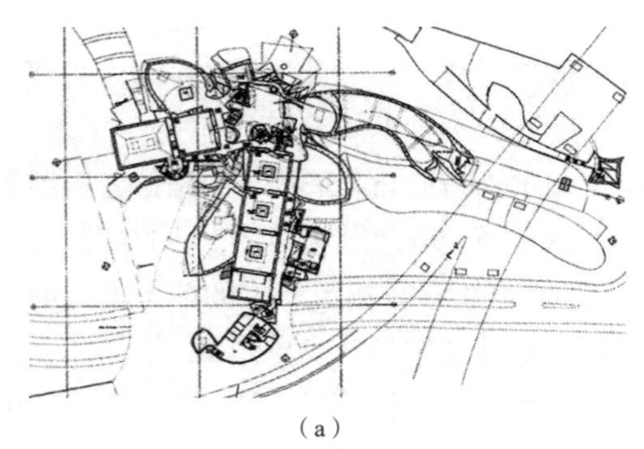
（a）

（b）

图 6-28　古根海姆博物馆（弗兰克·盖里，西班牙毕尔巴鄂，1997）

古根海姆博物馆是解构主义的经典作品。盖里使用了波浪形的钛合金金属材料作为建筑的外表皮，在解构与重组后建造出一种凌乱、破碎的不规则美。博物馆的南面面对着毕尔巴鄂的老城区，为了与老城区呼应，盖里将南面的造型处理成规则的几何体造型，并使用了当地的石灰石做建筑外墙材料，体现了历史文化和地域性的概念。北面面向新区，盖里则运用凌乱的解构手法来处理，具有强烈的时代感。菲利普·约翰逊称赞这座建筑说：“它是我们这个时代最

① 周剑云. 解构不是一种风格 [J]. 世界建筑，1997（4）：63-67.

② 万书元. 当代西方建筑美学 [M]. 南京：东南大学出版社，2001：127.

③ 李鸽，刘松茯. 普利茨克建筑奖获奖建筑师：弗兰克·盖里（下）[J]. 城市建筑，2008（10）：104-105.

伟大的建筑。”[1] 盖里用雕塑的眼光对待建筑，建筑空间中的三维结构经处理后转变为丰富多彩的设计形式。在实践项目中，他善于将形式脱离于功能而构建一种看似不是一个整体的建筑结构，这种结构是抽象的，更是成功的。

“他首次将设计飞机的 3D 软件引入了建筑设计领域。这个建筑（古根海姆博物馆）揭示了不可思议的二律背反：最非理性的设计却需要最理性的工具来将其实现，它的结果永远像是一种‘未完成’的状态。”[2] 盖里对艺术尤其是抽象艺术非常精通，盖里的建筑可以体现出立体主义绘画的思想。盖里的手绘建筑草图就像一幅立体主义抽象画，盖里将凌乱的曲线、几何符号进行拼叠组合，打破传统对称、均衡的审美体系，建造出一种抽象的立体主义绘画式的建筑。盖里甚至将设计过程当作绘画来看待，并明显具有抽象表现主义艺术的特征。盖里将抽象艺术运用在建筑结构设计中，创造了一种开放的建筑结构，并让人觉得是一种无形的改变，而非刻意。盖里设计的建筑是抽象与超现实的，尽管他的设计常常使人感到迷惑不解，但这种独特与神秘依然令人着迷。

6.3.2.2　雷姆·库哈斯

库哈斯于 1944 年出生于荷兰鹿特丹，早年从事剧本创作，做过记者。库哈斯经常用记者的眼光来观察世界、观察我们的周边环境，然后选择一个合适的时机参与其中。1968—1987 年，他开始在英国伦敦建筑协会学院（Architecture Association School）学习建筑。1972 年，库哈斯决定在当时世界的艺术中心、最大的都市纽约研究当代都市文化和都市文化对建筑所造成的影响，并出版了《疯狂纽约》（*Delirious New York*）。对纽约都市的研究经历直接影响到了其日后的建筑实践，他将现代都市理论直接用到建筑设计上，创造出反映当代都市文化背景的建筑。1975 年，库哈斯到伦敦开办了大都会建筑办公室（Office for Metropolitan Architecture，OMA）想通过理论和实践来探讨当代文化环境下的建筑发展趋势，并于 1996 年出版了《S，M，L，XL》，其中收录了 OMA 的作品。

“作为一个典型的‘战后婴儿’，库哈斯生长在一个枯燥实际的环境中。如果亚洲多少还充满嘈杂的生机，鹿特丹则是陷入百废俱兴的困顿之中……成年之后的职业是对库哈斯幼年生活的一种补偿。”[3] 受到早年创作剧本和做记者的经历的影响，他总是尝试去探讨建筑的本质，就像记者要追求客观事实一样。伊东丰雄（Toyo Ito，1941—　）曾评价库哈斯说：“雷姆·库哈斯是一个将作为社会现象的建筑转变成令人反感的事件的记者。雷姆是世界上唯一的这种类型的建筑师。”他藐视权威，挑战僵化的文化观念，探讨当代社会背景下的现代建筑发展哲学，是少有的从研究建筑理论开始发展成名的建筑师，更是极其难得的具有较高的理论素养和丰富的实践经历的现代建筑大师。他的代表作有波尔多住宅、西雅图图书馆（图 6-29）、中国中央电视台总部大楼等。

① 库斯基·凡·布鲁根，华天雪. 毕尔巴鄂—古根海姆博物馆的进程：序幕、预见和一个关于新场所的建议 [J]. 世界美术，1998（2）：3-5.

② 张为. 现实乌托邦：“玩物”建筑 [M]. 南京：东南大学出版社，2014：289.

③ 库哈斯. 疯狂的纽约 [M]. 唐克扬，译. 北京：生活·读书·新知三联书店，2015：509.

图 6-29 西雅图图书馆（雷姆·库哈斯，美国西雅图，2004）

库哈斯对绘画有深入的了解和浓厚的兴趣，他在设计课中，截取马列维奇雕塑的片段，告诉学生："这就是你们的设计项目，形式已经有了，现在你们的工作就是让它落地，试着想象这里面可以发生什么，或者说它如何从一件艺术作品成为建筑。"① 他受超现实主义艺术的影响很大，其建筑作品带有很强的超现实主义色彩。他将蒙太奇的电影剪辑手法运用到建筑中去，将建筑解构、重组。

库哈斯肩负着荷兰当代建筑的崛起任务。"1990 年以来以库哈斯为代表的一代荷兰建筑师在世界建筑舞台上大展锋芒，并且引起了评论界的极大兴趣。"② 库哈斯对建筑的尺寸有着深刻的研究，尤其喜爱大尺度的建筑。他对建筑进行整体的规划和分类，对空间功能的分区十分科学，使建筑外观呈现出雕塑般的巨大体量。如中央电视台总部大楼（图 6-30）就是一个巨大体量的雕塑式建筑，克服了结构和技术的巨大难题。库哈斯做记者时，曾经在珠江三角洲的城市中研究过中国当代的社会文化，对中国有着深刻的认识。CCTV 新大楼设计方案的一位中国顾问朱亦民说："库哈斯对建筑学最大的推动，是从纯形式的东西里拔出来，更接近于社会现实。"③

① 雷姆·库哈斯访谈 [J]. 建筑创作，2018（1）：254-269.

② 张燕来. 现代建筑与抽象 [M]. 北京：中国建筑工业出版社，2016：254.

③ 王寅. 雷姆·库哈斯与 CCTV 新总部大楼 [J]. 新建筑，2003（5）：7-8.

图 6-30　中央电视台总部大楼(雷姆·库哈斯,中国北京,2012)

解构主义打破了千年来西方古典传统的均衡、对称,发展出了一种扭曲的、不规则的美学体系。解构主义追求不确定性和模糊性的价值观。1965 年,美国学者扎德(L. A. Zadeh)在论文中提出了客观事物的模糊性问题,引起了各学科、各领域学术界的讨论,并将其运用到美学领域中。当代社会发生了设计哲学和审美观念的变革,解构主义体现了科技革命带来的观念变化,设计哲学与审美开始向非理性发展①。

6.3.3　新现代建筑风格

在多元的建筑时代,现代主义建筑仍有其一席之地。自从查尔斯·詹克斯宣判现代主义已死至今,仍有许多建筑师依然遵循着现代主义建筑的原则,结合当代社会对其进行改良与发展,采取批判与发展的策略来进行创作,在现代主义建筑体系的基础上,还关注建筑与历史、文化、地域环境之间的相互关系,不断地给建筑注入新的活力②。新现代风格(New Modern)是当代建筑界的一个重要流派,其设计语言、设计手法、设计元素等都与现代主义一脉相传。

詹克斯曾说:"在 20 世纪 70 年代,当后现代主义正挑战现代主义的正统地位的时候,我杜撰了晚期现代建筑(Late Modern Architecture)一词,以区别那些从盛期现代主义(High Modernism)转变过来但对后现代主义所关心的都市文脉、装饰与象征并无兴趣的人,比如迈耶、罗杰斯、福斯特等人……80 年代中期,看到纽约的一些批评家在罗杰斯和福斯特身上贴上'Neo-Modern'的标签,我意识到解构主义和埃森曼对现代(modern)建筑而言,确乎是'新'

① 彭一刚. 建筑空间组合论 [M].2 版. 北京:中国建筑工业出版社,1998:91.

② 张荣华. 安藤忠雄建筑创作的东方文化意蕴表达 [D]. 哈尔滨:哈尔滨工业大学,2008:2.

(new)的，所以我就杜撰了'新现代'(New Modern)一词。在1977年，当一些现代建筑师认为自己不再是理想主义者和人文主义者的时候，我便把这一年视为新现代主义的关键点……从这一年起，新现代主义诞生了。它是极端抽象的，有意识地疏远日常生活的，类似于勋伯格的无调性音乐、马拉美的“纯粹美”诗歌、蒙德里安的抽象画。”① 新现代主义其实是针对现代主义风格来说的，是对现代主义的补充和更新。20世纪60年代末70年代初在纽约出现了新现代派设计团体，包括约翰·海杜克(John Hejduk，1929—2007)、彼得·艾森曼(Peter Eisenman，1932—)、迈克尔·格雷夫斯(Michael Graves，1934—2015)、查尔斯·格瓦斯梅(Charles Gwathmey，1938—2009)、理查德·迈耶(Richard Meier，1934—)，被称为“纽约五人”。“纽约五人”受到柯布西耶和米斯建筑风格的影响，发展出一种完全白色的、历史的、无装饰的、抽象的、理性的风格。除了“纽约五人”，新现代派的代表人物还有华裔建筑大师贝聿铭、日本建筑大师安藤忠雄(Tadao Ando，1941—)等。

6.3.3.1 贝聿铭(I. M. Pei，1917-2019)

贝聿铭于1917年出生在广州，1935年到美国留学，先在麻省理工学院学习土木，后到哈佛大学学习建筑，向当时哈佛大学建筑系院长格罗皮乌斯学习，后获得哈佛大学建筑学硕士学位。贝聿铭受现代主义建筑影响很大，被誉为“现代建筑的最后大师”。他熟练地使用钢材、混凝土、玻璃与石材进行建筑设计，其建筑作品呈现出强烈的雕塑感。贝聿铭在现代主义大师那里学会了光的使用方法，曾谈过对光的理解。光是贝聿铭作品中不可或缺的重要元素。他利用光塑造出富于变幻的建筑空间。光是他在设计建筑时最先考虑的问题之一。1979年在美国波士顿设计的肯尼迪图书馆让贝聿铭一举成名。1989年在法国巴黎设计的卢浮宫金字塔(图6-31)让贝聿铭获得了不朽的大师地位。贝聿铭在中国的代表作有：香山饭店(北京，1982)、中银大厦(中国香港，1982)、苏州博物馆新馆(苏州，2006)。

图6-31 卢浮宫金字塔(贝聿铭，钢和玻璃结构，法国巴黎，1989)

贝聿铭设计的作品并没有后现代主义那样过度的装饰成分，他依然遵循着现代主义的某些原则。贝聿铭说：“几何学永远是我建筑的内在支撑。”② 贝聿铭的建筑体现出理性和功能

① 王建国，张彤. 安藤忠雄 [M]. 北京：中国建筑工业出版社，1999：104-105.

② JODIDIO P.Contemporary America architects[M].Koln：Taschen，1993：131.

性，去除没有必要的装饰，而且赋予了现代主义一些象征性的内容，使用简化的抽象几何语言来象征文化与历史的某些东西，最终创造出一种具有抽象几何雕塑般的建筑。如水晶金字塔的金字塔结构本身，不仅仅是出自功能的需要，而且赋予了历史、文化的象征性因素。“贝聿铭是将现代主义介绍给普通大众的第一人。”① 可以说，贝聿铭是在现代主义的基础上发展了现代主义建筑体系，为现代主义增添了象征性的因素，发展出更加适应新时代需求的新现代派风格。

贝聿铭在景观环境设计方面也有很高的水平，注重建筑与景观的和谐关系。贝聿铭在设计建筑外部的公共空间时，经常会考虑到雕塑与建筑之间的关系，用雕塑来与建筑呼应。这是贝聿铭的一种造景方式，让雕塑艺术与建筑艺术相融合，营造出丰富的艺术空间氛围。贝聿铭在美国达拉斯市政厅外部的空间设计中，在其广场上放置了亨利·摩尔的 3 组抽象雕塑作品与建筑相呼应。3 组雕塑以他经典的三角符号形式摆放，行人可以在其中穿梭。市政厅建筑的外形是简约的几何形式，使用了粗糙的混凝土材料，与摩尔雕塑的自然有机形式、光滑的金属质感、流畅且抽象的曲线形成了对立与统一的面貌。在苏州博物馆新馆（图 6-32）的设计中，贝聿铭充分考虑中国园林的传统空间文化，在特定地域文化的基础上因地制宜地植入了西方当代艺术和建筑设计的思想。苏州博物馆新馆是中国造园思想与西方现代建筑思想的结合，不仅是建筑界的模范作品，也给景观设计领域带来了极大的启发。同济大学阮仪三教授曾评价苏州博物馆新馆说：“贝先生的这个建筑，很好地理解了中国建筑中的苏州特色，又有现代建筑的技巧，这是一个与苏州古城肌理相结合又个性鲜明的建筑，与周围的建筑是一种对话，非常协调，所谓‘和而不同’，就是这样的境界，我认为苏州博物馆新馆设计案例是可以进我们教科书的。”② 贝聿铭的建筑是东西方文化、艺术与建筑技术的有机结合。贝聿铭是在探索一条具有中国特色现代建筑的模式：在一个现代化的建筑物上，体现出中国民族建筑艺术的精华。

（a）

（b）

图 6-32　苏州博物馆新馆（贝聿铭，中国苏州，2006）

6.3.3.2　理查德·迈耶

迈耶是新现代派和“白色派”的主要代表人物，是“纽约五人”成员之一。他于 1934 年出生于美国新泽西州的纽瓦克城（Newark），很小的时候就对建筑产生了极大的兴趣，高中毕业后进入康奈尔大学修习建筑。之后，他拜访了许多现代主义大师，如阿尔托、布鲁尔，尤其是柯布西耶，他们都对迈耶日后的设计产生了极大的影响。1967 年，迈耶设计的史密斯住宅使他

---

① 波登. 世界经典建筑 [M]. 王珍瑛，江伟霞，赵晓萌，译. 青岛：青岛出版社，2011：658.

② 谢俊. 经典重温：贝聿铭大师建筑创作思想浅析：以苏州博物馆新馆为例 [J]. 中外建筑，2012（3）：69-75.

在建筑界成名。在这个设计中，对室内与户外光线的相互关系的处理表现出他对自然环境的尊重。清晨时，初升的日光准确地射入卧室，午时光线则轻柔地打在起居室里。迈耶对细节的把控十分严谨，重视立体主义构图、空间营造与光线控制。他追求纯净的建筑，善用一种简单的结构将建筑的室内与室外空间和体积完全融合在一起，创造出全新的新现代派模式的建筑。他曾经说："我会熟练地运用光线、尺度和景物的变化以及运动与静止之间的关系。"[①]2003 年在罗马设计的千禧教堂（Jubilee Church，图 6-33）是迈耶最著名的作品，建筑完全采用白色，三片弧墙使建筑与环境相融合，高耸入云的设计有意地象征了历史哥特式教堂的垂直风格。千禧教堂利用抽象的象征性手法打破了现代主义冰冷的形式，是一个用现代主义抽象手法对宗教建筑空间和形态进行演绎的作品。

图 6-33 千禧教堂（理查德·迈耶，意大利罗马，2003）

6.3.3.3 安藤忠雄

安藤忠雄是日本当代建筑大师，是少有的自学成才的建筑师。他在 15 岁的时候在书店买了一本柯布西耶作品集，由此对建筑产生了极大的兴趣。之后，安藤周游欧洲各国，亲身感受和学习西方建筑。安藤曾回忆自己的欧洲建筑之旅说："我的建筑某方面就像万神殿，都像被锯子锯过一样……我经常会尝试从中间切割模型，以从剖面中读取建筑的空间意义和尺度，这是我的一个爱好。我要说一下我去希腊时的感受，万神殿当然很棒，这是一座在几何学上整合度非常一致、有着独特气势的建筑。但更吸引我的是，像米克诺斯或圣托里尼的民居这类土著的建筑群，它们比几何学的东西更生动和有趣。体验过这些的建筑师会兴趣盎然地尝试将这些元素融入他们的设计逻辑。"[②]

① 邓庆坦，赵鹏飞，张涛. 图解西方近现代建筑史 [M]. 武汉：华中科技大学出版社，2009：217.

② 成潜魏. 超越地平线：安藤忠雄 [J]. 建筑师，2018（5）：115-129.

对安藤来说，材料、几何、自然是构成建筑必备的三个要素，他每一件作品中都体现着对这些要素的把握与组织。安藤强调材料的真实性，沉迷于混凝土呈现出来的质朴与纯粹，发明了独特的清水混凝土。安藤常用圆形、正方形和长方形等纯粹几何形来塑造建筑空间与形体的特征，他认为几何是一种原理和演绎推理的游戏，它为建筑提供了基础与框架，体现人拥有超越自然的自由意志和建立和谐的理性力量。安藤非常善于用光，设计了光之教堂（图 6-34），他说："光是万物之源。光照到物体的表面，勾勒出它们的轮廓；在物体的背后集聚阴影，给予它们以深度。作为构成世界的各种关系的创造者，作为万物之源，光绝对是一种无可置疑的源泉。光更是一种颤动，在不断变幻之中，光重新塑造着世界。"① 安藤强调自然的作用，关注景观环境因素，这种自然并不是原始的自然，而是人安排的一种无序的自然或从自然中概括出来的有序的自然。这种自然是抽象的光、天和水。1995 年，普利兹克奖评委评价安藤说："他的设计理念和材料的运用把国际上的现代主义和日本传统结合在一起。……通过使用最基本的几何形态，他用变幻摇曳的光线为人们创造了一个世界。"②

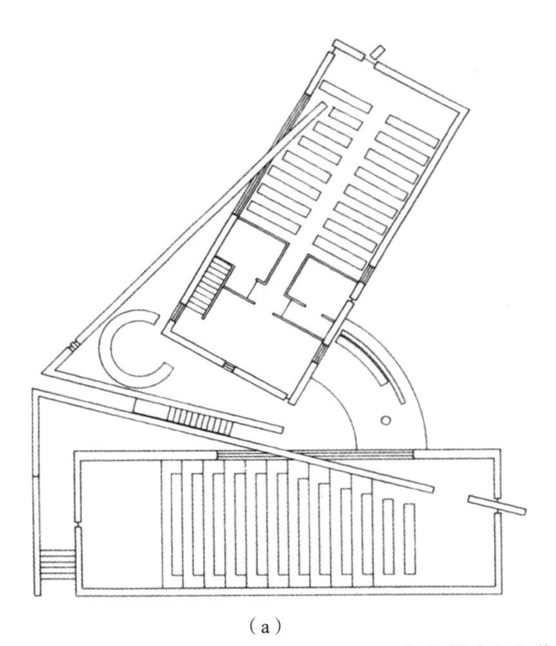
（a）

（b）

图 6-34 光之教堂（安藤忠雄，日本大阪，1989）

安藤是一个善于运用环境的建筑大师，他的建筑是自然、景观与建筑的综合体。在作品光之教堂中，安藤利用几何与自然的有机共生创造了一个充满神圣和诗意的综合空间环境。水之教堂（图 6-35）整个平面由两个上下相叠的、边长分别是 10 m 和 15 m 的正方形组成，面对着一个 90 m 长、45 m 宽的人工湖，L 形的墙将建筑与水池景观围合起来，面对湖面一侧的玻璃全部打开使建筑与景观融为一体。整个教堂像一个被光环抱着的空间，天空下站立着四副相互

① 王建国，张彤. 安藤忠雄 [M]. 北京：中国建筑工业出版社，1999：315.

② 罗小未. 外国近现代建筑史 [M].2 版. 北京：中国建筑工业出版社，2003：398.

连接的十字架，光的微妙对比给整个环境增添了庄严、神秘、静谧的氛围[①]。他说："当自然以这种姿态被引用到具有可靠的材料和正宗的几何形的建筑中时，建筑本身被自然赋予了抽象的意义。"[②]安藤的作品给景观设计师如何使用自然元素，如何让自然、景观、建筑变得和谐，以及如何营造出原始神秘的景观空间氛围，带来了启发。

图 6-35 水之教堂（安藤忠雄，日本北海道，1988）

新现代主义是现代主义式微后的回归，在后现代主义、装饰风气盛行的背景下，重新恢复现代主义设计的一些理性的、秩序的、功能性的特征，体现了设计良心的重新回归。新现代主义建筑实质上是对现代主义的一个时代更新，新现代主义为现代主义注入了时代精神。

6.3.4 新地域主义

全球化背景下的现代主义和国际主义建筑使得世界建筑呈现出同质化、趋同的面貌。这对地域文化无疑是一种冲击，但全球化并不意味着我们要丢弃历史文化、丢弃地域特色。为了改变国际主义带来的千城一面的城市面貌，一些建筑师开始在现代建筑体系的基础上重视、尊重地域文化特色，创造出蕴含地域精神的现代建筑。

新地域主义（Neo-Regionalism）也是在现代主义的基础上发展出来的。"20 世纪晚期现代主义传统的动态性和多样性最为显著。其影响散布于不同国家，遇到各种不同的阻碍，融合了地区、民族、国际等多种元素，扩展了研究领域并为未来开启新的思路。现代主义传统从历史性与批判性文本的角度，也从实际建筑与方案的角度重新审视自我。"[③]地方传统建筑蕴含着丰富的场地精神，是千百年历史风霜洗礼下民族风俗与地域文化的载体，也是顺应当地环境气候

① 罗小未. 外国近现代建筑史 [M].2 版. 北京：中国建筑工业出版社，2003：400.

② LEVENE R C. 安藤忠雄 1983—1989[M]. 龚恺，潘抒，赵辰，译. 台北：台湾圣文书局，1996：5.

③ 威廉·J.R. 柯蒂斯.20 世纪世界建筑史 [M]. 本书翻译委员会，译. 北京：中国建筑工业出版社，2011：6088.

的产物，值得我们保护与传承。而传统建筑中运用的当地技术和展现的可持续发展观念等方面更值得我们借鉴和吸收。近年来，建筑领域的学者致力于探求传统文化与时代发展的结合点，这也体现了建筑创作尊天地、重人本、讲亲和的思想。这种探索涵盖对传统建筑空间组合与构图手法的仿写、传统技术与现代技术的糅合、传统审美与现代审美意识的平衡，更包含了在哲学层面对传统建筑思维意念表达的研究。他们力图使优秀的地域传统文化融汇到现代建筑文化之中，代表人物有阿尔瓦罗·西扎（Alvaro Siza，1933—　）、王澍（Wang Shu，1963—　）、隈研吾（Kengo Kuma，1954—　）等。

6.3.4.1　阿尔瓦罗·西扎

阿尔瓦罗·西扎于 1933 年出生于葡萄牙，1949 年在葡萄牙波尔图大学建筑学院学习建筑学，1955 年开始了自己的建筑职业生涯，1992 年获普利兹克奖，被认为是当代最重要的地域主义建筑师之一。西扎的作品常常带有“地域”和“乡土”的特征，在葡萄牙被全球化浪潮所包围、本土的文化传统不断被冲击的背景下，他努力将葡萄牙的建筑传统与现代建筑手法相结合。西扎十分强调场所精神，在设计时，注重研究环境的特征，认为建筑应该融入周边环境并与周边环境相统一，建筑应该是该地区环境文化传统的体现。西扎曾说：“建筑师并没有创造发明，而只是反映现实。”① 他在设计时常常研究新旧因素之间的关系，努力使新旧因素之间达到一种和谐。

西扎的建筑具有强烈的雕塑感。有人称它的建筑是“人类居住的雕塑”。其白色无装饰的几何体组成形式无疑是对柯布西耶的致敬。阿尔托探索出的具有历史人文主义特征的现代设计体系对西扎的影响巨大。阿尔托用现代建筑的建造体系来塑造传统的建筑形象，将现代的几何建筑语言与当地文化、地域环境、民族特色相结合，采用当地自然材料和传统工艺，考虑当地政治、经济、文化、气候等因素创造了与当时经典现代主义不同的具有人情味、地方特色和历史文化内涵的现代主义风格。这些设计哲学一直都是西扎所尊崇的原则。其代表作有加利西亚当代艺术中心（Galician Center of Contemporary Art，图 6-36）、马尔克教堂（Igreja De Marco De Canavazes）、波尔图大学建筑学院等。

图 6-36　加利西亚当代艺术中心（阿尔瓦罗·西扎，西班牙加利西亚，1993）

① 蔡凯臻. 建筑的场所精神：西扎建筑的诠释 [J]. 时代建筑，2002（4）：74-81.

“西扎的设计多凸显建筑的可感知性及建材而不太重视直观形象，所以人们将这种着重简洁、平衡和规模的风格称为极简抽象主义。”① 西扎的建筑具有很强的雕塑性，他被称为“诗意现代主义”建筑师。西扎的建筑外观十分简洁，内部空间却相当复杂。他运用斜线和曲线有机地组织内部空间体量，使界面具有很强的差异性。西扎追求空间的动态平衡。这种空间是多灭点、多视点透视的空间。在西扎的建筑作品中，除了场地、形式和空间等因素之外，他还将一些文脉因素交织在一起，各种组织层次（包括历史片段、地形片段等）在“有序”及“无序”之间汇集在一起，他赋予它们以新的秩序并清晰地加以表达。西扎曾说：“建筑学的基本原则不会变，材料、语言都可以变，但设计应当建立在建筑师对场地理解的基础上。当我接受邀请的时候，不仅考虑场地，也要认真地与邀请者交流，业主是影响建筑品质的关键因素。”②

西扎在创作时，从不同的方面对环境做出响应，表现了他在塑造场所精神以及创作场所新秩序方面的卓越才华和能力。在形态构成上，西扎的建筑就像从自然风景和城市环境中生长出来的一样，表现了地形的物质形态和建筑与地理环境的平衡，与场所具有天然的联系。西扎以微观地理学的观念在城市与自然之间建立起过渡性的微观地理环境，其成为城市与自然风景之间的媒介。在勒萨德帕梅拉游泳池（Leca Swimming Pools）的设计中，西扎很好地利用坡地高差和泳池的水平方向的宽度和深度，建立了一种新的、基于人的视角的景观连续性。人从最上面的入口层向下看，游泳池的边界被消解，人工围合的水面和海面浑然一体。西扎还于1998 年为里斯本世博会设计了葡萄牙馆（图 6-37）。

图 6-37　1998 年里斯本世博会葡萄牙馆（阿尔瓦罗·西扎，葡萄牙里斯本，1998）

6.3.4.2　王澍

王澍于 1963 年出生于中国新疆乌鲁木齐，从小对中国文化以及绘画有极大的兴趣，1981 年在东南大学师从齐康，学习建筑学，后在同济大学读建筑学博士，2000 年获得同济大学建筑学博士学位，现任中国美术学院建筑艺术学院院长、博士生导师。1997 年，王澍与妻子陆文宇

① 波登. 世界经典建筑 [M]. 王珍瑛，江伟霞，赵晓萌，译. 青岛：青岛出版社，2011：658.

② 方晓风. 极少主义的可能性：来自阿尔瓦罗·西扎的启示 [J]. 装饰，2014（10）：20-25.

一起开了自己的工作室，为其起名“业余建筑工作室”。其发表的一篇文章《业余的建筑》阐述了“业余”的内涵。“业余”实则是一种建筑观，是一种突破条条框框，强调自由、创新的价值观。他说：“业余是相对专业而言的，专业容易产生自恋，把自己包裹起来，妄图自明，不需要交换与交流。我们不能忘记我们面对的是一个世界，这里什么都有，花鸟鱼虫山石树水风光烟霭……建筑占了几分？[①]”2011 年，王澍被邀请成为第一个担任哈佛大学研究生院“丹下健三客座教授”的中国本土建筑师，2012 年获建筑界的诺贝尔奖——普利兹克奖，是至今为止第一个获得此奖的中国建筑师。王澍的著作有《设计的开始》等，代表作有 1998 年的苏州大学文正学院图书馆、1999—2000 年的中国美术学院象山校区的规划及建筑设计（图 6-38）、2005 年的宁波博物馆、2010 年的中国世博会宁波滕头案例馆。他常对学生说三句话：“在作为一个建筑师之前，我首先是一个文人；不要先想什么是重要的事情，而是想什么是有趣的事情，并身体力行地去做；造房子，就是造一个小世界。”[②] 王澍精通中国的传统文化，对中国画有着深入的研究，并从中摄取养分。他在回忆象山校区的设计时曾说：“在我的案头就有这么一幅图，北宋王希孟的《千里江山图》，我经常会一遍一遍地看它。在我后期做很多建筑设计时，它会自然地跳进我的脑海里。……在我某天走过一个街的拐角时，我看到这样一幅画面：一堵墙看起来像是断壁残垣，但当它剥落的时候，你会看到里面的东西非常有条理，黄土、抹灰、砖头这三种东西很有序地结合在一起。我不会想到这是一堵破墙坏掉了，可以重新去翻新它，这是一种时间的过程自然产生的东西。……最终象山校园的图我想了 3 个月，画图用了 4 个小时，一气呵成。”[③] 可见，绘画是王澍做建筑的灵感来源。

图 6-38　中国美术学院象山校区（王澍，浙江杭州 2005）

王澍在《建筑如山》一文中记录了宁波博物馆（图 6-39）的设计构思：“原来在这片区域的十几个美丽村落，已经被拆得还剩残缺不全的一个，到处可见残砖碎瓦。……城市结构已经无法修补。问题转化为如何设计一个有独立生命的物，这座建筑于是被作为一座人工山体来设计，这种思考方式在中国有着漫长的传统。但在这座山中，还叠合着城市模式的研究。……如

① 金秋野. 论王澍：兼论当代文人建筑师现象、传统建筑语言的现代转化及其他问题 [J]. 建筑师，2013（6）：30-38.

② 王澍. 造园与造人 [J]. 建筑师，2007（2）：174-175.

③ 赖德霖. 从现代建筑“画意”话语的发展看王澍建筑 [J]. 建筑学报，2013（4）：80-91.

一种在人工和天然之间的有生命的宏大物。”① 王澍将建筑看成与当地环境相融合的生命体，将建筑看成“山”，是一种类型学概念。这样，建筑本身既体现了地域观念又有深厚的传统历史文化底蕴。在宁波博物馆的设计中，王澍用回收的废旧瓦片作为建筑外墙的材料，并采用天井等中国传统建筑结构，既体现了中国传统建筑观，又采用现代建筑的体系框架，同时还节约了资源，体现了循环建造这一中国传统美德。一方面宁波博物馆采用了能体现宁波地域特色的传统建造体系，其质感和色彩完全融入自然；另一方面，其意义在于对时间的保存，回收的旧砖瓦承载着几百年的历史，它见证了消逝的历史，这与博物馆本身是“收集历史”这一理念相吻合。而“条模板混凝土”竹则是一种全新创造，竹本身是江南很有特色的植物，它使原本僵硬的混凝土发生了艺术质变。这座博物馆将宁波地域文化特征、传统建筑元素与现代建筑形式和工艺融为一体，是中国传统与现代建筑相结合的典范。

图 6-39　宁波博物馆（王澍，中国宁波，2005）

象山校区的设计更是体现了中国传统园林与中国传统建筑观念的智慧。王澍在文章《那一天》中记录了象山校区一期工程的营造过程。王澍没有采用现代西方规划和建筑的经典手法，而是采用中国古典园林的设计方法，抛弃了固化的轴线，因地制宜地将建筑与周边环境融为一体。象山校区被规划成了一个世外桃源式的校区，而不是钢筋混凝土的城市。王澍在国际上的成功表明了中国建筑开始为世界所承认。

新地域主义并不是地方传统建筑的仿古或复旧，是在现代建筑体系的基础上，功能与构造都遵循现代标准和需求，并吸收地域文化和传统。新地域主义在创作中不是刻板地遵循现代建筑的普遍原则和概念，而是立足于本地区，借助当地的环境因素，如地理、气候等具体地域特征与乡土文化特色的建筑风格，反对千篇一律的国际式风格，反对普适的价值取向，提倡体现场所感的环境塑造方式，以抵制全球文明的冲击。新地域主义经常借助地方材料并吸收当地的技术来达到自己的目的。新地域主义并没有固定的模式，只要求把建筑置于特定的地域文化场所中，并且使它表达这种特定的场所精神，任何设计表现都是可以接受的，因此，它既不拘

① 王澍，陆文宇. 建筑如山 [J]. 城市环境设计，2009（12）：100-105.

一格、多种多样，又易于识别。在当代设计界，地域性越来越受到人们的推崇，地域文化特色越来越成为设计的整个灵魂。地域性设计在景观设计中也有相应的体现，很多景观设计师在景观设计中都是在尊重当地原有地域文化与环境的基础上因地制宜地进行景观设计活动的。

6.3.5　可持续性建筑

可持续性建筑（Sustainable Building）产生于 20 世纪下半叶，早期叫作“环境派”，是提倡将建筑与环境保护结合起来的一个建筑派别。由于城市化进程加速，环境污染严重，设计界也不得不做出保护环境的反应。可持续性建筑主要在欧美发展盛行，比较典型的环境派建筑设计集团是美国的赛特设计事务所（SITE），这个设计集团的环境设计方法是设计半地穴式的建筑，并且在建筑顶部进行广泛绿化，以植物覆盖建筑，将建筑视为植物的基础和底层，这样既达到建筑的目的，又保护了地球的生态平衡，明显是受到柯布西耶屋顶花园的影响。进入 21 世纪以来，在建筑评论界较多学者将其称为“绿色建筑”（Green Building），进而从建筑的永续发展角度又将其称为“可持续性建筑”，界定的主要标准是在整个建筑使用的周期内能够节能、低碳排放，建造、运作、维新、拆除都需要考虑环境保护这个前提，建筑本身也要符合经济性、实用性、坚固性、舒适性的原则。在国际上，对绿色建筑的设计基本上从三方面提出要求：高效能地使用能源、水和其他资源；保护建筑使用者的身体健康和提高使用效率；减少污染排放和保护周边环境。可持续性建筑代表作有美国库克·福克斯建筑事务所在纽约设计的美国银行大楼（Bank of America Tower，纽约，2009），这座建筑是大型商业建筑中比较有代表性的“绿色建筑”。整栋大楼从上到下的外立面全部采用地缘玻璃，建筑内还装有全自动的日光调节系统，以便更好地控制室内温度和最大限度地采用自然光。特别设计的灰色水循环系统则将雨水收集起来供大楼内的洗手间使用。大楼本身的建筑材料中有很大部分是回收的材料或可重复使用的材料。这栋大楼是首栋获白金级 LEED（Leadership in Energy and Environmental Design，能源与环境设计先锋）证书的摩天大楼①。

在西方艺术中，建筑、雕刻、绘画从来都是紧密联系在一起的。特别是近一百年来，建筑思想的发展历程和现代艺术思潮的发展轨迹几乎完全一致。从柯布西耶开始，建筑流派的衍生、变异、发展贯穿整整一个世纪，立体主义、构成主义、表现主义、现代主义、后现代主义、解构主义、新现代主义、新地域主义等等。建筑和雕塑更像是一对孪生兄弟，都是三维的空间艺术，无论是表达观念、表现手法还是结构形式上都有很多相似之处。相比之下，建筑受到环境、气候、文化背景和功能的限制和约束更大；在创作过程中面临的各种错综复杂的困难、需要解决的各项矛盾冲突也更具有挑战性，历时也更长。这不仅需要艺术家有非凡的想象力和创造力，更需要他们有严谨的科学态度、纯熟的技巧、坚忍的意志和解决矛盾的综合能力②。

可以看出，当代建筑的发展是璀璨多姿的，就如当代艺术的发展一样，让人难以将作品进行准确的归类。当代是个复杂的信息时代，技术、艺术、文化、历史、生态等多方面的问题都需要建筑师来解决。建筑也发展成为多学科交叉的领域，艺术、建筑和景观的关系也越来越密切。

---

① 王受之. 世界现代建筑史 [M].2 版. 北京：中国建筑工业出版社，2012：420.

② 蔡卫. 阿尔瓦罗·西扎的美学和启示 [J]. 大艺术，2007（1）：52-55.

6.4 当代景观设计的新特点

随着社会经济的转型、科学技术的革新、人文艺术与大众思维观念的改变,当代景观设计在内涵与表现形式上都发生了重大的转变。艺术、建筑中的新潮流蔓延到景观领域,对独特性的追求成了新的趋势。为挖掘景观设计的独特性,设计师更加注重地域文化在景观设计中的运用与表现,在深入发掘场地特性的基础上,创造贴合在地性的地域特色景观。而随着生态主义的发展及相关理论的交流融合,生态性也成为当代景观设计最显著的特点之一。同时,新技术、新媒体的发展带来了新材料和新方法,能够帮助设计师更好地表达自己的设计思想,也为景观注入了新的活力,引领着审美风向。如今的景观设计更加开放,在新的时代背景下,在延续后现代主义设计的基础上,焕发出新的生机,表现出新的特点。

6.4.1 地域主义影响下的景观设计

6.4.1.1 景观地域主义

与当代艺术、建筑一致, 20 世纪末,在全球经济一体化和信息化的推动下,世界各地景观设计走向繁荣,新的设计风格、设计思想迅速传播,导致了景观设计的趋同化。景观设计呈现出“千城一面”的现象。为了扭转这种局势,设计师开始思考地域主义在景观设计中的应用。事实上,地域主义并不是一个全新的概念,它有着深厚的历史根源。如果追溯地域主义的起源,18 世纪下半叶英国的风景造园运动可以说是地域主义建筑思想的始端[①]。在后现代主义思潮的推动和影响下,景观地域主义(Regionalism)开始发展并产生了重要的影响。

所谓地域主义,在景观中的表现主要指某一特定区域中自然环境与人文环境相互交融形成的极富特色的文化传统,是指在空间和时间的范围限定下,某一特定区域的景观受到其所在地域的自然条件(水文、地理、气候等)以及历史文化、风俗的影响而显现出来的有别于其他地域的独一无二的本质特性[②]。蕴含区域当中所表现出来的特殊的生活印记以及历史发展脉络是最能够表现出这一区域独特魅力的重要元素所在。同时,它也反映了这一区域自然的演变,体现着人与地域之间独特的感知度,反映出人类所具有的一种印迹[③]。在当代景观设计中,地域主义同样有着新的发展与进步。

位于新西兰的杰利科北部码头、大道及筒仓公园(North Wharf Promenade, Jellicoe Street and Silo Park,图 6-40)颠覆了人们对传统海滨公园的认识。在这里,传统的鱼市、轮渡码头等都变成了公共领域体验的一部分。基地旧址上的大筒仓被保留下来,成了形象的地标建筑。公园在植物运用上也以常见的当地植物为主,体现出了毛利文化中的一个很重要的元素——当人们接近土地的时候,眼前要看到绿色的景致[④]。通过融合该地区自身的特点,该项目在历史、文化和气候方面为人们提供了公共领域体验的机会,是地域主义在当代景观设计中运用的

① 邓庆坦,邓庆尧. 当代建筑思潮与流派 [M]. 武汉:华中科技大学出版社,2010.

② 周莎丽,王俊杰. 后现代主义文化影响下的景观地域主义分析 [J]. 中国城市林业,2011,9(6):17-19.

③ 陈林. 当代城市景观规划设计中地域性表现手法分析 [J]. 美与时代(城市版),2018(7):51-52.

④ 《景区景观》编委会. 当代顶级景观设计详解:景区景观 [M]. 北京:中国林业出版社,2014:18.

典型作品之一。

（a）　（b）

图 6-40　杰利科北部码头、大道及筒仓公园（新西兰，2011）

真正的好的景观设计是时间与历史的产物，是当代文化与社会环境共同影响的结晶。在全球化背景下，对传统文化的尊重并不仅局限于单纯的保护，而是在尊重现实与当下人们生活习惯的基础上进行合理的取舍，将个性与共性有机结合，来创造既能延续历史又能符合现代美学标准的作品。景观地域主义设计使人群拥有归属感，是暗示历史、储存记忆的一种新的特殊方式。

6.4.1.2　场所文脉主义

场所文脉主义（Contextualism）是后现代主义理论的重要组成部分，场所文脉主义者认为城市在历史上形成的文脉应是建筑师设计的基础，它展示着特定场所的识别性。在城市方面，注重城市文脉，即从人文、历史角度研究群体，再研究城市，强调特定空间范围内的个别环境因素与环境整体应保持时间和空间的连续性与和谐的对应关系[①]。较之传统的地域主义，场所文脉主义着眼于特定的地域和文化，更关注日常生活方式和真实熟悉的生活轨迹。

例如，位于加州帕罗·奥托（Palo Alto）的拜斯比公园（Byxbee Park，图 6-41）是哈格里夫斯的代表作之一。原有的垃圾场被改造成了一个特色鲜明的海湾公园，他在山谷处开辟了一处名为“大地之门”泥土构筑物群，并在山坡上堆起多个土堆群，隐喻当年印第安人打鱼后留下的贝壳堆。公园中长明的沼气火焰提醒人们基地的历史。通过设计师的改造，废弃的场地变成了重现场地历史文化的优质景观。

（a）　（b）

图 6-41　拜斯比公园（哈格里夫斯，美国旧金山，1988—1991）

① 侯景新，李天健. 城市战略规划 [M]. 北京：经济管理出版社，2015：40.

“城市环境改造设计作为城市设计的重要组成部分，对其改造存在着不同态度和价值取向，对城市历史文脉的继承可以作为一种衡量标准，自始至终贯穿于城市环境改造设计的前期认识过程、具体设计过程以及使用评估过程之中。”① 它对延续城市历史文脉，增加城市文化的认同或凸显城市形象特色的作用是显而易见的。

6.4.2 生态主义成熟后的景观设计

19 世纪至 20 世纪，经过生态学家、环保主义者及景观设计师近一个世纪的不懈努力，生态学原理和生态属性已经成为当代景观设计的基本特征之一。随着生态主义思想的逐渐成熟，西方现代景观走上了可持续发展的道路。同时，“景观领域的生态主义思想不仅局限于生态特征和生态技术的具体体现，还包括了生态格局的整体性、生态过程的完整性、生态界面的延伸性、物种的多样性、通道的连接性、生境的原生性、干扰的有限性、足迹的平衡性和环境的健康性等特点”②。景观都市主义带有浓厚的后现代艺术色彩，它融合了较之过去更加成熟的生态学内涵，在它的引导下，生态主义景观设计在新世纪焕发了新的生机③。

6.4.2.1 可持续发展的景观设计

20 世纪 90 年代，生态主义思想在景观规划设计领域的表达与实践均逐渐臻于完善，可持续发展(Sustainable Landscape Design)的观念得到了普遍认可，并得以在景观设计中具体表达。在景观设计领域，可持续景观应在不牺牲未来发展所需的前提下，满足当前发展的需求。一个健康的景观系统是一个生命的综合体，且具有再生性和可持续性，例如能源的转化是当代景观设计暗藏的潜能之一，通过利用场所存在的众多无形的动力源来实现从自然到景观的运作机制。例如位于德国慕尼黑的风中庭院(Courtyard in the Wind)，通过收集并控制风能而将其转化为电能，以供应庭院的日常运作。该设计巧妙地利用了场地本身存在的自然条件，将风能通过机械转化为景观并将这种转化过程展示给游人，从而使场地获得了独特的生命活力④。位于英国伦敦菲尔街住宅群的垂直花园(Vertical Garden，图 6-42)由美国艺术家马克·戴恩(Mark Dion)与英国景观设计事务所(Gross Max)共同设计。设计师将这座 18 世纪 90 年代的公寓重新改造，借助建筑一侧的山墙修建了逃生梯，并以其结构为支撑，种植了大量绿色植物，以吸引野生动物并构成完整的生态系统，凸显了垂直花园的文化价值、生态价值和美学价值。

图 6-42 垂直花园(马克·戴恩、英国景观设计事务所，英国)

① 过伟敏，郑志权. 城市环境：从场所文脉主义角度认识城市环境改造设计 [J]. 装饰，2003(3)：39-40.

② 于冰沁. 寻踪—生态主义思想在西方近现代风景园林中的产生、发展与实践 [D]. 北京：北京林业大学，2012：06.

③ 王云才，胡玎，李文敏. 宏观生态实现之微观途径：生态文明倡议下风景园林发展的新使命 [J]. 中国园林，2009，25(1)：41-45.

④ 里埃特·玛格丽丝，亚历山大·罗宾逊. 生命的系统：景观设计材料与技术创新 [M]. 朱强，刘琴博，涂先明，译. 大连：大连理工出版社，2009：122-128

在 2007 年位于巴黎的马丁·路德·金公园一期工程中，对能源和水资源的管理同样坚持了可持续发展的原则。在园中，雨水被回收和再利用，水流以最小流量排入地下管道。而水循环所依赖的能量则来源于太阳能电池板和风力涡轮机。园中多选用低能耗的照明设备。2009 年建成的扎哈伦广场（图 6-43）完全摆脱了污水处理系统的新型清洁的现代化技术，同样是可持续设计的优秀案例。锯齿形的广场创造了一个地表洪泛区，雨水通过种植池下沉，经过内置创新过滤材料的地下巧石沟渠的处理，补给地下水，而不是流入污水处理系统，使水资源得到最大限度的利用。

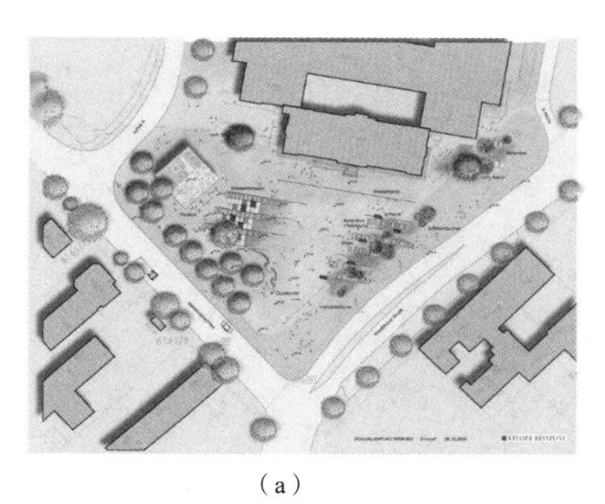
（a）

（b）

图 6-43　扎哈伦广场（安博戴水道，德国弗莱堡，2009）

21 世纪初期，生态主义思想在景观设计师与公众意识中获得了前所未有的普遍认同，其在景观规划设计领域的理论研究和技术实践也同样蒸蒸日上。设计师的生态观念日趋成熟，可持续主义原理成为当代景观设计的重要指导理论。

6.4.2.2　景观都市主义影响下的景观设计

“景观都市主义（Landscape Urbanism）是近 20 年来风景园林设计领域发生的重要变革，其关注的工业遗址的恢复、生态过程的引入与基础设计的构建，是处于后工业时代的城市实现可持续发展的基础，因此展现出的对待城市与自然的态度转变也促使风景园林的角色发生了转变，随之改变的还包括城市、建筑与风景园林的关系。”① 景观都市主义就是将城市理解成一个生态体系，通过景观基础设施的建设和完善，将基础设施的功能与城市的社会文化需要结合起来，使当今城市得以建造和延展。景观都市主义是当今城市建设的世界观和方法论，其中心是强调景观是所有自然过程和人文过程的载体。景观可以将自然演变的力量注入场地，并成为联系场地、空间与城市活动的复杂媒介。同时，景观作为持续的地表结构与多维空间形态的整合也逐渐演变为一种有生命的载体，承载了所有的生态交替过程，容纳了各种复杂的城市活动，为自然与人文过程提供了相互交融与交换的界面②。

景观都市主义的内涵与实践包括三个方面的内容：工业废弃地的修复、自然过程在设计中的引入、景观与绿色基础设施的结合③。在景观都市主义思潮影响下的景观设计不再是平面的

① 查尔斯·瓦尔德海姆. 景观都市主义 [M]. 刘海龙，刘东云，孙璐，译. 北京：中国建筑工业出版社，2010：9.

② 查尔斯·瓦尔德海姆. 景观都市主义 [M]. 刘海龙，刘东云，孙璐，译. 北京：中国建筑工业出版社，2010：9.

③ LVNCH K.A theory of good city from [M].Cambrige，Mass：MIT Press，1981：34-41.

风景或立体的空间，而是有厚度的、由积聚的斑块和层叠的系统构成的内部相互联系的生命体，例如位于纽约曼哈顿中城西侧的线形空中花园的高线公园(High Line Park)。

高线公园原是1930年修建的一条连接肉类加工区和三十四街的哈德逊港口的铁路货运专用线，后于1980年结束其使命，一度面临拆迁危险。后经过前海规划景观事务所(James Corner Field Operations)和迪勒－斯科菲迪奥－伦弗罗(Diller Scofidio and Renfro)建筑事务所的共同设计，其存活了下来，高线公园(图 6-44)转身成为焕然一新的空中花园，它的新生带来了巨大的经济效益，成为国际设计和旧物重建的典范。铁轨是高线公园的主角，配合当地绚丽的野生花卉，这里变得更加真实动人。为孩子们准备的儿童游戏场又体现了公园的温暖。

(a) (b)

图 6-44 高线公园(美国纽约，2003—2014)

荷兰著名的西 8 度(West 8)景观事务所所作的鹿特丹剧场广场(Schouwburgplein，图 6-45)也是景观都市主义的一个重要实例。和其他一些景观都市主义的实践项目不同，“剧场广场基本上是一个纯人工化的场所，1.5 hm^2 的广场下面是两层的车库，这意味着广场上不能种树。设计者通过将广场的地面抬高，保持了广场是一个平的、空旷的空间，不仅提供了一个欣赏城市天际线的地方，而且创造了一个‘城市舞台’的形象。广场没有被赋予特定的使用功能，但却提供了日常生活中必要的因素，在这种空间上，广场可以灵活使用，并且跟随时间变化而变化：人们在上面表演，孩子们在上面踢球，形形色色的人物穿行于广场，每一天、每一个季节广场的景观都不同”①。

(a) (b)

图 6-45 剧场广场(高伊策，荷兰鹿特丹，1996)

① 华晓宁，吴琅. 当代景观都市主义理念与实践 [J]. 建筑学报，2009(12)：85-89.

景观都市主义的思潮使设计师的生态理念由静态的表述转变为动态过程的表达，风景园林在其影响下也由城市发展的艺术化装点转变为城市及自然生态系统营造的重要媒介，它在城市与自然景观之间构架了密切的联系，使生态主义思想对风景园林领域的震撼和影响变得更加清晰而敏锐，成为生态与城市并行发展的必由之路。

6.4.2.3　生态都市主义影响下的景观设计

生态都市主义是一个颠覆传统设计思潮的可持续发展理念。作为一种新的设计思潮，它融合了“生态”与“城市”两个看似对立的观念，在城市环境剧烈恶化和回归自然环境的渴望之间引入了无限的遐想[①]。它强调生态科技和生态设计策略的应用，直面已经建成的城市环境中存在的问题，主张以设计为纽带，创造生态与城市环境的结合。

纽约市弗莱士河公园（Fresh Kill Park，图 6-46）被视为生态都市主义实践的开山之作。在詹姆斯·科纳的设计中包含了长期的自然演替变化过程，呈现出动态、灵活的设计框架。2009 年由博埃里工作室（Boeri Studio）的负责人米歇尔·布鲁内洛（Michelle Brunello）于意大利米兰打造的“摩天森林”（Bosco Verticale）为城市居民、植物、鸟类、昆虫及小型野生动物提供了平等的城市居住和使用权。

（a）

（b）

图 6-46　弗莱士河公园（詹姆斯·科纳，美国纽约，2007）

① 杨沛儒. 生态都市主义：5 种设计维度 [J]. 世界建筑，2010（1）：22-27.

面对城市化的不断加剧和环境的持续恶化，生态都市主义代表了生态主义思想在景观设计领域的真正成熟。景观设计不再是传统生态学与城市环境二元对立的命题。在这种思想下，城市是建筑、景观、人与自然等多种要素构成的特殊生态系统，当代景观设计迈上了新高度。

6.4.2.4 其他生态主义景观案例

由 HASSELL（澳大利亚一家国际设计咨询公司）设计的库吉港再开发项目（Port Coogee Redevelopment）是澳大利亚最大的滨水重建项目之一。该项目的设计灵感来自当地海滨环境、历史文化与工业遗迹，并通过地貌和植物选择来突出设计主题。设计师与澳洲置地通力合作，开发出一种用可持续性强的方法来修补这个超出政府标准的后工业化区域。多余的建材被重新赋予了新的用途，作为景观的一部分存在。在经过专业分析后，设计师选择了适合当地的抗风耐碱的植物。除此以外，该项目中还装备了一套完整的水处理系统来实施意义重大的节水行动。这套系统可以将大量的地下水转变为灌溉水，表现了新时代下生态主义思想在景观设计中的运用①。

皇家湿地公园（Royal Park，图 6-47）是墨尔本境内最大的市内城市公园之一，公园旨在保护当地动植物栖息地，是生态设计的典范，是通过引入雨水回收利用与生态工程技术而实现的湿地生态系统开发。设计团队以构建该湿地生态系统为首要目标，为公园西部边缘地带的湿地及周围空地制定了总体景观规划方案。该花园的设计以独特的景观环境和先进的水体管理措施成为一个集工程学、生态学和公众参与为一体的革新项目。湿地系统由两个相互连接的池塘组成，池塘既是天然的水质处理场所，又是采集并储存周围地区雨水的地方。回收、净化后的水可用于灌溉，多余的水则排入穆尼塘溪和菲利浦港海湾。公园充满了墨尔本式的花园特色，流露出维多利亚时期的风情。

图 6-47　皇家湿地公园（赖特景观事务所，澳大利亚墨尔本，1998）

综上所述，多元的生态观引领了当代多元的景观实践项目。生态主义成为归纳景观各要素的肌理与结构的基本原则。科学层面的生态学毫无疑问地成为景观设计的基础。但同时，

① 《景区景观》编委会. 当代顶级景观设计详解：景区景观 [M]. 北京：中国林业出版社，2014：24

思想与哲学层面上的“生态学”才是真正指引我们行为的力量，而哲理同时可以通过新的技术、丰富的艺术手段来实现，所以当代景观是科学、哲学与艺术的统一，“当代景观设计师尤其应探索基于生态结构和过程的景观形式、功能、体验和内涵等方面的表现力，发挥引导艺术、审美及社会文化情趣的作用”①。

6.4.3　新科技、新媒体介入的景观设计

随着高新技术的发展，人工智能与新媒体的应用使景观设计更富有现代感。先进的植物栽培技术同样给景观设计师带来新的灵感和创新途径。新颖的加工技术、铺装技术给材料带来了新的表现形式，石材更加轻薄，钢铁更加柔软，景观呈现出前所未有的、充斥着强烈现代气息的新效果。旧有、废弃的材料通过加工再利用以可持续的方式重新出现在景观中。同时，玻璃、金属、织物、塑料等室内装饰材料也成为景观界的新宠儿，这也是公共艺术走进景观的明确信号。

功能方面，游憩、休闲的环境中出现了可承载缤纷活动的场所，比如 SOM 设计的公共空间扩展的溜冰场、莱姆维滑板公园，都是这种场地的典型，它们具有独特的趣味性与前所未有的吸引力。滨水景观、道路景观与城市公共空间逐渐结合，像轮渡的灯光步道、马德里的圣芭芭拉广场都是这种设计。产业化的变革、城市结构的调整使得城市郊区的大面积空地被释放出来，促进了郊野公园的建立，改变着城市和街区的现状。

技术方面，光电、声音为景观本身加入了不同的意趣，创造了多感官表达的可能性，如美国福特沃斯市的伯纳特公园的新型喷泉（图 6-48）。公园里的喷泉由特殊的光纤材料制成，喷泉内部嵌入了 1.67 m 高的喷泉灯，夜晚来临时，透过光纤材料发射出的灯光交相辉映，制造了神秘、梦幻的景观效果。智能化将人的思想、行为通过计算机技术与景观实体联系起来，让我们看到了可控制的景观、由工业走向生活的景观。生态技术则时时刻刻提醒着我们人类与环境唇齿相依的关系。

图 6-48　伯纳特公园中的玻璃纤维喷泉（彼得·沃克，美国福特沃斯，1983）

① 刘海龙. 当代多元生态观下的景观实践 [J]. 建筑学报，2010（4）：90-94.

6.4.3.1 高技术、新材料的应用

高新技术不仅在建筑领域深受欢迎，在现代景观设计中的应用也屡见不鲜。20 世纪 90 年代后新高技派倡导可持续发展理念，注重场所的地域性，更发挥情感在设计中的重要作用，用高技术来提高能源使用率，有效地保护生态环境，营造舒适宜人的环境[①]。

同建筑一样，高技术在景观中的应用也是丰富多彩的。1992 年，在彼得·沃克和 PWP 事务所共同设计的日本丸龟火车站(图 6-49)中，沃克使用由玻璃纤维模拟制作的石头配合内部灯管作为景观小品装饰，独特的螺旋玻璃纤维与神秘的灯光触动了人们的思考。迈克尔·巴尔斯顿(Michael Balston)所设计的反光庭园(图 6-50)正是将传统植物与高技派的建筑形式合为一体来创造一个对比鲜明的庭院，既尊重了庭院的历史，又预告了它未来的发展方向。束状弧形的不锈钢管从中心向上向外伸展，上端支撑起由合成帆布制成的帐篷似的遮阳伞，它们犹如花束一般向上伸展。

图 6-49 丸龟火车站(彼得·沃克和 PWP 事务所，日本丸龟，1992)

近年来，玻璃、塑料等透明材料越来越多地被应用于景观设计中，景观设计似乎出现一种走向透明的趋势，迪安·卡达西斯(Dean Cardasis)所设计的塑料庭院(图 6-51)，使用了高技派建筑及室内设计中常用的彩色有机玻璃片。在这里，卡达西斯创造性地使用人造材料，新材料与自然环境进行对话使庭院具有一种非正统的雕塑气息。

① 杨霞. 从高技术景观中研究现代景观新材料的运用 [D]. 南京：南京林业大学，2007：摘要.

图 6-50　反光庭院（迈克尔·巴尔斯顿）

图 6-51　塑料庭院（迪安·卡达西斯）

新世纪初的西方现代景观领域涌现出了大量新的生态技术与材料，这些材料除具有装饰性外还具有生态性，如绿色墙板（G-Sky）、可降解固土装置，以及可循环、可渗透的地表铺装材料等。这些新兴生态材料的应用赋予了景观以灵活的流动性，使景观成为随着自然的周期性和季节性不断生长变化的有机体。例如当代景观设计中惯用的可渗透地面铺装材料的应用在很大程度上解决了雨水资源的流失问题，对于减轻集中暴雨季节道路排水系统的负担也有着不小的作用。

6.4.3.2　数字技术的应用

传统的景观设计是基于设计师主观感性与实践经验的设计。随着科技发展，当代数字技术推动了景观研究逐渐从定性走向定量，帮助当代景观设计更加科学化。在传统的景观设计中，数据采集工作主要依靠人工，具有主观性和模糊性。新的数字采集技术如遥感、航测、3D 扫描等都极大地提升了调研的客观性与精准性，为景观设计提供了新的视角。同时，数字技术可以构建对景观中生态因子的实时监控的系统，并输出可供量化分析与表达的数据。“ENVI、

ERDAS、DETHMP、FRAGSTATS、FLUENT、URBANWEIND 等一系列数字化软件平台为包括地理分析、空间分析、生境分析等的景观设计分析与评价提供了支撑。层次分析法、模糊数学法、人工神经网络等各类型的评价方法也得益于计算机技术的发展而不断改进、完善。"①

对当代景观规划设计而言，数字技术不仅对设计的表达方式产生了影响，也使景观设计能够借助以信息科学为基础的协同工作对整个建造过程加以重塑。建筑信息模型（Building Information Modeling，BIM）、景观信息模型（Landscape Information Modeling，LIM）、三维全球卫星导航系统（3D Global Navigation Satellite System，GNSS）、3D 打印等技术都可以成熟运用于当代景观营造中，实现了景观营造的自动化，同时节省了人力、物力，提高了施工效率与施工的精准性。

6.4.3.3 新媒体艺术的应用

新媒体艺术是以电子媒介作为基本语言的一种新的艺术学科门类，从根本上来说是一种数码艺术，其运用当代科学技术成果，保持着与时代同步的稳定性。随着当代信息社会的发展与大众审美需求的现代化，生活空间势必要满足新的审美需求，新媒体艺术运用在景观设计中是大势所趋。例如在上海世博会"中国馆"的设计中，以东方为视角，从当代切入，以"寻觅"为主题，这一设计带领参观者行走在"东方足迹""寻觅之旅""低碳行动"三个展区，回顾中国改革开放 30 多年来的变革，就是现代新媒体艺术与景观设计的结合。而位于丹麦阿罗斯奥胡斯美术馆屋顶的"你的彩虹全景"（图 6-52）则是由全色系光谱组成的一条环形空中走廊。这座永久性公共艺术作品如彩虹一样悬在天空与城市之间。

图 6-52 你的彩虹全景（奥拉维尔·埃利亚松，丹麦阿罗斯奥胡斯美术馆屋顶，2011）

虚拟现实技术（Virtual Reality）在景观设计中的应用也不再罕见，它可以有效地解决具象实体与抽象思维之间的联系问题。VR 技术的虚拟性、安全性、低成本性，使设计者几乎不受外部条件制约，可以充分发挥其艺术想象力，根据创作意图改变虚拟空间造型②。

6.4.4 美学与艺术统一的景观设计

艺术对景观设计的影响是自始至终的，艺术常被看作先导性思维的先锋，例如前文中提到

① 成玉宁，袁旸洋. 当代科学技术背景下的风景园林学 [J]. 风景园林，2015（7）：15-19.

② 刘德志. 浅述当代景观设计与新媒体艺术的交互融合 [J]. 新闻爱好者，2018（5）：54-57.

的西方现代艺术运动，其深刻影响了同时代的景观设计。当代艺术也不例外，西方当代艺术同样给景观设计带来了源源不断的新启发，使当代景观设计更为活泼。在艺术与景观联系更加紧密的今日，艺术家在个性化的作品中所注入的各种不同思维、观念、手段和语言都对景观的发展起到了直接或间接的推动作用。艺术与景观的发展是并行且穿插的两条线路，一方面当代艺术由架上绘画走向现实，另一方面当代景观频繁引入抽象表达①。这两个领域的交织可以体现在平面形式与细节展现上，如慕尼黑安联球场外环境中网状道路的设计、爱尔兰都柏林大运河广场中巨大的红色灯珠、2005 年慕尼黑园博会的游乐园的地形设计、莫妮卡·格拉设计的知识花园的木质墙体……诸多的景观设计作品都运用了艺术的创作手法：室外展示元素应用于户外，运用鲜明的色彩，抽象绘画移植于景观平面，将基地进行雕塑化处理等。

从景观设计与艺术创作的主体——景观设计师和艺术家的角度看，他们的身份也在不断地转换。耗时 10 余年，自 1979 年妮基·德·圣法尔勒（Niki de Saint-Phalle）便开始在意大利为自己打造名为塔洛克纸牌花园的私家花园（图 6-53）。她将 22 张命运纸牌转变成不同尺度和复杂程度的、特别具有表现力的彩色雕塑，非常自信地将它们安置在玛奇亚（Macchia），灌木丛生的石灰质荒山地的风景中。除了地形的影响之外，花园还被布置了混乱的道路，创造了有关的视线。她主要感兴趣的是建成一座雕塑公园，铁锈色的钢铁雕塑中和了陶瓷、玻璃和镜面雕塑的华丽气质。“她为子孙抓住了她暴风雨般的生活中至关重要的元素，一种只能通过艺术才能够把握的生活，一座作为对升级的一种独特解释的雕塑花园。”②

图 6-53　塔洛克纸牌花园（妮基·德·圣法尔勒，意大利）

20 世纪盛行的波普艺术、解构主义、极简艺术等在新时代依然得以延续。例如前文所介绍到的玛莎·施瓦茨，她善用非比寻常的造园要素，彩色砂砾、反光球、镀金青蛙甚至塑料绿植都可以成为塑造艺术氛围的手段。扎哈·哈迪德善用变幻多端的解构主义创作手法，打造了景观与空间上的动感。作为波茨坦广场重要组成部分的索尼中心广场（图 6-54）干净、简约，是彼得·沃克极简主义的代表作。除此以外，新锐的西方当代景观事务所近年来将鲜明的色块和线条大胆地涂抹于场地，使其如同一幅巨大的艺术画作冲击着人们的眼球。最具代表性的就是哥本哈根的超级线性公园（图 6-55）。

景观设计对艺术的借鉴包括了从思想到形式的方方面面，涉足景观设计的艺术家也不在少数，他们带来了一些不被理解、不符合大众审美的成果，但经过世世代代的磨合，当代的景观逐渐走向美学与艺术统一的道路。当代景观作品中的艺术性是多元立体的，它既可以是充满抽象符号的平面形式，亦可以是先进、跳跃的公共装置艺术，更可能表达的是看不见、摸不着的反叛思想。

① 曾伟. 艺术学视野下的当代中国景观设计研究 [J]. 东南大学学报，2014，16（5）：86-90，135-136.

② 维拉赫. 当代欧洲花园 [M]. 曾洪立，译. 北京：中国建筑工业出版社，2006：169-174

图 6-54 索尼中心广场
（彼得·沃克，德国柏林，1998—2000）

图 6-55 超级线性公园
（丹麦哥本哈根，2012）

艺术作为创造和想象的根源，是人们对景观审美的永恒追求，是当代景观中重要的一环。同时，当代景观环境既要具有公共性，又要满足众多使用者的需求，景观环境与建筑共同组成了人类聚集居住的人类聚居环境。这就要求当代景观设计既是一种大众化的艺术，又是一种以空间规划设计为核心的工程技术。一名景观规划设计师必须同时具备艺术与技术这两方面的知识和技巧，而当代的景观作品必须也是艺术与科学的统一。

6.4.5 走向系统化的景观设计

当代景观的研究视野较之历史上的任何时期都更加广泛，小至乡村，大至城市，如今的景观跳出“园”的范畴，已然拓展至对更大尺度范畴下的自然系统的研究。景观设计师们面对的是广袤的自然，传统的设计概念与视野已经不能满足如今的需求，面对复杂项目的挑战，不同专业的事务所也常常通过合作来解决问题。一些优秀的城市设计项目都是规划师、建筑师与景观师合作的结晶。

以往，与景观设计相关的专业内容分布在城乡规划、建筑学、农学、设计学中各自独立发展。尽管这种划分在历史上形成了多样的理论与实践特色，但时至今日，单一的专业发展已难以应对越来越复杂的空间环境和不同的服务对象，更是造成了人才培养的知识结构断层和市场行业定位的尴尬。景观设计作为一门适应社会发展的应用学科，需要横跨工、农、理、文、管等科学，以规划学、建筑学、生态学为主干，借鉴地理学、林学、地质学、历史学、社会学、艺术学、心理学、公共管理、环境科学与工程、土木工程、水利工程、测绘科学与技术等相关专业的研究范式、方法和工具。因此，景观设计师与规划师、建筑师以及其他领域的工程师和专家的通力合作是必然趋势，只有这样，他们才能全面胜任景观设计工作，使城乡规划、风景园林、建筑学紧密结合，从而创造出更为和谐的环境，为解决目前面临的环境危机做出专业领域的贡献①。

赫曼公园（Hermann Park，图 6-56）是美国休斯敦市的重要资源之一，占地 165 hm^2，核心区域达 18.5 hm^2，园中有一片广袤的森林。这个项目由 SWA 公司的设计团队完成，由景观设计师领导，由建筑设计师与城市规划师和图形设计者联合共同完成。这个设计体现了一个良好的合作过程。设计遵循了四个原则：时间的永恒性、艺术的持久性、未来的可持续性、能成为后代的遗产。设计师在设计中尽可能为人们提供了娱乐休闲空间。长 225 m、宽 24.38 m 的水池构成了公园的纵轴线。中间的横轴在两侧形成两个小空间，分别是花园和松树林。这个设计强调了环境问题的重要性，利用一个生态过滤系统来减少化学处理和过多的能量消耗。

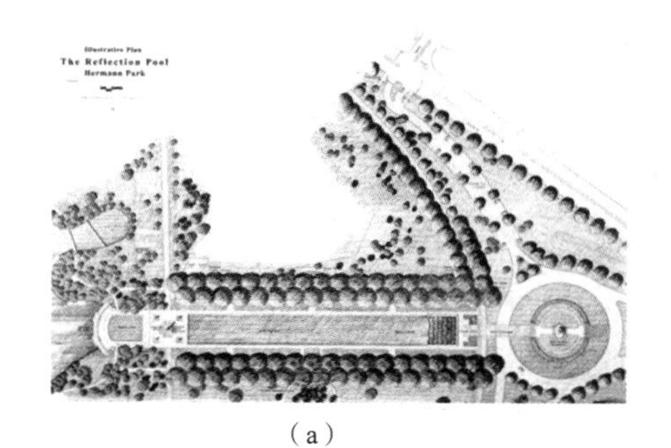

（a）

（b）

图 6-56 赫曼公园（SWA 公司，美国休斯敦，2005）

当今许多优秀的城市设计或建筑设计项目都是规划师、建筑师和景观设计师共同完成的作品，如前文提到的柏林犹太人博物馆、波茨坦广场的索尼中心等等。越来越多的西方设计所都引入了城市规划、建筑学、景观三方面的人才。面对复杂项目的挑战，不同专业的事务所常常通过合作来应对。

6.4.6 商业化倾向下的景观设计

最早的园林是作为实用性的景观而存在的，它们作为皇家的狩猎场地或者作为蔬菜、花卉的生产地而存在，例如中国古代的苑囿就是帝王娱乐的场所和狩猎的地方。在西方最早的葡萄园和菜园也是具有经济价值的实用园，经过长时间的发展，实用园虽然已经完全发生变化，但是现代商业的发展使一些庭院和景观的建立也具有了商业性②。最具有代表性的是 1955 年美国电影动画大师沃尔特·迪士尼在加利福尼亚州创建的著名的迪士尼乐园（图 6-57）。而由著名设计师扎哈·哈迪德担任总设计师的望京 SOHO（图 6-58），更是北京集商业性与公共性于一体的开放空间。该设计充满幻想和超现实主义的理念，通过动感流畅的线条，创造了尺度适宜、空间丰富、功能复合的人性化广场，同时也成了北京的新地标。

① 秦东. 当代风景园林设计转型 [J]. 美术大观，2017（12）：118-120.

② 秦东. 当代风景园林设计转型 [J]. 美术大观，2017（12）：118-120.

图 6-57 加利福尼亚迪士尼乐园(美国加利福尼亚州,1955)

图 6-58 望京 SOHO(扎哈·哈迪德,中国北京,2011)

市场经济运作和经济效益无疑是当代景观设计发生重大转型的动因之一,但与此同时,它们在景观设计中的表现远未停留在诸如上文所提及的商业化景观层面。在面对纷繁复杂、交错相连的市场供求关系和强大的货币量化冲击时,当代景观设计师需要系统而综合地考虑土地与资源利用,创造可以带来一系列经济效益与社会效益的景观作品。同时市场也可能会给设计行业带来负面影响。市场主体若缺乏对风景园林价值的敏感度,设计师若只是为了迎合市场货币量化设计的潮流,往往会在短期利益诱导下、在赚取巨额利润的过程中忽略了风景园林的人文和生态等重要价值,这样会造成资源浪费、环境空间同质化严重等后果。

面对复杂的市场经济,景观设计师需要考虑经济效益最大化与自我价值最优化之间的平衡。首先，设计中蕴含的审美价值难以以市场货币的形式来衡量。但是市场经济条件下的设计行业必然要实现利润收益，否则行业将无法在整个社会经济链条中发挥作用进而被淘汰[①]。

6.4.7　公众参与的景观设计

进入21世纪，普通民众更加关注自己的生活环境，少数设计师所掌握的设计难以做到真正意义上的合理与公平，景观设计也同样如此，通过讨论会和信息反馈等方式实现的有公众参与的设计使社会意愿得以在景观设计中体现出来。公众参与对环境的整治意义重大，随着环境问题逐渐得到公众的重视，市民参与环境整治的积极性被调动起来，促进了环境整治实践的发展。环境整治从目标提出、具体实施一直到使用管理都与公众参与密切相关，当代公众参与规划设计实践获得了许多成功的经验。

同时，在世界范围内，园林展、艺术性花园展这类以展览性花园为主体的展览，以其高度的公众参与性成为一种当代喜闻乐见的艺术形式。在这里，建筑师、城乡规划师、植物学家、装置艺术家、工业设计师、影视家等都可以加入景观设计的行列，共同探索更为广泛的景观的含义。此时的园林不仅仅是植物与装饰构成的花园，更是人类生活方式和社会主流意识的载体。例如，加拿大梅蒂斯花园节自2000年首展至今，受到了设计行业与公众的一致好评。结合了建筑、装置艺术、景观、视觉艺术的创意性花园独特而具有创意，为参观者带来了一场视觉盛宴，发挥了科教文化普及的作用（图6-59）。

图6-59　蓝棒花园（梅蒂斯花园节，2000）

公众参与是景观发展的必由之路。一方面可以促进民众对景观环境、城市建设的关注，提升公众对景观艺术的兴趣；另一方面，公众的观点体现了使用者对未来体验的期望，也为设计师解决社会热点问题提供了新的思路。景观设计并非设计师一个人的设计，更是社会主流观念的载体，要达到业主、设计方、使用者之间的平衡。

① 秦东. 当代风景园林设计转型[J]. 美术大观，2017（12）：118-120.

6.5 小结

从 20 世纪 80 年代至今,艺术开始向不纯粹演变,多元化的特征在艺术领域逐渐确立下来。艺术的表现形式更加多样化,在这种不纯粹的多元化趋势中不断地变得更加综合化、大众化、商业化。较之过去,很难为当今的艺术家或艺术品做出具体的分类。这种特点同样表现在当代建筑与景观上。时代的发展、城市问题的更新,人类室外生活空间类型的发散,使景观设计和研究的对象从花园到公园,又从公园拓展到整个区域景观格局,其从内涵到外延都有了新的超越。与过去不同,此时的景观设计作品很难被归纳为某种具体的流派的设计,而更多的是多种思想与主义碰撞和融合的结晶。当代景观设计师不再仅限于对美学视角下的空间塑造,开始更多地从多学科视角探讨场地生态、环境、水利、地理等更复杂的矛盾诉求。当代景观成为解决场地综合问题的桥梁和媒介,更是综合问题解决方案的物质空间载体。更多的景观设计师追求的是作品的社会性、艺术性、生态性的平衡,即具有合理的使用功能、良好的生态效益和经济效益及高品质的艺术水准的景观。然而,随着时代的发展与进步,当代景观仍有新的机遇和挑战,但可以肯定的是,未来的景观设计将放射出比今天更加璀璨的光芒。

插 图 来 源

第 1 章

1-1 《雅典学院》 朱龙华. 艺术通史 [M]. 上海:上海社会科学院出版社,2014.

1-2 《维纳斯的诞生》 喜马拉雅网.

1-3 《草地上的午餐》 朱龙华. 艺术通史 [M]. 上海:上海社会科学院出版社,2014.

1-4 《奥林匹亚》 周宏智. 西方现代艺术史 [M]. 北京:中国建筑工业出版社,2016.

1-5 《恰尔德·哈洛尔德朝圣记》 朱龙华. 艺术通史 [M]. 上海:上海社会科学院出版社,2014.

1-6 《大风中的荷兰船》 冯晗. 威廉·透纳与意大利:论透纳的古典主义情怀 [J]. 美术观察,2017(7):135-140.

1-7 《马拉之死》 朱龙华. 艺术通史 [M]. 上海:上海社会科学院出版社,2014.

1-8 《阿伽门农的使节》 http: //www.360doc.com/content/15/0907/19/16049157_ 497536093.shtml.

1-9 《泉》 周宏智. 西方现代艺术史 [M]. 北京:中国建筑工业出版社,2016.

1-10 《干草车》 美术网.

1-11 《希阿岛的屠杀》 朱龙华. 艺术通史 [M]. 上海:上海社会科学院出版社,2014.

1-12 《自由引导人民》 朱龙华. 艺术通史 [M]. 上海:上海社会科学院出版社,2014.

1-13 《1808 年 5 月 3 日夜枪杀起义者》 H.H. 阿纳森. 西方现代艺术史 [M]. 邹德侬,巴竹师,刘珽,译. 天津:天津人民美术出版社,1987

1-14 《裸体的马哈》 陆家齐,苏音. 戈雅与《裸体的马哈》[J]. 世界文化,2008(5):24-25.

1-15 《穿衣的马哈》 ASURA. 无法囚禁的灵魂:弗朗西斯科·戈雅 [J]. 东方艺术, 2015(19):96-101.

1-16 《日出·印象》 周宏智. 西方现代艺术史 [M]. 北京:中国建筑工业出版社,2016.

1-17 《煎饼磨坊》 周宏智. 西方现代艺术史 [M]. 北京:中国建筑工业出版社,2016.

1-18 《大碗岛星期天的下午》 朱龙华. 艺术通史 [M]. 上海:上海社会科学院出版社,2014.

1-19 《自画像》 陆邵明. 从塞尚的绘画透视乡愁的生成机制 [J]. 创意与设计, 2019(2):35-40.

1-20 《圣维克多山》 周宏智. 西方现代艺术史 [M]. 北京:中国建筑工业出版社,2016.

1-21 《星空》 周宏智. 西方现代艺术史 [M]. 北京:中国建筑工业出版社,2016.

1-22 《向日葵》 张春燕. 燃烧的向日葵 [J]. 环境经济,2016(Z5):98-99.

1-23 《苹果篮子》 赵冠男. 西方现代艺术源流概览 [M]. 北京:中国建筑工业出版社,2015.

1-24 《地中海》 吴新. 论马约尔雕塑的“纯粹美”[J]. 西北美术,2006(4):50-51.

1-25 《弓箭手赫拉克勒斯》 朱尚熹. 我的布德尔情结 [J]. 中国美术,2019(1):52-59.

1-26 《大卫》 魏慕婷. 论触觉、质感与审美接受:以米开朗基罗雕塑作品为例 [J]. 美与时代(上),2019(6):19-21.

1-27 《青铜时代》 孙磊. 论罗丹雕塑的绘画精神 [J]. 美术教育研究,2015(2):21.

1-28 《塌鼻男人》 H.H. 阿纳森. 西方现代艺术史 [M]. 邹德侬,巴竹师,刘珽,译. 天津:天津人民美术出版社,1987.

1-29 巴黎歌剧院 作者拍摄.

1-30 勒·杜克 https://g.pconline.com.cn/x/423/4233056.html.

1-31 水晶宫 H.H. 阿纳森. 西方现代艺术史 [M]. 邹德侬,巴竹师,刘珽,译. 天津:天津人民美术出版社,1987.

1-32 埃菲尔铁塔 作者拍摄.

1-33 肯特红屋 H.H. 阿纳森. 西方现代艺术史 [M]. 邹德侬,巴竹师,刘珽,译. 天津:天津人民美术出版社,1987.

1-34 巴黎国立图书馆 http://www.sohu.com/a/229068176_118392.

1-35 温莱特大厦 朱龙华. 艺术通史 [M]. 上海:上海社会科学院出版社,2014.

1-36 希尔住宅 http://day.mirrorcn.com/6-7/5506.html.

1-37 霍塔旅馆 堆糖网.

1-38 地铁入口 张以达,吴卫. 法国新艺术运动领军人物赫克托·吉马德作品探析 [J]. 设计,2017(13):27-29.

1-39 钢琴椅 吴卫,张佳慧. 现代主义设计的奠基人亨利·凡·德·威尔德 [J]. 设计,2017(13):33-35.

1-40 米拉公寓 盛恩养. 从米拉公寓看高迪的设计思想 [J]. 装饰,2009(6):122-124.

1-41 圣家族教堂 江滨,蒋露. 西班牙建筑鬼才 安东尼·高蒂 [J]. 中国勘察设计,2019(1):86-93.

1-42 法尔奈斯庄园 新浪博客.

1-43 兰特庄园 堆糖网.

1-44 凡尔赛花园 作者拍摄.

1-45 沃勒维贡特庄园 途牛网.

1-46 斯陀园 中国摄影在线官网.

1-47 大凯旋门 欧洲旅游委员会微博.

1-48 霍兰德公园 英格兰切尔西区官网.

1-49 美国国会大厦 搜狐网.

1-50 伯肯海德公园平面图 周向频,王庆. 近代公园遗产保护与更新改造策略:以英国伯肯海德公园和美国晨曦公园为借鉴 [J]. 城市观察,2017(2):150-164.

1-51 展望公园 简书网.

1-52 杰基尔设计的花境 尹豪. 身为艺术家的园丁:工艺美术造园的核心人物格特鲁德·杰基尔 [J]. 中国园林,2008(3):72-76.

1-53 台阶两侧柔和的植物组团 尹豪. 身为艺术家的园丁:工艺美术造园的核心人物格特鲁德·杰基尔 [J]. 中国园林,2008(3):72-76.

第 2 章

2-1 《戴帽子的妇人》 赵冠男. 西方现代艺术源流概览 [M]. 北京:中国建筑工业出版社,2015.

2-2 《科利乌尔港口的船》 http://www.360doc.com/content/18/0701/13/21205651_766829222.shtml.

2-3 《红树林》 高飞,吴迪. 色彩:野兽派的终极美学 [J]. 中国美术,2014(3):118-125.

2-4 《开着的窗户》 高飞,吴迪. 色彩:野兽派的终极美学 [J]. 中国美术,2014(3):118-125.

2-5 《生活的快乐》 朱龙华. 艺术通史 [M]. 上海:上海社会科学院出版社,2014.

2-6 《弹吉他的失明老人》 正一艺术网.

2-7 《生命》 刘家慧. 毕加索作品中悲剧题材的分期研究及其美学价值 [J]. 湖北美术学院学报,2016(4):28-33.

2-8 《拿烟斗的男孩》 堆糖网.

2-9 《读书的女子》 美术网.

2-10 《亚威农少女》 赵冠男. 西方现代艺术源流概览 [M]. 北京:中国建筑工业出版社,2015.

2-11 《弹曼陀铃的少女》 伊夫 - 陶兰·博瓦·毕加索与抽象 [J]. 毛秋月,译,油画艺术,2018(2):106-114.

2-12 《卡恩韦勒像》 伊夫 - 陶兰·博瓦·毕加索与抽象 [J]. 毛秋月,译. 油画艺术,2018(2):106-114.

2-13 《静物》 齐宛苑,矫苏平. 精神的纯创造:勒·柯布西耶的建筑与绘画和雕塑探讨 [J]. 华中建筑,2007(2):26-29.

2-14 《手风琴、玻璃水瓶与咖啡壶》 http://www.sohu.com/a/134823507_286880.

2-15 《构成 8 号》 全莉莉. 抽象派绘画始祖:康定斯基 [J]. 美术大观,2011(1):103,96.

2-16 《即兴第 30 号》 弗莱明. 世界艺术史 [M]. 海口:南方出版社,2002.

2-17 《黄色的马》 龚平. 表现主义 [J]. 中国美术,2012(5):152-155.

2-18 《反抗》 胡卫国. 柯勒惠支版画艺术的现实主义美感赏析 [J]. 美与时代(中旬),

2009(10):83-86.

2-19 《呐喊》 赵冠男. 西方现代艺术源流概览 [M]. 北京:中国建筑工业出版社,2015.

2-20 《1889 年基督降临布鲁塞尔》 赵冠男. 西方现代艺术源流概览 [M]. 北京:中国建筑工业出版社,2015.

2-21 《黑色正方形》 赵蔚. 马列维奇的至上几何 [J]. 科技信息,2012(20):305,303.

2-22 《白之白》 赵蔚. 马列维奇的至上几何 [J]. 科技信息,2012(20):305,303.

2-23 《费尔南多·奥利维尔头像》 艺术国际网.

2-24 《第三国际纪念碑》 弗莱明. 世界艺术史 [M]. 海口:南方出版社,2002.

2-25 AEG 透平机车间 江滨,张梦姚. 贝伦斯:德国现代设计之父 [J]. 中国勘察设计,2019(7):72-79.

2-26 爱因斯坦天文台 H.H. 阿纳森. 西方现代艺术史 [M] . 邹德侬,巴竹师,刘珽,译. 天津:天津人民美术出版社,1987.

2-27 圣彼得堡德国大使馆 江滨,张梦姚. 贝伦斯:德国现代设计之父 [J]. 中国勘察设计,2019(7):72-79.

2-28 柏林大剧院 帕森纳,张艳. 汉斯·珀尔齐希与表现主义建筑 [J]. 建筑师, 2016(2):88-96.

2-29 玻璃展览馆 李楠. 布鲁诺·陶特"玻璃展馆"对玻璃的选择与应用 [J]. 山东建筑大学学报,2008(3):221-224,276.

2-30 《红黄蓝的构成》 杨艺红,张跃,余璇. 从蒙德里安红黄蓝格子画看艺术理论对景观设计的影响 [J]. 园林,2018(10):66-70.

2-31 施罗德住宅 薛恩伦. 荷兰风格派与施罗德住宅 [J]. 世界建筑,1989(3):27-29.

2-32 红蓝椅 徐鉴明.《红蓝椅》与《卡罗曼咖啡壶》[J]. 上海工艺美术,2004(3):66-69.

2-33 《俄罗斯舞蹈的韵律》 李敏,张乘风,孙琦. 流动空间:凡·杜斯堡对密斯·凡·德·罗建筑设计的影响 [J]. 家具与室内装饰,2012(8):50-51.

2-34 乡村砖宅 李敏,张乘风,孙琦. 流动空间:凡·杜斯堡对密斯·凡·德·罗建筑设计的影响 [J]. 家具与室内装饰,2012(8):50-51.

2-35 哥伦比亚世界博览会鸟瞰图 https://www.wdl.org/zh/item/11369/.

2-36 国会大厦前水体及绿地构成一个整体城市景观 维基百科.

2-37 孟斯德庄园平面图 www.pinterest.com.

2-38 莫卧儿花园 www.pinterest.com.

2-39 敦巴顿橡树园平面图 www.doaks.org.

2-40 蒙特庄园 www.housatonicheritage.org.

2-41 罗比住宅 www.flicker.com.

2-42 哥伦布公园的局部栽植计划 密歇根大学图书馆数字馆.

2-43 曼海姆园艺展花园 沈守云,张启翔. 现代景观设计思潮 [M]. 武汉:华中科技大学出版社.2009.

2-44 苟奈尔花园 www.baden-baden.com.

2-45 古尔公园 携程网.

第3章

3-1 《毕加索肖像》 赵冠男. 西方现代艺术源流概览 [M]. 北京：中国建筑工业出版社，2015.

3-2 《窗前静物》 赵冠男. 西方现代艺术源流概览 [M]. 北京：中国建筑工业出版社，2015.

3-3 《穿蓝衣的女人》 https://www.mei-shu.com/famous/26372/artistic-71292.html.

3-4 《巴黎市》 H.H. 阿纳森. 西方现代艺术史 [M]. 邹德侬，巴竹师，刘珽，译. 天津：天津人民美术出版社，1987.

3-5 《干洗房》 程奇. 线条与色彩的魅力：赏埃贡·席勒的《干洗房》[J]. 美与时代，2007（11）：72-74.

3-6 《拥抱》 http://www.sohu.com/a/323727778_120044706.

3-7 《死与火》 孙倩怡，吴卫. 色彩与旋律中游走的幻想者：保罗·克利 [J]. 大众文艺，2012（7）：122-123.

3-8 《裸体》 周宏智. 西方现代艺术史 [M]. 北京：中国建筑工业出版社，2016.

3-9 《疯女》 周宏智. 西方现代艺术史 [M]. 北京：中国建筑工业出版社，2016.

3-10 《拔掉毛的鸡》 https://cul.qq.com/a/20171106/028159.htm.

3-11 《梦境》 朱龙华. 艺术通史 [M]. 上海：上海社会科学院出版社，2014.

3-12 《生日》 有画网.

3-13 《烦人的缪斯》 画园网.

3-14 《泉》 赵冠男. 西方现代艺术源流概览 [M]. 北京：中国建筑工业出版社，2015.

3-15 《自行车轮子》 周宏智. 西方现代艺术史 [M]. 北京：中国建筑工业出版社，2016.

3-16 《ABCD》 http://www.guangzhouimagetriennial.org/News/NewsInfo/201712/t20171226_15093.shtml.

3-17 《农庄》 赵冠男. 西方现代艺术源流概览 [M]. 北京：中国建筑工业出版社，2015.

3-18 《小丑的狂欢》 赵冠男. 西方现代艺术源流概览 [M]. 北京：中国建筑工业出版社，2015.

3-19 《流浪汉》 https://www.mei-shu.com/famous/26064/artistic-59654.html.

3-20 《等待家人的死亡》 http://www.mei-shu.com/famous/26066/artistic-58592.html.

3-21 《永恒的记忆》 周宏智. 西方现代艺术史 [M]. 北京：中国建筑工业出版社，2016.

3-22 《戴黑帽的男人》 王子明. 幻想的力量：超现实主义艺术家马格利特 [J]. 美术大观，2014（5）：6-13.

3-23 《The X and Its Tails》 https://www.mei-shu.com/famous/25517/artistic-178939.html.

3-24 《镜前的头》 赵冠男. 西方现代艺术源流概览 [M]. 北京：中国建筑工业出版社，2015.

3-25 《仙人掌先生》 赵冠男. 西方现代艺术源流概览 [M]. 北京：中国建筑工业出版社，2015.

3-26 西格拉姆大厦 ArchDaily 中文网.

3-27 佩莱利大厦 百度图片.

3-28 包豪斯校舍 支文娟. 中西方现代建筑比较研究：包豪斯校舍与河南大学大礼堂比较研究 [J]. 现代装饰（理论），2011（9）：112-113.

3-29 法格斯鞋楦厂厂房建筑 马宁. 新像：包豪斯建筑理念与构成美学 [J]. 中国艺术，2018（5）：74-83.

3-30 巴塞罗那世界博览会德国馆 微信公众平台：设计群.

3-31 马赛公寓 搜狐网.

3-32 罗马小体育馆 郭学明. 现代建筑大师如何运用混凝土艺术元素（4）美妙的结构 [J]. 混凝土世界，2017（5）：60-68.

3-33 《黎明》 乔治·科贝尔博物馆.

3-34 加布里·盖弗瑞康为博览会中花园设计所作的画 www.tehranprojects.com.

3-35 水与光的花园 加布里·盖弗瑞康在伊利诺伊大学的档案.

3-36 水泥树之园 凤凰艺术网.

3-37 立体主义树 新浪网.

3-38 瑙勒斯别墅的花园 www.tumblr.com.

3-39 《红黄蓝的构成Ⅱ》 文档网.

3-40 瑙姆科吉庄园蓝色阶梯 www.thetrustees.org.

3-41 瑙姆科吉庄园玫瑰园 www.thetrustees.org.

3-42 唐纳德迷你花园规划提议 Tunnard.Gardens in the modern landscape[M].New York：The Architectural Press，1938.

3-43 本特利森林 TREIB M. The architecture of landscape，1940—1960[M]. Philadelphia：University of Pennsylvania Press，2002.

3-44 萨伏伊别墅 豆瓣网.

3-45 玛丽亚别墅花园平面图 百度百科.

第4章

4-1 《愤怒者》 史蒂芬·法辛. 艺术通史 [M]. 杨凌峰，译. 北京：中信出版集团，2015.

4-2 《肝脏是公鸡的冠子》 费恩伯格. 艺术史：1940 年至今天 [M]. 陈颖，姚岚，郑念缇，译. 上海：上海社会科学院出版社，2015.

4-3 《女人与自行车》 费恩伯格. 艺术史：1940 年至今天 [M]. 陈颖，姚岚，郑念缇，译. 上海：

上海社会科学院出版社，2015.

4-4 《粉色天使》 余友元. 文化策略视角下的抽象表现主义探究 [D]. 北京：中央美术学院，2018.

4-5 创作中的波洛克 蓝铅笔网.

4-6 《蓝棒，作品 11 号》 名画档案网.

4-7 《作品 18 号》 名画档案网.

4-8 《太一 Ⅰ》 艺术中国网.

4-9 《黑火 1 号》 王欣东. 从自己情感中创造精神教堂：解读巴尼特·纽曼的色域绘画 [J]. 美术，2015（12）：132.

4-10 《谁在害怕红黄蓝 Ⅱ》 美术网.

4-11 《幻想》 美术网.

4-12 《无题（白红底色紫黑橙黄）》 简书网.

4-13 《门》 网易网.

4-14 《风景》 费恩伯格. 艺术史：1940 年至今天 [M]. 陈颖，姚岚，郑念缇，译. 上海：上海社会科学院出版社，2015.

4-15 《老佛爷百货公司》 宝藏网.

4-16 《记忆剧场》 王薇. 感觉的探索：杜布菲的艺术实践 [D]. 北京：中央美术学院，2017.

4-17 《门和茅草》 武超. 杜布菲绘画及其艺术思想研究 [D]. 临汾：山西师范大学，2017.

4-18 《自画像》 搜狐网.

4-19 《教皇英诺森十世肖像的习作》 一天一件艺术品网.

4-20 《到处都是卡佩王朝人物》 史蒂芬·法辛. 艺术通史 [M]. 杨凌峰，译. 北京：中信出版集团，2015.

4-21 《连理》 赵无极官方网站.

4-22 《无题》 赵无极官方网站.

4-23 《特雷西诺肖像》 艺术中国网.

4-24 《空间的概念，期望》 艺术中国网.

4-25 《母子》 美术网.

4-26 《三路 2 号（阿切尔）》 美术网.

4-27 《唯一形式》 新浪收藏网.

4-28 《带两个圆的正方形》 新浪收藏网.

4-29 《立方体 1》 名画档案网.

4-30 《立方体 6》 维基媒体网.

4-31 《饶舌者》 吴线."形"与"色"的野性：论杜布菲的雕塑艺术 [J]. 南京艺术学院，2015（4）：4.

4-32 《四棵树》 吴线."形"与"色"的野性：论杜布菲的雕塑艺术 [J]. 南京艺术学院，

2015(4):4.

4-33 古根海姆博物馆 达美旅行网.

4-34 哈佛大学研究生中心 建筑畅言网.

4-35 朗香教堂 携程旅行.

4-36 伊利诺伊理工学院建筑及设计系馆 http://www.jf258.com.

4-37 范斯沃斯住宅 简书网.

4-38 西格拉姆大厦 www.bauhauskooperation.com.

4-39 三权广场 ArchDaily 中文网.

4-40 尼泰罗伊当代艺术馆 ArchDaily 中文网.

4-41 尼迈耶文化中心 ArchDaily 中文网.

4-42 香川县体育馆 中国建筑协会官网.

4-43 圣玛利亚教堂 ArchDaily 中文网.

4-44 代代木国立室内综合体育馆 ArchDaily 中文网.

4-45 卫星城塔 维基媒体网.

4-46 巴拉干公寓 ArchDaily 中文网.

4-47 丽笙皇家酒店 吴卫. 丹麦现代主义设计大师雅各布森作品探析 [J]. 设计，2017(21):88-90.

4-48 20 世纪 40 年代的《日落》杂志 《日落》杂志官网.

4-49 唐纳花园 花瓣网.

4-50 唐纳花园场地规划平面图 哔哩哔哩网.

4-51 马克斯正在绘制画作桌布 犹太博物馆.

4-52 教育卫生部大楼的屋顶花园平面图 www. noticias.arq.com.

4-53 蒙泰罗花园 花瓣网.

4-54 圣克里斯托瓦尔马场 纽约客.

4-55 菲尔花园中模仿水生植物形状的道路系统 www.coalitionforanewdallas.org.

4-56 麦圃花园中的装饰型农场 www.pinterest.com .

4-57 《构成 8 号》 全莉莉. 抽象派绘画始祖:康定斯基 [J]. 美术大观,2011(1):103,96.

4-58 金石花园平面图 ECKBO G.Landscapes for living[M].Oakland: University of California Press,2005.

4-59 社区花园鸟瞰图 ECKBO G.Landscapes for living[M].Oakland: University of California Press,2005.

4-60 阿尔卡未来花园 www.quod.lib.umich.edu.

4-61 米勒花园平面图 www.pinterest.com.

4-62 米勒花园 维基百科.

4-63 达拉斯联合大厦喷泉广场 风景园林网.

4-64 高速公路花园 维基百科.

4-65 罗斯福纪念公园 www.pinterest.com.

4-66 罗斯福纪念公园中的罗斯福雕像 美国旅游网.

4-67 哈普林设计海滨牧场公共住宅时为调查场地基本条件作的记录 www.california-historicalsociety.org.

4-68 伊拉·凯勒水景广场 www.tclf.org.

第5章

5-1 阿伦·卡普罗作品(一) 艺术国际网.

5-2 阿伦·卡普罗作品(二) 艺术国际网.

5-3 《我喜欢美国,美国也喜欢我》 豆瓣网.

5-4 《如何向一只死兔子解释绘画》 喜马拉雅网.

5-5 《枪击》 搜狐网.

5-6 《到底是什么使得今日的家庭如此不同,如此有魅力?》 凤凰艺术网.

5-7 《我的玛丽莲》 荣宝斋网.

5-8 《米开朗格罗德》 美术网.

5-9 《我是一个富人的玩物》 美术网.

5-10 《峡谷》 费恩伯格. 艺术史: 1940 年至今天 [M]. 陈颖,姚岚,郑念缇,译. 上海:上海社会科学院出版社,2015.

5-11 《床》 费恩伯格. 艺术史: 1940 年至今天 [M]. 陈颖,姚岚,郑念缇,译. 上海:上海社会科学院出版社,2015.

5-12 《2 对》 美术网.

5-13 《伟大的美国裸体 57 号》 雅昌艺术网.

5-14 《静物》 艺术国际网.

5-15 《玛丽莲·梦露》 腾讯网.

5-16 《坎贝尔罐头汤》 腾讯网.

5-17 《柔软抽水马桶》 克莱斯·奥登伯格. 克莱斯·奥登伯格作品 [J]. 世界美术, 2013(4):2.

5-18 《人体测量第 86 号》 克莱因. 法国画家伊夫·克莱因作品 [J]. 美术观察, 2000(6):83.

5-19 《人体测量学绘画》 搜狐网.

5-20 《流》 史蒂芬·法辛. 艺术通史 [M]. 杨凌峰,译. 北京:中信出版集团,2015.

5-21 《马尔桑》 史蒂芬·法辛. 艺术通史 [M]. 杨凌峰,译. 北京:中信出版集团,2015.

5-22 《自画像》 张雄艺术网.

5-23 《克里斯蒂娜的世界》 搜狐网.

5-24 《两个女模特和摄政式沙发》 雅昌艺术网.

5-25 托尼·史密斯的作品 雅昌艺术网.

5-26 《无题》(一) 张天怡,朱琳. 唐纳德·贾德和他的方盒子 [J]. 公共艺术，2013(5)：78-83.

5-27 《无题》(二) 张天怡,朱琳. 唐纳德·贾德和他的方盒子 [J]. 公共艺术，2013(5)：78-83.

5-28 罗伯特·莫里斯展览 H.H. 阿纳森. 西方现代艺术史 [M] . 邹德侬,巴竹师,刘珽,译. 天津:天津人民美术出版社,1987.

5-29 《横向发展 6 号》 新浪收藏.

5-30 《根除邪恶的工具》 丹尼尔·格兰特,彭筠.“公共艺术是危险的”:丹尼斯·奥本海姆访谈 [J]. 世界美术,2006(4):47-52.

5-31 《铁幕,油漆桶墙》 艺术国际网.

5-32 《门》 艺术国际网.

5-33 《无题》 网易网.

5-34 《黎明的婚礼礼拜堂Ⅱ》 费恩伯格. 艺术史：1940 年至今天 [M]. 陈颖,姚岚,郑念缇,译. 上海:上海社会科学院出版社,2015.

5-35 《蜘蛛》 新浪网.

5-36 《堆积》 艺术国际网.

5-37 探索光影与构成的摄影作品 新浪网.

5-38 《克罗诺斯》 百度百科.

5-39 母亲住宅 新浪博客.

5-40 美国电话电报大楼 ArchDaily 中文网.

5-41 美国达拉斯市立国家银行大楼 ArchDaily 中文网.

5-42 中央美术学院美术馆 ArchDaily 中文网.

5-43 卡塔尔国家会议中心 ArchDaily 中文网.

5-44 香港汇丰银行大楼 ArchDaily 中文网.

5-45 乔治· 蓬皮杜国家艺术与文化中心 百度百科.

5-46 西班牙 Centro Botín 艺术文化中心 ArchDaily 中文网.

5-47 北京首都国际机场新航站楼 ArchDaily 中文网.

5-48 马斯达尔研究院 ArchDaily 中文网.

5-49 埃斯特庄园中的雕塑 搜狐网.

5-50 正在创作的野口勇 艺道文化网.

5-51 《黑太阳》 人民美术网.

5-52 巴黎联合国教科文组织总部庭院 人民美术网.

5-53 查斯· 曼哈顿银行广场下沉水石园 中国风景园林网.

5-54 加州剧场 风景园林网.

5-55 螺旋形迷宫 李卫芳. 探索韵律之美:阿塞娜·塔哈的雕塑及景观 [J]. 中国园林，

2004(7):22-26.

5-56 螺旋式防波堤 香港商报网.

5-57 闪电的原野 艺术档案网.

5-58 安迪·戈兹沃西的设计作品(一) 花瓣网.

5-59 安迪·戈兹沃西的设计作品(二) 花瓣网.

5-60 流动的帷幕 ArchDaily 中文网.

5-61 巴塞罗那北站广场植物斜坡、落下的天空以及树林螺旋 筑龙网.

5-62 宇宙思考花园 (a)花瓣网;(b)易筑论坛.

5-63 福特沃斯市伯纳特公园 风景园林网.

5-64 慕尼黑机场凯宾斯基酒店前广场 风景园林网.

5-65 日本 Makuhari(幕张)的 IBM 大楼庭院 INLA 设计院.

5-66 新奥尔良意大利广场 搜狐网.

5-67 富兰克林故居纪念馆 搜狐网.

5-68 黑川纪章石园 王晓俊. 西方现代园林设计 [M]. 南京:东南大学出版社,2000.

5-69 安德烈·雪铁龙公园 (a)中国公园网;(b)作者拍摄.

5-70 玛莎·施瓦茨 风景园林新青年网.

5-71 面包圈花园 搜狐网.

5-72 亚特兰大里约购物广场 风景园林网.

5-73 新监狱庭院 筑龙网.

5-74 拉维莱特公园 作者拍摄

5-75 柏林犹太人博物馆鸟瞰图及霍夫曼花园 景观网

5-76 阿尔布拉中学景观设计平面图 王向荣,林箐. 西方现代景观设计的理论与实践 [M]. 北京:中国建筑工业出版社,2002.

5-77 哈勒市的城市广场和建筑庭院设计平面图 王向荣,林箐. 西方现代景观设计的理论与实践 [M]. 北京:中国建筑工业出版社,2002.

5-78 西雅图煤气公园 TCLF(文化景观基金会)官网.

5-79 华盛顿水园平面图 王向荣,林箐. 西方现代景观设计的理论与实践 [M]. 北京:中国建筑工业出版社,2002.

5-80 杜伊斯堡公园 欧洲网.

5-81 港口岛公园 曾伟. 西方艺术视角下的当代景观设计 [M]. 南京:东南大学出版社,2014.

第 6 章

6-1 《带胡须的蒙娜丽莎》 新京报网.

6-2 《大批判——可口可乐》 雅昌艺术网.

6-3 《无题电影剧照》 艺术国际网.

6-4 《无题 205》 彭雪. 当代艺术创作中的“挪用”[D]. 北京:中国美术学院,2018.

6-5 《拉芙娜·莉娜》 百度百科.

6-6 《居所(细节)》 费恩伯格. 艺术史:1940 年至今天 [M]. 陈颖,姚岚,郑念缇,译. 上海:上海社会科学院出版社,2015.

6-7 《圆锥交叉》 百度百科.

6-8 面包圈花园 城市. 设计. 环境网.

6-9 《受惊的苏珊娜》 费恩伯格. 艺术史:1940 年至今天 [M]. 陈颖,姚岚,郑念缇,译. 上海:上海社会科学院出版社,2015.

6-10 《晚宴》 艺术国际网.

6-11 《莱茵河:作品 2 号》 史蒂芬·法辛. 艺术通史 [M]. 杨凌峰,译. 北京:中信出版集团,2015.

6-12 《一阵狂风(仿葛饰北斋)》 新浪网.

6-13 《骏州江尻》 搜狐网.

6-14 《坐着的人》 费恩伯格. 艺术史:1940 年至今天 [M]. 陈颖,姚岚,郑念缇,译. 上海:上海社会科学院出版社,2015.

6-15 《牙签椅子 # 13》 费恩伯格. 艺术史:1940 年至今天 [M]. 陈颖,姚岚,郑念缇,译. 上海:上海社会科学院出版社,2015.

6-16 《反射》 安·汉密尔顿. 安·汉密尔顿 [J]. 东方艺术,2017(10):124.

6-17 《疯狂的毒品》 史蒂芬·法辛. 艺术通史 [M]. 杨凌峰,译. 北京:中信出版集团,2015.

6-18 《葵花子》 中国当代艺术数据库网.

6-19 《草船借箭》 名画档案网.

6-20 《光环:中央公园爆炸计划》 H.W. 詹森. 詹森艺术史.[M]. 艺术史组合翻译小组,译. 北京:世界图书出版社,2012.

6-21 《天书》 杨心一. 徐冰的“书”[J]. 东方艺术,2006(18):98-101.

6-22 《天书细节图》 新浪博客.

6-23 《大黄鸭》 三联生活网.

6-24 《大黄兔》 三联生活网.

6-25 《五月的风》 站酷网.

6-26 《云门》 百度百科.

6-27 《红色方块》 第二自然网.

6-28 古根海姆博物馆 哔哩哔哩网.

6-29 西雅图图书馆 豆瓣网.

6-30 中央电视台总部大楼 新华网.

6-31 卢浮宫金字塔 欧莱凯设计网.

6-32 苏州博物馆新馆 (a)百度百科;(b)作者拍摄.

6-33 千禧教堂 ArchDaily 中文网.

6-34 光之教堂 豆瓣网.

6-35 水之教堂 网易网.

6-36 加利西亚当代艺术中心 新浪博客.

6-37 1998 年里斯本世博会葡萄牙馆 ArchDaily 中文网.

6-38 中国美术学院象山校区 作者拍摄.

6-39 宁波博物馆 百度百科.

6-40 杰利科北部码头、大道及筒仓公园 BLVD(毕路德设计)官网.

6-41 拜斯比公园 (a)中国风景园林网;(b)园林工程网.

6-42 垂直花园 友绿网.

6-43 扎哈伦广场 (a)新浪网;(b)灵感邦网.

6-44 高线公园 艺术中国网.

6-45 剧场广场 (a)设计个球官网;(b)园林工程网.

6-46 弗莱士河公园 清华同衡规划设计研究院官网.

6-47 皇家湿地公园 中国风景园林网.

6-48 伯纳特公园中的玻璃纤维喷泉 中国风景园林网.

6-49 丸龟火车站 智筑网.

6-50 反光庭院 魏广龙. 当代景观的审美转型 [D]. 天津:天津大学,2003.

6-51 塑料庭院 魏广龙. 当代景观的审美转型 [D]. 天津:天津大学,2003.

6-52 你的彩虹全景 黄浩立. 从多维视野到未来越界:媒介融合时代当代新媒体装置艺术的景观效果 [J]. 艺术当代,2019(4):46-49.

6-53 塔洛克纸牌花园 百度图片.

6-54 索尼中心广场 简书网.

6-55 超级线性公园 花瓣网.

6-56 赫曼公园 (a)智筑网;(b)花瓣网.

6-57 加利福尼亚迪士尼公园 迪士尼中国官网.

6-58 望京 SOHO 望京 SOHO 官网.

6-59 蓝棒花园 王晞月,吴丹子,王向荣. 外国当代艺术性花园展与展览花园:以法国肖蒙花园节与加拿大梅蒂斯花园节为例 [J]. 风景园林,2016(4):47-53.

参考文献

[1] N. 佩夫斯纳. 美术学院的历史 [M]. 陈平，译. 长沙：湖南科学技术出版社，2003.

[2] 赵冠男. 西方现代艺术源流概览 [M]. 北京：中国建筑工业出版社，2015.

[3] H.H. 阿纳森. 西方现代艺术史 [M]. 邹德侬，巴竹师，刘珽，译. 天津：天津人民美术出版社，1987.

[4] 王绍昌.《马拉之死》[J]. 美苑，1983（2）：58-60.

[5] 丁宁. 西方美术史十五讲 [M]. 北京：北京大学出版社，2016.

[6] 丁宁. 西方美术史 [M]. 北京：北京大学出版社，2015.

[7] 邓清明. 视点与风格：论绘画的形式 [J]. 美术大观，2017（1）：54-55.

[8] 周益民，左奇志，石秀芳. 外国美术史 [M]. 武汉：湖北美术出版社，2011.

[9] 李宏. 西方美术理论简史 [M].2 版. 北京：北京大学出版社，2017.

[10] 德拉克洛瓦. 德拉克洛瓦日记 [M]. 李嘉熙，译. 北京：人民美术出版社，1981.

[11] 史蒂芬·法辛. 艺术通史 [M]. 杨凌峰，译. 北京：中信出版集团，2015.

[12] 周宏智. 西方现代艺术史 [M]. 北京：中国建筑工业出版社，2016.

[13] 朱龙华. 艺术通史 [M]. 上海：上海社会科学院出版社，2014.

[14] 李慧. 色彩的解放：印象派绘画将色彩从形体中解放出来 [J]. 流行色，2018（10）：13-17.

[15] 昂纳，弗莱明. 世界艺术史（第 7 版修订本）[M]. 吴介祯，等译. 北京：北京美术摄影出版社，2013.

[16] 戴家峰. 后印象主义画家在画布上的创造 [J]. 南京艺术学院学报（美术与设计），2016（4）：184，187.

[17] 葛赛尔 . 罗丹艺术论 [M] . 傅雷，译. 北京：中国社会科学出版社，2001.

[18] 王受之. 世界现代建筑史 [M].2 版. 北京：中国建筑工业出版社，2012.

[19] 罗小未. 外国近现代建筑史 [M].2 版. 北京：中国建筑工业出版社，2003.

[20] 董占军. 新艺术运动时期法国的工艺美术设计风格 [J]. 装饰，2007（6）：66-67.

[21] 张以达，吴卫. 法国新艺术运动领军人物赫克托·吉马德作品探析 [J]. 设计，2017（13）：27-29.

[22] 吴卫，张佳慧. 现代主义设计的奠基人亨利·凡·德·威尔德 [J]. 设计，2017（13）：33-35.

[23] 朱建宁. 西方园林史：19 世纪之前 [M].2 版. 北京：中国林业出版社，2013.

[24] 朱建宁. 几何学原理与规则式园林造园法则：以法国古典主义园林为例 [J]. 风景园林，2014（3）：107-111.

[25] 闻晓菁，严丽娜，刘靖坤. 景观设计史图说 [M]. 北京：化学工业出版社.2016.

[26] 赵晶. 视觉艺术视野下的景观设计方法研究 [D]. 天津：天津大学，2014.

[27] TURNER T. 世界园林史 [M]. 林箐,等译. 北京:中国林业出版社,2011.
[28] 张健健. 艺术的自然·诚实的设计:工艺美术运动对西方园林艺术的影响 [J]. 农业科技与信息(现代园林),2010(7):15-18.
[29] 伊丽莎白·巴洛·罗杰斯. 世界景观设计(Ⅱ):文化与建筑的历史 [M]. 韩炳越,曹娟,等译. 北京:中国林业出版社, 2005.
[30] 张健健.19 世纪英国园林艺术流变 [J]. 北京林业大学学报(社会科学版), 2011, 10(2):32-36.
[31] BROWN J.The English Garden through the 20th Century[M].Suffolk: Garden Art Press, 1999.
[32] H.W. 詹森. 詹森艺术史 [M]. 艺术史组合翻译实验小组,译. 北京:世界图书出版公司北京公司,2010.
[33] 许淇. 艺术美的再表现、再创造 [J]. 美术,2013(1):81-85.
[34] 陶涛. 试析西方绘画中的"野兽派"[J]. 大众文艺,2013(22):104-105.
[35] 邓恩谦. 论马蒂斯绘画的色彩结构 [J]. 美术大观,2013(3):66.
[36] 冯跃. 毕加索"蓝色时期"作品简析 [J]. 美术教育研究,2014(1):41-42.
[37] 谭伟. 立体主义与建筑美术教育研究 [J]. 高等建筑教育,2008(04):26-29.
[38] 陆梦雪. 立体主义与现代主义建筑关系的发展过程 [J]. 建筑与文化,2018(01):60-62.
[39] 刘伟. 论利普斯的移情说 [J]. 文学与艺术,2011,3(2):7.
[40] 袁宣萍. 构成主义与 20 世纪二三十年代的俄国纺织品设计 [J]. 装饰,2003(2):89-90.
[41] 马·达布诺夫斯基,杜义盛,蜀秦. 辐射主义的形成与发展 [J]. 世界美术,1998(2):40-43.
[42] 周雅琴,刘虹. 至上·超越:俄罗斯先锋艺术与现代设计 [J]. 美术,2013(9):126-129.
[43] 王永. 构成主义艺术的象征:塔特林与《第三国际纪念碑》[J]. 美术大观, 2011(1): 108-109,96.
[44] 吴海燕. 从拼贴画到立体主义雕塑:毕加索早期拼贴类雕塑艺术作品研究 [J]. 美术大观,2019(6):68-69.
[45] ROE S. In Montmartre: Picasso, Matisse and Modernism in Paris, 1900—1910[M].[S.L.]: Penguin Press, 2014.
[46] 李晓楠. 具象雕塑中的抽象性亦或是抽象雕塑中具象观念:立体主义雕塑浅谈 [J]. 美苑,2013(5):25-27.
[47] 黄伟. 立体主义对雕塑发展之影响刍议 [J]. 雕塑,2015(4):76-77.
[48] 王鑫,单军. 浅议现代建筑的观念与表达 [J]. 建筑与文化,2014(2):101-102.
[49] 王先军. 从大师作品看立体主义绘画对现代建筑之影响 [J]. 中外建筑,2011(9):57-58.
[50] 万书元. 建筑中的表现主义 [J]. 新建筑,1998(4):13-16.
[51] ZERI B. Erich Mendlsohn[M]. London: The Architectural Press, 1982.
[52] 邓庆坦,赵鹏飞,张涛. 图解西方近现代建筑史 [M]. 武汉:华中科技大学出版社,2009.
[53] MOSSER M, TEYSSOT G.The history of garden design: the western tradition from the Re-

nasissance to the present day[M].London：Thames & Hudson，2000.
[54] 沈守云，张启翔. 现代景观设计思潮 [M]. 武汉：华中科技大学出版社，2009.
[55] 马克·特雷布. 现代景观：一次批判性的回顾 [M]. 丁力扬，译. 北京：中国建筑工业出版社，2008.
[56] 仇保兴.19 世纪以来西方城市规划理论演变的六次转折 [J]. 规划师，2003(11)：5-10.
[57] 彼得·沃克，梅拉尼·西莫. 看不见的花园 [M].王健，王向荣，译. 北京：中国建筑工业出版社，2009.
[58] 张健健.20 世纪初期西方艺术对景观设计的影响 [M]. 南京：东南大学出版社，2014.
[59] 林曦. 威廉·莫里斯与“工艺美术”运动的产生 [J]. 包装工程，2006，27(4)：290-292.
[60] 伊丽莎白·伯顿，奇普·沙利文. 图解景观设计史 [M]. 李哲，肖蓉，译. 天津：天津大学出版社，2013.
[61] KARSON R，A genius for place：American landscape of the country place era[M].Amherst：University of Massachusetts Press，2007.
[62] WAYMARK J.Morden garden design：innovation since 1900[M].London：Thames&Hudson，2005.
[63] WILSON A.Influential gardeners：the designers who shaped 20th-century garden style[M]. New York：Clarkson Potter，2003.
[64] MILLER W.The prairie spirit in landscape gardening[M]. Massachusetts：University of Massachusetts Press，2002.
[65] ROBERT E G.Jens Jensen：maker of natural parks and gardens[M]. Baltimore：Johns Hopkins University Press，1992.
[66] 王向荣，林箐. 西方现代景观设计的理论与实践 [M]. 北京：中国建筑工业出版社，2002.
[67] 陈书蔚. 论高迪的自然主义 [D]. 杭州：浙江大学，2005.
[68] 后德仟. 高迪的现代主义和现代建筑意识 [J]. 建筑学报，2003(4)：67-70.
[69] 杰弗瑞·杰里柯，苏珊·杰里柯. 图解人类景观：环境塑造史论 [M]. 刘滨谊，译. 上海：同济大学出版社，1992.
[70] 朱平. 机械美学的艺术演绎：费尔南德·莱热的绘画 [J]. 艺术探索，2015，29(2)：72-74，5.
[71] 陈岸瑛. 未来主义和纯粹主义：欧洲机器美学的缘起 [J]. 装饰，2010(4)：26-30.
[72] 瓦西里·康定斯基. 论艺术的精神 [M]. 查立，译. 北京：中国社会科学出版社，1987.
[73] 乌韦·施内德. 二十世纪艺术史 [M]. 邵京辉，冯硕，译. 北京：中国文联出版社，2014.
[74] CHIPP H. 欧美现代艺术理论 [M]. 余珊珊，译. 长春：吉林美术出版社，2000.
[75] KUENZLI R.Dada[M].[S.L.]：Phaidon，2006.
[76] 郭保宁. 活动雕塑泛论 [J]. 建筑学报，1995(2)：55-59.
[77] 范国杰. 广亩城市研究 [J]. 山西建筑，2010，36(26)：20-21.
[78] L. 本奈沃洛. 西方现代建筑史 [M]. 邹德侬，巴竹师，高军，译. 天津：天津科学技术出版社，1996.

[79] 彗星. 珊纳特赛罗市政中心:芬兰大师阿尔瓦·阿尔托的作品分析 [J]. 建筑，2010（24）：75-76.

[80] BETSKY A，LEVY L，MACCANNELL D. Revelatory landscapes[M]. San Fransisco：San Francisco Museum，2001.

[81] IMBERT D. The modernist garden in France[M].New Haven，Connecticut：Yale University Press，1993.

[82] KARSON R. Fletcher Steele，landscape architect：an account of the gardenmaker's life，1885—1971[M]. Massachusetts：University of Massachusetts Press，2003.

[83] 申丽萍. 景观设计学理论与实践探索 [D]. 武汉：华中科技大学，2001.

[84] 苏龙. 现代景观形态原型 [D]. 上海：同济大学，2004.

[85] 仲文洲. 萨伏伊别墅：精神的创造 勒·柯布西耶，1929[J]. 建筑技艺，2016（10）：10-13.

[86] 张丹. 西方现代景观设计的初步研究 [D]. 大连：大连理工大学，2006.

[87] 陈希. 美国现代主义景观设计思潮 [D]. 天津：天津大学，2003.

[88] 王建国，邹颖.30+30：人文视野下的德国国际建筑展 [J]. 建筑师，2009（1）：9-14.

[89] 董立惠. 近现代文化艺术思潮影响下的欧洲城市景观艺术设计 [D]. 无锡：江南大学，2007.

[90] 邓炀，刘尧. 园林设计与现代构成学 [J]. 山西建筑，2013，39（8）：179-181.

[91] 姜一洲，李伊. 阿尔托与有机现代主义：一种有别于典型现代主义的人性化设计 [J]. 设计，2013（6）：176-177.

[92] 托马斯·B. 赫兹. 德库宁的近期绘画 [M]. 北京：人民出版社，1969.

[93] 张敢. 绘画的胜利？美国的胜利？美国抽象表现主义研究 [D]. 北京：中央美术学院，1999.

[94] 费恩伯格. 艺术史：1940 年至今天 [M]. 陈颖，姚岚，郑念缇，译. 上海：上海社会科学院出版社，2015.

[95] 威尔·贡培兹 . 现代艺术 150 年：一个未完成的故事 [M]. 王烁，王同乐，译. 桂林：广西师范大学出版社，2017.

[96] 马克·罗斯科. 艺术何为：马克罗斯科的艺术随笔（1934—1969）[M]. 艾雷尔，译. 北京：北京大学出版社，2016.

[97] 曹育民. 汉斯·霍夫曼教学笔记 [J]. 北方美术，1999（4）：61.

[98] PHILLIPS L.Beat culture and new American：1950—1965[M].New York：Whitney Museum of American Art，1996.

[99] 史峰. 野性的力量：杜布菲的艺术 [J]. 世界艺术，2006（1）：37-40.

[100] 弗兰克·莫贝尔. 生命的微笑：弗朗西斯·培根访谈录 [M]. 余中先，译. 长沙：湖南美术出版社，2017.

[101] 吉尔·德勒兹. 弗朗西斯·培根：感觉的逻辑 [M]. 董强，译. 桂林：广西师范大学出版社，2007.

[102] 苏珊·桑塔格. 论摄影 [M]. 黄灿,译. 上海:上海译文出版社,2012.
[103] 赵无极. 赵无极谈艺录 [J]. 爱尚美术,2018(4):72-75.
[104] 李鹏伟. 英国现代雕塑家亨利·摩尔雕塑形式探讨 [J]. 美与时代(下),2014(8):60-63.
[105] 陆军. 摩尔论艺 [M]. 北京:人民美术出版社,2001.
[106] 乔迁. 刀刃体:贝聿铭和亨利·摩尔的空间共舞 [J]. 雕塑,2014(5):45-48.
[107] 柯秉飞. 雕塑的材料、叙事与意义转换:以二战后欧美的几位雕塑家 [J]. 美术研究,2007(2):124-126.
[108] 吴线. 形与色的野性:论杜布菲的雕塑艺术 [J]. 美术大观,2016(9):44-45.
[109] 米歇尔·布伦森. 戴维·史密斯:自由和神话 [J]. 吴杨波,译. 世界美术,2007(1):25-28.
[110] 克雷格·惠特克. 建筑与美国梦 [M]. 张育南,陈阳,王远楠,译. 北京:中国建筑工业出版社.2019.
[111] LEVINE N.The architecture of Frank Lloyd Wright[M].Princeton，NJ：Princeton University Press,1997.
[112] 熊庠楠. 古根海姆博物馆:建筑造型、展览空间和抽象艺术的融合 [J]. 装饰，2018(8):30-35.
[113] 杨远帆. 勒·柯布西耶的乌托邦:论马赛公寓的理论和意向来源 [J] . 华中建筑，2012(11):11-15,32.
[114] 威廉· J.R. 柯蒂斯.20 世纪世界建筑史 [M]. 本书翻译委员会,译. 北京:中国建筑工业出版社,2011.
[115] 徐笑非. 朗香教堂建筑细部设计的启示 [J]. 装饰,2016(2):134-135.
[116] 汤凤龙,陈冰."半个"盒子:范斯沃斯住宅之"建造秩序"解读 [J]. 建筑师，2010(5):49-57.
[117] VANDENBERG M.Architecture in detail：Farnsworth House，Ludwig Mies Van Der Rone.[M].[S.L.]:Phaidon,2003.
[118] 伊东丰雄. 衍生的秩序 [M]. 谢宗哲,译. 台湾:田园城市出版社,2008.
[119] D.D. 博尔斯,常钟隽. 奥斯卡·尼迈耶谈建筑 [J]. 新建筑,1993(1):49-50.
[120] 弗兰姆普敦. 现代建筑:一部批判的历史 [M]. 原山,等译. 北京:中国建筑工业出版社,1988.
[121] 林中杰. 丹下健三与新陈代谢运动 [M]. 韩晓晔,译. 北京:中国建筑工业出版社,2011.
[122] 马国馨. 丹下健三 [M]. 北京:中国建筑工业出版社,1989.
[123] 薛菊. 丹下健三建筑思想与作品解析 [J]. 高等建筑教育,2010(6):9-12.
[124] BARRAGAN L.Barragan：the complete works[M].NewYork：Princet on Architectural Press 1996.
[125] PAZ O.Los Usos de la Tradicion[M].[S.L.]:Artes de Mexico,1992.
[126] 黄雯. 吸纳与升华:路易斯·巴拉干设计思想形成历程浅析 [J]. 建筑师,2014(3):52-57.
[127] 王丽方. 潮流之外:墨西哥建筑师路易斯·巴拉干 [J]. 世界建筑,2000(3):56-62.

[128] 袁嘉欣,吴卫. 丹麦现代主义设计大师雅各布森作品探析 [J]. 设计,2017(21):88-90.
[129] 周林. 近现代文化艺术思潮影响下的美国城市景观艺术设计 [D]. 无锡:江南大学,2007.
[130] 宋本明. 从价值论到方法论 [D]. 北京:北京林业大学,2007.
[131] 陈娟. 景观的地域性特色研究 [D]. 长沙:中南林业科技大学,2006
[132] 纪立广. 景观设计视野中的场所精神:感悟托马斯·丘奇的"加州花园"设计 [J]. 艺术. 生活,2009(4):56-57.
[133] 陈如一. 国际与本土艺术融合的地域性景观范例 [C]// 中国风景园林学会. 中国风景园林学会 2013 年会论文集(上册). 北京:中国建筑工业出版社,2013.
[134] 林箐. 诗意的心灵庇护所:墨西哥建筑师路易斯·巴拉干的园林作品 [J]. 中国园林, 2002(1):30-32.
[135] 陈学文,赵伟华. 现代绘画理念对园林设计思维变革的影响 [J]. 天津大学学报(社会科学版),2011,13(3):226-229.
[136] 王芳华. 西方景观设计中极简主义现象的研究 [D]. 成都:西南交通大学,2004.
[137] 孙明,闫煜涛. 探讨哈普林设计中的自然精神 [J]. 山西建筑,2009,35(25):62-63.
[138] 李晓鹏,李兴霞. 探究设计师在公众参与设计中的作用与作用机制:以劳伦斯·哈普林的城市更新实践为例 [J]. 包装世界,2016(4):51-54.
[139] 王晓俊. 西方现代园林设计 [M]. 南京:东南大学出版社,2000.
[140] 吴婷. 现代艺术视野中的园林景观设计 [D]. 南京:南京林业大学,2007.
[141] 刘悦迪. 艺术终结之后 [M]. 南京:南京出版社,2006.
[142] 魏华. 路易丝·布尔乔亚"大蜘蛛"系列作品的符号学分析 [J]. 大众文艺, 2012(10):29-30.
[143] 林佳. 情感与空间:解读路易斯·布尔乔亚的雕塑作品 [D]. 北京:中国美术学院,2012.
[144] 赵炎. 经验拓展的场域:偶发艺术与新媒体实验 [J]. 世界美术,2018(1):18-26.
[145] KAPROW A. The legacy of Jackson Pollcok[N]. Art news.1958-10-01.
[146] 杨叶灵. 跨界中的建筑表皮偶发性设计研究 [D]. 长沙:湖南师范大学,2018.
[147] 房龙. 人类的艺术 [M]. 衣成信,译. 北京:中国和平出版社,1996.
[148] 埃伦·H. 约翰逊. 美国当代艺术家论艺术 [M]. 上海:上海人民美术出版社,1992.
[149] 吕彭.20 世纪中国艺术史 [M].3 版. 北京:新星出版社,2013.
[150] 沃霍尔. 安迪·沃霍尔的哲学:波普启示录 [M]. 卢慈颖,译. 南宁:广西师范大学出版社,2011.
[151] 米歇尔·努里德萨尼. 安迪·沃霍尔 15 分钟的永恒 [M]. 欧瑜,译. 北京:中信出版社,2012.
[152] 王欣欣. 安迪·沃霍尔艺术的美学阐释 [D]. 保定:河北大学,2017.
[153] 雷鑫. 图像与影响:沃霍尔艺术研究 [D]. 南京:东南大学,2015.
[154] 阿莱克斯·葛瑞. 艺术的使命 [M]. 高金岭,译. 南京:译林出版社,2016.
[155] 米歇尔·罗贝奇. 克莱斯·奥登伯格的觉醒:平民主义 [J]. 刘海平,译. 世界美术, 2013

（4）：12-17.
[156] 兰颖. 当代主题公园中的波普艺术 [J]. 园林，2018（2）：36-39.
[157] 李强. 蓝色的力量：伊夫·克莱因对“蓝”的继承与探索 [D]. 济南：山东建筑大学，2016.
[158] 祝海珊. 论欧普艺术在招贴设计中的形式探究 [J]. 装饰，2011（1）：134.
[159] 封一函. 超级写实主义 [M]. 北京：人民美术出版社.2003.
[160] 琳达·蔡斯. 理查德·埃斯蒂斯 [M]. 南宁：广西美术出版社，2015.
[161] 鲍玉珩. 安德鲁·怀斯的艺术 [J]. 世界美术，1982（4）：50-54.
[162] 阿瑟·C. 丹托. 艺术的终结之后 [M]. 王春辰，译，南京：江苏人民出版社，2007.
[163] 马克·吉梅内斯. 当代艺术之争 [M]. 王名南，译. 北京：北京大学出版社，2015.
[164] 顾浩. 论西方后现代主义时期雕塑技艺的消解趋势 [J]. 装饰，2003（4）：88-89.
[165] 张艳来. 托尼·史密斯：建筑与艺术之间 [J]. 城市建筑，2015（4）：113-115.
[166] 张天怡，朱琳. 唐纳德·贾德和他的方盒子 [J]. 公共艺术，2013（5）：78-83.
[167] 罗伯特· C. 摩根. 索尔·莱维特的视觉系统艺术 [J]. 陈艳，译. 湖北美术学院学报，2005（2）：60-61.
[168] 刘海龙，孙媛. 从大地艺术到景观都市主义：以纽约高线公园规划设计为例 [J]. 园林，2013（10）：26-31.
[169] 丹尼尔·格兰特. 公共艺术是危险的：丹尼斯·奥本海姆访谈 [J]. 彭筠，译. 世界艺术，2006（4）：47-52.
[170] 李艺. 克里斯托和珍妮·克劳德的装置艺术：艺术创作中的社会参与 [D]. 北京：中国美术学院，2014.
[171] 居伊·德波. 景观社会 [M]. 王昭凤，译. 南京：南京大学出版社，2006.
[172] 冯鑫. 大地艺术视野下的乡土景观设计研究 [D]. 长春：东北师范大学，2017.
[173] 艾德里安·亨利. 总体艺术 [M]. 毛君炎，译. 上海：上海人民美术出版社，1990.
[174] 罗沙林·克劳斯，范迪安，小武. 后现代主义雕塑新体验、新语言 [J]. 世界美术，1989（2）：2-10.
[175] 张百平. 一个建筑师的路：普利兹克建筑奖获得者罗伯特·文丘里 [J]. 建筑学报.1991（30）：62.
[176] 张炜. 从文丘里看现代主义与后现代主义的异同 [D]. 济南：山东师范大学，2004.
[177] 迪安（Andrea O.Dean）：“菲利普·约翰逊谈话”[J]. 美国建筑师协会会刊，1979：258，265.
[178] 约翰逊. 菲利普约翰逊著作集 [M]. 纽约：牛津大学出版社，1979.
[179] 欧阳朔. 菲利普·约翰逊 [J]. 世界建筑，1981（4）：71，75.
[180] 欧阳国辉，王轶. 建筑阅读：矶崎新的中央美院美术馆 [J]. 中外建筑，2012（5）：22-26.
[181] 窦以德. 福斯特 [M]. 北京：中国建筑工业出版社，1997.
[182] 罗杰斯. 理查德·罗杰斯专访 [J]. 建筑创作，2018（1）：140-159.
[183] 杜歆. 国立蓬皮杜艺术与文化中心 [J]. 世界建筑，1981（3）：19-24.
[184] 董春波.“技术性思维”：伦佐·皮亚诺的创作思路分析 [J]. 华中建筑，2002，20（2）：27-29.

[185] 张伟,薛华培,陈骁. 意大利建筑师皮亚诺的设计理念 [J]. 新建筑,2000(6):59-62.
[186] Images 出版公司. 世界优秀建筑大师集锦 诺曼· 福斯特 [M]. 林箐,译. 北京:中国建筑工业出版社,1999.
[187] 马书元,周东红. 论诺曼·福斯特与高技派 [J]. 合肥工业大学学报(社会科学版),2005(1):85-88.
[188] 邓楠. 试论西方现当代景观规划设计中的观念变革 [J]. 艺术工作,2018(1):107-110.
[189] 陈学文,赵禹舒. 西方后现代艺术观念对景观设计的影响及启示 [J]. 天津大学学报(社会科学版),2018,20(1):61-65.
[190] 郭林凤. 转瞬与永恒:大地艺术家克里斯托夫妇包裹艺术的言说方式 [J]. 美与时代(城市版),2015(2):91-92.
[191] 向莜丹. 西方后现代艺术观念对景观设计的影响及启示探讨 [J]. 艺术科技,2019,32(1):230.
[192] 吴爽,丁绍刚. 解读阿兰·普罗沃斯风格:法国当代风景园林设计大师阿兰·普罗沃斯的设计思想和作品简介 [J]. 中国园林,2007(5):60-65.
[193] 龙赟. 解构主义与景观艺术 [J]. 山西建筑,2004(16):13-14.
[194] 曹磊. 当代大众文化影响下的艺术观念与景观设计 [D]. 天津:天津大学,2008.
[195] 刘晓明,王朝忠. 美国风景园林大师彼得·沃克及其极简主义园林 [J]. 中国园林,2000,16(4):59-61.
[196] 里尔·莱威,彼得·沃克. 彼得·沃克极简主义园林 [M]. 王晓俊,译. 南京:东南大学出版社,2002.
[197] 贺旺. 后工业景观浅析 [D]. 北京:清华大学,2004.
[198] 王向荣. 生态与艺术的结合:德国景观设计师彼得·拉茨的景观设计理论与实践 [J]. 中国园林,2001(2):50-52.
[199] 于冰沁. 寻踪—生态主义思想在西方近现代风景园林中的产生、发展与实践 [D]. 北京:北京林业大学,2012.
[200] 任绍辉,曹宇宁. 后现代主义思潮对建筑设计的影响 [J]. 设计,2015(21):70-71.
[201] 简·罗伯森,克雷格·迈克丹尼尔. 当代艺术的主题 [M]. 匡骁,译. 南京:江苏美术出版社,2011.
[202] 邵亦杨. 后现代之后:后前卫视觉艺术 [M]. 上海:上海人民美术出版社,2008.
[203] 阿马赛德·克鲁兹. 电影、怪物和面具:辛迪·舍曼的二十年 [J]. 张朝晖,译. 世界美术,1999(2):16-20.
[204] 彭雪. 当代艺术创作中的“挪用” [D]. 北京:中国美术学院,2018.
[205] JACOB M J.Gordon Matta-Clarke:A retrospective[M].Chicago:Museum of Contemporary Art,1995.
[206] 裔昭印. 国际妇女运动一百年 [N]. 文汇报.2010-03-06(8).
[207] 格伦·菲利普斯,帕特里克·斯蒂芬,郭红梅. 埃莉诺·安廷与朱迪·芝加哥:最早的女权主

义者在工作 [J]. 世界美术，2013（2）：85-89.

[208] CHICAGO J. 穿越花朵：一个女性艺术家的奋斗 [M]. 陈宓娟，译. 台北：远流出版社，1997.

[209] 琳达·诺克林. 为什么没有伟大的女艺术家 [M]. 李建群，译. 北京：中国人民大学出版社，2004.

[210] 黄鸣奋. 数码艺术学 [M]. 上海：学林出版社，2004.

[211] 宋春阳. 奇奇·史密斯 [N]. 美术报，2013-09-28（15）.

[212] 乔伊斯·贝肯斯坦. 个人的好奇心：与奇奇·史密斯的一次谈话 [J]. 马芸，译. 世界美术，2017（4）：49-53.

[213] 李黎阳. 柔性的维度：安·汉密尔顿的艺术 [N]. 中国妇女报，2016-07-26（B01）.

[214] 朱橙. 知觉与身体的重构：当代艺术与设计中的技术身体 [J]. 世界美术，2017（2）：10-11.

[215] 樊清熹. 后现代视角下的涂鸦艺术研究 [D]. 武汉：武汉理工大学，2013.

[216] 詹森·罗贝尔. 基思·哈林：最后的采访 [J]. 罗艺，舒眉，译. 世界美术，1993（2）：11-15.

[217] 迈克尔·威尔逊. 如何读懂当代艺术：体验 21 世纪的艺术 [M]. 李爽，译. 北京：中信出版集团，2017.

[218] 丁杰静. 艾未未：我喜欢的是变化 [J]. 中华手工，2010（3）：14-17.

[219] 张娟，徐烨. 艾未未：带着态度独行 [J]. 建筑，2009（3）：68-73，4.

[220] 于娜. 蔡国强：用火药革艺术的命 [N]. 华夏时报，2012-09-20（20）.

[221] 周文翰. 蔡国强对话毕尔巴鄂 [J]. 城市环境设计，2009（5）：21-25.

[222] 于非. 徐冰：别太把艺术当回事儿艺术才会出现 [N]. 北京青年报，2015-06-15（A09）.

[223] 潘晴. 鸟和当代艺术：徐冰·谭盾对话 [J]. 东方艺术，2007（3）：24-37.

[224] 于晓波. 当代雕塑的解构与整合 [J]. 美术大观，2018（12）：42-43.

[225] 过伟敏，郑志权. 依附于外部环境的公共艺术设计 [J]. 江南大学学报（人文社会科学版），2002（3）：102-104.

[226] 王青云，翁剑青. 公共艺术与当代城市文化 [J]. 建筑知识，2012，32（3）：114-117.

[227] 蔡屿汀. 安尼施·卡普尔：身份的选择 [J]. 艺术当代，2017，16（6）：28-31.

[228] 徐升. 我的野口勇 [D]. 北京：中央美术学院，2014.

[229] 李晓蕾，王祝根. 抽象性城市雕塑的内涵辨析 [J]. 南京艺术学院学报（美术与设计），2019（1）：198-203.

[230] 何镇海. 雕塑在公共空间环境中的主导作用：美国西雅图奥林匹克雕塑公园和西雅图中心印象 [J]. 雕塑，2013（4）：88-90.

[231] 高阳. 装置艺术的介入对当代设计创作产生的影响 [J]. 艺术与设计（理论），2010（5）：20-22.

[232] 许悦. 弗洛伦泰因·霍夫曼：“喜悦”是艺术创作的灵魂 [N]. 中国文化报，2013-07-07（4）.

[233] 马榕君. 城市玩具：霍夫曼的公共艺术原则 [J]. 装饰，2013（9）：94-95.

[234] 吴为山. 文心铸史 雕塑时代：我看中国百年雕塑 [J]. 美术，2018（06）：94-98，93.

[235] 格兰西. 建筑的故事 [M] 罗德胤,张澜,译. 北京:生活·读书·新知三联书店,2015.
[236] 周剑云. 解构不是一种风格 [J]. 世界建筑,1997(4):63-67.
[237] 万书元. 当代西方建筑美学 [M]. 南京:东南大学出版社,2001.
[238] 李鸽,刘松茯. 普利茨克建筑奖获奖建筑师:弗兰克·盖里(下)[J]. 城市建筑, 2008(10):104-105.
[239] 黄靖松,江滨. 弗兰克·盖里:建筑界的毕加索 [J]. 中国勘探设计.2015(3):68-77.
[240] 库斯基·凡·布鲁根,华天雪. 毕尔巴鄂—古根海姆博物馆的进程:序幕、预见和一个关于新场所的建议 [J]. 世界美术,1998(2):3-5.
[241] 张为. 现实乌托邦:"玩物" 建筑 [M]. 南京:东南大学出版社,2014.
[242] 库哈斯. 疯狂的纽约 [M]. 唐克扬,译. 北京:生活·读书·新知三联书店,2015.
[243] 薛熙,江滨. 雷姆·库哈斯:建筑大师中的记者 [J]. 中国勘察设计,2017(10):78-85.
[244] 雷姆·库哈斯访谈 [J]. 建筑创作,2018(1):254-269.
[245] 张燕来. 现代建筑与抽象 [M]. 北京:中国建筑工业出版社,2016.
[246] 王寅. 雷姆·库哈斯与 CCTV 新总部大楼 [J]. 新建筑,2003(5):7-8.
[247] 彭一刚. 建筑空间组合论 [M].2 版. 北京:中国建筑工业出版社,1998.
[248] 张荣华. 安藤忠雄建筑创作的东方文化意蕴表达 [D]. 哈尔滨:哈尔滨工业大学,2008.
[249] 王建国,张彤. 安藤忠雄 [M]. 北京:中国建筑工业出版社,1999.
[250] 朱心怡,江滨. 贝聿铭:用光线来做设计的建筑大师 [J]. 中国勘察设计,2018(1):72-83.
[251] JODIDIO P.Contemporary America architects[M].Koln:Taschen,1993.
[252] 波登. 世界经典建筑 [M]. 王珍瑛,江伟霞,赵晓萌,译. 青岛:青岛出版社,2011.
[253] 谢俊. 经典重温:贝聿铭大师建筑创作思想浅析:以苏州博物馆新馆为例 [J]. 中外建筑,2012(3):69-75.
[254] 成潜魏. 超越地平线:安藤忠雄 [J]. 建筑师,2018(5):115-129.
[255] LEVENE R C. 安藤忠雄 1983—1989[M]. 龚恺,潘抒,赵辰,译. 台北:台湾圣文书局,1996.
[256] 蔡凯臻. 建筑的场所精神:西扎建筑的诠释 [J]. 时代建筑,2002(4):74-81.
[257] 方晓风. 极少主义的可能性:来自阿尔瓦罗·西扎的启示 [J]. 装饰,2014(10):20-25.
[258] 金秋野. 论王澍:兼论当代文人建筑师现象、传统建筑语言的现代转化及其他问题 [J]. 建筑师,2013(6):30-38.
[259] 王澍. 造园与造人 [J]. 建筑师,2007(2):174-175.
[260] 赖德霖. 从现代建筑"画意"话语的发展看王澍建筑 [J]. 建筑学报,2013(4):80-91.
[261] 王澍,陆文宇. 建筑如山 [J]. 城市环境设计,2009(12):100-105.
[262] 蔡卫. 阿尔瓦罗·西扎的美学和启示 [J]. 大艺术,2007(1):52-55.
[263] 邓庆坦,邓庆尧. 当代建筑思潮与流派 [M]:华中科技大学出版社,2010.
[264] 周莎丽,王俊杰. 后现代主义文化影响下的景观地域主义分析 [J]. 中国城市林业,2011,9(6):17-19.

[265] 陈林. 当代城市景观规划设计中地域性表现手法分析 [J]. 美与时代（城市版），2018（7）：51-52

[266]《景区景观》编委会. 当代顶级景观设计详解：景区景观 [M]. 北京：北京林业出版社，2014.

[267] 侯景新，李天健. 城市战略规划 [M]. 北京：经济管理出版社，2015.

[268] 过伟敏，郑志权. 城市环境：从场所文脉主义角度认识城市环境改造设计 [J]. 装饰，2003（3）：39-40.

[269] 王云才，胡玎，李文敏. 宏观生态实现之微观途径：生态文明倡议下风景园林发展的新使命 [J]. 中国园林.2009，25（1）：41-45.

[270] 里埃特·玛格丽丝，亚历山大·罗宾逊. 生命的系统：景观设计材料与技术创新 [M]. 朱强，刘琴博，涂先明，译. 大连：大连理工出版社，2009.

[271] 查尔斯·瓦尔德海姆. 景观都市主义 [M]. 刘海龙，刘东云，孙璐，译. 北京：中国建筑工业出版社，2010.

[272] LYNCH K.A theory of good city from [M].Cambrige，Mass：MIT Press，1981.

[273] 华晓宁，吴琅. 当代景观都市主义理念与实践 [J]. 建筑学报，2009（12）：85-89.

[274] 杨沛儒. 生态都市主义：5 种设计维度 [J]. 世界建筑，2010（1）：22-27.

[275] 成玉宁，袁旸洋. 当代科学技术背景下的风景园林学 [J]. 风景园林，2015（7）：15-19.

[276] 刘德志. 浅述当代景观设计与新媒体艺术的交互融合 [J]. 新闻爱好者，2018（5）：54-57.

[277] 曾伟. 艺术学视野下的当代中国景观设计研究 [J]. 东南大学学报，2014，16（5）：86-90，135-136.

[278] 维拉赫. 当代欧洲花园 [M]. 曾洪立，译. 北京：中国建筑工业出版社，2006.

[279] 秦东. 当代风景园林设计转型 [J]. 美术大观，2017（12）：118-120.

后　　记

西方景观的发展离不开对西方艺术成就的吸收。溯源西方现代景观，艺术对建筑、景观发展的影响都是时时刻刻存在的，它们彼此互动、同构发展。景观艺术发展至今已经成为一门综合性很强的学问，在知识层面体现出多学科之间的交叉性，其发展演变也受到诸多方面的影响，呈现出多元化的发展倾向和互融趋势，已是审美性与功能性相结合的综合体。景观设计师不仅从艺术中寻找灵感，众多的艺术流派、风格也为现代景观设计提供了丰富的艺术表现形式。但与西方现代艺术发展不同的是，景观设计的发展在吸收艺术成就的同时还需要考虑社会问题和使用问题，特别是要多角度考虑时代的影响和生态保护、可持续发展的原则，最终目的是构建人与环境和谐发展的生态艺术空间。

本书尝试在西方现代艺术与景观从 19 世纪末的萌动，到 20 世纪战乱中的探索发展，直至 20 世纪下半叶的多元化发展的视角下梳理艺术、建筑、景观的发展历程，同时通过对现当代艺术发展的总结，提炼了西方现代艺术思想，分析了西方现代艺术在不同的发展时段对建筑、景观设计发展的影响以及在不同艺术流派的影响下建筑、景观所呈现出来的不同形态和表现手法，思考了西方现代景观艺术演变至今的原因，对今后景观设计的发展具有一定的借鉴意义。本书的出版得到了天津大学研究生院的大力支持。另外，感谢建筑学院邹德侬教授，20 年前聆听邹先生的课程，引发了我对西方现代艺术与景观的思考！感谢导师董雅教授多年以来的谆谆教诲！感谢曹磊教授、严建伟教授提出的建设性意见！闫小杰、谢明君、侯宇、吴赢利同学查阅文献、整理插图，为本书付出了艰辛的劳动。由于本书涉及的内容较广，作者的水平有限，难免有谬误、不足和偏颇之处，恳请广大读者批评、指正。

著　者

2020 年 1 月